全国高职高专给排水工程技术专业规划教材

给水排水管道工程

（第2版）

主　编　黄敬文　邢　颖

黄河水利出版社

·郑州·

内容提要

本书主要内容有室外给水工程概论，室外给水管材、附件及附属构筑物，设计用水量，给水系统的工作情况，水源与取水工程，城市输配水管网，室外排水工程概论，排水管渠的材料及附属构筑物，污水管道系统，雨水管渠系统，室外给水排水管网的管理和维护，室外给水排水工程图识读等。

本书可作为高职高专给水排水工程、城市水利、市政工程等专业的教材，也可作为从事城市给水排水工程技术人员的参考用书。

图书在版编目(CIP)数据

给水排水管道工程/黄敬文，邢颖主编 .—2 版.—郑州：黄河水利出版社，2018.2 (2022.1 修订重印)
全国高职高专给排水工程技术专业规划教材
ISBN 978-7-5509-1974-7

Ⅰ.①给… Ⅱ.①黄…②邢… Ⅲ.①给水管道-管道工程-高等职业教育-教材②排水管道-管道工程-高等职业教育-教材 Ⅳ.①TU991.36②TU992.23

中国版本图书馆 CIP 数据核字(2018)第 040552 号

策划编辑：王志宽 电话：0371-66024331 E-mail：wangzhikuan83@126.com

出 版 社：黄河水利出版社 网址：www.yrcp.com
地址：河南省郑州市顺河路黄委会综合楼 14 层 邮政编码：450003
发行单位：黄河水利出版社
发行部电话：0371-66026940、66020550、66028024、66022620(传真)
E-mail：hhslcbs@126.com
承印单位：河南承创印务有限公司
开本：787 mm×1 092 mm 1/16
印张：18
字数：416 千字
版次：2013 年 6 月第 1 版 印次：2022 年 1 月第 2 次印刷
2018 年 2 月第 2 版

定价：38.00 元

再版前言

本书是全国水利水电类高职高专给排水专业主干教材之一，是根据给排水专业教学基本要求编写的，其主要依据是《室外给水设计规范》(GB 50013—2006)、《室外排水设计规范》(GB 50014—2006)(2011 年版)等。在编写过程中，编者结合长期的教学和实践经验，以培养技术应用能力为主线，理论以实用、够用为度，从培养生产第一线岗位型人才为着眼点，在内容上力求做到简明扼要、深入浅出、突出重点，力求反映高等职业教育的特点。本书为第 2 版，与第 1 版的区别如下：

(1)污水量计算示例中增加了工厂生活污水与淋浴污水的具体计算，增加了污水管道设计计算示例。

(2)改正了第 1 版中的文字与数据错误，增加了参考文献。

本书分两篇共 12 章，主要内容包括：室外给水工程概论、室外给水管材、附件及附属构筑物、设计用水量、给水系统工况、取水工程、城市输配水管网、室外排水工程概论、排水管渠材料及附属构筑物、污水管道系统、雨水管渠系统、室外给水排水管网的维护管理、室外给排水工程图识读等。本书可作为高职高专给水排水工程专业、城市水利专业、市政工程专业等专业的教材，也可作为从事城市给水排水工程技术人员的参考用书。

本书编写人员及编写分工如下：绪论、第五章、第十二章由山东水利职业学院黄敬文编写；第一章、第二章由河南建筑职业技术学院曲晓萍编写；第三章、第四章、第六章由黑龙江建筑职业技术学院邢颖编写；第七章由河南建筑职业技术学院崔震华编写；第八章、第九章由河南建筑职业技术学院武芳芳编写；第十章、第十一章由浙江水利水电专科学校刘振华编写；附录由山东水利职业学院孙梅梅编写。本书由黄敬文担任第一主编，邢颖担任第二主编。全书由黄敬文统稿。

由于编者的水平有限，书中难免有不妥与错误之处，恳请广大读者批评指正。

编　者

2017 年 12 月

前 言

本书是全国水利水电类高职高专给水排水专业主干教材之一，是根据给水排水专业教学基本要求编写的，其主要依据是《室外给水设计规范》(GB 50013—2006)、《室外排水设计规范》(GB 50014—2006)(2011 年版)等。在编写过程中，编者结合长期的教学和实践经验，以培养技术应用能力为主线，理论以实用、够用为度，从培养生产第一线岗位型人才为着眼点，在内容上力求做到理论简明扼要、深入浅出、突出重点，力求反映高等职业教育特点。

本书共分十二章，主要内容包括：室外给水工程概论，设计用水量，给水系统的工作情况，水源与取水工程，城市输配水管网布置与计算，室外给水管材、附件及附属构筑物，室外排水工程概论，污水管道系统，雨水管渠系统与合流制排水管渠系统，排水管渠的材料及附属构筑物，室外给水排水管网的管理和维护，室外给水排水管道系统图的识读等。本书可作为高职高专给水排水工程、城市水利、市政工程等专业的教材，也可作为从事城市给水排水工程技术人员的参考用书。

本书由山东水利职业学院黄敬文任第一主编，黑龙江建筑职业技术学院邢颖任第二主编。绪论、第五章、第十二章由黄敬文编写，第一章、第二章由河南建筑职业技术学院曲晓萍编写，第三章、第四章、第六章由邢颖编写，第七章由河南建筑职业技术学院崔震华编写，第八章、第九章由河南建筑职业技术学院武芳芳编写，第十章、第十一章由浙江水利水电专科学校刘振华编写，附录部分由哈尔滨新时代建筑设计有限责任公司梁蕴峰编写。最后由黄敬文对全书进行了统稿。

由于编者的水平有限，书中难免有不妥与疏漏之处，恳请广大读者批评指正。

编 者

2012 年 10 月

目　录

绪 论

一、给水排水工程的意义、作用和任务

水在人们的生活、生产活动中占有重要的地位，是不可缺少和无可替代的。同时，水环境也是我们赖以生存的物质基础。给水排水工程的任务就是保证人民生活、工业企业、公共设施、保安消防等的用水供给和废水排除，并安全可靠、经济便利地满足各用户对水的要求，及时收集、输送和处理、利用各用户的污水、废水，为人们的生活、生产活动提供安全、便利的用水条件，提高人们的生活健康水平，保护人们的生活、生存环境免受污染，以促进国民经济的发展，保障人们的健康和生活的舒适。因此，给水排水工程是现代城市和工业企业建设与发展中重要的、不可缺少的基础设施，在人们的日常生活和国民经济各部门中有着十分重要的意义。

人们在日常生活和生产活动中，都要使用大量的、各种用途的水；并且，各用水户对给水的水质、水量和水压要求也不尽相同。根据用水的目的，概括起来可分为四种类型的用水：生活用水、生产用水、消防用水和市政用水。天然水源的水与各用户用水要求之间往往存在着这样或那样的矛盾，为了保证供水的安全可靠、经济便利，为了提高人们的生活与健康水平以及扑灭火灾对水的要求，而修建的一整套保证水质、水量和水压满足用户要求的给水系统工程设施——给水工程。然而，水在使用后会受到不同程度的污染，成为废水、污水，大量的废水、污水如果直接排入自然水体或土壤，将破坏原有的自然环境，使我们的生存环境恶化。另外，城市的雨水、雪水也须及时排除，以免积水为害。因此，为了保护环境，保证国民经济的可持续发展，现代城市还必须修建一整套的收集、输送、处理和利用污水的排水系统工程设施——排水工程。

二、我国给水排水工程发展概况

我国现代化的给水工程距今已有 130 多年的历史，最早的给水设施是旅顺口的地下水给水系统，建于 1879 年，随后 1883 年在上海建成了第一座取用地表水的水厂——上海杨树浦水厂。到 1949 年，我国只有沿海、长江沿岸及东北的 72 座城市有自来水厂，总供水量日 240 万 m^3，供水管总长 6 500 km。随着国民经济的发展，到 2010 年我国县级以上城市（670 多座）都有完善的给水设施，日给水能力近 3 亿 m^3，供水管总长 50 多万 km。乡镇、农村供水也有了很大的发展，就山东省来说，几乎所有的乡镇与 90% 以上的农村都建立了基本的给水工程设施。

对于排水工程的建设，我国具有悠久的历史。早在战国时期就有了用陶土管修建的排水管道，到了秦代就已经有了比较完善的排水系统。比较完善的现代化排水工程，直到 20 世纪初才在个别城市开始建设，而且规模较小。新中国成立后，城市排水工程的建设随着城市和工业建设的发展而发展，新中国成立初期曾先后修建了北京的龙须沟、上海的

肇嘉浜、南京的秦淮河等十几处大型管渠工程，全国的其他城市也有计划地新建和扩建了一些排水工程，同时也开展了城市污水的处理和综合利用研究，修建了一些城市污水处理厂。到2010年，县级以上城市排水管道总长400多万 km；截至2011年年底，我国累计建成污水处理厂3 135座，污水处理能力达到1.36亿 m^3/d。

我国是缺水的国家之一，669座城市中有400余座城市供水不足，其中缺水比较严重的有110座城市。在32座百万人口以上的特大城市中，有30座城市长期受缺水问题困扰。水已严重制约了这些城市的经济发展，也给人们的生活带来了不便。为了改变这一现状，需开源与节流并重，可根据具体条件，修建蓄水及引水、水的重复利用、污废水的处理回用工程，防止水源污染，加强给水工程的维护管理以减少漏损。目前，我国的经济发展迅速，尤其是广大的乡镇、农村也富裕起来，他们迫切需要符合我国国情的给水排水设施，因此将给水排水工程建设的重点向广大的乡镇、农村转移，努力提高我国人民的生活与健康水平是当前的重要任务。为此，我们应不断总结经验，积极开展科学实验与研究，加强国际间的合作与交流，学习国外先进的管理技术与科学技术，充分地、科学合理地利用新技术、新工艺、新材料和新设备，进一步提高我国给水排水工程的技术水平，为我国的物质文明和精神文明建设作出应有的贡献。

三、本课程特点和学习要求

给水排水管道工程是市政工程专业的一门重要专业主干课程。其主要内容包括：室外给水工程概论，设计用水量，给水系统的工作情况，水源与取水工程，城市输配水管网布置与计算，室外给水管材、附件及附属构筑物，室外排水工程概论，污水管道系统，雨水管渠系统与合流制排水管渠系统，排水管渠的材料及附属构筑物，室外给水排水管网的管理和维护，室外给排水管道系统的识读等。

本课程是一门理论性和实践性均较强的课程，由于各地的自然条件、经济条件和人文条件等的不同，以及对给水排水要求的不同，给水排水工程的管材、附件及其附属构筑物以及管网的形式、组成往往也是不同的。因此，在学习本课程时应特别注重理论联系实际，把书本知识与实际工程结合起来，理解、掌握其问题的本质，学会从实际出发分析问题和解决问题。

城市给水排水管道工程是一门实用科学，应搞清概念，抓住重点，理解原理，掌握基本知识，理论联系实际，通过学习本课程应达到以下基本要求：理解、掌握城市给水排水系统中各构筑物的作用、构造以及设计和运行管理的基本知识，能合理选用附属构筑物标准图，具有城市给水排水管线施工图设计的能力。

第一章 室外给水工程概论

【知识要点】

1. 室外给水工程的分类、特点及组成。

2. 室外给水工程的布置形式及特点，影响布置的因素。

3. 工业给水系统的类型及水量平衡。

【能力目标】

1. 掌握室外给水工程的分类和组成。

2. 掌握室外给水工程的布置和影响因素。

3. 了解工业给水系统的基本知识。

水是人类及其他一切生物赖以生存的重要物质之一，水是一种宝贵的资源，它在人们的日常生活及国民经济建设中具有极其重要的作用。在现代工业企业中，为了生产上的需要以及改善劳动条件，水更是必不可少的，缺水将直接影响工业产值和国民经济发展的速度。因此，给水工程作为城市和工矿企业的一个重要基础设施，必须保证足够的水量、合格的水质、充裕的水压，以供应生活用水、生产用水和其他用水，不但要能满足近期的需要，而且要兼顾到今后的发展。

室外给水工程是进行水源选择、水的净化处理以及水的输送与调配的一门技术，是为满足城乡居民及工矿企业生产等用水需要而建造的工程设施。给水工程的基本任务是安全可靠、经济合理地供应城乡人民生活、工业生产、保安防火、交通运输、建筑工程、公共设施、军事部门等各项用水，并保证满足用户对水量、水质和水压的供水要求。

第一节 给水系统的分类与组成

一、给水系统的分类

给水系统是保证城市生活、消防、工矿企业用水的，由各种构筑物、设备和输配水管网组成的系统。根据系统的性质，给水系统分类如下：

(1)按水源的种类，可分为地表水给水系统、地下水给水系统和海水给水系统。地表水给水系统指以江河、湖泊、水库等地表水为水源的给水系统，一般水量较大，但因易受污染，水质一般较差，不能直接使用，必须进行适当净化来改善水质。地下水给水系统指以潜水、承压水、泉水等地下水为水源的给水系统。地下水埋藏于地下，流动于地层之中，水质常较地面水为佳，有时不经净化或经简单净化即可供使用，因此具有经济、安全的特点，但一般水量较小。海水给水系统指以海水为水源的给水系统，一般用于特殊用途的供水。

(2)按使用目的，可分为生活给水系统、生产给水系统、消防给水系统和特殊给水系统。

①生活给水系统是指提供生活用水的给水系统，包括居住建筑、公共建筑、生活福利设施等生活饮用、洗涤、烹饪、清洁卫生以及工业企业内部职工的生活用水及淋浴用水等。生活用水量的多少随当地的气温、生活习惯、生活水平、供水压力、收费方法等而有所不同，影响因素很多。生活用水可分为饮用水和非饮用水两部分，生活用水水质关系到人们的身体健康。生活饮用水的水质必须达到《生活饮用水卫生标准》(GB 5479—2006)规定的要求，非饮用水水质要求可较饮用水低。供水压力要满足城市内大多数建筑用水点的压力要求。

②生产给水系统是指提供工业生产用水的给水系统，包括工业企业生产过程中的工艺用水和冷却用水，如发电厂汽轮机、钢铁厂高炉等的冷却水、锅炉蒸汽用水，纺织厂和造纸厂的洗涤、空调、印染用水等。工业企业部门很多，生产工艺多种多样，生产用水的水量、水质和水压的要求也有很大的差异，而且生产工艺的改革也会对水量及水质的要求带来很大的变化。因此，在确定生产用水的水量和水质时，必须由工艺设计部门提供用水量、水质和所需压力的要求。

③消防给水系统是指提供消防用水的给水系统。消防用水是扑灭火灾的用水，只是在发生火灾时才由给水管网供给，消防用水对水质没有特殊要求。一般城市消防给水均采用低压制消防系统，即当发生火灾时，由消防车自管网中取水加压进行灭火。工业企业内也有采用高压制消防系统的，即当发生火灾时，提高整个管网的水压，以保证必需的灭火水柱。有关火灾次数、消防用水量以及相应管网压力，应按消防规范确定。

④特殊给水系统是指特殊用途的独立给水系统，如中水给水系统、直饮水给水系统。

城市给水系统一般同时供城市生活、生产和消防用水。

(3)按服务对象，可分为城市、工业、农业等给水系统。城市给水的服务对象是城市生活、生产和消防用水。大城市中的工业生产用水，如水质和水压与生活饮用水相近或相同，可直接由城市管网供给。如要求不同，可对用水量大的工程采用分质和分压给水，以节省城市水厂的建造和运转管理费用。小城市中的生产用水在总水量中所占比重不大，一般只设一个给水系统。工业给水的服务对象是工矿企业，一般情况下，城市内的工业用水可由城市水厂供给，但如工厂远离城市或用水量大但水质要求不高，或城市无法供水，则工厂自建给水系统。一般工业用水中冷却水占了极大比例，为了保护水源和节约电能，要求将水重复利用，于是出现直流式、循环式和循序式等系统，这也是工业给水系统的特点。农业给水常称为农业水利。

(4)按供水方式，可分为重力给水系统(自流供水系统)、压力给水系统(水泵供水系统)和混合给水系统。当水源位于高地且有足够的水压可直接供应用户时，可利用重力输水，如采用蓄水库为水源，常采用重力给水系统。压力给水系统是常见的供水系统，系统中需设置加压设备，如水泵等。混合给水系统即整个系统部分靠压力给水，部分靠重力给水。

二、给水系统的组成

给水系统是从天然水源取水，将原水净化处理达到用户所要求的水质标准后，经输配水管网系统将水输送到用水区域，并按用户所需的水压向用户供水。给水系统由取水工程、净水工程和输配水工程以及泵站组成。一般包括下列工程设施：

(1)取水构筑物：从选定的水源取水的构筑物包括地表水和地下水取水设施。

(2)给水处理构筑物：用以将取水构筑物的来水(原水)进行处理，以符合用户对水质的要求。这些构筑物一般集中布置在水厂内。给水处理构筑物选择的基本依据是原水水质和出水目标。根据原水水质，水处理分为地表水处理和地下水处理及海水淡化。地表水处理的对象主要是浊度，地下水作为生活用水和一般工业用水时，通常只进行消毒处理，有时还需要软化，除铁锰、除氟等。

(3)泵站：用以将所需水量提升到要求的高度，可分为抽取原水的一级泵站、输送清水的二级泵站和设于管网中的增压泵站等。

(4)输水管渠和配水管网：输水管渠是将原水送到水厂或将水厂处理后的清水送到配水管网的管道或渠道，输送过程中不取出使用；配水管网是将处理后的水送到各个用水区域的全部管道系统，沿线向用户配水。配水管网包括环状管网和树状管网。环状管网布置成环，供水安全性和造价高；树状管网布置成枝杈状，安全性和造价低。

(5)调节构筑物：是用以贮存水量，以调节用水流量的变化、平衡水量供需关系的各种类型的贮水构筑物。调节构筑物包括清水池和管网调节构筑物。清水池设于给水处理构筑物和二级泵站之间，清水池、给水处理构筑物和二级泵站一般设于一个厂区，统称为净水厂。管网调节构筑物包括高地水池和水塔，它还兼有保证水压的作用。高地水池和水塔通常布置在较高的地区。根据城市地形特点，可设在管网起端、中间或末端，分别构成网前水塔、网中水塔和对置水塔的给水系统。

其中，泵站、输水管渠和配水管网以及调节构筑物等总称为输配水系统，从给水系统整体来说，它是投资最大的子系统，占给水工程总投资的70%～80%。

如图1-1所示为以地面水为水源的给水系统。取水构筑物从江河取水，经一级泵站送往水处理构筑物，处理后的清水贮存在清水池中。二级泵站从清水池取水，经输水管送往管网供应用户。一般情况下，从取水构筑物到二级泵站都属于自来水厂的范围。有时为了调节水量和保持管网的水压，可根据需要建造水库泵站、水塔或高地水池。

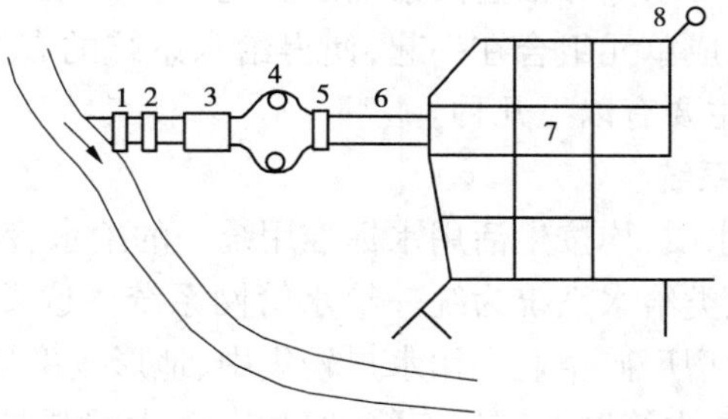

1—取水构筑物；2—一级泵站；3—水处理构筑物；4—清水池；
5—二级泵站；6—输水管；7—管网；8—水塔

图1-1　地面水源给水系统示意图

给水管线遍布在整个给水区内，根据管线的作用，可将其划分为干管和分配管。前者主要用于输水，管径较大；后者用以配水到用户，管径较小。

以地下水为水源的给水系统，常用管井等取水，如地下水水质符合《生活饮用水卫生标准》（GB 5479—2006），可省去水处理构筑物，从而使给水系统比较简化，如图 1-2 所示。

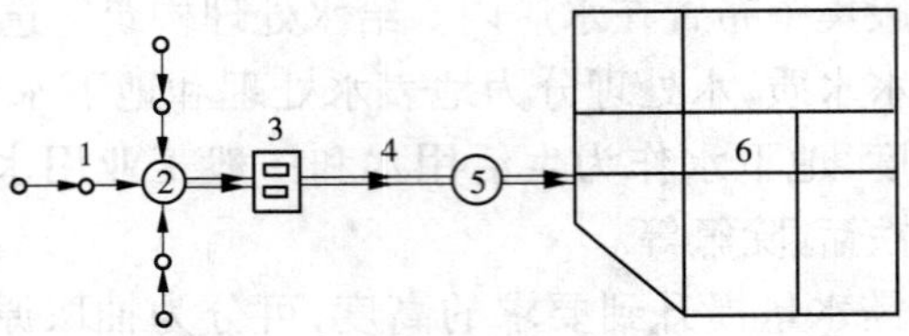

1—管井群；2—水池；3—泵站；4—输水管；5—水塔；6—管网

图 1-2　地下水源给水系统示意图

第二节　给水系统的布置和影响因素

一、给水系统的布置方案

给水系统包括取水构筑物、给水处理构筑物、泵站、输水管渠和配水管网、调节构筑物等构成单元。给水系统的布置就是合理地选择构成单元及其形式、内容和位置。布置方案是给水系统规划设计的基本内容，也是最重要的内容，对系统的经济技术指标影响非常大。合理的布置方案是供水安全、造价和运行费用的最佳结合点，是近期目标和远期目标的最佳结合点，它既能够保证供水安全，又能够节省造价和运行费用，既满足近期目标，又照顾到中远期发展，应综合各种因素来研究确定。

二、给水系统的布置形式

城市给水系统的布置，应根据城市总体规划布局、水源特点、当地自然条件及用户对水量、水质和水压的不同要求等方面的因素确定。此外，每个给水系统构成单元都有多种形式和位置选择，各种构成单元组合在一起，使得给水系统的布置形式千变万化、多种多样。但常见的布置形式主要有以下几种。

（一）统一给水管网系统

当城市给水系统的水质，均按生活用水标准用统一的给水管网供应各类建筑做生活、生产和消防用水，则称此类给水系统为统一给水管网系统。这类给水管网系统适用于新建中小城市、工业区或大型厂矿企业中用水户较集中、地形较平坦，且对水质、水压要求也比较接近的情况。统一给水管网系统调度管理灵活，动力消耗较少，管网压力均匀，供水安全性较好。

根据向管网供水的水源数目，统一给水管网系统可分为单水源给水管网系统和多水源给水管网系统两种形式。

1. 单水源给水管网系统

单水源给水管网系统，即只有一个水源地，处理过的清水经过泵站加压后进入输水管和管网，所有用户的用水来源于一个水厂清水池（清水库）。较小的给水管网系统，如企事业单位或小城镇给水管网系统，多为单水源给水管网系统，其系统简单、管理方便，如图1-3所示。

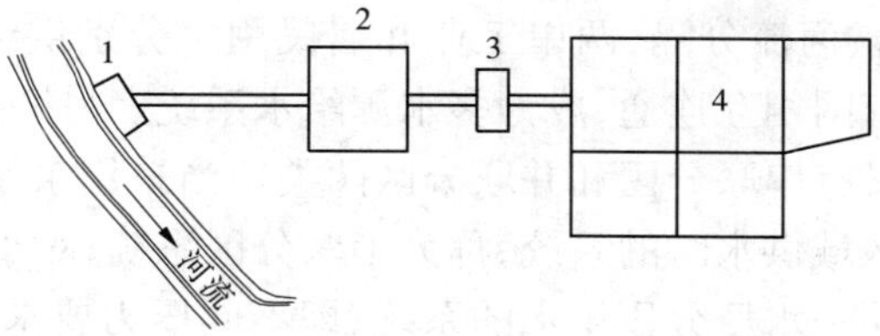

1—取水设施；2—给水处理厂；3—加压泵站；4—给水管网

图1-3　单水源给水管网系统示意图

2. 多水源给水管网系统

多水源给水管网系统，即有多个水厂的清水池（清水库）作为水源的给水管网系统，清水从不同的地点经输水管进入管网，用户的用水可以来源于不同的水厂。较大的给水管网系统，如大中城市甚至跨城镇的给水管网系统，一般是多水源给水管网系统，如图1-4所示。

多水源给水管网系统的特点是：调度灵活，供水安全可靠（水源之间可以互补），就近给水，动力消耗较小，管网内水压较均匀，便于分期发展，但随着水源的增多，管理的复杂程度也相应提高。

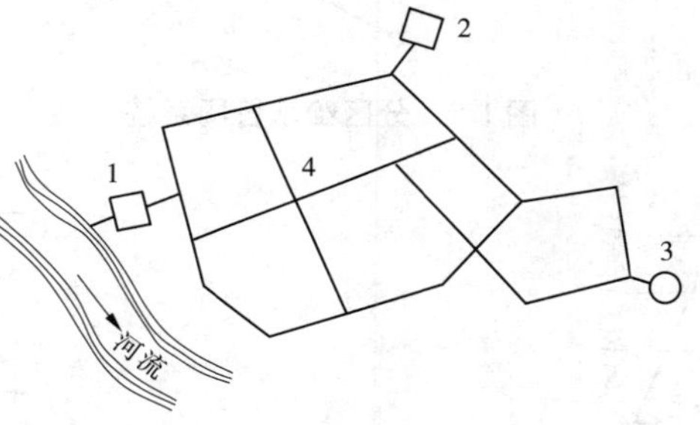

1—地表水水源；2—地下水水源；3—水塔；4—给水管网

图1-4　多水源给水管网系统示意图

（二）分系统给水管网系统

分系统给水管网系统和统一给水管网系统一样，也可采用单水源或多水源供水。根据具体情况，分系统给水管网系统又可分为分区给水管网系统、分压给水管网系统和分质给水管网系统。

1. 分区给水管网系统

分区给水管网系统是根据城市和工业区的特点将给水系统分成几个系统，每一个系统有单独的泵站和管网，可以独立运行，又可保持系统间的相互联系，以便保证供水的安全性和调度的灵活性。采用分区给水管网系统，其技术上的原因是：为使管网的水压不超过水管能承受的压力，因一次加压往往使管网前端的压力过高，经过分区后，各区水管承受的压力下降，并使漏水量减少；经济上的原因是：分区可节约供水的动力费用和管网投资，但设施分散，管理不便。一般在给水区范围很大、地形高差显著或远距离输水时，均需考虑分区给水管网系统。

管网分区的方法有两种：一种是城镇地形较平坦，功能分区较明显或自然分隔而分区，如图 1-5 所示，城镇被河流分隔，两岸工业和居民用水分别供给，自成给水系统，随着城镇的发展，再考虑将管网相互连通，成为多水源给水系统。另一种是因地形高差较大或输水距离较远而分区，又有串联分区和并联分区两类。当采用泵站加压（或减压措施）从某一区域取水，向另一区域供水时的系统，称为串联分区系统；对于地形起伏较大的城镇，其高、低压区域采用由同一水厂分压供水的系统，即不同压力要求的区域有不同泵站（或泵站中不同水泵）供水的系统，称为并联分区系统。大型管网系统可能既有串联分区又有并联分区，以便更加节约能量。如图 1-6 所示为并联分区给水管网系统，图 1-7 所示为串联分区给水管网系统。

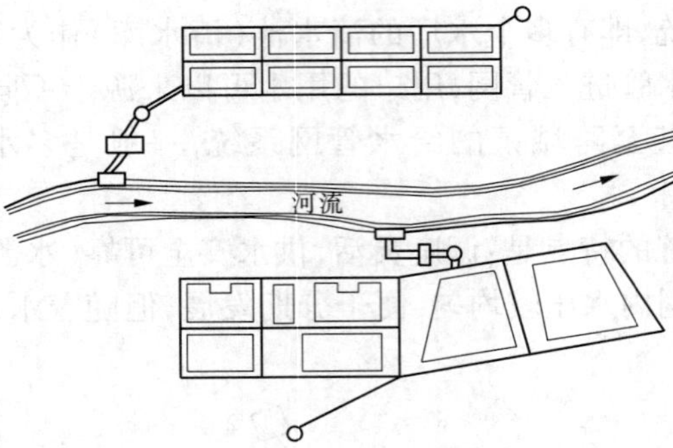

图 1-5　分区给水管网系统

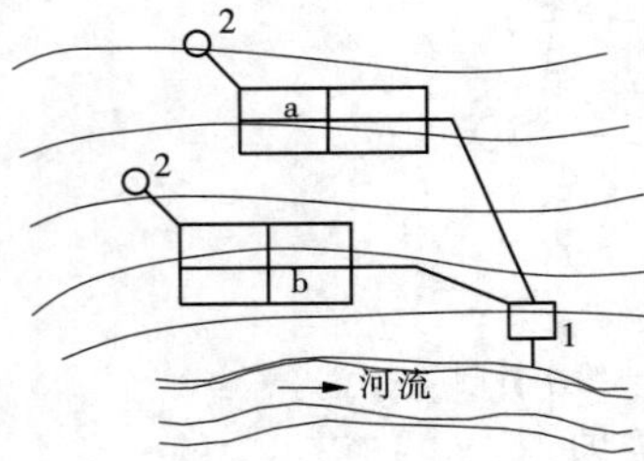

a—高区；b—低区；1—净水厂；2—水塔

图 1-6　并联分区给水管网系统

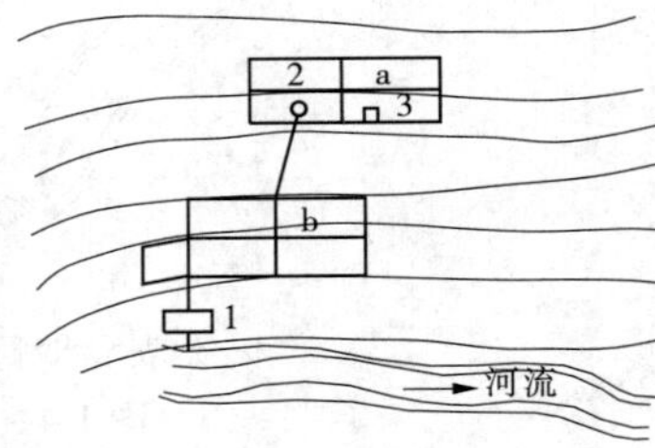

a—高区；b—低区；1—净水厂；2—水塔；3—加压泵站

图 1-7　串联分区给水管网系统

2. 分压给水管网系统

分压给水管网系统是由于用户对水压要求的不同，而分成两个或两个以上的给水系统，如图 1-8 所示。符合用户水质要求的水，由同一泵站内的不同扬程的水泵提供不同压力的水，分别通过高压、低压输水管网送往不同用户。当城市或大型厂矿企业用水户要求水压差别很大时，如果统一供水，压力没有差别，势必造成高压用户压力不足而增加局部增压设备，这种分散增压不但增加管理工作量，而且能耗也大；而采用分压给水管网系统，可减少设备用量，减少动力费用。

分压给水管网系统又可采用并联分压给水管网系统和串联分压给水管网系统。并联分压给水管网系统是根据高、低压供水范围和压差值由泵站组合完成的。串联分压给水管网系统仍多为低压给水管网向高压管供水并加压到高压管网，而形成分压串联。

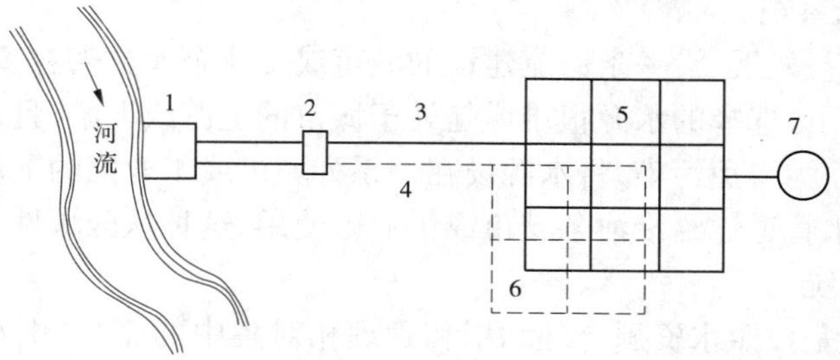

1—净水厂；2—二级泵站；3—低压输水管；4—高压输水管；
5—低压管网；6—高压管网；7—水塔

图 1-8　分压给水管网系统

3. 分质给水管网系统

根据用户对水质要求的不同而分成两个或两个以上的给水系统，分别供给各类用户，称为分质给水管网系统，如图 1-9(a)、(b)所示。

当一座城市或大型厂矿企业的用水，因生产性质对水质要求不同，特别对用水大户，其对水质的要求低于生活用水标准，则适宜采用分质给水系统。分质给水系统，既可以是同一水源，经过不同的处理，以不同的水质和压力供应工业和生活用水，也可以是不同的水源，例如地面水经沉淀后供工业生产用水，地下水经加氯消毒供生活用水等。这种给水系统显然因分质供水而节省了净水运行费用，缺点是需要设置两套净水设施和两套管网，管理工作复杂。选用这种给水系统应作技术、经济分析和比较。

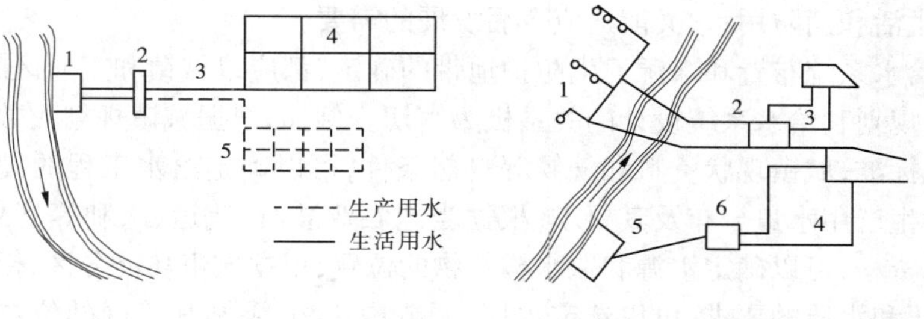

1—分质净水厂；2—二级泵站；
3—输水管；4—居住区；5—工厂区

(a)

1—井群；2—地下水水厂；3—生活用水管网；
4—生产用水管网；5—取水构筑物；
6—工业用水处理构筑物生产用水厂

(b)

图 1-9　分质给水管网系统

(三)循环和循序给水系统

循环给水系统是指使用过的水经过处理后循环使用，只从水源取得少量循环时损耗的水，这种系统应用较多。循序给水系统是在车间之间或工厂之间，根据水质重复利用的原理，水源水先在某车间或工厂使用，用过的水又到其他车间或工厂应用，或经冷却、沉淀等处理后再循序使用，这种系统不能普遍应用，原因是水质较难符合循序使用的要求。如城市工业区中某些生产企业生产过程所排放的废水水质尚好，适当净化还可循环使用，或循序供其他工厂生产使用，无异这是一种节水给水系统。

（四）区域给水系统

随着工业的日益发展，沿一条河流建设的城市或工业企业愈来愈多，其间的距离愈来愈小。在有些情况下，选择的水源很难说是处于城市的上游或下游，且水源又或多或少地受到了污染。因此，为避免污染，将水源设在一系列城市或工业区的上游，统一取水，经水质净化后，用输配水管道送给沿河各城市或工业区使用，这种从区域性考虑形成的给水系统称为区域给水系统。

区域给水系统是按照水资源合理利用和管理相对集中的原则，供水区域不局限于某一城镇，而是包含了若干城镇及周边的村镇和农村集居点，形成一个较大范围的供水区域。区域给水系统可以由单一水源和水厂供水，也可由多个水源和水厂组成。这种供水系统因水源免受城市排水污染，水源水质是稳定的，但开发需要投资较大。

对于规模较大的城镇以及联合企业的供水系统，还可能同时具有几种供水系统，例如既有分质，又有分区的系统等。

三、影响给水系统布置的因素

城市给水系统采用何种布置形式，要根据地形条件，水源情况，城市和工业企业的规划，水量、水质和水压要求，并考虑原有给水工程设施条件，从全局出发，通过技术经济比较决定。影响给水系统布置的因素分述如下。

（一）城市规划的影响

给水系统的布置应密切配合城市和工业区的建设规划，做到通盘考虑分期建设，既能及时供应生产、生活和消防用水，又能适应今后发展的需要。

水源选择、给水系统布置和水源卫生防护地带的确定，都应以城镇和工业区的建设规划为基础。城镇规划和给水系统设计的关系极为密切。例如，根据城镇规划人数，居住区房屋层数和建筑标准，城镇现状资料和气候等自然条件，可以确定给水工程的设计规模；从工业布局可知生产用水量分布及其要求；根据当地农业灌溉、航运、水利等规划资料及水文和水文地质资料，可以确定水源和取水构筑物的位置；根据城市功能分区，街道位置，用户对水量、水压和水质的要求，可以选定水厂、调节构筑物、泵站和管网的位置；根据城市地形条件和供水压力可确定是否需要分区供水；根据用户对水质的要求可确定是否分质供水等。

（二）水源的影响

任何城市都会因水源种类、水源距给水区的远近、水质条件的不同，影响到给水系统的布置。给水水源分地下水和地表水两种。地下水源包括浅层地下水、深层地下水和泉水等，它在我国北方地区采用较多。地表水源包括江水、河水、湖泊水、水库水、海水等，它在我国南方比较普遍。

当地如有丰富的地下水，则可在城镇上游或就在给水区内开凿管井或大口井，井水经消毒后，由泵站加压送入管网，供用户使用。给水水源如处于适当的高程，能借重力输水，则可省去一级泵站或二级泵站或同时省去一级、二级泵站。城镇附近山上有泉水时,建造泉室供水的给水系统最为简单经济。取用蓄水库水时,也可利用高程以重力输水,输水能量费用可以节省。以地表水为水源时,一般从流经城市或工业区的河流上游取水。因地表水多半是浑浊的,并且难免受到污染,如作为生活饮用水必须加以处理。受到污染的水源,水处理过程比较复杂,因而会提高给水成本。

城市附近的水源丰富时,往往随着用水量的增长而逐步发展成为多水源给水系统,从不同部位向管网供水。多水源给水系统可以从几条河流取水,或从一条河流的不同位置取水,或同时取地表水和地下水,或取不同地层的地下水等。我国许多大中城市,如北京、上海、天津等地的水源系统,都是多水源的给水系统。这种系统的特点是:便于分期发展,供水比较可靠,管网内压力也比较均匀,但随着水源的增多,设备和管理工作相应增加;与单一水源相比,通常仍较为经济合理。

随着国民经济的发展,用水量越来越大。但是由于某些地区的河道,在枯水季节河水量锐减甚至断流,水体污染日趋严重,有些城市的地下水位不同程度的下降,某些沿海城市受到海水倒灌的影响等,以致很多城市或工矿企业因就近缺乏水质较好、水量充沛的水源,必须采用跨流域、远距离取水的方式来解决给水问题。例如引滦入津工程、青岛引黄济青工程、西安黑河引水工程、上海黄浦江上游引水工程、南水北调工程等,这些工程技术相当复杂,不仅增加了给水工程的投资,也增加了工程的难度。

(三)地形的影响

地形条件对给水系统的布置有很大影响。如地形平坦,城市规模不大,工业用水量较小且对水压无特殊要求,适合采用统一给水系统。地形起伏较大或城市各区相隔较远,适合采用分区给水系统或局部加压给水系统。城市较大且被河流分割时,一般适合先分别供给,自成给水系统,随着城市的发展,再考虑将两岸管网相互连通成为多水源的给水系统。取用地下水时,可考虑到就近凿井取水的原则而采用分地区供水的系统,这种布置节省投资,并且便于分期建设。

(四)用水要求和用户分布

满足用水要求是城市给水的基本任务,用户的分布对城市给水系统布置的影响很大,应认真研究其规律和特点,有针对性地布置。

第三节　工业给水系统

一、工业给水系统类型

城市给水系统的组成和布置原则同样适用于工业企业。在一般情况下,工业用水通常由城市管网供给。但是工业给水是一个比较复杂的问题,不仅工业企业门类多、系统庞大,而且对水压、水质和水温有不同的要求。如有些工业企业,用水量虽大,但对水质要求不高,使用城市自来水不经济,或限于城市给水系统的规模无法供应大量工业用水,或工厂远离城市,这时需要自建给水系统;有些工业用水如电子工业、制药工业、锅炉给水等,用水量虽少,但水质要求远高于生活饮用水,需要自备给水处理系统,将城市给水的水质提高到满足生产用水的要求。

在工业发达地区，冷却用水量可占工业用水量的70%左右，而在城市用水量中，工业用水量约占一半以上，因此工业冷却用水应尽量重复利用，以便有效节约水资源和节省抽水动力费用。根据工业企业内水的重复利用情况，可将工业给水系统分为循环给水系统和复用给水系统。

循环给水系统是指使用过的水经适当的处理后再行回用，并连续循环。循环给水系统最适合于冷却水的供给。在循环使用过程中会损耗一些水量，包括循环过程中蒸发、漂洒、渗漏等损失的水量，需从水源取水加以补充。为了节约工业用水，冷却用水一般较多采用循环给水系统。复用给水系统是指按照各生产车间对水质的不同要求，将水按顺序重复利用，也称循序给水系统。水源水先到某些车间，使用后或直接送到其他车间，或经冷却、沉淀等适当处理后，再到其他车间使用，然后排出。采用复用给水系统，使用水得到最大限度的利用，供水比较经济，特别是在车间排出的水可不经过处理或略加处理就可供其他车间使用时，更为适用。为了节约工业用水，在工厂与工厂之间，也可考虑采用复用（循序）给水系统。

工业给水系统中水的重复利用，不仅是解决城市水资源缺乏的一种措施，还可以提高环境效益，减少使城市水体污染的废水量。因此，工业用水的重复利用率是节约城市用水的重要指标。所谓重复利用率，是指重复用水量在总用水量中所占的百分数。工业企业用水系统的选择，应从全局出发，考虑水资源的节约利用和水体的保护，通过改进工艺和设备，采用循环给水系统或复用给水系统，提高工业用水的重复利用率。

二、工业用水的水量平衡

水量平衡是工业节水的基础工作。所谓水量平衡，就是保证工业企业水系统内每个车间以及整个系统的给水排水量平衡。在大中型工业企业中，为了做到水的重复利用、循环使用，以达到节约用水的目的，就必须根据企业内各车间对水量和水质的要求，做好水量平衡工作，并绘制水量平衡图。为此，应详细调查各车间的生产工艺、用水量及其变化规律，对水质和水压的要求，使用后的水量损耗和水温的变化等情况。在此基础上，找出节约用水的可能性，并制订出合理用水和减少排污水量的计划。

工业企业水系统的给水包括新鲜水、循环用水以及回用水。新鲜水是指生产过程中由于生产所需而引取的新鲜的生产用水补充水量。循环用水是指生产过程中在用水设备处，或不同设备之间，或不同工序之间经二次或二次以上重复利用的水量。回用水是指各种污废水经再生处理后回用的水量。循环用水和回用水合称为重复用水，其总用水量等于新鲜水、循环用水以及回用水水量之和。

工业企业水系统的排水包括复用回水、生产废水和生产污水。复用回水是指经用水设备使用后可以再经重复利用的水量，它与循环用水相对应，但其水量不一定等于循环用水量。如在循环冷却水系统中，冷却回水量不一定等于循环冷却水量，可能由于冷却水的损耗或水质不宜作为回水而使回水量减小，也可能出现其他排水因水质可并入冷却回水而使回水量大于循环冷却水量的情况，这是由生产工艺条件确定的。生产废水是指生产过程中产生的污染较轻可不经处理而直接排放的废水。生产污水是指生产过程中产生的污染较重必须经过处理后排放的工业废水。

在工业企业生产过程中必定要消耗一定的水量，所以工业企业总排水量一定小于总用水量，以上各种水量之间的关系可用图1-10来表示。

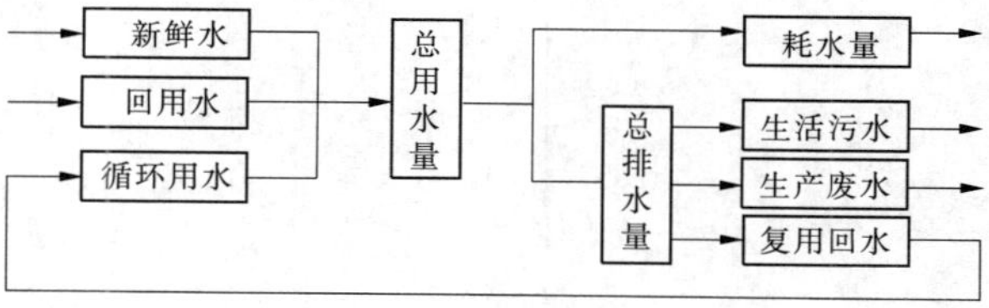

图1-10 各种水量关系示意图

水量平衡的含义是指总用水量和总排水量之间的平衡，水量平衡的目的是通过对生产工艺用水要求及其变化规律的了解，挖掘重复利用、循环使用的潜力，以做到合理用水、节约用水。可采取的途径或是改革生产工艺，减少耗水量，或是提高重复利用率，增大回用水量，以相应减少排水量。工业用水量大，节约用水的潜力也大。例如，冷却用水一般占工业用水的60%～80%，提高重复利用率后即可节约大量用水。进行工业企业水量平衡的测定工作时，应先查明水源水质和取水量、各用水部门的工艺过程和设备、现有计量仪表的状况；测定每台设备的用水量、耗水量、排水量、水温等，按厂区给水排水管网图核对，对于老的工业企业还应测定管道和阀门的漏水量。然后根据测定结果，绘出水量平衡图。这对于了解工厂用水现状，采取节约用水措施，健全工业用水计量仪表，减少排水量，合理利用水资源以及对厂区给水排水管道的设计都很有用处。

思考题

1. 由高地水库供水给城市，如按水源和供水方式考虑，应属于哪类给水系统？

2. 给水工程由哪几部分组成？具体包括哪些工程设施？

3. 给水系统有哪些类型？什么是统一给水管网系统、分质给水管网系统和分压给水管网系统？目前哪种系统应用较多？

4. 影响给水系统布置的主要因素有哪些？当单一水源不能满足水量要求时，应采用何种给水系统？当市区地形高差较大时，应采用何种给水系统？

5. 工业给水的特点是什么？工业给水系统又分为哪些系统？各适用于何种情况？

6. 什么是工业用水的水量平衡？其目的是什么？

第二章　设计用水量

【知识要点】

1. 用水量定额。

2. 用水量变化。

3. 用水量计算。

【能力目标】

1. 掌握设计用水量的组成。

2. 理解用水量定额的含义及分类。

3. 理解描述用水量变化的两种方法——用水量变化系数和用水量变化曲线。

给水系统设计时，首先须确定该系统在设计年限内需要的用水量，因为系统中取水、水处理、泵站和管网等设施的规模都须参照设计用水量确定，会直接影响建设投资和运行费用。城市给水系统的设计年限，应符合城市总体规划，近远期结合，以近期为主的原则。一般近期规划年限宜采用5～10年，远期规划年限宜采用10～20年。

设计用水量由下列各项组成：

(1)综合生活用水(包括居民生活用水和公共建筑用水)。

(2)工业企业用水。

(3)浇洒道路和绿地用水。

(4)管网漏损水量。

(5)未预见用水。

(6)消防用水。

在确定设计用水量时，应根据各种供水对象的使用要求及近期发展规划和现行用水定额，计算出相应的用水量，最后加以综合作为设计给水工程的依据。

第一节　用水量定额

用水量定额是指不同的用水对象在设计年限内达到的用水水平。它是确定设计用水量的主要依据，它直接影响给水系统相应设施的规模、工程投资、工程扩建的期限、今后水量的保证等方面，所以必须慎重考虑确定。虽然设计规范规定了各种用水的用水定额，随着水资源紧缺问题的加剧和国民水资源意识的提高，城市用水量在不断发生变化，在设计和使用时，如何合理地选定用水定额，是一项十分复杂而细致的工作。这是因为用水定额的选定涉及面广，政策性强，所以在选定用水定额时，必须以国家的现行政策、法规为依据，全面考虑其影响因素，通过实地考察，并结合现有资料和类似地区或工业企业的经验，确定适宜的用水定额。

一、生活用水定额

生活用水定额与室内卫生设备完善程度及形式、水资源和气候条件、生活习惯、生活水平、收费标准及办法、管理水平、水质和水压等因素有关。一般来说，我国东南地区沿海经济开发特区和旅游城市，因水资源丰富，气候较好，经济比较发达，用水量普遍高于水源短缺、气候寒冷的西北地区；生活水平高、水质好、水压高、收费标准低，用水量就较大；按人计费大于按表计费，据统计，按人计费为按表计费的 1.4 ~1.8 倍；同类给水设备的用水量，一般型的大于节水型的等。设计选用时，上述诸因素必须给予全面考虑。现将公共建筑生活用水定额、居民生活用水定额和综合生活用水定额、工业企业职工生活及淋浴用水定额、消防及市政用水定额分述如下。

（一）公共建筑用水定额

公共建筑用水定额可参照现行《建筑给水排水设计规范》（GB 50015—2003）（2009版）的规定，参见附录 1。

（二）居民生活用水定额和综合生活用水定额

居民生活用水定额和综合生活用水定额均以 L/（人・d）计。设计时应根据当地国民经济、城市发展规划和水资源充沛程度，在现有用水定额的基础上，结合给水专业规划和给水工程发展条件综合分析确定。影响生活用水量的因素很多，设计时如缺乏实际用水资料，则居民生活用水定额和综合生活用水定额可参照现行《室外给水设计规范》（GB 50013—2006）的规定（参见附录 2）选用，应以现行规范为依据，按照设计对象所在分区和城市规模大小，确定其幅度范围。然后综合考虑足以影响生活用水量的因素，选定设计采用的具体数值。如果涉及现行规范中没有规定具体数字或其实际生活用水定额与现行规范规定有较大出入，其用水定额应参照类似生活用水定额，经上级主管部门同意，可作适当增减。

近年来，我国村镇给水工程发展迅速，但目前尚未规定统一的村镇居民用水量标准，鉴于这一情况，在设计村镇给水工程时，村镇生活用水定额可参照《村镇供水工程技术规范》（SL 310—2004）及相近地区的实际用水情况，并结合村镇的总体规划、经济发展水平、水资源充沛程度和用水特点，给予合理确定。

（三）工业企业职工生活及淋浴用水定额

工业企业职工生活及淋浴用水定额是指自工业企业职工在从事生产活动时所消费的生活及淋浴用水量，单位以 L/（人・班）计，职工生活用水定额应根据车间特征确定，一般车间采用 25 L/（人・班），高温车间采用 35 L/（人・班）。职工淋浴用水定额与车间特征有关，一般车间 40 L/（人・班），高温车间 60 L/（人・班），淋浴时间在下班后 1 h 内进行。

二、工业企业生产用水定额

工业企业生产用水一般是指工业企业在生产过程中，用于冷却、空调、制造、加工、净化和洗涤方面的水。在城市给水中，工业用水占很大比例。工业企业生产用水定额的计算方法有三种：一是按工业产品每万元产值耗水量计算。不同类型的工业，万元产值用水量不同。即使同类工业部门，由于管理水平提高，工艺条件改善和产品结构的变化，尤其是工业产值的增长，单耗指标会逐年降低。提高工业用水重复利用率，重视节约用水等可以降低工业用水单耗。工业用水的单耗指标由于水的重复利用率提高而有逐年下降的趋势，并且由于高产值低单耗的工业发展迅速，因此万元产值的用水量指标在很多城市有较大幅度的下降。二是按单位产品耗水量计算，这时工业企业生产用水定额应根据生产工艺过程的要求确定，或是按单位产品计算用水量。三是按每台设备单位时间耗水量计算，可参照有关工业用水定额。生产用水量通常由企业的工艺部门提供，在缺乏资料时，可参考同类型企业用水指标。在估计工业企业生产用水量时，应按当地水源条件、工业发展情况、工业生产水平，预估将来可能达到的重复利用率。

三、消防用水量

消防用水只在发生火灾时使用，一般历时短暂（2 ~ 3 h），但从数量上说它在城市用水量中占有一定的比例，尤其中小城市所占比例更大。通常贮存在水厂的清水池中，发生火灾时由水厂的二级泵站送至火灾现场。消防用水量、水压和火灾延续时间等，应按照现行的《建筑设计防火规范》（GB 50016—2006）及《高层民用建筑设计防火规范》（GB 50045—95）（2005 年版）等执行。

城镇或居住区的室外消防用水量，通常按同时发生的火灾次数和一次灭火的用水量确定，见附录 3。

工厂、仓库和民用建筑的同时发生火灾次数见附录 3，其室外消防一次灭火用水量还与耐火等级及火灾危险性有关，参见附录 3。

四、市政及其他用水定额

浇洒道路和绿化用水量应根据路面种类、绿化面积、气候、土壤以及当地的具体条件确定，设计时可结合上述因素在下列幅度范围内选用：浇洒道路可采用 1.0 ~ 2.0 $L/(m^2 \cdot 次)$，浇洒次数按 2 ~ 3 次/d 计，大面积绿化用水量可采用 1.5 ~ 4.0 $L/(m^2 \cdot d)$。

城镇配水管网的漏损水量宜按综合生活用水量、工业企业用水量、浇洒道路和绿地用水量之和的 10% ~12% 计算，当单位管长供水量小或供水压力高时可适当增加。

城市的未预见水量应根据水量预测时难以预见因素的程度确定，宜按综合生活用水量、工业企业用水量、浇洒道路和绿地用水量及管网漏损水量之和的 8% ~12% 计算。

第二节　用水量变化

无论是生活用水还是生产用水，其用水量经常在变化，生活用水量随着生活习惯和气候而变化，如假期比平日高，夏季比冬季用水量多。从我国大中城市的用水情况可以看出：在一天内又以早晨起床后和晚饭前后用水量最多。又如，工业企业的冷却用水量，随气温和水温而变化，夏季多于冬季，即使不同年份的相同季节，用水量也有较大差异。工业企业生产就明显高于冬季。某些季节性工业，用水量变化就更大。前面述及的用水定额只是一个长期统计的平均值，因此在给水系统设计时，除正确地选定用水定额外，还必须了解供水对象(如城镇)逐日逐时用水量的变化情况,以便合理地确定给水系统及各单项工程的设计流量,使给水系统能经济合理地适应供水对象在各种用水情况下对供水的要求。

一、基本概念

由于室外给水工程服务区域较大,卫生设备数量和用水人数较多,且一般是多目标供水(如城镇用水包括居民、工业、公用事业、商业等方面),各种用水参差使用,其用水高峰可以相互错开,使用水量能在以小时为计量单位的区间内基本保持不变的可能性较大。因此,为降低给水工程造价,室外给水工程系统设计只需要考虑日与日、时与时之间的差别,即逐日逐时用水量变化情况。实践证明,这样考虑既可使室外给水工程设计安全可靠,又可使其经济合理。

为了反映用水量逐日逐时的变化幅度,在给水工程中引入了两个重要的特征系数——时变化系数和日变化系数。

(1)时变化系数,常以 K_h 表示,其意义可按下式表达:

$$K_h = \frac{Q_{hmax}}{\overline{Q}_h} \tag{2-1}$$

式中 Q_{hmax}——最高日最高时用水量,又称最大时用水量,m^3/h,即用水量最多的一年内,用水量最高的 24 h 中,用水量最大的 1 h 的总用水量,该值一般作为给水管网工程规划与设计的依据;

$\overline{Q}_h$——最高日平均时用水量,m^3/h,是指最高日内平均每小时的用水量。

(2)日变化系数,常以 K_d 表示,其意义可按下式表达:

$$K_d = \frac{Q_{dmax}}{\overline{Q}_d} \tag{2-2}$$

式中 Q_{dmax}——最高日用水量,m^3/d,即用水量最多的一年内,用水量最多 1 d 的总用水量,该值一般作为给水取水与水处理工程规划和设计的依据;

$\overline{Q}_d$——平均日用水量,m^3/d,即规划年限内,用水量最多一年的总用水量除以用水天数,该值一般作为水资源规划和确定城市污水量的依据。

从上式我们可以看出,K_h 值及 K_d 值实质上显示了一定时段内用水量变化幅度的大小,反映了用水量的不均匀程度。K_h 值及 K_d 值可根据多方面长时间的调查研究统计分析得出。在城市供水设计中,时变化系数、日变化系数应根据城市性质、城市规模、国民经济与社会发展水平和城市供水系统现状,并结合城市供水曲线分析确定。在缺乏实际用水资料情况下,最高日城市综合用水的时变化系数 K_h 宜采用 1.3 ~ 1.6,大中城市的用水比较均匀,K_h 值较小,可取下限,小城市可取上限或适当加大。日变化系数 K_d,根据给水区的地理位置、气候、生活习惯和室内给水排水设施的完善程度,其值为 1.1 ~ 1.5,个别小城镇可适当加大。另外,工业企业内工作人员的生活用水时变化系数为 2.5 ~ 3.0。淋浴用水量按每班连续用水 1 h 确定变化系数,工业生产用水一般变化不大,可以在最高日内各小时均匀分配。

二、用水量时变化曲线

在设计给水系统时，除求出设计年限内最高日用水量和最高日的最高 1 h 用水量外，还应知道最高日用水量那一天 24 h 的用水量逐时变化情况，据以确定各种给水构筑物的大小，这种用水量变化规律通常以用水量时变化曲线表示。

（一）城镇用水量时变化曲线

图 2-1 为某大城市最高日用水量时变化曲线。图中纵坐标表示逐时用水量，按最高日用水量的百分数计，横坐标表示用水的时程，即最高日用水的小时数；图中粗折线就是该城市最高日用水量时变化曲线；图形面积等于 $\sum_{i=1}^{24} Q_i\% = 100\%$，$Q_i\%$ 是以最高日用水量百分数计每小时用水量；4.17%的水平线表示平均时用水量的百分数，即 $\frac{1}{24} = 4.17\%$。从曲线上可以看出用水高峰集中在 8 时至 10 时和 16 时至 18 时，最高时（8 时至 9 时）用水量为最高日用水量的 6.00%，$K_h = \frac{6.00\%}{4.17\%} = 1.44$。

图 2-2 为某小城镇最高日用水量时变化曲线。该曲线显示 1 d 内出现几个高峰，且用水量变化幅度大，$K_h = \frac{14.60\%}{4.17\%} = 3.5$；而村镇、集体生活区的用水量变化幅度将会更大。

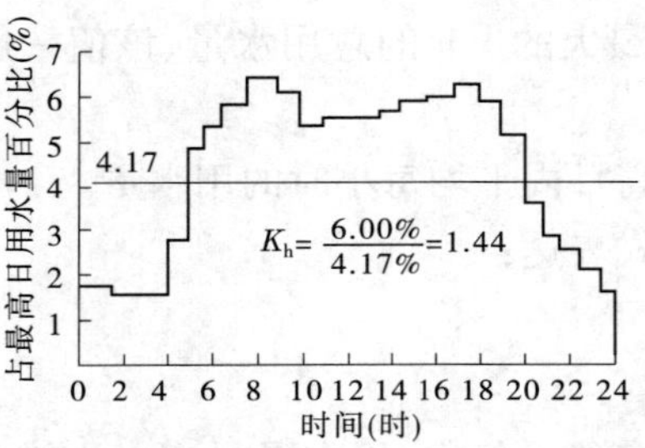

图 2-1　某大城市最高日用水量时变化曲线

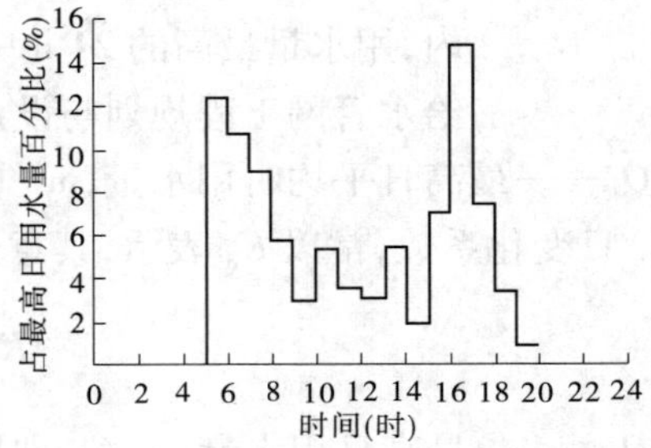

图 2-2　某小城镇最高日用水量时变化曲线

实际上，用水量的 24 h 变化情况天天不同。图 2-1 表明用水人数多，卫生设备完善程度高，多目标供水的大城市因各用户的用水时间相互错开，使各小时的用水量比较均匀，变化系数较小；而用水人数较少、用水定额较低的小城镇及一些集体生活区，其用水时间较集中，变化系数较大。

（二）工业企业用水量时变化曲线

图 2-3 为工业企业职工生活用水量时变化曲线。图中阴影部分面积为一个班次的用水量，用水时间延续至下班后 0.5 h。从图中可知，一般车间时变化系数 $K_h = \frac{37.50\%}{12.50\%} = 3.00$。高温车间时变化系数 $K_h = \frac{31.30\%}{12.50\%} = 2.5$。职工淋浴用水量，假定集中在每班下班后 1 h 内使用。

工业企业生产用水量逐时变化情况，主要随生产性质和工艺过程而定，在实际设计中，应通过调查研究合理确定。

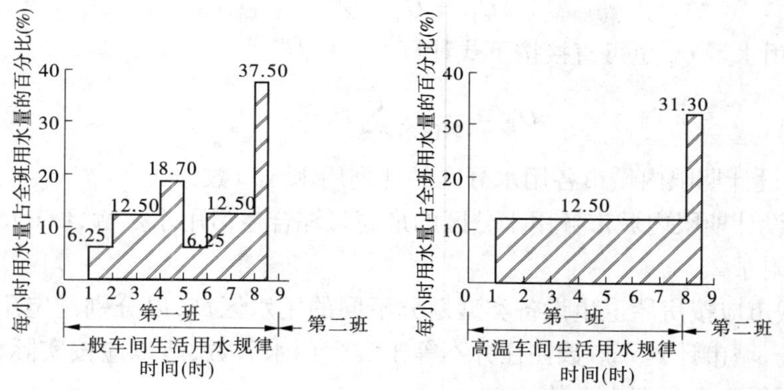

图 2-3　工业企业职工生活用水量时变化曲线

用水量变化曲线是多年统计资料整理的结果,资料统计时间越长,数据越完整,用水量变化曲线与实际用水情况就越接近。对于新设计的给水工程,用水量变化规律只能按该工程所在地区的气候、人口、居住条件、工业生产工艺、设备能力、产值情况,参考附近城市的实际用水资料确定。对于扩建改建工程,可进行实地调查,获得用水量及其变化规律的资料。

第三节　用水量计算

在给水系统设计时,一般需计算最高日设计用水量、最高日平均时设计用水量和最高时设计用水量及消防用水量。

一、最高日设计用水量计算

城市最高日设计用水量一般包括以下几项。

(一)生活用水量计算

1. 综合生活用水量 Q_1 计算

综合生活用水量包括城市居民生活用水量 Q_1'和公共建筑用水量 Q_1''。

(1)居民生活用水量 Q_1'(m^3/d)可按下式计算:

$$Q_1' = \frac{N_1 q_1'}{1\,000} \tag{2-3}$$

式中　N_1——设计时期内规划人口数,人;

q_1'——设计期限内采用的最高日居民生活用水定额,L/(人·d),参见附录 2。

(2)公共建筑用水量 Q_1''(m^3/d),可按下式计算:

$$Q_1'' = \frac{1}{1\,000}\sum_{i=1}^{n} N_{1i} q_{1i}'' \tag{2-4}$$

式中　N_{1i}——对应用水定额用水单位的数量(人、床位等);

q_{1i}''——某类公共建筑最高日用水定额,按附录 1 采用。

所以

$$Q_1 = Q_1' + Q_1'' \tag{2-5}$$

综合生活用水量 Q_1 也可直接按下式计算：

$$Q_1 = \frac{1}{1\ 000}\sum_{i=1}^{n} N_{1i}q_{1i} \tag{2-5'}$$

式中 N_{1i}——设计期限内城市各用水分区的计划用水人口数，人；

q_{1i}——设计期限内城市各用水分区的最高日综合生活用水定额，L/(人·d)，参见附录2。

一般地，城市应按房屋卫生设备类型划分不同的用水区域，以分别选定用水量定额，使计算更准确。城市计划人口数往往并不等于实际用水人数，所以应按实际情况考虑用水普及率，以便得出实际用水人数。

2. 工业企业职工生活用水量 Q_2

工业企业职工生活用水量 Q_2(m^3/d)可按下式计算：

$$Q_2 = \frac{1}{1\ 000}\sum_{i=1}^{n} n_{2i}(N'_{2i}q'_{2i} + N''_{2i}q''_{2i}) \tag{2-6}$$

式中 n_{2i}——某车间或工厂每日班别；

N'_{2i}、N''_{2i}——相应车间或工厂一般及高温岗位最大班的职工人数，人；

q'_{2i}、q''_{2i}——相应岗位职工的生活用水定额，L/(人·班)。

3. 工业企业职工淋浴用水量 Q_3

工业企业职工淋浴用水量 Q_3(m^3/d)可按下式计算：

$$Q_3 = \frac{1}{1\ 000}\sum_{i=1}^{n} n_{2i}(N'_{3i}q'_{3i} + N''_{3i}q''_{3i}) \tag{2-7}$$

式中 N'_{3i}、N''_{3i}——相应车间(或工厂)一般及热污染岗位每班职工淋浴人数；

q'_{3i}、q''_{3i}——相应岗位职工的淋浴用水定额，L/(人·班)。

(二)生产用水量计算

城镇生产用水量 Q_4，可按下式计算：

$$Q_4 = \sum_{i=1}^{n} q_{4i}N_{4i}(1-\varphi) \tag{2-8}$$

式中 Q_4——同时开工的某类工业企业生产用水量之和，m^3/d；

q_{4i}——某类工业企业生产用水定额，m^3/万元或 m^3/单位产品或 m^3/(台·d)；

N_{4i}——相应工业企业每日总产值或总产量或同时使用的设备台数；

φ——相应工业企业用水重复利用率，%。

(三)市政用水量计算

市政用水量 Q_5(m^3/d)可按下式计算：

$$Q_5 = \frac{1}{1\ 000}(n_5A_5q_5 + A'_5q'_5) \tag{2-9}$$

式中 n_5——最高日浇洒道路的次数；

A_5、A'_5——最高日内浇洒道路和绿化浇洒面积，m^2；

q_5、q_5'——浇洒道路和绿化用水定额，L/(m^2·次)和L/m^2。

在城镇最高日设计用水量计算中，除上述各种用水量外，还应计入未预见水量及管网漏失水量，这两项水量一般按上述各项水量之和的19%~25%计算。

因此，设计年限内城镇最高日设计水量(m^3/d)为

$$Q_d = (1.19 \sim 1.25)(Q_1 + Q_2 + Q_3 + Q_4 + Q_5) \tag{2-10}$$

二、最高日平均时设计用水量和最高时设计用水量计算

(1)最高日平均时设计用水量$\overline{Q}_h$(m^3/h)可按下式计算：

$$\overline{Q}_h = \frac{Q_d}{T} \tag{2-11}$$

式中　T——每天给水工程系统的工作时间，一般为24 h。

(2)最高日最高时设计用水量Q_{hmax}，可按下式计算：

$$Q_{hmax} = K_h \overline{Q}_h = K_h \frac{Q_{dmax}}{24}\ (m^3/h) = \frac{K_h Q_{dmax} \times 1\ 000}{24 \times 3\ 600} = K_h \frac{Q_{dmax}}{86.4}\ (L/s) \tag{2-12}$$

式中　K_h——时变化系数；

Q_{dmax}——最高日设计用水量。

式(2-12)中，K_h为整个给水区域用水量时变化系数。由于各种用水的最高时用水量并不一定同时发生，因此不能简单将其叠加，一般是通过编制整个给水区域的逐时用水量计算表，从中求出各种用水按各自用水规律合并后的最高时用水量或时变化系数K_h，作为设计依据。

三、消防用水量计算

消防用水量Q_x一般单独成项，由于消防用水量是偶然发生的，不累计到设计总用水量中，仅作为给水系统校核计算之用，Q_x(L/s)可按下式计算：

$$Q_x = N_x q_x \tag{2-13}$$

式中　N_x、q_x——同时发生火灾次数和一次灭火用水量，按国家现行《建筑设计防火规范》(GB 50016—2006)规定确定。

【例2-1】　我国东北某地一规划新区，规划居住人口15万人，用水普及率预计为100%，其中老市区人口10万人，新市区人口5万人；老市区房屋卫生设备较差，最高日综合生活用水量定额采用190 L/(人·d)，新市区房屋卫生设备比较先进和齐全，最高日综合生活用水量定额采用205 L/(人·d)；该工业区内设有职工医院、饭店、招待所、学校、娱乐商业等公共建筑。居住区(包括公共建筑)生活用水量变化规律与现在某市实际统计资料相似，见表2-1第2项所列。工业区有两个企业：甲企业有职工6 000人，分三班工作(0时、8时和16时)，每班2 000人，无一般车间，每班下班后需淋浴；乙企业有5 000人，分两班制(8时和16时)，每班2 500人，无高温车间，每班有2 400人淋浴，车间生产轻度污染身体。生产用水量：甲企业24 000 m^3/d，均匀使用；乙企业6 000 m^3/d，集中在上班后前4 h内均匀使用。城市浇洒道路面积为4.5 hm^2，用水量定额采用1.5 L/(m^2·次)，

每天浇洒 1 次，绿化面积 6.0 hm^2，用水量定额采用 2.0 L/(m^2·d)；试计算该工业区以下各项用水量：

(1)最高日设计用水量及逐时用水量。

(2)最高日平均时设计用水量和最高时设计用水量。

(3)消防时所需总用水量和最高时设计用水量。

解：1. 工业区最高日设计用水量及逐时用水量计算

1)生活用水量计算

(1)居住区综合生活用水量按式(2-5′)计算：

$$Q_1 = \frac{1}{1\ 000}\sum_{i=1}^{2} N_{1i}q_{1i} = \frac{100\ 000 \times 190 + 50\ 000 \times 205}{1\ 000} = 29\ 250(\mathrm{m^3/d})$$

根据表 2-1 第 2 项逐时变化系数计算居住区(包括公共建筑)的各小时用水量并列于表 2-1 第 3 项内。

(2)工业企业职工生活用水量。

职工生活用水量标准采用：高温车间为 35 L/(人·班)，一般车间为 25 L/(人·班)。

甲、乙企业职工生活用水量按式(2-6)计算：

$$\begin{aligned} Q_2 &= \frac{1}{1\ 000}\sum_{i=1}^{n} n_{2i}(N'_{2i}q'_{2i} + N''_{2i}q''_{2i}) \\ &= \frac{3 \times 2\ 000 \times 35 + 2 \times 2\ 500 \times 25}{1\ 000} \\ &= 210 + 125 = 335(\mathrm{m^3/d}) \end{aligned}$$

将图 2-3 中的变化系数，按班制分配于表 2-1 中的第 4、8 项，甲企业高温车间生活用水量按第 4 项变化系数计算，各小时用水量列于表 2-1 第 5 项；乙企业一般车间生活用水量按第 8 项变化系数计算，各小时用水量列于表 2-1 第 9 项。

(3)工业企业职工淋浴用水量。

职工淋浴用水量标准：高温污染车间为 60 L/(人·班)，一般车间为 40 L/(人·班)，则甲、乙企业职工淋浴用水量按式(2-7)计算：

$$\begin{aligned} Q_3 &= \frac{1}{1\ 000}\sum_{i=1}^{n} n_{2i}(N'_{3i}q'_{3i} + N''_{3i}q''_{3i}) \\ &= \frac{3 \times 2\ 000 \times 60 + 2 \times 2\ 400 \times 40}{1\ 000} \\ &= 360 + 192 = 552(\mathrm{m^3/d}) \end{aligned}$$

淋浴时间在下班后 1 h 内使用，甲、乙企业分别列于表 2-1 中第 6、10 项。

2)工业企业生产用水量计算

工业企业生产用水量为

$$Q_4 = \sum_{i=1}^{n} Q_{4i} = 24\ 000 + 6\ 000 = 30\ 000(\mathrm{m^3/d})$$

甲企业 24 h 均匀使用，则平均每小时用水量为 1 000 m^3；乙企业在上班后 4 h 内使用，按两班制计算，平均每小时用水量为 750 m^3，分别列于表 2-1 中的第 7、11 项。

3）市政用水量计算

$$Q_5 = \frac{1}{1\,000}(n_5A_5q_5 + A'_5q'_5)$$
$$= \frac{1 \times 45\,000 \times 1.5 + 60\,000 \times 2.0}{1\,000}$$
$$= 67.5 + 120 = 187.5(\mathrm{m^3/d})$$

考虑到供水的安全可靠性，在设计时市政用水量一般放在用水高峰时段，市政用水量列于表 2-1 中第 12 项。

4）未预见水量及管网漏失水量计算

未预见水量及管网漏失水量计算按上述各项用水量总和的 20% 计入，则：

$$Q_6 = 0.2 \times (Q_1 + Q_2 + Q_3 + Q_4 + Q_5)$$
$$= 0.2 \times (29\,250 + 335 + 552 + 30\,000 + 187.5)$$
$$= 12\,064.9(\mathrm{m^3/d})$$

取 $Q_6 = 12\,065(\mathrm{m^3/d})$

在工程规模、施工质量和维护管理水平一定时，系统每小时漏失的水量与管网压力 H 的二分之一次方成正比；发生在每小时的未预见水量基本上随用水量的增加而增加。权衡考虑诸因素，未预见及管网漏失水量 24 h 均匀分配，较为经济合理，见表 2-1 第 13 项。

因此，该新区最高设计用水量可按式（2-10）计算

$$Q_d = 1.2 \times (Q_1 + Q_2 + Q_3 + Q_4 + Q_5)$$
$$= 1.2 \times (29\,250 + 335 + 552 + 30\,000 + 187.5)$$
$$= 72\,389.4(\mathrm{m^3/d})$$

取 $Q_d = 72\,390(\mathrm{m^3/d})$

该工业区的用水量变化见表 2-1 第 14、15 项所列。

2. 最高日平均时设计用水量和最高时设计用水量计算

（1）最高日平均时设计用水量，按式（2-11）计算：

$$\overline{Q}_h = \frac{Q_d}{T} = \frac{72\,390}{24} = 3\,016.25(\mathrm{m^3/h})$$

（2）最高日最高时设计用水量。

由表 2-1 第 14 项查出：最高用水时发生在 8 时至 9 时，$Q_{hmax} = 4\,566.77\ \mathrm{m^3/h}$，占最高日设计用水量的百分数为 6.31%，则：

$$K_h = \frac{Q_{hmax}}{\overline{Q}_h} = \frac{4\,566.77}{3\,016.25} = 1.51$$

或

$$K_h = \frac{6.31\%}{4.17\%} = 1.51$$

3. 消防时总用水量

1）工业区所需消防用水量

该区在规划年限内的人口为 15 万人，参照国家现行《建筑设计防火规范》（GB 50016—2006），确定消防用水量为 45 L/s，同时发生火灾次数为 2 次。则该区所需消防总

流量，按式(2-13)计算：

$$Q_x = N_x q_x = 2 \times 45 = 90(\mathrm{L/s})$$

2）消防时总用水量

$$Q_{max} = Q_{hmax} + Q_x = \frac{4\ 566.77}{3.6} + 90 = 1\ 358.55(\mathrm{L/s})$$

设计该区给水系统时作为消防校核计算的依据。

表 2-1　东北某规划新区用水量计算表

时间(时)	居住区(包括公共建筑)用水量		甲企业				乙企业				市政用水(m^3)	未预见及漏失水量(m^3)	每小时用水量	
	占1 d用水量(%)	m^3	高温车间		淋浴用水(m^3)	生产用水(m^3)	一般车间		淋浴用水(m^3)	生产用水(m^3)			m^3	占最高日用水量百分比(%)
			占本班用水量(%)	m^3			占本班用水量(%)	m^3						
1	2	3	4	5	6	8	8	9	10	11	12	13	14	15
0~1	1.10	321.75	(31.30)	10.96	120	1 000			96			502.71	2 051.42	2.83
1~2	0.70	204.75	12.05	8.44		1 000						502.71	1 715.90	2.37
2~3	0.90	263.25	12.05	8.44		1 000						502.71	1 774.40	2.45
3~4	1.10	321.75	12.05	8.44		1 000						502.70	1 832.89	2.53
4~5	1.30	380.25	12.05	8.44		1 000						502.71	1 891.40	2.61
5~6	3.91	1 143.68	12.05	8.44		1 000						502.71	2 654.82	3.67
6~7	6.61	1 933.43	12.05	8.44		1 000					67.5	502.71	3 512.07	4.85
7~8	5.84	1 708.20	12.05	8.44		1 000						502.71	3 219.35	4.45
8~9	7.04	2 059.20	(31.30)	10.96	120	1 000	6.25	3.91		750	120	502.71	4 566.77	6.31
9~10	6.69	1 956.83	12.05	8.44		1 000	12.5	7.81		750		502.71	4 225.78	5.84
10~11	7.17	2 097.23	12.05	8.44		1 000	12.5	7.81		750		502.71	4 366.18	6.03
11~12	7.31	2 138.18	12.05	8.44		1 000	18.75	11.72		750		502.70	4 411.03	6.09
12~13	6.62	1 936.35	12.05	8.44		1 000	6.25	3.91				502.71	3 451.40	4.77
13~14	5.23	1 529.78	12.05	8.44		1 000	12.5	7.81				502.71	3 048.73	4.21
14~15	3.59	1 050.08	12.05	8.44		1 000	12.5	7.81				502.71	2 569.03	3.55
15~16	4.76	1 392.30	12.05	8.44		1 000	(37.50)	11.72				502.71	2 915.17	4.03
16~17	4.24	1 240.20	(31.30)	10.96	120	1 000	6.25	3.91	96	750		502.70	3 723.76	5.14
17~18	5.99	1 752.08	12.05	8.44		1 000	12.5	7.81		750		502.71	4 021.03	5.55
18~19	6.97	2 038.73	12.05	8.44		1 000	12.5	7.81		750		502.71	4 307.68	5.95
19~20	5.66	1 655.55	12.05	8.44		1 000	18.75	11.72		750		502.71	3 928.41	5.43
20~21	3.05	892.13	12.05	8.44		1 000	6.25	3.91				502.70	2 407.17	3.33
21~22	2.01	587.93	12.05	8.44		1 000	12.5	7.81				502.71	2 106.88	2.91
22~23	1.42	415.35	12.05	8.44		1 000	12.5	7.81				502.71	1 934.31	2.67
23~24	0.79	231.08	12.05	8.44		1 000	(37.50)	11.72				502.71	1 753.94	2.42
合计	100.00	29 250		210.00	360	24 000		125.00		6 000	187.5	12 065.00	72 389.50	100.00

注：括号内的数字为下班后 0.5 h 用水(%)。

思考题

1. 城市规划对给水系统布置有哪些影响？

2. 为什么城市越小，用水量变化越大？你认为哪些因素影响用水量变化系数？

3. 设计城市给水系统时应考虑哪些用水量？

4. 什么是用水定额？设计时，用水定额选定的高低对给水工程有何影响？

5. 影响生活用水量的主要因素有哪些？

6. 说明日变化系数 K_d 和时变化系数 K_h 的意义，并解释各符号的意义。

7. 时变化系数大小对设计流量有何影响？如何选定设计规范中的推荐值？

8. 怎样估算工业企业生产用水量？

9. 取用地表水源时，取水口、水处理构筑物、泵站和管网按什么流量设计？

10. 工业企业为什么要提高水的重复利用率？

11. 对于多目标供水的给水系统，其设计流量是否是各种用水最高时用水量的叠加值？为什么？

12. 城市大小和消防流量的关系如何？

13. 城镇给水工程设计时对消防用水是如何处理的？

14. 某城市最高日用水量为 15 m^3/d，每小时用水量变化如表 2-2 所示。

(1) 求该城市最高日平均时流量和最高时流量；(2) 绘制用水量变化曲线。

表 2-2

时间(时)	0~1	1~2	2~3	3~4	4~5	5~6	6~7	7~8	8~9	9~10	10~11	11~12
用水量(%)	2.53	2.45	2.50	2.53	2.57	3.09	5.31	4.92	5.17	5.10	5.21	5.21
时间(时)	12~13	13~14	14~15	15~16	16~17	17~18	18~19	19~20	20~21	21~22	22~23	23~24
用水量(%)	5.09	4.81	4.99	4.70	4.62	4.97	5.18	4.89	4.39	4.17	3.12	2.48

15. 某城镇平均日用水量为 1.5 万 m^3/d，日变化系数为 1.4，时变化系数为 1.8，求该城镇最高日平均时设计用水量和最高时设计用水量。

16. 浙江省某城市计划人口 40 万人，用水普及率预计为 95%。城市每年工业总产值为 15 亿元，万元产值用水量为 200 m^3，工业用水重复利用率为 45%。试确定：(1) 该城市最高日设计用水量；(2) 消防用水量。

第三章　给水系统的工作情况

【知识要点】

1. 给水系统的流量关系。

2. 清水池和水塔的作用容积及其计算。

3. 给水系统的水压关系。

【能力目标】

1. 掌握给水系统的流量关系及其计算。

2. 掌握清水池和水塔的作用容积及其计算。

3. 理解给水系统的水压关系。

无论是生活用水，还是生产用水，其用水量都是经常发生变化的。因此，给水系统在工作时，必须能适应这种变化的供求关系，以保证在各种工作条件下，经济合理地满足用户对水量、水压的要求。给水系统最不利的工作情况，一般有以下几种：

(1)最高日最高用水时。此种情况属于正常供水中最不利的工作情况，此时供水流量较大，分析推算出来的出厂水压较大。为确保供水安全可靠，系统中的给水管网、水泵扬程和水塔高度等都是按此时的工况设计的。

(2)消防时。此种情况是指在最高日最高用水时发生火灾，此时管网既供应最高时用水量 Q_{hmax}，又供应消防所需流量 Q_x，其总流量为 $Q_{hmax}+Q_x$，是用水流量最大的一种工作情况。虽然消防时比最高时用水时所需服务水头要小得多，但因消防时通过管网的流量增大，各管段的水头损失相应增加，按最高用水时确定的水泵扬程有可能不满足消防时的需要，这时须放大个别管段的直径，以减小水头损失，个别情况下因最高用水时和消防时的水泵扬程相差很大(多见于中小型管网)，须设专用消防泵供消防时使用。

(3)最大转输时。设置对置水塔或靠近供水末端的网中水塔的管网系统，当泵站供水流量大于用户用水流量时，多余的水将通过管网流入水塔内贮存，流入水塔的流量叫作转输流量，其中转输流量为最大的那一小时的流量称为最大转输流量。此时虽然管网中用水量较小，但因最大转输流量通过整个管网才能进入水塔，输水距离长，其管网水头损失可能仍较大，且水塔较高，因此也可能出现要求出厂水压最高的情况。

(4)最不利管段发生故障时。管网主要管线损坏时必须及时检修，在检修期间和恢复供水前，该管段停止输水，整个管网的水力特性必然改变，供水能力降低。国家有关规范规定，城市给水管网在事故情况下，必须保证70%以上的用水量。但设计水压不能降低，在这种情况下，大部分管线流量减小，水头损失减小，但由于主要管线损坏不能通水，部分管线的流量会明显增加，使水头损失增加很多，因此所需出厂水压仍有可能最大。

给水系统是由功能互不相同而且又彼此密切联系的各组成部分连接而成的，它们必须共同工作满足用户对给水的要求。因此，除考虑上述最不利的工作情况外，还需从整体上对给水系统各组成部分的工作特点和它们在流量、压力方面的关系进行分析，从中得出各种管道和设备的设计运行参数，以便正确地对计划中的给水系统进行设计计算，对已建成的给水系统进行运转管理。

第一节　给水系统的流量关系

为了保证供水的可靠性，给水系统中所有构筑物都应以最高日设计用水量 Q_{dmax} 为基础进行设计计算。但是，给水系统中各组成部分的工作特点不同，其设计流量也不一样。

一、取水构筑物和给水处理系统各组成部分的设计流量

城市的最高日设计用水量确定后，取水构筑物和水厂的设计流量将随一级泵站的工作情况而定。通常，一级泵站和水厂应该连续、均匀地运行。其原因是：

（1）从水厂运行的角度来看，流量稳定，有利于水处理构筑物稳定运行和管理。

（2）从工程造价角度来看，每日 24 h 均匀工作，平均每小时的流量将会比最高时流量有较大幅度的降低，同时又能满足最高日供水要求，这样，取水和水处理系统的各项构筑物尺寸、设备容量及连接管直径等都可以最大限度地缩小，从而降低工程造价。

因此，为使水厂稳定运转和便于操作管理，降低工程造价，通常取水和水处理工程的各项构筑物、设备及其连接管道以最高日平均时设计用水量加上水厂的自用水量作为设计流量，即

$$Q_{\mathrm{I}} = \frac{aQ_{dmax}}{T} \quad (\mathrm{m^3/h}) \tag{3-1}$$

式中　a——水厂本身用水量系数，以供沉淀池排泥、滤池冲洗等用水，其值取决于水处理工艺、构筑物类型及原水水质等因素，一般取值范围为 1.05～1.10；

T——每日工作小时数，水处理构筑物不宜间歇工作，一般按 24 h 均匀工作考虑，只有夜间用水量很小的县镇、农村等才考虑一班或两班制运转。

取用地下水若仅需在进入管网前消毒而无须其他处理，一级泵站可直接将井水输入管网，但为提高水泵的效率和延长井的使用年限，一般先将水输送到地面水池，再经二级泵站将水池水输入管网。因此，取用地下水的一级泵站计算流量为

$$Q_{\mathrm{I}} = \frac{Q_{dmax}}{T} \quad (\mathrm{m^3/h}) \tag{3-2}$$

式(3-2)和式(3-1)不同的是，水厂本身用水量系数 a 为 1。

二、二级泵站、输水管和配水管网的设计流量关系

二级泵站、输水管、配水管网的设计流量及水塔、清水池的调节容积，都应按照用户用水情况和一级、二级泵站的工作情况确定。

（一）二级泵站的工作情况

二级泵站的工作情况与管网中是否设置流量调节构筑物（水塔或高地水池等）有关。当管网中无流量调节构筑物时，为安全、经济地满足用户对给水的要求，二级泵站必须按

照用户用水量变化曲线工作,即每时每刻的供水量应等于用水量。这种情况下,二级泵站最大供水流量,应等于最高日最高时设计用水量 Q_{hmax}。为使二级泵站在任何时候既能保证安全供水,又能在高效率下经济运转,设计二级泵站时,应根据用水量变化曲线选用多台大小搭配的水泵或采用改变水泵转速的方式来适应用水量变化。实际运行时,应根据管网的压力进行控制。例如,管网压力上升时,表明用水量减少,应适当减开水泵,或大泵换成小泵,或降低水泵转速;反之,应增开水泵,或小泵换成大泵,或提高水泵转速。这种供水方式,完全通过二级泵站的工况调节来适应用水量的变化,使二级泵站供水曲线符合用户用水曲线。目前,大中城市一般不设水塔,均采用此种供水方式。

对于用水量变化较大的小城镇、农村或自备给水系统的小区域供水问题,除采用上述供水方式外,修建水塔或高地水池等流量调节构筑物来调节供水与用水之间的流量不平衡,以改善水泵的运行条件,也是一种常见的供水方式。

(二)一级泵站设计流量

给水管网最高时供水来自给水处理系统,水厂处理好的清水先存放在清水池中,由供水泵站加压后送入管网。对于单水源给水系统或用水量变化较大时,可能需要在管网中设置水塔或高位水池,水塔或高位水池在供水低峰时将水量贮存起来,而在供水高峰时与供水泵站一起向管网供水,这样可以降低供水泵站的设计规模。

供水设计的原则有以下几点:

(1)设计供水总流量必须等于设计用水量,即

$$Q_s = Q_h = \frac{K_h Q_d}{86.4}$$

式中 Q_s——设计供水总流量,L/s。

(2)对于多水源给水系统,由于有多个泵站,水泵工作组合方案多,供水调节能力比较强,所以一般不需要在管网中设置水塔或高位水池进行用水量调节。设计时直接使各水源供水泵站的设计流量之和等于最高时用水量,但各水源供水量的比例应通过水源能力、制水成本、输水费用、水质情况等技术经济指标比较后确定。

(3)对于单水源给水系统,可以考虑管网中不设水塔或高位水池和设置水塔或高位水池两种方案。当给水管网中不设水塔或高位水池时,供水泵站设计供水流量为最高时用水流量;当给水管网中设置水塔或高位水池时,应先设计泵站供水曲线,其具体要求如下:

①供水一般分二级,如高峰供水时段分一级,低峰供水时段分一级,最多可以分三级,即在高峰和低峰供水量之间加一级,分级太多不便于水泵机组的运转管理;

②泵站各级供水线尽量接近用水线,以减小水塔或高位水池的调节容积,一般各级供水量可以取相应时段用水量的平均值;

③分级供水时,应注意每级能否选到合适的水泵,以及水泵机组的合理搭配,并尽可能满足目前和今后一段时间内用水量增长的需要;

④必须使泵站 24 h 供水量之和与最高日用水量相等,如果在用水量变化曲线上绘制泵站供水量曲线,各小时供水量也要用其最高日总用水量(也就是总供水量)的百分数表示,24 h 供水量百分数之和应为 100%。

如图 3-1 中有两条虚线，4.17%处的虚线代表日平均供水量，相当于给水处理系统的供水量。另一条虚线即二级泵站供水曲线，分为两级，第一级为从 22 时到次日 5 时，供水量为 2.22%；第二级为从 5 时到 22 时，供水量为 4.97%，最高日泵站总供水量为 $2.22\% \times 7 + 4.97\% \times 17 = 100\%$。

从图 3-1 所示的用水量曲线和泵站供水曲线可以看出水塔或高位水池的流量调节作用。供水量高于用水量时，多余的水进入水塔或高位水池内贮存；相反，当供水量低于用水量时，则从水塔或高位水池流出，以补充泵站供水量的不足。由此可见，如供水线和用水线越接近，则为了适应流量的变化，泵站工作的分级数或水泵机组数可能增加，但是水塔或高位水池的调节容积可以减小。尽管各城市的具体条件有差别，水塔或高位水池在管网内位置可能不同，例如可放在管网的起端、中间或末端，但水塔或高位水池的调节流量作用并不因此而有变化。

【例 3-1】 某市最高日设计用水量为 45 000 m^3/d，最高日内用水量时变化曲线如图 3-1所示。

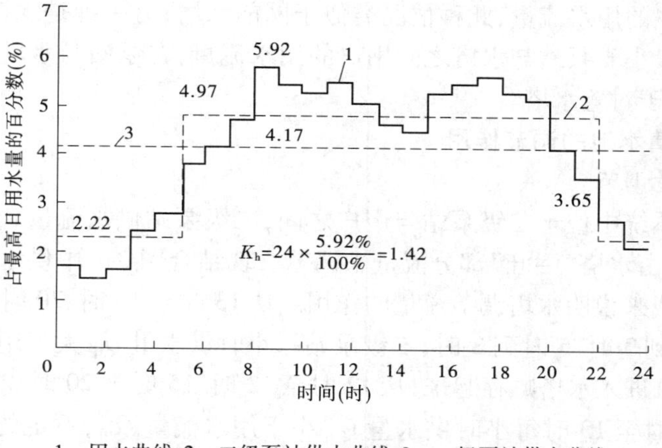

1—用水曲线；2—二级泵站供水曲线；3—一级泵站供水曲线

图 3-1　某城市最高日用水量变化曲线

(1) 若管网中不设水塔或高位水池，试求供水泵站设计供水流量。

(2) 若管网中设置水塔或高位水池，试求供水泵站的设计供水流量是多少？水塔或高位水池的设计供水流量是多少？水塔或高位水池的最大进水量为多少？

解：(1) 管网中不设水塔或高位水池时，供水泵站设计供水流量为

$$45\ 000 \times 5.92\% \times 1\ 000 \div 3\ 600 = 740(\text{L/s})$$

(2) 管网中设置水塔或高位水池时，供水泵站设计供水流量为

$$45\ 000 \times 4.97\% \times 1\ 000 \div 3\ 600 = 621(\text{L/s})$$

水塔或高位水池的设计供水流量(8 时到 9 时)为

$$45\ 000 \times (5.92\% - 4.97\%) \times 1\ 000 \div 3\ 600 = 119(\text{L/s})$$

水塔或高位水池的最大进水量(21 时到 22 时)为

$$45\ 000 \times (4.97\% - 3.65\%) \times 1\ 000 \div 3\ 600 = 165(\text{L/s})$$

(三)输水管和配水管网的设计流量

输水管和配水管网的设计流量均应按输配水系统在最高日最高用水时的工作情况确定,并随有无水塔或高地水池及其在管网中的位置而定。

无水塔时,泵站到管网的输水管和配水管网都应以最高日最高时设计用水量 Q_h 作为设计流量。

设有网前水塔时,泵站到水塔的输水管直径应按泵站分级工作线的最大一级供水流量 $Q_{\text{Ⅱ}max}$ 计算;水塔到管网的输水管和配水管网仍按最高时用水量 Q_h 计算。

设有对置水塔时,泵站到管网的输水管应以泵站分级工作线的最大一级供水流量 $Q_{\text{Ⅱ}max}$ 作为设计流量;水塔到管网的输水管流量则应按($Q_h - Q_{\text{Ⅱ}max}$)计算,配水管网仍以 Q_h 作为设计流量。但须指出,在最高用水时,由泵站和水塔分别从两端供水,共同满足最高用水时设计流量 Q_h 的需要。这种情况下,确定的管网管径往往比一端供水时小,所以在确定管径后,为保证安全供水,还需按最大转输时进行核算。

设有网中水塔时有两种情况:一种是水塔靠近二级泵站,并且泵站的供水流量大于泵站与水塔之间用户的用水流量,此种情况类似于网前水塔;另一种是水塔离泵站较远,以致泵站的供水流量小于泵站与水塔之间用户的用水流量,在泵站与水塔之间将出现供水分界线,情况类似于对置水塔。

(四)水塔与清水池的调节作用

1. 水塔的流量调节

水塔在给水系统中位于二级泵站与用户之间,二级泵站供水流量和用户用水流量不相等时,其差额可由水塔“吞吐”部分流量来调节。现结合图 3-1 中供水泵站供水量和用户用水量变化曲线来说明水塔调节流量的作用。从 13 时至 15 时、20 时至 22 时、23 时至 24 时及次日 0 时到 3 时、5 时到 8 时,二级泵站每小时供水量 $Q_{\text{Ⅱ}}$ 大于用水流量 $Q_{\text{用}}$,多余的流量($Q_{\text{Ⅱ}} - Q_{\text{用}}$)进入水塔贮存起来;从 12 时至 13 时、15 时至 20 时、22 时至 23 时及次日 3 时至 5 时、8 时至 13 时每小时供水量 $Q_{\text{Ⅱ}}$ 小于用水流量 $Q_{\text{用}}$,不足的流量($Q_{\text{用}} - Q_{\text{Ⅱ}}$)由水塔流入管网进行补充。很明显,供水曲线 2 与用水曲线 1 所围成的面积就是在某一时段内流入水塔或流出水塔的水量。最高日逐时积累存入及流出水塔的水量值,所得的最大值与最小值的差值就是水塔调节流量所必须的容积,称为调节容积。

2. 清水池的流量调节

一级泵站通常均匀供水,而二级泵站一般为分级供水,所以一级、二级泵站的每小时供水量并不相等。为了调节两泵站供水量的差额,必须在一级、二级泵站之间建造清水池。如图 3-2 中所示,实线 2 表示二级泵站工作线,虚线 1 表示一级泵站工作线(或水厂产水曲线)。一级泵站供水量大于二级泵站供水量这段时间内,图 3-2 中为 22 时到次日 5 时,多余水量在清水池中贮存;而在 5 时至 22 时,因一级泵站供水量小于二级泵站,这段时间内需取用清水池中的存水,以满足用水量的需要。但在 1 d 内,贮存的水量刚好等于取用的水量,即清水池所需调节容积或等于图 3-2 中二级泵站供水量大于一级泵站时累计的 A 部分面积,或等于 B 部分面积。换言之,等于累计贮存水量或累计取用的水量。

由上述分析可知,水塔和清水池都是给水系统中调节流量的构筑物,彼此之间存在着密切的联系。水塔的调节容积取决于二级泵站供水量和用户用水量的组合曲线,而清水

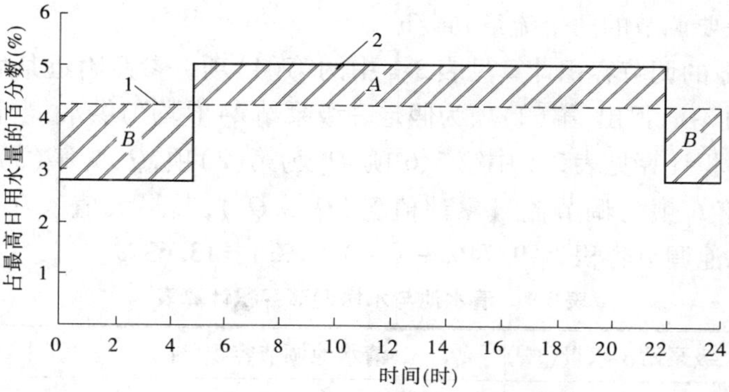

1—水厂产水曲线;2—二级泵站的供水曲线

图 3-2　清水池的调节容积计算

池的调节容积则取决于水厂产水量和二级泵站供水量的组合曲线。若水厂产水曲线和用户用水曲线一定,水塔和清水池的调节容积将随二级泵站供水曲线的变化而变化。由图 3-1很容易看出,如果二级泵站供水曲线越接近用水曲线,必然远离水厂产水曲线,则水塔的调节容积可以减小,但清水池的调节容积将会增大;如二级泵站供水曲线与用户用水曲线重合,则水塔调节容积等于零,即成为无水塔的管网系统,但清水池的调节容积达到最大值;反之,清水池的调节容积可人为减小,但水塔的调节容积将明显增大。由此可见,给水系统中流量的调节由水塔和清水池共同分担,并且通过二级泵站供水曲线的拟定,二者所需的调节容积可以相互转化。由于单位容积的水塔造价远高于清水池的造价,所以在工程实践中,一般均增大清水池的容积而缩减水塔的容积,以节省投资。

第二节　清水池和水塔

由前文的分析可知,清水池和水塔在给水系统中除起调节流量作用外,清水池还兼有贮存水量和保证氯消毒接触时间等作用,水塔还兼有贮存水量和保证管网水压的作用。下面将具体介绍清水池和水塔的构造及其容积的确定方法。

一、清水池和水塔的容积计算

(一)清水池和水塔的调节容积计算

清水池和水塔的调节容积计算通常采用两种方法:一种是根据 24 h 供水量和用水量变化曲线推算,另一种是凭经验估算。以图 3-1 为例,用水量变化幅度从最高日用水量的 1.70%(1 时至 2 时)到 5.92%(8 时至 9 时)。二级泵站供水线按用水量变化情况,采用 2.22%(22 时至 5 时)和 4.97%(5 时至 22 时)两级供水,见表 3-1 中的第(3)项,它比均匀的一级供水可减少水塔调节容积,节省造价。

无论是清水池还是水塔,调节构筑物的共同特点是调节流入和流出两个流量之差,其调节容积为

$$W = \max\sum(Q_1 - Q_2) - \min\sum(Q_1 - Q_2)\quad (\mathrm{m}^3) \tag{3-3}$$

式中　Q_1、Q_2——要调节的两个流量,m^3/h。

水塔和清水池的调节容积计算见表 3-1 中的第(4)项。参照附近某城市最高日用水量变化曲线(见图 3-1)得出,第(2)项为假定一级泵站 24 h 均匀供水,当管网中设置水塔时,清水池调节容积计算见表 3-1 中第 5、6 项,Q_1 为第(2)项,Q_2 为第(3)项,第 5 项为调节流量 Q_1-Q_2,第 6 项为调节流量累计值 $\sum(Q_1-Q_2)$,其最大值为 9.74%,最小值为 -3.89%,则清水池调节容积为:9.74% - (-3.89%) = 13.63%。

表 3-1　清水池与水塔调节容积计算表

时间(时)	一级泵站供水量(%)	二级泵站供水量(%)		清水池调节容积(%)				水塔调节容积计算(%)	
		设置水塔	不设水塔	设置水塔		不设水塔			
(1)	(2)	(3)	(4)	(5) = (2) - (3)	(6) = ∑(5)	(7) = (2) - (4)	(8) = ∑(7)	(9) = (3) - (4)	(10) = ∑(9)
0 ~ 1	4.17	2.22	1.92	1.95	1.95	2.25	2.25	0.30	0.30
1 ~ 2	4.17	2.22	1.70	1.95	3.90	2.47	4.72	0.52	0.82
2 ~ 3	4.16	2.22	1.77	1.94	5.84	2.39	7.11	0.45	1.29
3 ~ 4	4.17	2.22	2.45	1.95	7.79	1.72	8.83	-0.23	1.04
4 ~ 5	4.17	2.22	2.87	1.95	9.74	1.30	10.13	-0.65	0.39
5 ~ 6	4.16	4.97	3.95	-0.81	8.93	0.21	10.34	1.02	1.41
6 ~ 7	4.17	4.97	4.11	-0.80	8.13	0.06	10.40	0.86	2.27
7 ~ 8	4.17	4.97	4.81	-0.80	7.33	-0.64	9.76	0.16	2.43
8 ~ 9	4.16	4.97	5.92	-0.81	6.52	-1.76	8.00	-0.95	1.48
9 ~ 10	4.17	4.96	5.47	-0.79	5.73	1.30	6.70	-0.51	0.97
10 ~ 11	4.17	4.97	5.40	-0.80	4.93	-1.23	5.47	-0.43	0.54
11 ~ 12	4.16	4.97	5.66	-0.81	4.12	-1.50	3.97	-0.69	-0.15
12 ~ 13	4.17	4.97	5.08	-0.80	3.32	-0.91	3.06	-0.11	-0.26
13 ~ 14	4.17	4.97	4.81	-0.80	2.52	-0.64	2.42	0.16	-0.10
14 ~ 15	4.16	4.96	4.62	-0.80	1.72	-0.46	1.96	0.34	0.24
15 ~ 16	4.17	4.97	5.24	-0.80	0.92	-1.07	0.89	-0.27	-0.03
16 ~ 17	4.17	4.97	5.57	-0.80	0.12	-1.40	-0.51	-0.60	-0.63
17 ~ 18	4.16	4.97	5.63	-0.81	-0.69	-1.47	-1.98	-0.66	-1.29
18 ~ 19	4.17	4.96	5.28	-0.79	-1.48	-1.11	-3.09	-0.32	-1.61
19 ~ 20	4.17	4.97	5.14	-0.80	-2.28	-0.97	-4.06	-0.17	-1.78
20 ~ 21	4.16	4.97	4.11	-0.81	-3.09	0.05	-4.01	0.86	-0.92
21 ~ 22	4.17	4.97	3.65	-0.80	-3.89	0.52	-3.49	1.32	0.40
22 ~ 23	4.17	2.22	2.83	1.95	-1.94	1.34	-2.15	-0.61	-0.21
23 ~ 24	4.16	2.22	2.01	1.94	0.00	2.15	0.00	0.21	0.00
累计	100.00	100.00	100.00	调节容积:13.63		调节容积:14.46		调节容积:4.21	

当管网中不设水塔时，清水池调节容积计算见表3-1中第(7)、(8)项，Q_1 为第(2)项，Q_2 为第(4)项，第(7)项为调节流量 $Q_1 - Q_2$，第(8)项为调节流量累计值 $\Sigma(Q_1 - Q_2)$，其最大值为10.40%，最小值为-4.06%，则清水池调节容积为：10.40% -(-4.06%)=14.46%。

水塔调节容积计算见表3-1中第(9)、(10)项，Q_1 为第(3)项，Q_2 为第(4)项，第(9)项为调节流量 $Q_1 - Q_2$，第(10)项为调节流量累计值 $\Sigma(Q_1 - Q_2)$，其最大值为2.43%，最小值为-1.78%，则水塔调节容积为：2.43% -(-1.78%)=4.21%。

(二)清水池和水塔的容积设计

清水池中除贮存调节用水量外，还需存放消防用水量和给水处理系统生产自用水量。因此，清水池设计有效容积为

$$W = W_1 + W_2 + W_3 + W_4 \quad (m^3) \tag{3-4}$$

式中 W_1——清水池调节容积，m^3；

W_2——消防贮备水量，m^3，按2 h室外消防用水量计算；

W_3——给水处理系统生产自用水量，m^3，一般取最高日用水量的5% ~10%；

W_4——安全贮备水量，m^3。

在缺乏资料，不能进行水量调节计算的情况下，城市水厂的清水池调节容积可凭运转经验取值，一般可按最高日用水量的10% ~20%设计。供水量大的城市，因24 h的用水量变化较小，可取低百分数，以免清水池过大。至于生产用水的清水池调节容积，应按工业生产的调度、事故和消防等要求确定。

清水池应设计成两个，其容积相等。如仅有一个清水池，则应分格或采取适当措施，以便清洗或检修时不间断供水。

水塔除贮存调节用水量外，还需贮存室内消防用水量。因此，水塔设计有效容积为

$$W = W_1 + W_2 \quad (m^3) \tag{3-5}$$

式中 W_1——水塔调节容积，m^3；

W_2——室内消防贮备水量，m^3，按10 min室内消防用水量计算。

在缺乏资料，不能进行水量调节计算的情况下，水塔容积可按最高日用水量的2.5% ~3%或5% ~6%计算，当城市用水量大时取低值。工业用水可按生产上的要求(调度、事故和消防)确定水塔调节容积。

二、清水池和水塔的构造

(一)清水池的构造

在给水工程中，清水池常采用钢筋混凝土、预应力钢筋混凝土或砖石构造，一般将其做成圆形或矩形。其中，钢筋混凝土水池使用最广，见图3-3。一般当水池容积小于2 500 m^3 时，以圆形较为经济；当水池容积大于2 500 m^3 时，以矩形较为经济。

水池应有单独的进水管和出水管，安装地点应保证池水的经常循环，一般从池一侧上部进水，从另一侧下部出水。进水管和出水管分别按最高进水流量、出水流量确定管径，

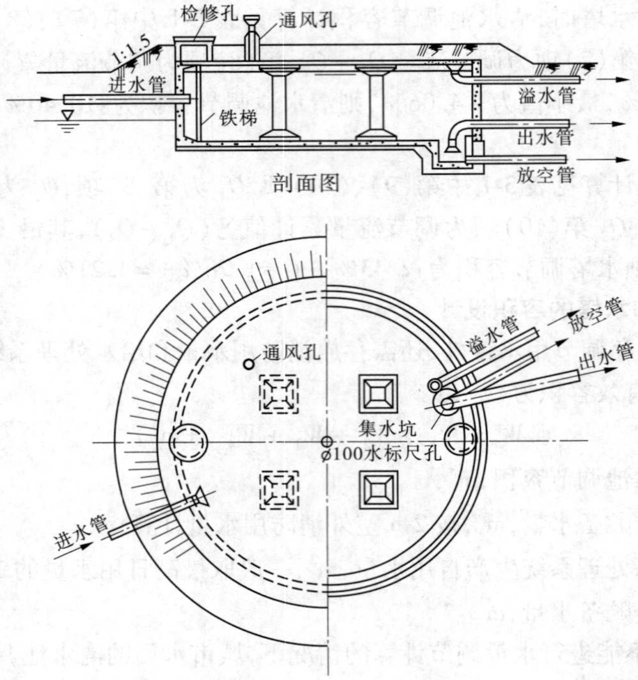

图 3-3　圆形钢筋混凝土水池

管内流速为 0.7～1 m/s。确定管径时,应适当留有余地,以满足水量发展时的需要。此外,应有溢水管,其管径和进水管相同,管端有喇叭口,管上不设阀门,出口应设网罩,防止虫类进入池内。水池的放空管设在集水坑内,其管径一般按最低水位时 2 h 内将池水放空计算。容积在 1 000 m^3 以上的水池,至少应设两个检查孔,孔的尺寸应满足池内管配件的进出。为避免池内水的短流,池内应设导流墙,在导流墙底部隔一定距离设过水孔,使洗池时排水方便。为使池内自然通风,应设若干通风孔,孔口高出水池填土面积 0.7 m 以上。池顶覆土厚度视当地平均室外气温而定,一般为 0.3～0.7 m,气温低则覆土需厚一些。此外,覆土厚度还应考虑到池体抗浮要求。当地下水位较高、温度低时,则覆土需厚一些。清水池中还应设水位传示仪,可就地指示或远传水位,常用的水位传示仪有电阻式、电容式和数字显示液位计等。

清水池的个数或分格数一般不少于两个,并且可以单独工作,分别检修。如近期只建造一个清水池,水厂应设超越管绕过清水池,以便清洗时仍可供水。

钢筋混凝土水池易出现裂缝,有时即使采用防水层措施也未必解决问题。预应力钢筋混凝土水池的水密性高,不出现裂缝。大型预应力钢筋混凝土水池可较同容积的钢筋混凝土水池节约造价。

装配式钢筋混凝土水池近年也有采用。它是将池中的柱、梁、板等构件事先预制,因此可节约模板。各构件拼装完毕后,外面再加钢箍,并加张力,接缝处喷涂砂浆,使之不漏水。

我国已编有《圆形钢筋混凝土蓄水池》和《矩形钢筋混凝土蓄水池》07S906 图集,可供设计时选用。

（二）水塔的构造

水塔主要由水柜（或水箱）、塔体、管道和设备及基础组成。

1. 水柜（或水箱）

水柜（或水箱）主要是贮存水量的，它的容积包括调节容量和消防贮量。水柜通常做成圆形，必须牢固不透水。其材料可采用钢材、钢筋混凝土或木材，当容积很小时，也可用砖砌。

2. 塔体

塔体可以支撑水柜，常用钢筋混凝土、砖石或钢材建造。近年来也采用装配式和预应力钢筋混凝土水塔。

3. 管道和设备

水塔的进水管和出水管可合用，也可以分别单独设置。合用时，进水管伸到高水位附近，出水管靠近水柜柜底，出水柜后合并连接。溢水管和放空管可合并。管径可与进、出水管相同，当进、出水管的管径大于 200 mm 时可小一级。溢水管上不装阀门，放空管从水柜柜底接出。

另外，水塔上还有一些附属设施，如塔顶设置为防雷电的避雷针；设置浮标水位池或水位传示仪，以便值班人员观察水柜内的水位，并应根据当地气温采取水柜保温措施。

4. 基础

水塔基础可采用单独基础、条形基础和整体基础。常用的材料有砖石、混凝土、钢筋混凝土等。

我国已编有容量 30 ~ 400 m^3，高度 15 ~ 32 m 水塔的国家标准图集 07S906，可供设计时选用。

第三节　给水系统的水压关系

给水系统应保证一定的水压，以供给用户足够的生活用水或生产用水。城市给水管网需保持的最小服务水头为：从地面算起 1 层为 10 m，2 层为 12 m，2 层以上每层增加 4 m。例如，当地房屋按 7 层考虑，则最小服务水头应为 32 m。至于城市内个别高层建筑物或建筑群，或建筑在城市高地上的建筑物等所需的水压，不应作为管网水压控制的条件。为满足这类建筑物的用水，可单独设置局部加压装置，这样比较经济。

泵站、水塔或高地水池是给水系统中保证水压的构筑物，因此需了解水泵扬程和水塔（或高地水池）高度的确定方法，以满足设计的水压要求。

一、水泵扬程的确定

水泵扬程是指单位质量液体通过水泵后所获得的能量增值。水泵扬程 H_p 等于静扬程和水头损失之和，即

$$H_p = H_0 + \sum h \tag{3-6}$$

静扬程 H_0 需根据抽水条件确定。一级泵站静扬程是指水泵吸水井最低水位与水厂的前端处理构筑物(一般为混合絮凝池)最高水位的高程差。在工业企业的循环给水系统中,水从冷却池(或冷却塔)的集水井直接送到车间的冷却设备,这时静扬程等于车间所需水头(车间地面标高加所需服务水压)与集水井最低水位的高程差。

水头损失 $\sum h$ 包括水泵吸水管、压水管和泵站连接管线的水头损失。所以,一级泵站的扬程(见图3-4)可由下式计算:

$$H_p = H_0 + h_s + h_d \quad (m) \tag{3-7}$$

式中 H_0——静扬程,m;

h_s——由最高日平均时供水量加水厂自用水量确定的吸水管路水头损失,m;

h_d——由最高日平均时供水量加水厂自用水量确定的压水管和泵站到絮凝池管线中的水头损失,m。

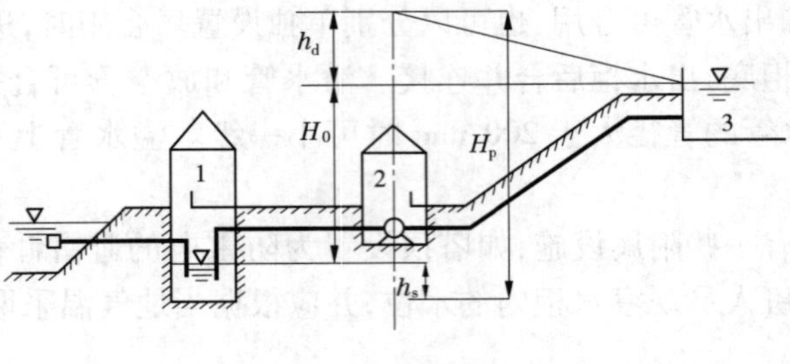

1—吸水井;2—一级泵站;3—絮凝池

图3-4 一级泵站扬程计算

二级泵站是从清水池取水直接送向用户或先送入水塔,而后流进用户。无论是哪一种管网系统,在哪一种最不利情况下工作,其所需水泵总扬程均由两部分组成:一部分是为将所需的流量从泵站吸水池通过管道系统送至各用户,必然要克服各种阻力而消耗的能量,即各种阻力引起的水头损失;另一部分是克服地形高差满足控制点用户所要求的自由水压而必须的能量,即水泵的静扬程。所以,泵站所需总扬程的计算公式可表达如下:

$$H_p = H_{st} + \sum h_p + \sum h \tag{3-8}$$

式中 H_p——泵站所需总扬程,m;

H_{st}——泵站所需静扬程,m,等于控制点要求的水压标高($Z_c + H_c$)与吸水井最低设计水位标高(Z_0)之差,即 $H_{st} = (Z_c + H_c) - Z_0$,其中 Z_c 为控制点处的地形标高,m,H_c 为控制点所需要的自由水压值,m,管网设计时根据该点建筑物层数确定;

$\sum h_p$——泵站内水头损失,m,等于泵站的吸水管水头损失(h_s)与压水管水头损失(h_d)之和,即 $\sum h_p = h_s + h_d$;

$\sum h$——泵站至控制点之间的管路水头损失,m,等于输水管路的水头损失(h_c)与配水管网的水头损失(h_n)之和,即 $\sum h = h_c + h_n$,此项数值可通过管网水力计算获得。

上式中各符号的意义可用水压线图表示,见图3-5。

由上述可知,泵站所需总扬程是以满足控制点用户的自由水压要求为前提计算得出

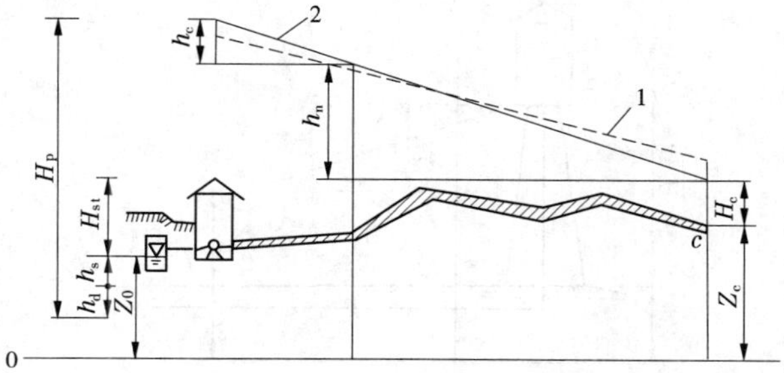

1—最小用水时;2—最高用水时

图 3-5　无水塔时管网的水压线

的。所谓的控制点,是指整个给水系统中水压最不容易满足的地点(又称最不利点),用以控制整个供水系统的水压。该点对供水系统起点(泵站或水塔)的供水压力要求最高,这一特征是判断某点是不是控制点的基本准则。由此看来,正确地分析确定系统的控制点非常重要,它是正确进行给水系统水压分析的关键。一般情况下,控制点通常位于系统的下列地点:

(1)地形最高点;

(2)要求自由水压最高点;

(3)距离供水起点最远点。

当然,若系统中某一地点能同时满足上述条件,那么这一地点一定是控制点。但实际工程中,往往不是这样,多数情况下只具备其中的一个或两个条件,这时需选出几个可能地点通过分析比较才能确定。另外,选择控制点时,应排除个别时水压要求很高的特殊用户(如高层建筑、工厂等),这些用户对水压的要求应自行加压解决;对于同一管网系统,各种工况(最高时、消防时、最不利管段损坏时、最大传输时等)的控制点往往不是同一地点,需根据具体情况正确选定。

二、水塔高度确定

水塔是靠重力作用将所需的流量压送到各用户的。大中城市一般不设水塔,因为城市用水量大,水塔容积小了不起作用;如容积太大,则造价又太高,况且水塔高度一经确定,对今后给水管网的发展将产生影响。小城镇和工业企业则可考虑设置水塔,这样既可缩短水泵工作时间,又可保证恒定的水压。水塔在管网中的位置,可靠近水厂位于管网中间或靠近管网末端等。不管哪类水塔,水塔的高度都是指水柜底面或最低水位离地面的高度。这一高度可参考图 3-6,按下式计算:

$$H_t = H_c + \sum h' - (Z_t - Z_c) \quad (\mathrm{m}) \tag{3-9}$$

式中　H_t——水塔高度,m;

H_c——控制点要求的自由水压,m;

$\sum h'$——按最高时用水量计算的水塔至控制点之间管路的水头损失,m;

Z_t——水塔处的地形标高,m;

Z_c——控制点处的地形标高,m。

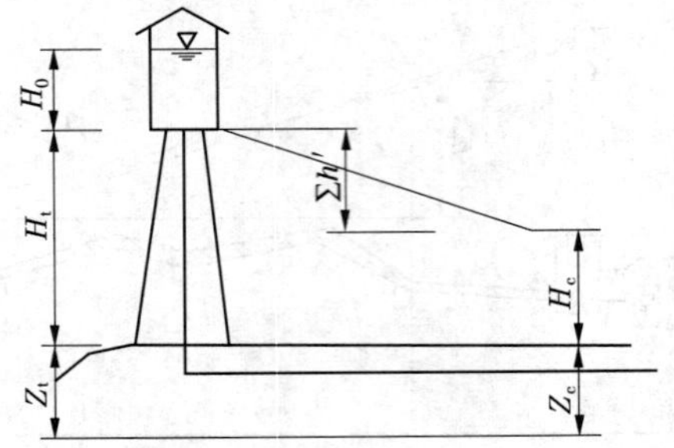

图 3-6　水塔高度计算图

从上式可以看出，建造水塔处的地面标高 Z_t 越高，则水塔高度 H_t 越低。这就是水塔建在高地的原因。离二级泵站越远，地形越高的城市，水塔可能建在管网末端，而形成对置水塔的管网系统。这种系统的给水情况比较特殊，在最高用水量时，管网用水由泵站和水塔同时供给，两者各有自己的给水区，在给水区分界线上，水压最低。求对置水塔管网系统中的水塔高度时，式(3-9)中的 $\sum h'$ 是指水塔到控制点之间管路的水头损失，H_c 和 Z_c 分别指水压最低点的服务水头和地形标高。这里，水头损失和水压最低点的确定必须通过管网计算。

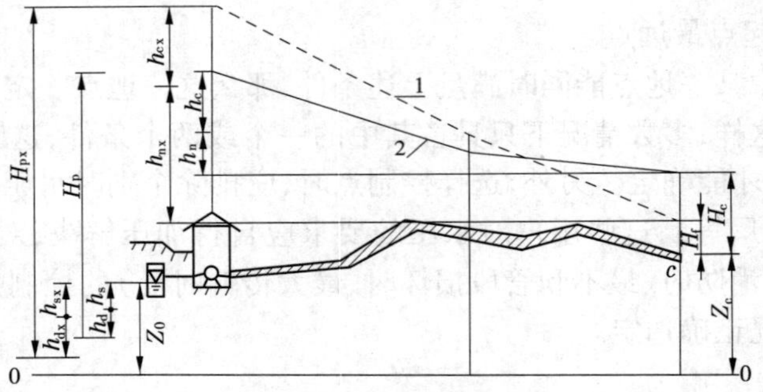

1—消防时；2—最高用水时

图 3-7　无水塔管网在消防时的水压线

三、无水塔管网系统的水压情况

（一）最高用水时水压的情况

管网中不设水塔而由二级泵站直接供水时，管网水压情况如图 3-5 所示。供水过程中，用水量总是变化的，用水量变化必然引起管网水压的波动，用水量变化越大，管网压力波动也就越大。最高用水时，二级泵站所需总扬程 H_p 直接由控制点按式(3-8)推算得出。

（二）消防时的水压情况

管网的管径和二级泵站的水泵型号及台数都是根据最高用水时的设计流量和设计水压确定的，但在消防时，管网额外增加了大量的消防流量，管网的水头损失会明显增大，管网系统在消防时的水压会发生变化。因此，为保证安全供水，必须按消防时的条件进行核算。我国城镇给水一般均按低压制消防条件进行核算,即管网通过的总流量按最高时设计用水量加消防流量(Q_h+Q_x)计;消防时管网的自由水压值应保证不低于10 mH_2O 进行核算,以确定按最高用水时确定的管径和水泵扬程是否能适应这一工作情况的需要。

无水塔管网系统在消防时的水压线如图3-7所示(着火点可考虑在控制点 c 处)。消防时,由于管网中增加了消防流量,使管网系统的水头损失明显增大;另外,消防时要求的自由水压 H_f(低压制)通常小于最高用水时要求的自由水压 H_c。因此,视管网水头损失的增值 $\Delta H_x=[(\sum H_{px}+\sum h_x)-(\sum h_p+\sum h)]$ 和减少的自由水压值(H_c-H_f)大小,消防时所需的水泵扬程 H_{px} 和最高用水时所需的水泵扬程 H_p 的关系可有以下几种情况:

(1)当 $\Delta H_x=H_c-H_f$ 时,则 $H_{px}=H_p$,但由于消防时增加了消防流量,所以最高时所选的水泵机组不能满足消防时的供水(流量)要求,这时只需在二级泵站内多设置与最高时工作型号相同的水泵,以满足最高时兼消防时的需要。

(2)当 $\Delta H_x<H_c-H_f$ 时,则 $H_{px}<H_p$,这时视 $H_{px}-H_p$ 值的大小采取相应措施。若按最高时所选水泵通过工况点改变(流量较少,扬程增加)能否满足消防时的流量(Q_h+Q_x)要求,若不能满足,只需按第一种情况采取措施即可。

(3)当 $\Delta H_x>H_c-H_f$ 时,则 $H_{px}>H_p$,这时视 $H_{px}-H_p$ 值的大小采取相应措施。若按最高时所选水泵通过工况点改变(流量较少,扬程增高)能够满足消防时对扬程 H_{px} 的要求,只需按第一种情况采取措施即可,否则应放大部分管段的管径或设专用消防泵。

综上所述,管网水力计算应满足四种情况流量及水压的需要:①最高日最高用水时;②消防时;③最高日最高时有一处最不利管段发生损坏时(限于环状管网);④最大转输时(限于设有对置水塔的管网)。第②、③种情况出现的机会很少,历时较短,一般说来,二级泵站最高时供水量大于最大转输时的供水量,所以决定管网管径及选择二级泵站的水泵型号主要依据最高时管网的计算结果。后三种只是在管网管径和水泵型号确定的基础上进行核算。后三种情况可通过二级泵站水泵运行的方式(水泵并联等)及工况点的改变来满足其对流量和扬程的需要(第②、③种情况水泵工况点在高效段以外是允许的)。如不能满足需要,可适当放大管网个别管段(水力坡度较大)的管径来解决。第②、③、④种情况设专用水泵不经济且不便管理。但在用水量少而消防流量占比例较大的小型水厂,最高用水时的水泵扬程与最高时加消防时的水泵扬程相差很大,且放大管径不经济时,只得专设消防泵供最高时加消防时使用。

第四节　分区给水系统的概述

分区给水一般是根据城市地形特点将整个给水系统分成几个区,每区有独立的泵站和管网等,但各区之间有适当的联系,以保证供水可靠和调度灵活。

分区给水的原因从技术方面上讲,是为了管网的水压不超过水管可以承受的压力,以免损坏水管和附件,并可减少漏水量。城镇管网能承受的最高水压由水管材料和接口形式而定。铸铁管虽能承受较高的水压,但为使用安全和管理方便起见,水压最好不超过490~590 kPa。当管网延伸很远时,即使地形平坦,也因管网前端压力过大,而需在管网中途设置水库泵站或加压泵站,形成分区给水系统。

分区给水的原因从经济上方面讲，是降低供水能量费用。给水系统中，供水所需动力费用是很大的，它在给水成本中占有很大的比重。当给水区很大、地形高差显著，或远距离输水时，都有可能考虑分区给水问题。

分区供水可分为并联分区、串联分区。并联分区的特点是各区用水分别供给，比较安全可靠，各区水泵集中在一个泵站内，管理方便；但增加了输水管长度和造价，又因高区水泵扬程高，还需用耐高压的输水管等。串联分区的特点是各区水泵分散布置，管理较不方便，供水安全性较差；但管网的耐压水平降低，输水管相应减少。大城市的管网往往由于城市面积大、管线延伸很长，而使管网水头损失过大，为了提高管网边缘地区的水压，而在管网中间设加压泵站或水库泵站加压，也是串联分区的一种形式。

一、分区给水的能量分析

从给水能量利用程度上来评价分区给水系统是有实际意义的。因为泵站扬程根据控制点所需最小服务水头和管网中的水头损失确定，除控制点附近地区外，大部分给水区的管网水压高于实际所需的水压，多余的水压消耗在用户给水龙头上，因此产生了能量浪费。

（一）输水管的供水能量分析

规模相同的给水系统，采用分区给水常比未分区时减小泵站的总功率，降低输水费用。

图 3-8 中输水管各管段流量（q_{ij}）和管径（D_{ij}）随着与泵站（设在节点 5 处）距离的增加而减小。未分区时泵站供水的能量 E 可用下式计算：

$$E = \rho g q_{4-5} H \tag{3-10}$$

或

$$E = \rho g q_{4-5}(Z_1 + H_1 + \sum h_{ij}) \tag{3-11}$$

式中 ρ——水的密度，kg/L；

g——重力加速度，$g = 9.81\ \text{m/s}^2$；

q_{4-5}——泵站总供水量，L/s；

H——泵站扬程，m；

Z_1——控制点地面高出泵站吸水井水面的高度，m；

H_1——控制点所需最小服务水头，m；

h_{ij}——从 i 断面到 j 断面的总水头损失，m。

泵站供水能量 E 由以下三部分组成：

1. 保证最小服务水头所需的能量

$$E_1 = \sum_{i=1}^{4} \rho g (Z_i - H_i) q_i = \rho g (H_1 + Z_1) q_1 + \rho g (H_2 + Z_2) q_2 + \rho g (H_3 + Z_3) q_3 + \rho g (H_4 + Z_4) q_4 \tag{3-12}$$

2. 克服水管摩阻所需的能量

$$E_2 = \sum \rho g q_{ij} h_{ij} = \rho g q_{1-2} h_{1-2} + \rho g q_{2-3} h_{2-3} + \rho g q_{3-4} h_{3-4} + \rho g q_{4-5} h_{4-5} \tag{3-13}$$

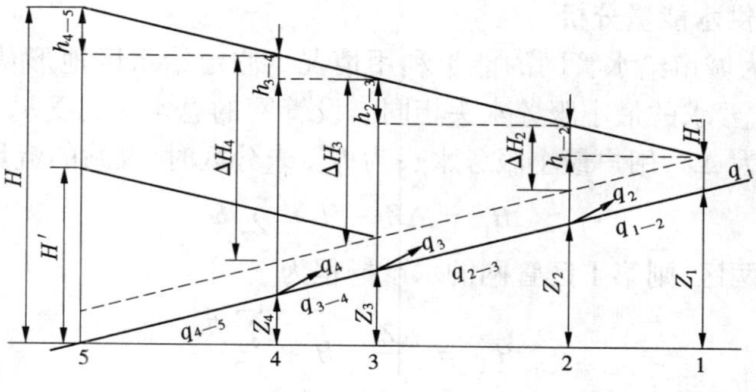

图 3-8　输水管系统

3. 水压过剩形成的浪费能量

$$E_3 = \sum_{i=2}^{4} \rho g q_i \Delta H_i = \rho g(H_1 + Z_1 + h_{1-2} - H_2 - Z_2)q_2 + \rho g(H_1 + Z_1 + h_{1-2} + h_{2-3} - H_{3-4} - Z_3)q_3 + \rho g(H_1 + Z_1 + h_{1-2} + h_{2-3} + h_{3-4} - H_4 - Z_4)q_4 \tag{3-14}$$

式中　ΔH_i——过剩水压。

单位时间内水泵的总能量等于上述三部分能量之和，即

$$E = E_1 + E_2 + E_3 \tag{3-15}$$

总能量中只有保证最小服务水头的能量 E_1 得到有效利用。由于给水系统设计时，泵站流量和用水点水压 $Z_i + H_i$ 已定，所以 E_1 不能减小。

第二部分能量 E_2 消耗于输水工程不可避免的水管摩阻。为了降低这部分能量，必须减小 h_i，其措施是适当放大管径，所以并不是一种经济的解决办法。

第三部分能量 E_3 未能有效利用，属于浪费的能量，这是集中给水系统无法避免的缺点，因为泵站必须将全部流量按最远或位置最高用户所需的水压输送。

集中(未分区)给水系统中，供水能量利用的程度，可用必须消耗的能量占总能量的比例来表示，称为能量利用率，即

$$\varphi = \frac{E_1 + E_2}{E} = 1 - \frac{E_3}{E} \tag{3-16}$$

从上式可以看出，为了提高输水能量利用率，只有设法降低 E_3 值，这就是从经济上考虑分区的原因。

假定在图 3-8 节点 3 处设加压泵站，将输水管分成两区，分区后，节点 5 处泵站的扬程只须满足节点 3 处的最小服务水头，因此泵站扬程可从未分区的 H 降到 H'。从图 3-8 看出，此时过剩水压 ΔH_3 消失、ΔH_4 减小，因而减小了一部分未利用的能量。其减小值等于：

$$(Z_1 + H_1 + h_{1-2} + h_{2-3} - Z_3 - H_3)(q_3 + q_4) = \Delta H_3(q_3 + q_4)$$

但是，当一条输水管的管径和流量相同时，即沿线无流量分出时，分区后非但不能降低能量费用，甚至基建和设备等项费用反而增加，管理也趋于复杂。这时只有在输水距离远、管内的水压过高时，才考虑分区。远距离输水管是否分区，分区后设多少个泵站等问题，都需进行方案的技术经济比较。

（二）管网的供水能量分析

图 3-9 所示为城市给水管网的能量利用情况。假定给水区地形从泵站起均匀升高，全区用水量均匀，要求的最小服务水头相同。设管网的总水头为$\sum h$，泵站吸水井水面和控制点地面高差为ΔZ，用户最小服务水头为H。未分区时，泵站的流量为Q，扬程为

$$H_p = \Delta Z + H + \sum h \tag{3-17}$$

如等分成为两区，则第Ⅰ区管网的水泵扬程为

$$H_{\mathrm{I}} = \frac{\Delta Z}{2} + H + \frac{\sum h}{2} \tag{3-18}$$

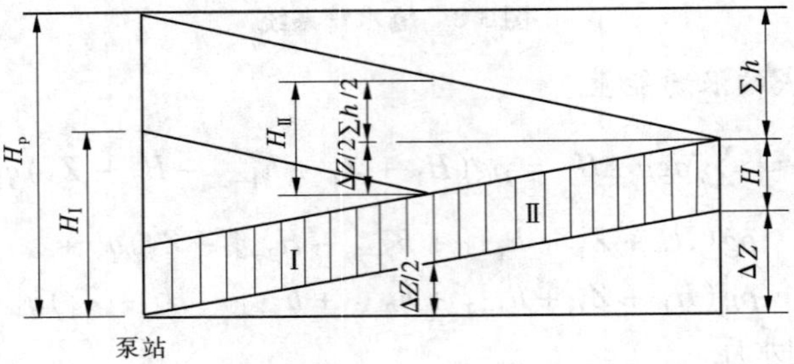

图 3-9　管网分区图

如第Ⅰ区的最小服务水头H与泵站总扬程H_p相比极小时，则H可以略去，得：

$$H_{\mathrm{I}} = \frac{\Delta Z}{2} + \frac{\sum h}{2} \tag{3-19}$$

第Ⅱ区泵站能利用第Ⅰ区的水压H时，该区的泵站扬程$H_{\mathrm{II}} = \frac{\Delta Z}{2} + \frac{\sum h}{2}$。所以，等分成两区后，所节约的能量为$\frac{\theta}{2}\left(\frac{\Delta Z}{2} + \frac{\sum h}{2}\right)$，即比不分区时最多可以节约 1/4 的供水能量。

依此类推，当给水系统分成n区时，无论是串联分区还是并联分区，分区后的供水能量通式为

$$E_n = \frac{n+1}{2n}E = \frac{n+1}{2n}QH_p \tag{3-20}$$

式中　n——分区数；

　　E——未分区时供水所需总能量。

从经济上来说，无论是串联分区还是并联分区，分区后可以节省的供水能量都相同。

二、分区给水系统的设计

在地形高差显著或给水区面积宽广处的城市管网，为使管网水压不超过管道所能承受的压力，以及减少无形的能量浪费，有必要考虑分区给水。但管网分区后，将增加管网系统的造价和管理的复杂性；并联分区增加了输水管长度，串联分区增加了泵站数量。两种布置方式的造价和管理费用并不相同，因此须进行技术上和经济上的比较。

并联分区的优点是各区用水由同一个泵站供给，供水比较可靠，管理也较方便，整个

给水系统的工作情况比较简单,设计条件易与实际情况一致。串联分区的优点是输水管长度较短,可用扬程较低的水泵和低压管。

城市地形对分区形式的影响是:当城市狭长、地形高差较大时,采用并联分区较宜,因为增加的输水管长度不大,高、低压两区的泵站可以集中管理。与此相反,当城市沿垂直等高线方向延伸时,串联分区更为合适。水厂位置对分区形式的影响是:水厂靠近高压区时,宜用并联分区。水厂远离高压区时,采用串联分区较好,以免到高压区的输水管过长,增加造价。

由于限制管网的水压而从技术上采取分区的给水系统时,可根据城镇管网能承受的最高水压、最小服务水头及管网的水头损失求出允许的地形高差,作为在地形图上确定分区界线的依据。由于对经济上的考虑而采用分区给水系统时,一般按节约能量的多少来划定分区界线。因为管网、泵站和水池的造价很少受到分界线位置变动的影响,所以考虑是否分区以及选择分区形式时,应根据地形、水源位置、用水量分布等具体条件,拟订若干方案,进行比较。

在分区给水系统中,可以采用高地水池或水塔做水量调节设备。容量相同时,高地水池的造价比水塔便宜,但高地水池的标高应保持该区所需的水压。采用水塔还是高地水池,需通过方案比较后确定。

思考题

1. 取用地表水时,水处理构筑物、泵站和管网按什么流量设计?

2. 管网中有水塔、无水塔及水塔位置的变更,对二级泵站的工作情况和设计流量有何影响?

3. 已知用水量曲线时,怎样定出二级泵站工作线?

4. 清水池和水塔各起什么作用?其有效容积由哪几部分组成?哪些情况下应设置水塔?

5. 怎样确定清水池和水塔的调节容积?

6. 对于无水塔的管网系统,二级泵站可采取什么方法和措施来适应用户用水量的变化?试举例说明。

7. 如何理解水塔和清水池的调节容积是可以相互转移的?

8. 在水厂运行中,可通过哪些措施减小清水池调节水量所需的调节容积?为什么?

9. 写出消防时(见图 3-7)的二级泵站扬程计算式。

10. 有水塔和无水塔的管网,二级泵站的计算流量有何差别?

11. 什么是控制点?它具有什么基本特征?每一管网系统各种工况的控制点是否为同一地点?试举例说明。

12. 为什么水塔应建造在地形较高的地方?

13. 管网应按哪种供水条件进行设计计算?设计计算完毕后还应按哪些供水条件进行校核计算?

14. 为什么要进行管网的校核计算?各自的核算条件是什么?怎样根据设计计算和

校核计算结果进行二级泵站的水泵组合设计？

15. 某城市最高日用水量为15万m^3/d，用水量变化曲线参照图3-1，求最高日最高时、平均时一级和二级泵站的设计流量(m^3/s)。

16. 某城市给水系统由地表水源、一级泵站、水处理构筑物、清水池、二级泵站、输水管、配水管网和水塔组成。该城市最高日设计用水量为25万m^3/d，最高日用水量变化如图3-1所示，一级泵站24 h均匀供水，试确定：

(1)二级泵站供水曲线；

(2)各组成部分的设计流量；

(3)清水池和水塔的总有效容积(室内消防流量按10 L/s计)。

第四章　水源与取水工程

【知识要点】

1. 水源的类型与选择。

2. 地下取水构筑物。

3. 地表取水构筑物。

【能力目标】

1. 了解给水水源的种类，掌握水源选择的基本原则。

2. 掌握常用地下取水构筑物、地表取水构筑物的类型。

3. 了解常用地下取水构筑物、地表取水构筑物的构造。

第一节　水　源

一、水源的类型

给水水源可分为地表水源和地下水源。地表水源包括江河水、湖泊水、水库水以及海水等。地下水源包括上层滞水、潜水、承压水、裂隙水、岩溶水和泉水等。

（一）地表水源

1. 江河水

我国江河水资源丰富，但各地条件不一，水源状况也各不相同。

一般江河洪枯流量及水位变化比较大，常发生河床冲刷、淤积和河床演变。平原河道河床常为土质，较易变形。顺直河段容易形成边滩，可能造成取水口堵塞；弯曲河段凸岸淤积，凹岸冲刷，使河流弯曲程度不断加大，甚至可能发展成为河套，也可能裁弯取直，以弯曲—裁直—弯曲作周期演变，对设置取水口非常不利。

江河水的主要来源是降水形成的地面径流，因此常含有大量的泥沙及污染物，细菌含量较高。江河水流经水溶性矿物成分含量高的岩石地区，水中含有的矿物成分会增高；江河水的主要补给源是降水，与地下水相比，水质较软，由于长期暴露在空气中，水中溶解氧的含量较高，稀释和净化能力都较强。

2. 湖泊水及水库水

湖泊水和水库水的主要来源一般情况下是江河水，但也有些湖泊水和水库水来源于泉水。湖泊和水库中的水基本处于静止状态，沉淀作用使得水中悬浮物大大减少，浑浊度降低。湖泊和水库的自然条件利于藻类、水生植物和鱼虾类的生长，使得水中有机物质含量升高，所以湖泊水和水库水多呈绿色或黄绿色，应注意其水质对给水水源的影响。

另外，一般在中小河流上，由于流量的季节性变化较大，枯水季节往往水量不足，甚至断流，此时可根据气象、水文、地形、地质等条件修建年调节或多年调节水库作为给水水源。

3. 海水

随着现代工业的迅速发展,在整个世界范围内淡水水源严重不足。为满足大量工业用水需要,特别是冷却用水,许多国家包括我国在内,已经开始使用海水作为给水水源。

(二)地下水源

地下水存在于地下土层和岩层中,自然界的岩石、土壤均是多孔介质,在它们的固体骨架间存在着形状不一、大小不等的孔隙、裂隙或溶隙,其中有的含水,有的不含水,有的虽然含水却难以透水。通常把既能透水又饱含水的多孔介质称为含水介质,这是地下水存在的首要条件。所谓含水层,是指贮存有地下水,并在自然状态或人为条件下,能够流出地下水来的岩体。由于这类含水的岩体大多呈层状,故名含水层,如砂层、砂砾石层等。有的含水岩体呈带状、脉状甚至是块状等复杂状态分布,对于这样的含水岩体可称为含水带、含水体或含水岩组。

地下水在地层中的位置及其补给、径流、排泄条件不同,水质水量也有差异。

1. 上层滞水

上层滞水是存在于包气带中局部隔离水层之上的具有自由水面的地下水。由于分布范围有限,水量随季节变化,旱季甚至干枯,因此只适宜做少数居民或临时的供水水源。

2. 潜水

潜水是埋藏在地下第一个稳定隔水层上,具有自由表面的重力水。主要特征是有隔水底板而无隔水顶板,具有自由表面,是无压水。它的分布区和补给区往往一致,水位及水量变化较大。潜水由于经地层的渗滤,隔除了大部分悬浮物和微生物,水质物理性状较好,细菌含量较少,在我国经常作为给水水源。但潜水由于容易被污染,须注意卫生防护。

3. 承压水

承压水是充满于两隔水层之间的地下水。由于有不透水层阻挡,不易受其上部地面人为污染的影响,水质情况稳定,细菌含量少,温度低且稳定,但含盐量一般比地表水和潜水高。承压水的补给区往往离承压分布区较远,补给区含水层直接露出地表,所以该区的环境保护对保证水质有重要意义。

我国承压水分布范围很广,是我国城市和工业的重要水源。

4. 裂隙水

裂隙水是埋藏在基岩裂隙中的地下水。大部分基岩出露在山区,因此裂隙水主要分布在山区。

5. 岩溶水

通常在石灰岩、泥灰岩、白云岩、石膏等可溶岩石分布地区,由于水流作用形成溶洞、落水洞、地下暗河等岩溶现象,储存和运动于岩溶地层中的地下水称为岩溶水或喀斯特水。它为低矿化度的重碳酸盐水,涌水量在一年中变化较大。

6. 泉水

涌出地表的地下水露头称为泉,有包气带泉、潜水泉和自流泉等。包气带泉涌水量变化很大,旱季甚至会干枯,水质和水温不稳定。潜水泉受降水影响,季节性变化显著,水流通常渗出地面。自流泉由承压水补给,水向上涌出地面,动态稳定,水量变化较小,是良好的供水水源。

二、水源选择

给水水源的选择应根据城乡近期总体规划、水体的水质情况、水文和水文地质资料、用户对水量和水质的要求等方面的因素进行综合考虑，选择水质良好、水量充沛、环境便于保护的水体作为给水水源。在对水源水质要求较高时，宜优先选用地下水。取水点的设置应位于城市和工业区的上游，对于地表水应根据自然流向判别上下游，对于地下水应根据地下渗流的主要流向进行判别。

（一）给水水源应有足够水量

城市给水水源应有足够水量，以满足城市用水要求。水源水量除保证当前生活、生产需水量外，还应满足远期发展所需的水量。地下水源的取水量应不大于其开采储量，天然河流（无坝取水）的取水量应不大于该河枯水期的可取水量。

（二）给水水源的水质应良好

作为生活饮用水的水源水质应优良，采用地表水作为饮用水水源时，应符合《地面水环境质量标准》（GB 3838—2002）的要求；采用地下水作为饮用水水源时，地下水水源应符合《地下水质量标准》（GB/T 14848—93）的要求。生活饮用水水质应满足《生活饮用水卫生标准》（GB 5749—2006）的要求，工业企业的生产用水则根据相应的要求而定。

如果不得不选用超过上述标准某项指标要求的水体作为生活饮用水的水源，应征得主管部门同意，并根据其超过的程度与卫生部门共同研究处理方法，使其最终符合《生活饮用水卫生标准》（GB 5749—2006）的规定。

（三）考虑合理开采和利用水源

选择水源时，必须配合经济计划部门制定的水资源开发利用规划，全面考虑统筹安排，正确处理与给水工程有关部门（如农业、水力发电、航运、木材流送、水产、旅游及排水等）的关系，以求合理地综合利用和开发水资源。特别是对水资源比较贫乏的地区，综合开发利用水资源，对于所在地区的全面发展具有决定性意义。例如，利用经处理后的污水灌溉农田，在工业给水系统中采用循环和复用给水，提高水的重复利用率，减少水源取水量，以解决城市用水或工业大量用水与农业灌溉用水的矛盾；我国沿海某些淡水缺乏地区应尽可能利用海水作为工业企业给水水源；沿海地区地下水的开采与可能产生的污染（与水质不良含水层发生水力关系）、地面沉降和塌陷及海水入侵等问题，应予以充分注意。此外，随着我国经济建设事业的发展，水资源将进一步开发利用，将有越来越多的河流实现径流调节，因此水库水源的综合利用也是水源选择中的重要课题。在一个地区或城市，地表水源和地下水源的开采和利用有时是相辅相成的。地下水源与地表水源相结合、集中与分散相结合的多水源供水以及分质供水不仅能够发挥各类水源的优点，而且对于降低给水系统投资，提高给水系统工作可靠性有重大作用。人工回灌地下水是合理开采、利用和保护地下水资源的措施之一。为保持地下水开采量与补给量的平衡，采取人工回灌措施，以地表水补充地下水，以丰水年补充缺水年，以用水少的冬季补充用水多的夏季。回灌水的水质以不污染地下水，不使井管发生腐蚀，不使地层发生堵塞为原则。“蓄淡避咸”是沿海城市合理利用潮汐河流的有效措施。当河水含盐量高时，取集水库水；当河水含盐量低时，直接取用河水。蓄淡避咸水库库容应根据取水量和“连续不可取水天数”(连续咸水期)决定。

(四)保证安全供水

为了保证安全供水,大、中城市应考虑多水源分区供水;小城市也应有远期备用水源。无多水源时,应结合远期发展,设两个以上取水口。

城市给水水源的选择,特别是作为生活饮用水的水源,应首先考虑地下水源。地下水源具有以下优点:①地下水源水质一般不需净化处理,仅消毒即可,故水厂的投资及经营费用较省;②便于靠近用户建立水源,从而降低给水系统(特别是输水管和配水管网)的投资,节省了输水运行费用,同时也提高了给水系统的安全可靠性;③便于建立卫生防护区,易于采取人防措施;④取水条件和取水构筑物较为简单,便于施工和运行管理;⑤便于分期修建。但地下水也有缺点,如一般含矿物盐类较高,硬度较大,有时含过量铁、锰、氟等需进行处理,同时地下水水量往往不够稳定,地下水源勘测时间也较长等。采用地下水时,必须做到有计划地开采,不能超过开采储量,以防地下水位不断下降,地面下沉或水质恶化等严重情况的发生。按照开采和卫生条件,通常按泉水、承压水(或层间水)、潜水的顺序选择地下水源。对于工业企业生产用水水源而言,如取水量不大或不影响当地饮用需要,也可采用地下水源,否则应取用地表水。地表水源的选择,首先考虑采用天然江河水、水库水,其次考虑湖泊水,必要时考虑海水的利用。地表水源由于含泥沙及细菌较多,水质浑浊,故通常需处理。

三、给水水源的保护

为保证给水水源长期稳定地供水,必须采取必要的措施对给水水源实施各种保护。水资源过分开采就会枯竭,人为污染就会造成水质恶化。地表水、地下水、天然降水之间有着十分密切的联系,空气、土壤的污染对水源水质有着重要的影响。所以,给水水源保护是一个复杂的问题,应从多方面给予综合考虑。

给水水源的保护主要是水源水量的保证和水质的保证。

水量保证的措施有:适度的开采、水量的季节性调蓄、区域性水土保持等。水质保证的措施有:城镇整体布局的规划,加强环境保护,尤其是注意各种污废水向河流或向地下排放的管理,采取有效的措施预防给水水源的污染。

对于生活饮用水水源,应设置卫生防护带。集中式给水水源防护带的范围和防护措施应按有关规定执行。

(一)地面水水源的防护

(1)取水点周围半径不小于 100 m 的水域内,不得停靠船只、游泳、捕捞和从事一切可能污染水源的活动,并应设置明显的范围标志。

(2)河流取水点上游 1 000 m 至下游 100 m 的水域内,不得排入工业废水和生活污水;其沿岸防护范围内,不得堆放废渣,不得设置有害化学物品的仓库、堆栈或设立装卸垃圾、粪便和有毒物品的码头;沿岸不得使用工业废水或生活污水灌溉及施用有持久性或剧毒性的农药,并不得从事放牧。

供生活饮用水的水库和湖泊,取水点周围部分水域或整个水域,也按上述要求执行。

水厂生产区外围不小于 10 m 的范围内,不得设置生活居住区和修建禽畜饲养场,不得修建渗水厕所、渗水坑，不得堆放垃圾、粪便、废渣或铺设污水管道，应保持良好的卫生条件，并应充分绿化。

（二）地下水水源的防护

（1）取水构筑物的防护范围，应根据水文地质条件、取水构筑物的形式和附近地区的卫生状况确定，其防护措施应与地面水水厂生产区要求相同。

（2）在单井或井群的影响半径范围内，不得使用工业废水或生活污水灌溉和施用有持久性或剧毒的农药，不得修建渗水厕所、渗水坑，不得堆放废渣或铺设污水渠道，并不得从事破坏深层土层的活动。

对于分散式给水水源的卫生防护地带，可参照上述规定。水井周围 30 m 的范围内，不得设置渗水厕所、粪坑等污染源。

第二节　地下水取水构筑物

一、位置选择

地下水取水构筑物的位置选择主要取决于水文地质条件和用水要求。在选择地点时，应考虑下列基本情况：

（1）取水地点应与城市或工业总体规划相适应。

（2）应位于出水丰富、水质良好的地段。

（3）应尽可能靠近主要用水地区。

（4）应有良好的卫生防护措施，免遭污染。在易污染地区，城市生活饮用水的取水地点应尽可能设在居民区或工业区的上游。

（5）应考虑施工、运转、维护管理方便，不占农田或少占农田。

（6）应注意地下水的综合开发利用。

二、地下水取水构筑物的基本形式

地下水取水构筑物，按其构造可分为管井、大口井、辐射井、渗渠和引泉构筑物等。地下水取水构筑物形式的选择，应根据含水层埋藏深度、含水层厚度、水文地质特征以及施工条件等通过技术经济比较确定。

（一）管井

管井是由其形状而得名，井深一般较大，井径相对井深来说很小，井深由几米到上千米，井径一般在 50 ~ 1 000 mm。管井的建设通常用专门的钻井机械开凿井机，开凿的方法又分为冲击钻进和回转钻进。冲击钻进所需设备简单、轻便，常用于开凿深度较小的管井。冲击钻进作业是不连续的，钻进和清屑需反复进行，因此效率较低、钻进速度慢。回转钻进所需设备相对较为复杂，但作业可连续进行，边钻进、边出屑，因而钻进速度较快、效率较高。随着钻井技术的不断发展，对提高钻井速度，扩大井径，增加井深，保证管井质量，降低造价都将会有很大的影响。管井由井室、井壁管、过滤器、沉淀管组成（见图 4-1（a）），此种人工填砾单过滤器管井为我国应用最广泛的管井形式之一。凡是只开采一个含水层时,均可采用此种形式。当地层存在两个以上含水层,且各含水层水头相差不大时,则可采用图4-1(b)所示的多过滤器管井,同时从各含水层取水。当抽取结构稳定的基岩裂隙水或者岩溶水时,管井也可以不用井壁管和过滤器。现将管井各主要构造部分分述如下。

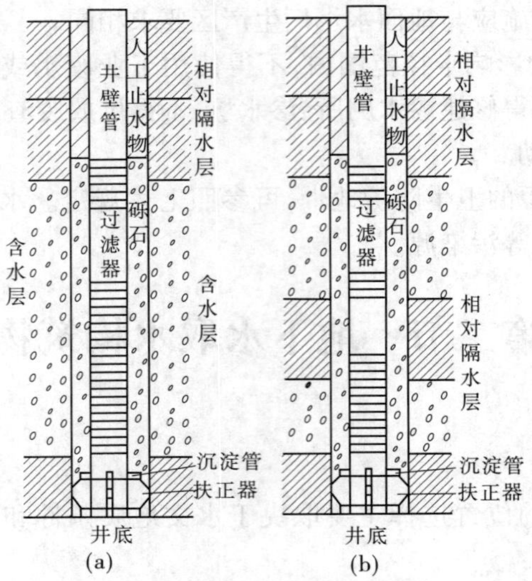

图4-1　管井的一般构造

1. 井室

井室通常是为保护井口免受污染、安放各种设备(如水泵机组或其他技术设备)以及进行维护管理的场所,因此井室也就是泵房。对于有抽水设备的井室,应有一定的采光、采暖、通风、防水、防潮设施。井室还要合乎卫生防护要求,对于地下式井室,须用黏土填塞井室外壁和底部,以防地层被污染,井口部分的构造应严密,并应使其高出井室地面0.3~0.5 m,以防积水流入井内。

抽水设备是影响井室形式的主要因素。抽水设备类型很多,应根据井的出水量、井的静水位和动水位、井的构造(井深、井径)、给水系统布置方式、水质等因素来确定。除抽水设备外,各种设备管理条件、气候、水文地质条件及水源地的卫生状况也在不同程度上影响井室的形式与构造。井室有地上式、地下式和半地下式。地上式在采光、采暖、通风、防水、防潮等方面优于地下式,地下式在厂区规划、管道埋设以及防冻和降噪方面优于地上式。长轴深井泵由于自身的缺陷现在已经很少应用,取而代之的是潜水泵。潜水泵具有很多优点,诸如:结构简单,使用方便,质量轻,扬程高,运转平稳,无噪声等,并且它还可简化井室构造。

对于采用卧式水泵的管井,其井室可以与泵房分建或合建,前一种情况的井室形式与自流井井室近似;后一种情况的井室实际上为一般的泵房,其构造按一般泵房要求确定。由于吸水高度限制,这种井室多设于地下。

2. 井壁管

设置井壁管的目的在于加固井壁,隔离水质不良的或水头较低的含水层。井壁管应具有足够的强度,使其能够经受地层和人工填充物的侧压力,并且应尽可能不弯曲,内壁应平滑、圆整,以利于安装抽水设备和对井的清洗、维修。井壁管可以是钢管、铸铁管、钢筋混凝土管、石棉水泥管、塑料管或木管等。一般情况下,非金属管适用于井深不超过150 m的管井。

3. 过滤器

过滤器又称滤水管,它安装于含水层中,用以集水和保持填砾与含水层的稳定性。过滤器是管井的重要组成部分,它的形式和构造对管井的出水量和使用年限有很大影响,所以在工程实践中,对过滤器形式的选择非常重要。对过滤器的基本要求是:应有足够的强度和抗蚀性,具有良好的透水性且能保持人工填砾和含水层的渗透稳定性。常用的过滤器有钢筋骨架过滤器,圆孔、条孔过滤器,缠丝过滤器(见图4-2),包网过滤器,砾石水泥过滤器等。

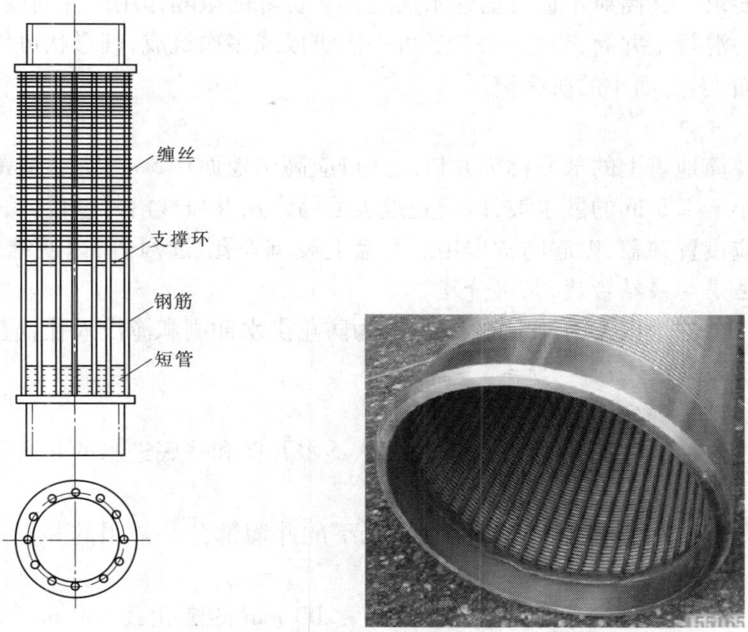

图4-2　钢筋骨架缠丝过滤器构造

4. 沉淀管

井的下部与过滤器相接的是沉淀管,用以沉淀进入井内的细小砂粒和自水中析出的沉淀物,其长度一般为2~10 m。

(二)大口井

大口井与管井形式类似,只是大口井口径较大(一般为4~8 m),井深较浅(一般不超过15 m)。井深贯穿整个含水层的大口井称完整井(见图4-3(a))。井深未及不透水层的大口井称非完整井(见图4-3(b))。完整井仅从井壁进水,常因进孔堵塞影响出水,非完整井可从侧壁和底部同时进水,进水范围大,出水效果好。因此,大口井多为非完整井。大口井主要由井筒、井口及进水部分组成。

1. 井筒

井筒通常用钢筋混凝土或砖、石建造,强度应能承受四周的侧压力,同时还应满足施

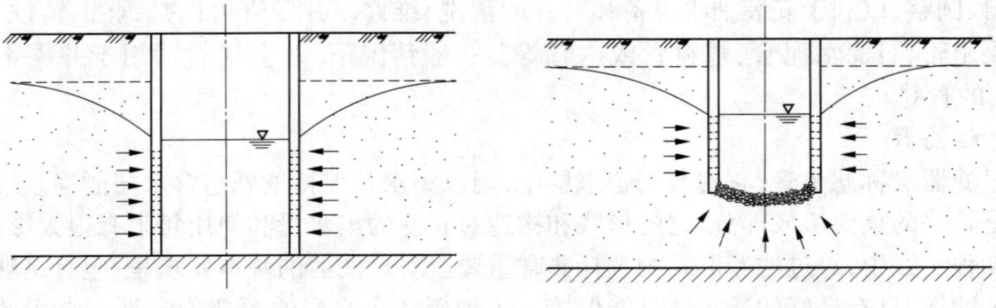

(a)完整井　　(b)非完整井

图 4-3　大口井

工的要求。井筒对不适宜的含水层应具有良好的阻隔作用。井筒的形状多为圆筒形。对于钢筋混凝土井筒,为便于施工,可一次筑成或多次筑成,其形状可以是直筒形,也可以做成下面大、上面小的阶梯筒形。

2. 井口

井筒地表上的部分称为井口。井口应高出地面 0.5 m 以上,周围应封闭良好,并有宽度不小于 1.5 m 的散水坡,以防止地表面污水从井口或沿外壁侵入,使井水受到污染。井口上应设置井盖,以起防护作用。井盖上设有人孔、通风管,以便维护和通风良好。井口既可考虑与泵站合建,又可分建。

在低洼地区及河滩上的大口井,为防止洪水冲刷和淹没人孔,应设密封盖板。通风管应高于设计洪水位。

3. 进水部分

进水部分包括井壁进水的进水孔、透水井壁和井底进水的井底反滤层等。

1) 井壁进水孔

井壁进水孔交错布置在动水位以下的井筒部分。常用的井壁进水孔有以下两种形式。

(1) 水平孔:一般做成直径为 100 ~ 200 mm 的圆孔或 100 mm × 150 mm ~ 200 mm × 250 mm 的矩形孔。为保持含水层的渗透稳定性,孔中装填一定级配的滤料层。为防止滤料层的漏失,孔的两侧应放置格网。水平进水孔施工方便,采用较多。为改善滤料分层装填的困难,可应用盛装砾石滤料的铁丝笼装填进水孔。

(2) 斜形孔:多做成圆形,孔径为 100 ~ 150 mm,外侧设有格网。斜形孔为一种重力滤料层的进水孔,滤料层稳定,且易于装填、更换、清洗,是最好的一种进水孔形式。

进水孔中滤料一般采用 1 ~ 3 层,总厚度不应小于 25 cm,与含水层相邻一层的滤料粒径,可按下式计算:

$$\frac{D}{d_i} \leqslant 7 \sim 8 \tag{4-1}$$

式中　D——与含水层相邻一层滤料粒径;

d_i——含水层计算粒径。

当含水层为细砂或粉砂时,$d_i = d_{40}$;中砂时,$d_i = d_{30}$;粗砂时,$d_i = d_{20}$。

两相邻滤料层粒径比，一般为 2 ~ 4。

当含水层为砂砾或卵石时，亦可采用孔径为 25 ~ 50 mm 不填滤料的圆形或圆锥孔（里大外小）。

采用大开槽施工时，为改善大口井进水条件，可在井筒外面填入砾石层，填砾的规格也可参照式(4-1)计算。

2)透水井壁

透水井壁由无砂混凝土制成。由于水文地质条件及井径等不同，透水井壁的构造有多种形式，如：有以 50 cm × 50 cm × 20 cm 无砂混凝土砌块砌筑的井壁，也有以无砂混凝土整体浇制的井壁。如井壁高度较大，可在中间适当部位设置钢筋混凝土圈梁，以加强井筒的强度。

无砂混凝土大口井制作方便，结构简单，造价较低。

3)井底反滤层

除大颗粒岩石及裂隙岩含水层外，在一般砂质含水层中，为了防止含水层中的细小砂粒随水流进入井内，保持含水层渗透稳定性，应在井底铺设反滤层。反滤层一般为 3 ~ 4 层，并宜做成"锅底"形，粒径自下而上逐渐变大，每层厚度一般为 200 ~ 300 mm。当含水层为细砂、粉砂时，应增至 4 ~ 5 层，总厚度为 0.7 ~ 1.2 m；当含水层为粗颗粒时，可设两层，总厚度为 0.4 ~ 0.6 m。由于刃脚处渗透压力较大，易涌砂，靠刃脚处可加厚 20% ~ 30%。

井底反滤层滤料级配与井壁进水孔相同或参照表 4-1 选用。

表 4-1　井底反滤层滤料级配　（单位：mm）

含水层类别	第一层		第二层		第三层		第四层	
	滤料粒径	厚度	滤料粒径	厚度	滤料粒径	厚度	滤料粒径	厚度
细砂	1 ~ 2	300	3 ~ 6	300	10 ~ 20	200	60 ~ 80	200
中砂	2 ~ 4	300	10 ~ 20	200	50 ~ 80	200		
粗砂	4 ~ 8	200	20 ~ 30	200	60 ~ 100	200		
极粗砂	8 ~ 15	150	30 ~ 40	200	100 ~ 150	200		
砂砾石	15 ~ 30	200	50 ~ 150	200				

应该指出的是，保证反滤层铺设的施工质量是防止井底涌砂的重要环节之一。反滤层铺设厚度不均和粒径不符合规格都有可能导致井底涌砂，造成水井停产等严重事故。

(三)辐射井

辐射井是在大口井内沿径向敷设若干水平渗水管，用以增大集水面积，从而增加井的出水量。辐射管管径一般为 100 ~ 250 mm，管长一般为 10 ~ 30 m。大口井深一般为 20 ~ 30 m。国外有长达 100 m 以上的辐射管和井深超过 60 m 的辐射井。

辐射井单井出水量一般在 2 万 ~ 4 万 m^3/d，高者可达 10 万 m^3/d。

(四)渗渠

渗渠用以取集浅层地下水、河床渗透水和潜流水。当间歇河谷河水在枯水期流量小，水浅甚至断流，而含水层为砾石或卵石，厚度小于 6 m 时，采用渗渠取水常比较有效。渗渠有完整式和不完整式两种。渗渠位置应设在含水层较厚，且无不透水夹层的地段，宜在靠近河流主流的，河床稳定、水流较急、冲刷力较大、水位变幅较小的直线或凹岸河段，以便获得充足的水量和避免淤积。

渗渠由水平集水管、集水井、检查井和泵站等组成。集水管一般采用钢筋混凝土管，每节长 1 ~ 2 m，水量较小时可用铸铁管，亦可采用浆砌块石或装配式混凝土渠道。渗渠进水孔孔径一般为 20 ~ 30 mm，布置在 1/3 ~ 1/2 管径以上，呈梅花状排列，孔净距一般为 2 ~ 2.5 倍孔眼直径。在集水管外设置人工滤层，其作用主要是防止含水层中的细小砂粒堵塞进水孔或进入集水管内产生淤积。人工滤层的厚度与级配是否合理将影响出水效果和使用年限。人工滤层一般为 3 ~ 4 层，总厚度约为 0.8 m，与大口井的反滤层要求相同，但最内层滤料直径应略大于进水孔直径。

（五）引泉构筑物

用来取集泉水的构筑物，称为引泉构筑物。自流泉从下向上涌出地面，故多用底部进水方式收集。如泉水出口较多且分散，则可敷设水平集水管加以收集，其构造与渗渠相同。潜水泉常出露于倾斜的山坡或河谷，向下流出地面，多采用侧壁进水的方式收集。

综上所述，常用的几种地下水取水构筑物的适用范围见表 4-2。

表 4-2　地下水源取水构筑物适用范围

形式	尺寸	深度	水文地质条件			出水量
			地下水埋深	含水层厚度	水文地质特征	
管井	井径为50 ~ 1 000 mm，常用的为150 ~ 600 mm	井深为20 ~ 1 000 m，常用的为 300 m 以内	在抽水设备能解决的情况下不受限制	厚度一般在5 m 以上或有几层含水层	适于任何砂卵石、岩石地层	单井出水量一般为 500 ~ 6 000 m^3/d，最大为 2 000 ~ 30 000 m^3/d
大口井	井径为 2 ~ 12 m，常用的为 4 ~ 8 m	井深为 30 m 以内，常用的为 6 ~ 20 m	埋藏较浅，一般在 12 m 以内	厚度一般在 5 ~ 20 m	补给条件良好，渗透性较好，渗透系数最好在 20 m/d 以上，适于任何砂砾、风化岩地区	单井出水量一般为 500 ~ 10 000 m^3/d，最大为 20 000 ~ 30 000 m^3/d
辐射井	井径为 2 ~ 12 m，常用的为 4 ~ 8 m	井深为 30 m 以内，常用的为 6 ~ 20 m	埋藏较浅，一般在 12 m 以内	厚度一般在 5 ~ 20 m。能有效地开采水量丰富、含水层较薄的地下水和河床下渗透水	补给条件良好，含水层最好为中粗砂或砾石层并不含漂石	单井出水量一般为 5 000 ~ 50 000 m^3/d

续表 4-2

形式	尺寸	深度	水文地质条件			出水量
			地下水埋深	含水层厚度	水文地质特征	
渗渠	管径为 0.45～1.5 m，常用的为 0.6～1.0 m	埋深为 10 m 以内，常用的为 4～7 m	埋藏较浅，一般在 2 m 以内	厚度较薄，一般为 1～6 m	补给条件良好，渗透性较好，适用于中砂、粗砂、砾石或卵石层以及风化层	一般为 15～30 $m^3/(d \cdot m)$，最大为 50～100 $m^3/(d \cdot m)$

第三节 地表水取水构筑物

一、位置选择

正确选择地表水取水构筑物的位置是保证安全、经济、合理供水的重要环节。因此，在选择取水构筑物位置时必须根据河流水文、水力、地形、地质、卫生等条件综合研究，进行多方案技术经济比较，从中选择最合理的取水构筑物位置。

在选择取水构筑物位置时，应考虑以下基本要求：

(1)应与城市总体规划要求相适应。在保证供水安全情况下，尽可能靠近用水区，以节省输水投资。

(2)取水位置应能保证取得足够的水量和较好的水质，且不被泥沙淤积和堵塞。因此，在弯曲河段，宜选在水深岸陡、泥沙量少的凹岸，并在顶冲点下游 15～20 m 处。在顺直河段，宜选在主流靠近岸边、河床稳定、断面窄流速大的河段。一般凸岸易淤积，较少设置取水构筑物。

(3)在有沙洲的河段，应离开沙洲有足够的距离(500 m 以外)；当浅滩、沙洲有向取水构筑物移动的趋势时，这一距离还应加大。在有分汊河段，取水位置应设在稳定的主河道中。在有支流的河段上取水，取水口应设在主河道上，且离开支流入口处上下游有足够的距离。

(4)宜设在水质良好地段，城市生活饮用水源一般应选在城市或工业区上游，以防止污染；在沿海潮汐影响的河流上，取水位置应在潮汐影响以外，以免吸入咸水。

(5)从湖泊和水库取水时，宜选在有足够水深，并远离支流汇入口处，以免泥沙淤积。取湖水宜靠近湖水出口；取水库水宜靠近堤坝附近，并在常见最多风向上方，以免聚集水草和浮游生物。

(6)取水位置应设在洪水季节不受冲刷和淹没的地方，在寒冷地区为防止冰凌影响应设在无底冰和浮冰的河段。

(7)选择取水位置时，须考虑人工构筑物，如桥梁、码头、丁坝、拦河坝等对河流特性的改变，以防对取水构筑物造成不良后果。

(8)取水位置的选择与给水处理厂、输配水管网布置等有密切关系,因此取水位置还应通过整个给水系统的方案比较来确定。

二、固定式取水构筑物

固定式取水构筑物由于供水比较安全可靠,维护管理方便,适应性较强,因此无论从河流、湖泊还是水库取水,均广泛应用。但水下工程量大,施工期长以及投资较大,特别是在水位变幅很大的河流上,投资甚大。

固定式取水构筑物的基本形式,按其构造特点可分为岸边式、河床式、斗槽式和潜水式等。这里仅介绍前两种。

(一)岸边式取水构筑物

直接从岸边进水口取水的构筑物,称为岸边式取水构筑物。它由进水井和泵房两部分组成。当河岸较陡、主流近岸、岸边水深足够、水质及地质条件较好、水位变幅不太大时,适宜采用这种形式。

1. 岸边式取水构筑物的基本形式

按照进水井与泵房的合建和分建,岸边式取水构筑物可分为合建式和分建式两类。

1)合建式岸边取水构筑物

合建式岸边取水构筑物(见图4-4),进水井与泵房合建在一起,设在岸边,河水经过进水孔进入进水井的进水间,再经过格网进入吸水间,然后由水泵抽送到水厂或用户。在进水孔上设有格栅,用以拦截水中粗大的漂浮物。设在进水井中的格网,用以拦截水中细小的漂浮物。

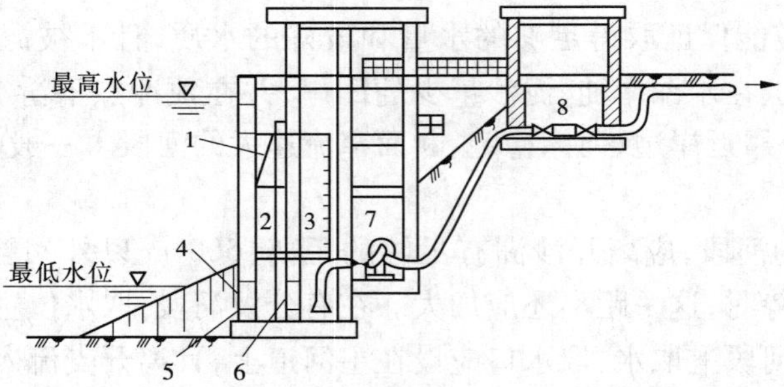

1—进水间;2—进水室;3—吸水室;4—进水孔;
5—格栅;6—格网;7—泵站;8—阀门井

图4-4 合建式岸边取水构筑物

2)分建式岸边取水构筑物

当岸边地质条件较差,进水井不宜与泵房合建时,或者分建对结构和施工有利时,则宜采用分建式岸边取水构筑物(见图4-5)。分建式土建设施结构较简单,施工较容易,但操作管理不太方便,吸水管路较长,增加了水头损失,运行安全性不如合建式。

2. 岸边式取水构筑物的构造和计算

1)进水间

进水间一般由进水室和吸水室两部分组成。进水间可与泵房分建或合建。分建时进

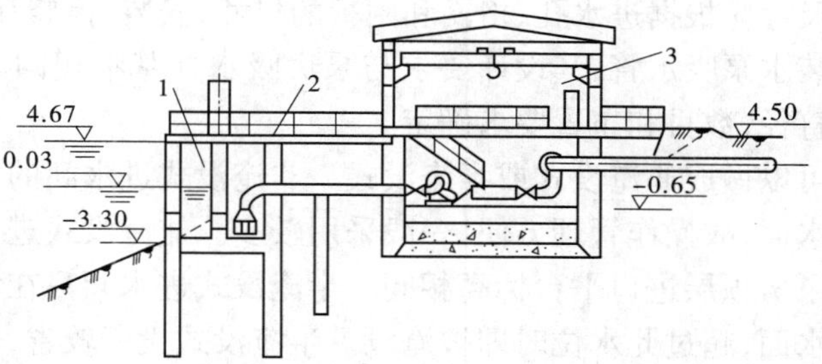

1—进水间；2—引桥；3—泵房

图 4-5　分建式岸边取水构筑物

水间的平面形状有圆形、矩形、椭圆形等。圆形结构性能较好，水流阻力较小，便于沉井施工，但不便于布置设备。矩形进水间的特点与圆形的相反。通常当进水井深度不大，用大开槽施工时可采用矩形的进水间。如进水井深度较大时，则宜采用圆形的进水间。椭圆形的进水间兼有两者的优点，可用于大型取水工程。

进水间由纵向隔墙分为进水室和吸水室，两室之间设有平板格网或旋转格网。在进水室外壁上开有进水孔，孔侧设有格栅。进水孔一般为矩形。

进水孔或格栅的面积可按下式计算：

$$F_0 = \frac{Q}{K_1 K_2 v_0} \tag{4-2}$$

式中 F_0——进水孔或格栅的面积，m^2；

Q——进水孔的设计流量，m^3/s；

v_0——进水孔设计流速，当江河有冰絮时，采用 0.2 ~ 0.6 m/s，无冰絮时采用 0.4 ~ 1.0 m/s，当取水量较小、江河水流速度较小、泥沙和漂浮物较多时，可取较小值，反之，可取较大值；

K_1——栅条引起的面积减少系数，$K_1 = \frac{b}{b+s}$，b 为栅条净距，一般采用 30 ~ 120 mm，s 为栅条厚度（或直径），一般采用 10 mm；

K_2——格栅阻塞系数，采用 0.75。

水流通过格栅的水头损失一般采用 0.05 ~ 0.1 m。

当河流水位变幅在 6 m 以上时，一般设置两层进水孔，以便洪水期取表层含沙量少的水。上层进水孔的上缘应在洪水位以下 1.0 m，下层进水孔的下缘至少应高出河底 0.5 m，其上缘至少应在设计最低水位以下 0.3 m（有冰盖时，从冰盖下缘算起，不小于 0.2 m）。进水孔的高宽比，宜尽量配合格栅和闸门的标准尺寸。进水间上部是操作平台，设有格栅、格网、闸门等设备的起吊装置和冲洗系统。

为了工作可靠和便于清洗检修，进水间通常用横向隔墙分成几个能独立工作的分格。当分格数少时，设连通管互相连通。分格数应根据安全供水要求、水泵台数及容量、清洗排泥周期、运行检修时间、格网类型等因素确定。一般不少于两格。大型取水工程最好一台泵设置一个分格、一个格网。当河中漂浮物少时，也可不设格网。

进水室的平面尺寸应根据进水孔、格网和闸板的尺寸,安装、检修和清洗等要求确定。

吸水室用来安装水泵吸水管,其设计要求与泵房吸水井基本相同。吸水室的平面尺寸按水泵吸水管的直径、数目和布置要求确定。

分建式进水间可以做成非淹没式或半淹没式。非淹没式进水间的顶层操作平台在最高洪水位时仍露出水面,故操作管理方便,一般采用较多。非淹没式进水间的顶层操作平台标高一般与取水泵房顶层进口平台标高相同。半淹没式进水间只在常水位或一定频率的高水位时才露出水面,超过此水位时即被淹没。半淹没式投资较省,但在淹没期内格网无法清洗,内部积泥无法排除,因此只宜用在高水位历时不长,泥沙及漂浮物不多时采用。

2)进水间的附属设备

岸边式取水构筑物进水间内的附属设备有格栅,格网,排泥、启闭和起吊设备等。

(1)格栅。

格栅设在取水头部或进水间的进水孔上,用来拦截水中粗大的漂浮物及鱼类。格栅由金属框架和栅条组成,框架外形与进水孔形状相同。栅条断面有矩形、圆形等。栅条厚度或直径一般为 10 mm。栅条净距视河中漂浮物情况而定,通常为 30 ~ 120 mm。栅条可以直接固定在进水孔上,或者放在进水孔外侧的导槽中,可拆卸,以便于清洗和检修。格栅面积可按式(4-2)计算。

(2)格网。

格网设在进水间内,用以拦截水中细小的漂浮物。格网分为平板格网和旋转格网两种。

①平板格网。平板格网一般由槽钢或角钢框架及金属网构成。金属网一般设一层;面积较大时设两层,一层是工作网,起拦截水中漂浮物的作用,另一层是支撑网,用以增加工作网的强度。工作网的孔眼尺寸应根据水中漂浮物情况和水质要求确定。金属网宜用耐腐蚀材料,如铜丝、镀锌钢丝或不锈钢丝等制成。平板格网放置在槽钢或钢轨制成的导槽或导轨内。

格网堵塞时需要及时冲洗,以免格网前后水位差过大,使格网破裂。最好能设置测量格网两侧水位差的标尺或水位继电器,以便根据信号及时冲洗格网。冲洗格网时,应先用起吊设备放下备用网,然后提起工作网至操作平台,用 196 ~ 490 kPa 的高压水通过穿孔管或喷嘴进行冲洗。

平板格网的优点是:构造简单,所占位置较小,可以缩小进水间尺寸。在中小水量、漂浮物不多时采用较广。其缺点是:冲洗麻烦,网眼较大,不能拦截较细小的漂浮物,每当提起格网冲洗时,一部分杂质会进入吸水室。

②旋转格网。旋转格网是由绕在上下两个旋转轮上的连续网板组成的,用电动机带动。网板由金属框架及金属网组成。一般网眼尺寸为 4 mm × 4 mm ~ 10 mm × 10 mm,视水中漂浮物数量和大小而定,网丝直径为 0.8 ~ 1.0 mm。

旋转格网构造较复杂,所占面积较大,但冲洗较方便,拦污效果较好,可以拦截细小的杂质,故宜用在水中漂浮物较多、取水量较大的取水构筑物。

旋转格网的布置方式有直流进水、网外进水和网内进水三种,前两种应用较多。直流进水的优点是:水力条件较好,滤网上水流分配较均匀;水经过两次过滤,拦污效果较好;

格网所占面积小。其缺点是:格网工作面积只利用一面,网上未冲净的污物有可能进入吸水室。网外进水的优点是:格网工作面积得到充分利用;滤网上未冲净的污物不会带入吸水室;污物拦截在网外,容易清除和检查。其缺点是:水流方向与网面平行,水力条件较差,沿宽度方向格网负荷不均匀;占地面积较大。网内进水与网外进水的优缺点基本相同,但是被截留的污物在网内,不易清除和检查,故采用较少。

旋转格网是定型产品,它是连续冲洗的,其转动速度视河中漂浮物的多少而定,一般为2.4~6.0 m/min,可以是连续转动,也可以是间歇转动。旋转格网的冲洗,一般采用196~392 kPa的压力水通过穿孔管或喷嘴来进行。冲洗后的污水沿排水槽排走。

(3)排泥、启闭及起吊设备。

含泥沙较多的河水进入进水间后,由于流速减低,常有大量泥沙沉积,需要及时排除,以免影响取水。常用的排泥设备有排沙泵、排污泵、射流泵、压缩空气提升器等。大型进水间多用排沙泵或排污泵排泥,也可采用压缩空气提升器排泥,排泥效果都较好。小型进水间或积泥不严重时,可用高压水带动的射流泵排泥。为了提高排泥效果,一般在井底设有穿孔冲洗管或冲洗喷嘴,利用高压水边冲洗、边排泥。

在进水间的进水孔、格网和横向隔墙的连通孔上须设置闸阀、闸板等启闭设备,以便在进水间冲洗和设备检修时使用。这类闸阀或闸板尺寸较大,为了减小所占位置,常用平板闸门、滑阀及蝶阀等。

起吊设备设在进水间上部的操作平台上,用以起吊格栅、格网、闸板和其他设备。常用的起吊设备有电动卷扬机、电动和手动单轨吊车等,其中以单轨吊车采用较多。当泵房较深、平板格网冲洗次数频繁时,采用电动卷扬机起吊,使用较方便,效果较好。大型取水泵房中进水间的设备较重时,可采用电动桥式吊车。

(4)防冰、防草措施。

在有冰冻的河流上,为了防止水内的冰堵塞进水孔格栅,一般可采用以下一些防冰措施:

①降低进水孔流速。如果进水孔流速在0.05 m/s内,便可减少带入水内冰的数量,而且能阻止过冷却水形成冰晶。但是这样小的流速势必增大进水孔面积,因此在实际使用中受到限制。

②加热格栅法。利用电、蒸汽或热水加热格栅防冰冻,比较有效,应用较广。电加热格栅是把格栅的栅条当作电阻,通电后使之发热。用蒸汽或热水加热格栅是将蒸汽或热水通入空心栅条中,然后从栅条上的小孔喷出。

加热格栅可按两种温度计算,一种是使格栅表面温度保持在0.02 ℃以上,以防止格栅冻结;另一种是使进水温度保持在0.01~0.02 ℃以上,以防水中继续形成水内冰。后者需要的热量大,但较安全。

③在进水孔前引入废热水。当工厂有洁净废热水可利用时,则可考虑此措施。该措施常用于电厂取水构筑物防冰,简易有效。

④在进水孔上游设置挡冰木排,以阻挡水内冰进入进水孔。

⑤采用渠道引水,使水内冰在渠道内上浮,并通过排水渠排走。

此外,还有降低栅条导热性能、机械清除、反冲洗等防止进水孔冰冻的措施。

防止水草堵塞,可采用机械或水力方法及时清理格栅,在进水孔前设置挡草木排,在压力管中设置除草器等措施。

3)岸边式取水泵房的设计特点

(1)水泵选择。

水泵型号及台数不宜过多,否则将增大泵房面积,增加土建造价。但水泵台数过少又不利于调度,一般常采用3~4台(包括备用泵)。当供水量变化较大时,可考虑大小水泵搭配,以利于调节。选泵时应以近期水量为主,适当考虑远期发展的可能,预留一定位置,届时可将小泵改为大泵,或另行增加水泵。

(2)泵房布置。

泵房平面形状有圆形、矩形、椭圆形、半圆形等。矩形泵房便于布置水泵、管路和起吊设备,而圆形泵房则相反。但是圆形泵房受力条件较好,当泵房深度较大时,其土建造价比矩形泵房经济。

在布置水泵机组、管路及附属设备时,既要满足操作、检修及发展要求,又要尽量减小泵房面积。特别是泵房较深时,缩小泵房面积具有较大的经济意义。减小泵房面积的措施有:①卧式水泵机组呈顺倒转双行排列,进出水管直进直出布置;②一台水泵的进出水管加套管穿越另一台水泵的基础;③大中型泵房水泵压水管上的单向阀和转换阀布置在泵房外的阀门井内,这样既可减小泵房面积,又可避免由于水锤使管道破裂而淹没泵房的危险;④尽量采用小尺寸管件,如将异径管、弯管两个配件做成异径弯管一个配件;⑤充分利用空间,将真空泵、配电设备、检修平台等设在不同高度的平台上,以缩小泵房面积。

(3)泵房地面层的设计标高。

岸边式取水构筑物的泵房地面层(又称泵房顶层进口平台)的设计标高,应分别按下列情况确定:

①当泵房位于渠道边时,为设计最高水位加0.5 m;

②当泵房位于江河边时,为设计最高水位加浪高再加0.5 m;

③当泵房位于湖泊、水库或海边时,为设计最高水位加浪高再加0.5 m,并应设有防止浪爬高的措施。

(4)泵房的起吊、通风、交通和自控设施。

取水泵房内的起吊设备有一级起吊和二级起吊两种。中小型泵房和深度不大的大型泵房,一般采用一级起吊,起吊设备有卷扬机、单轨吊车、桥式吊车等。深度较大(大于20~30 m)的大中型泵房,由于起吊高度大、设备重,一级起吊容易产生摆动,为了检修方便,宜采用二级起吊,即在泵房顶层设置电动葫芦或电动卷扬机作为一级起吊设备,在泵房底层设置桥式吊车作为二级起吊设备。在布置一级、二级起吊设备时,应注意两者的衔接和二级起吊设备的位置,以保证主机重件不产生偏吊现象。

在深基泵房中,电动机散热致使泵房温度升高,为了改善操作条件,须考虑通风设施。通风方式有自然通风和机械通风两种。深度不大的大型泵房,可采用自然通风。深度较大、气候炎热的泵房宜采用机械通风,一般多采用自然进风、机械排风,或者自然进风,风管系统与电动机热风排出口直接密闭相接的机械排风装置,通风效果较好。大型泵房可采用机械进风、机械排风装置。

深度较大(一般大于25 m)的大型泵房,上下交通除设置楼梯外,还应设置电梯。

取水泵房宜采用自动控制,以节省人力和提高取水的安全可靠性。

(5)泵房的防渗和抗浮。

取水泵房的井壁,要求在水压作用下不产生渗漏。井壁防渗效果的好坏主要取决于混凝土的密实性,所以必须注意混凝土的级配和施工质量。

取水泵房要受到河水或地下水的浮力作用,因此在设计时必须考虑抗浮。抗浮的措施有:①依靠泵房自重抗浮;②在泵房顶部或侧壁增加重物来抗浮;③将泵房底板扩大嵌固于岩石地基内,以增加抗浮力;④在泵房底部打入锚桩与基岩锚固来抗浮;⑤利用泵房下部井壁和底板与岩石之间的黏结力,以抵消一部分浮力。具体采用何种抗浮措施,应因地制宜确定。

(二)河床式取水构筑物

从河心进水口取水的构筑物,称为河床式取水构筑物。当河岸较平坦,枯水期主流离岸较远、岸边水深不足或水质不好,而河心有足够水深或较好水质时,适宜采用这种取水形式。

河床式取水构筑物根据集水间及吸水井与泵房间的联系,又分为合建式(见图4-6)与分建式(见图4-7)。

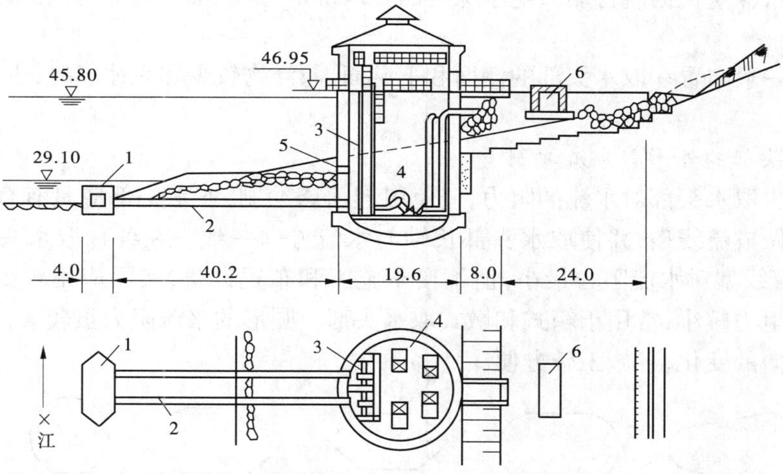

1—取水头部；2—自流管；3—集水井；4—泵站；5—高水位进水孔；6—阀门井

图4-6 合建式自流管取水构筑物 (单位:m)

1.取水头部

取水头部应满足以下要求:尽量减少吸入泥沙和漂浮物,防止头部周围河床冲刷,避免船只和木排碰撞,防止冰凌堵塞和冲击,便于施工和清洗检修等。因此,在设计中应考虑以下一些问题。

1)取水头部的位置和朝向

取水头部应设在稳定河床的深槽主流,有足够的水深处。

为避免推移质泥沙进入,侧面进水孔的下缘应高出河底,一般不小于0.5 m,顶部进水孔应高出河底1.0~1.5 m以上。从湖泊、水库取水时,底层进水孔下缘距水体底部的

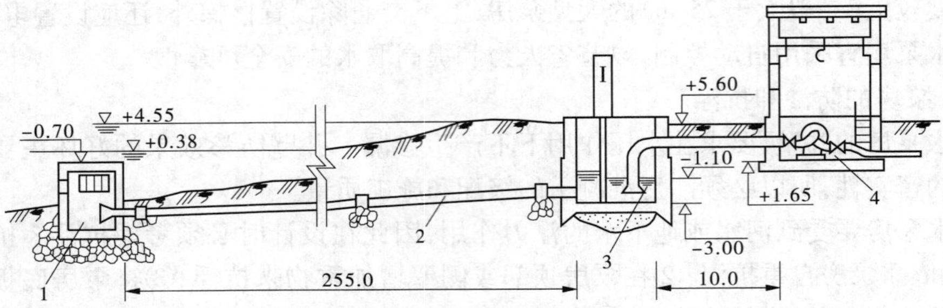

1—取水头部;2—自流管;3—集水井;4—泵站

图 4-7　分建式自流管取水构筑物　(单位:m)

高度,应根据泥沙淤积情况确定,但不得小于 1.0 m。

取水头部进水孔的上缘在设计最低水位以下的淹没深度,当顶部进水时不小于 0.5 m,侧面进水时不小于 0.3 m,当有冰凌时,从冰层下缘算起。虹吸管和吸水管进水时,不小于 1.0 m(避免吸入空气)。从顶部进水时,应考虑当进水流速大产生旋涡时而影响淹没深度。从湖泊、水库取水时,应考虑风浪对淹没深度的影响。在通航河道中,取水头部的最小淹没水深应根据航行船只吃水深度的要求确定,并取得航运部门同意,必要时应设置航标。

进水孔一般布置在取水头部的侧面和下游面,漂浮物较少和无冰凌时,也可布置在顶面。

2)取水头部的外形与水流冲刷

为了减少取水头部对水流的阻力,避免引起河床冲刷,取水头部应具有合理的外形,迎水面一端做成流线型,并使取水头部长轴与水流方向一致。在各种取水头部外形(见图 4-8)中,流线型对水流阻力最小,但不便于施工和布置设备,实际应用较少。菱形、长圆形的水流阻力较小,常用于箱式和墩式取水头部。圆形的水流阻力虽较大,但能较好地适应水流方向的变化,且施工较方便。

图 4-8　取水头部外形

3)进水孔流速和面积

进水孔的流速要选择恰当。流速过大,易带入泥沙、杂草和冰凌,增加水流阻力;流速过小,又会增大进水孔面积和取水头部的尺寸,增加造价,但会减少水流阻力。

根据河中泥沙及漂浮物的数量、有无冰凌、取水点的水流速度、取水量的大小等确定。河床式取水构筑物进水孔的过栅流速,应根据水中漂浮物数量、有无冰絮、取水点的流速、取水量大小、检查和清理格栅的方便等因素确定。一般有冰絮时为 0.1 ~0.3 m/s,无冰絮时为 0.2 ~0.6 m/s。

取水头部的进水孔与格栅面积可参照岸边式取水构筑物。

2. 进水管

进水管有自流管、虹吸管和进水暗渠等。自流管一般采用钢管、铸铁管和钢筋混凝土管。虹吸管要求严密不漏气，宜采用钢管，但埋在地下的亦可采用铸铁管。进水暗渠一般用钢筋混凝土，也有利用岩石开凿衬砌而成。

为了提高进水的安全可靠性和便于清洗检修，进水管一般不应少于两条。当一条进水管停止工作时，其余进水管通过的流量应满足事故用水要求。

进水管的管径应按正常供水时的设计水量和流速确定。管中流速不应低于泥沙颗粒的不淤流速，以免泥沙沉积；但也不宜过大，以免水头损失过大，增加集水间和泵房的深度。进水管的设计流速一般不小于 0.6 m/s。水量较大、含沙量较大、进水管短时，流速可适当增大。一条管线冲洗或检修时，管中流速允许达到 1.5 ~ 2.0 m/s。

自流管一般埋设在河床下 0.5 ~ 1.0 m，以减少其对江河水流的影响和免受冲击。自流管如需敷设在河床上，需用块石或支墩固定。自流管的坡度和坡向应视具体条件确定，可以坡向河心、坡向集水间或水平敷设。

虹吸管的虹吸高度一般不大于 4 ~ 6 m，虹吸管末端至少应伸入集水井最低动水位以下 1.0 m，以免进入空气。虹吸管应朝集水间方向上升，其最小坡度为 0.003 ~ 0.005。每条虹吸管宜设置单独的真空管路，以免互相影响。

进水管内如能经常保持一定的流速，一般不会产生淤积。但在投产初期尚达不到设计水量，管内流速过小时，可能产生淤积；有时自流管长期停用，由于异重流的原因，管道内上层清水与河中浑水不断地发生交替，也可能造成管内淤积；有时漂浮物可能堵塞取水头部。在这些情况下应考虑冲洗措施。

进水管的冲洗方法有顺冲、反冲两种。

顺冲是关闭一部分进水管，使全部水量通过待冲的一根进水管，以加大流速的方法来实现冲洗的；或者在河流高水位时，先关闭进水管上的阀门，从该格集水间抽水至最低水位，然后迅速开启进水管阀门，利用河流与集水间的水位差来冲洗进水管。顺冲法比较简单，不需另设冲洗管道，但附在管壁上的泥沙难以冲掉，冲洗效果较差。

反冲是当河流水位低时，先关闭进水管末端阀门，将该格集水间充水至高水位，然后迅速开启阀门，利用集水间与河流的水位差来反冲进水管；或者将泵房内的水泵压水管与进水管连接，利用水泵压力水或高位水池来水进行反冲洗。这种方法冲洗效果较好，但管路较复杂。虹吸进水管还可在河流低水位时，利用破坏真空的办法进行反冲。

三、移动式取水构筑物

移动式取水构筑物有浮船和缆车两种。

（一）浮船

1. 适用条件

浮船适用于河流水位变幅较大（10 ~ 35 m 或以上），水位变化速度不大于 2 m/h，枯水期有足够水深，水流平稳，河床稳定，岸边具有 20° ~ 30° 坡角、无冰凌，漂浮物少，受浮筏、船只和漂木撞击的河流。

浮船取水具有投资少、施工期短、便于施工、调动灵活等特点。它的缺点是操作管理比较麻烦，供水安全性较差等。

2. 浮船布置

浮船有木船、钢板船以及钢丝网水泥船等，一般做成平底囤船形式，平面为矩形，断面为梯形或矩形，浮船布置需保证船体平衡与稳定，并需布置紧凑和便于操作管理。

3. 浮船与岸上输水管的连接

浮船与输水管的连接应是活动的，以适应浮船上下、左右摆动的变化，目前有两种形式：

(1)阶梯式连接。它又分为刚性联络管和柔性联络管两种连接方式。刚性联络管阶梯式连接如图 4-9 所示，它使用焊接钢管，两端各设一球形万向接头，最大允许转角为 22°，以适应浮船的摆动。由于受联络管长度和球形万向接头转角的限制，在水位涨落超过一定高度时，则需移船和换接头。

(2)摇臂式连接(见图 4-10)。在岸边设置支墩或框架，用以支承连接输水管与摇臂管的活动接头，浮船以该点为轴心随水位、风浪而上下、左右移动。

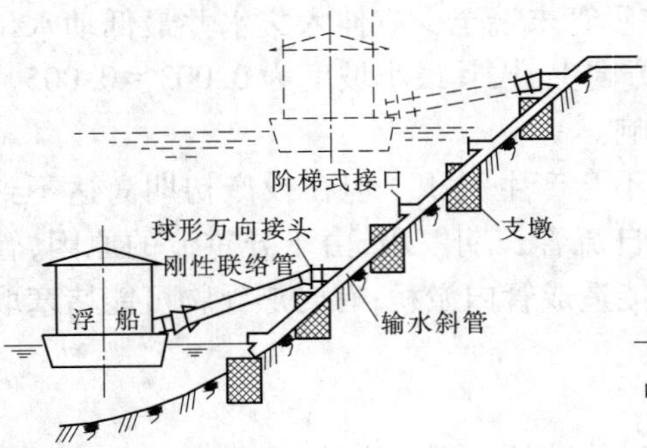

图 4-9 刚性联络管阶梯式连接

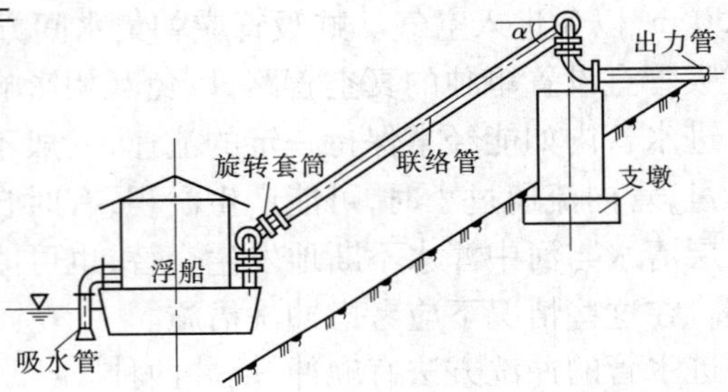

图 4-10 摇臂式连接

(二)缆车

缆车式取水构筑物由泵车、坡道、输水斜管、牵引设备等四个主要部分组成，如图 4-11 所示。当河流水位涨落时，泵车可由牵引设备带动，沿坡道上的轨道上升或下降。它具有投资省、水下工程量少、施工周期短等优点；但它水位涨落时需移车或换接头，维护管理较麻烦，供水安全性不如固定式。

四、其他类型取水构筑物

(一)湖泊、水库取水构筑物

1. 水库枢纽的组成

作为给水用途的水库枢纽通常由挡水建筑物——拦河坝，泄水建筑物——溢洪道、泄水孔，取水建筑物等部分组成。

1)拦河坝

拦河坝是水库枢纽的主体工程，用来拦截水流，抬高水位。按坝的功能分为非溢流坝和溢流坝；按建坝的材料分为土坝、堆石坝、混凝土坝、钢筋混凝土坝；按坝的结构特点分为重力坝、拱坝、肋墩坝(连拱坝、平板坝等)。坝型的选择应根据当地的地质、地形、材料

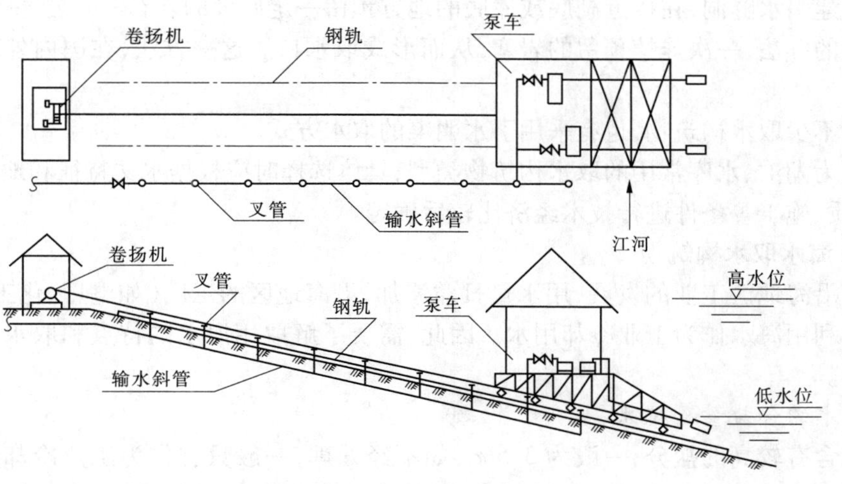

图 4-11　缆车

及施工等条件确定。

2）泄水建筑物

泄水建筑物用以宣泄水库中多余的水量。泄水建筑物有泄水孔和溢洪道两种，它可以设在坝身上，也可设在河岸上。坝身泄水孔多数设在土坝、堆石坝坝基上。河岸式泄水孔是在河岸的岩石山腰里开挖隧洞泄水。设在坝身的溢洪道就是溢流坝，通常用于混凝土坝。坝顶设闸门控制溢流，坝下游需设置消能设备（消力池等）。设在河岸的溢洪道由引水渠、溢流道槛（闸门、闸墩等）、泄水渠（陡坡、多级跌水）三部分组成。

2. 湖泊、水库取水构筑物类型

1）分层取水的取水构筑物

由于深水湖或水库的水质随水深及季节等因素变化，因此大都采用分层取水方式，以从最优水质的水层取水。分层取水构筑物常与坝、泄水口合建，一般采用取水塔取水。

取水塔可以与坝身合建，或者与底部泄水口合建。取水塔可做成矩形、圆形或半圆形。塔身上一般设置 3 ~ 4 层喇叭管进水口，每层进水口高差 4 ~ 8 m，以便分层取水。最底层进水口应设在死水位以下约 0.2 m。进水口上设有格栅和控制闸门。进水竖管下面接引水管，将水引至泵房吸水井，引水管敷设于坝身廊道内，或直接埋设在坝身内。泵房吸水井一般做成承压密闭式，以便充分利用水库的水头。

在取水量不大时，为节约投资，亦可不建取水塔，而在混凝土坝身内直接埋设 3 ~ 4 层引水管取水。

2）自流管式取水构筑物

在浅水湖泊和水库取水，一般采用自流管或虹吸管把水引入岸边深挖的吸水井内，然后水泵的吸水管直接从吸水井内抽水（与河床式取水构筑物类似）。泵房与吸水井既可合建，也可分建。

3）隧洞式取水和引水明渠取水

隧洞式取水构筑物可采用水下岩塞爆破法施工。在选定的取水隧洞的下游一端，先行挖掘修建引水隧洞,在接近湖底或库底的地方预留一定厚度的岩石——岩塞,最后采用水下爆破的办法,一次炸掉预留的岩塞,从而形成取水口。这一方法,在国内外均获得采用。

我国不少取水构筑物,也有采用引水明渠的取水方式。

以上为湖泊、水库常用的取水构筑物类型,具体选择时应根据水文特征和地形、地貌、气象、地质、施工等条件进行技术经济比较后确定。

(二)海水取水构筑物

随着沿海地区工业的发展,用水量日益增加,沿海地区的工厂(如电厂、化工厂等)已逐渐广泛利用海水作为工业冷却用水。因此,需要了解取用海水的特点和取水方式所存在的问题。

1. 海水的含盐量及腐蚀

海水含有较高的盐分,一般为3.5%,如不经处理,一般只宜作为工业冷却用水。海水中的盐分主要是氯化钠,其次是氯化镁和少量的硫酸镁、硫酸钙等。因此,海水的腐蚀性甚强,硬度很高。

海水对碳钢的腐蚀率较高,对铸铁的腐蚀则较小。因此,海水管道宜采用铸铁管和非金属管。

常用的防止海水对碳钢腐蚀的措施如下:

(1)水泵叶轮、阀门丝杆和密封圈等采用耐腐蚀材料(如青铜、镍铜、钛合金钢等)制作。

(2)海水管道内外壁涂防腐涂料,如酚醛清漆、富锌漆、环氧沥青漆等。

(3)采用阴极保护。

为防止海水对混凝土的腐蚀,宜用强度等级较高的抗硫酸盐水泥或在普通水泥混凝土表面涂防腐涂料。

2. 海生物的影响与防治

海水中的生物,如海红(紫贻贝)、牡蛎、海蛭、海藻等大量繁殖,造成取水头部、格网和管道阻塞,不易清除,对取水安全有很大威胁。特别是海红极易大量黏附在管壁上,使管径缩小,降低输水能力。青岛、大连等地取用海水的管道内壁上,海红每年堆积厚度可达5~10 cm。

防治和清除海生物的方法有加氯法、加碱法、加热法、机械刮除法、密封窒息法、含毒涂料法、电极保护法等。其中,以加氯法采用最多,效果较好。水中余氯量保持在0.5 mg/L左右,即可抑制海生物的繁殖。

3. 潮汐和波浪

潮汐平均每隔745 min出现一次高潮,在高潮之后372 min出现一次低潮。我国沿海大潮高度各地不同,渤海一般在2~3 m,长江口到台湾海峡一带在3 m以上,南海一带则在2 m左右。

海水的波浪是由风力引起的。风力大、历时长,则会形成巨浪,产生很大的冲击力和破坏力。取水构筑物宜设在避风的位置,并对潮汐和风浪造成的水位波动及冲击力有足够的考虑。

4. 泥沙淤积

海滨地区，特别是淤泥质海滩，漂沙随潮汐运动而流动，可能造成取水口及引水管渠严重淤积。因此，取水口应避开漂沙的地方，最好设在岩石海岸、海湾或防波堤内。

（三）山溪浅水河流取水构筑物

山溪浅水河流两岸多为陡峭的山崖，河谷狭窄，径流多由降水补给。洪水期与枯水期流量相差很大，山洪暴发时，水位骤增，水流湍急，泥沙含量高，颗粒粒径大，甚至发生泥石流。为确保构筑物安全，可靠地取到满足一定水量、水质的水，必须尽可能地取得河流的流量、水位、水质、泥沙含量及组成等的准确数字，并了解其变化规律，以便在此基础上正确地选择取水口的位置和取水构筑物的形式。一般山溪浅水河流取水构筑物的形式有底栏栅和低坝式取水。

底栏栅取水通过溢流坝抬高水位，并从底栏栅顶部流入引水渠道，再流经沉沙池后至取水泵房。取水构筑物中的泥沙，可在洪水期时开启相应闸门引水进行冲洗。底栏栅取水适用于河床较窄、水深较浅、河底纵坡较大、大颗粒推移质特别多的山溪河流，且取水占河水总量较大的情况。

枯水期和平水期时，低坝拦住河水或部分从坝顶溢流，保证有足够的水深，以利于取水口取水，冲沙闸靠近取水口一侧，开启度随流量变化而定，以保证河水在取水口处形成一定的流速以防淤积。洪水期时则形成溢流，保证排洪畅通。

低坝式取水适用于枯水期流量特别小、水层浅薄、不通船、不放筏，且推移质不多的小型山溪河流。

思考题

1. 水源选择的原则是什么？

2. 地下水和地表水的取水构筑物分别有哪些？它们的适应条件分别是什么？

第五章　城市输配水管网布置与计算

【知识要点】

1. 管网及其管段流量计算。

2. 管径计算。

3. 管网平差与计算。

【能力目标】

1. 了解管网的简化，理解管网的布置。

2. 掌握给水管网管段管径的确定与计算。

3. 了解管网的平差与计算。

第一节　概　述

给水工程总投资中，输水管渠和管网（包括管道、阀门、附属设施等）费用占 70% ~ 80%。因此，必须进行多种方案的计算与比较，以达到经济合理地满足近期和远期用水的目的。

在管网计算中常会遇到以下两类课题：

(1)第一类为设计计算，即按最高日最高时流量求出各节点流量后，进行流量分配，确定管网中各管段的管径及水头损失，再推算出给水管网系统的水压关系。在具体设计时，常有两种情况：

①供水起点水压未知时，应按经济流速选定各管段的管径，再由管段流量、管径和管长计算各管段的水头损失，然后由控制点的地形标高、要求的自由水压推出各节点水压，计算水泵扬程和水塔高度，最终得出管网中各管段的管径、水塔高度，进而确定水泵型号、台数。

②供水起点水压能满足用户要求，从现有管网或泵站接出一个分系统，且不需设置增压设施。应充分利用起点水压条件来选定经济管径，此时经济流速不起主导作用，计算出各管段的水头损失，由起点现有水压条件推出各节点水压，并复核水压是否大于或等于控制点所需水压。若小于控制点所需水压或大得多，均须调整个别管段的管径，重新计算，最后得出管网各管段的管径和各节点水压。

(2)第二类为管网复核计算，即在管网管径已知的前提下，按管网在各种用水情况下的工作流量，分别求出集中于各节点的计算流量，确定各管段的流量和水头损失，并对管网在各种用水条件下的工作情况进行水力计算，分析计算结果，得出管网在各种用水情况下的流量和水压。

例如，新建管网首先按最高时用水量确定给水管网所有管段的直径、水头损失、水泵扬程和水塔高度，然后根据管网布置情况，分别进行消防时、最大转输时、事故时的复核计算。核算由设计计算确定的管径和水泵等能否满足上述最不利情况下的流量和扬程要求,以确定设计计算结果是否需要调整修改,并结合复核结果确定此时的水泵型号和台数,找出管网工作的薄弱环节,为加强管网整理、挖潜、扩建或改建提供技术依据。管网在扩建或改建后,在大多程度上改善供应的水量和水压等问题,都需要通过管网的复核计算才能确定。

以上两类课题并不能截然划分,需根据具体条件确定,例如关于管网扩建问题,既可属于第一类课题,也可属于第二类课题。

第二节　管网图形的性质与简化

一、管网图形的性质

给水管网是由管段和节点构成的有向图。管网图形中每个节点通过一条或多条管段与其他节点相连接。

如图 5-1 所示的管网,图中标有 1、2、3…的点称为节点。它包括:①配水源节点,如泵站、水塔或高地水池等;②不同管径或不同材质的交接点;③管网中管段的交汇点或集中向大用户供水的点。

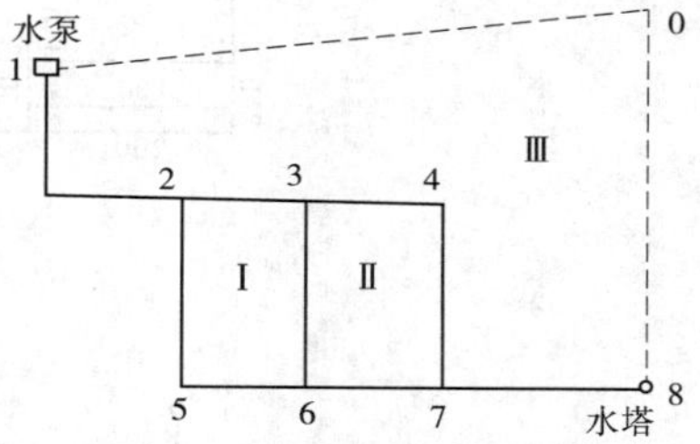

图 5-1　干管网的组成

图 5-1 中,两个相邻节点之间的管道称为管段,如管段 2—5。管段顺序连接形成管线,如图 5-1 中管线 1—2—3—4—7—8,是指从泵站到水塔的一条管线。起点与终点重合的管线构成环,如图 5-1 中 2—3—6—5—2 构成环Ⅰ。在一个环中不包含其他环时,称为基环,如环Ⅰ、Ⅱ合成的大环 2—3—4—7—6—5—2 就不再是基环。

多水源管网,为了计算方便,有时将有两个或两个以上水压一定的水源节点(泵站、水塔等)用虚管线与虚节点 0 连接时,也形成环,如图 5-1 中实管线 1—2—3—4—7—8 和虚管线 8—0—1 所形成的环Ⅲ,因实际上并不存在,故称为虚环,三个配水源时形成两个虚环,由此推知虚环数等于配水源数减 1,或等于虚管段数减 1。

由多面体的欧拉定理可导出平面管网图形的节点(包括虚节点 0)数 J、管段(包括虚管段)数 P 和基环(包括虚环)数 L 之间的关系:

$$P = J + L - 1 \tag{5-1}$$

对于枝状管网,因环数 $L=0$,所以 $P=J-1$,即管段数等于节点数减 1。由此可知,要将环状管网转化为枝状管网,必须在每一个基环中去掉一条管段,最少去除的管段数须等于基环数 L,管段去除后节点数保持不变。因所去除的管段可以不同,所以同一环状管网可以转化变成为各种形式的枝状管网。

二、管网图形的简化

在管网计算中,城市管网的现状核算及旧管网的扩建最为常见。由于给水管线遍布在街道下，不但管线很多而且管径差别很大，如果计算全部管线，实际上既无必要，也不大可能。因此，除新设计的管网因定线和计算仅限于干管网的情况外，对城镇管网的现状核算以及管网的扩建或改建往往需要将实际的管网适当加以简化。保留主要的干管，略去一些次要的、水利条件影响较小的管线，使简化后的管网基本上能反映实际用水情况，从而使计算工作量大大减轻。通常管网越简化，计算工作量越小，但过分简化的管网，其计算结果与实际用水情况的偏差就会过大。因此，管网图形简化是在保证计算结果接近于实际情况的前提下，对管线进行的简化。

图 5-2(a)为某城市管网的管线布置，共计 42 个环，管段旁注明管径(以 mm 计)。图 5-2(b)表示管网在分解、合并、简化时的考虑。图 5-2(c)为简化后的管网，环数减少了一半，共计 21 个环。

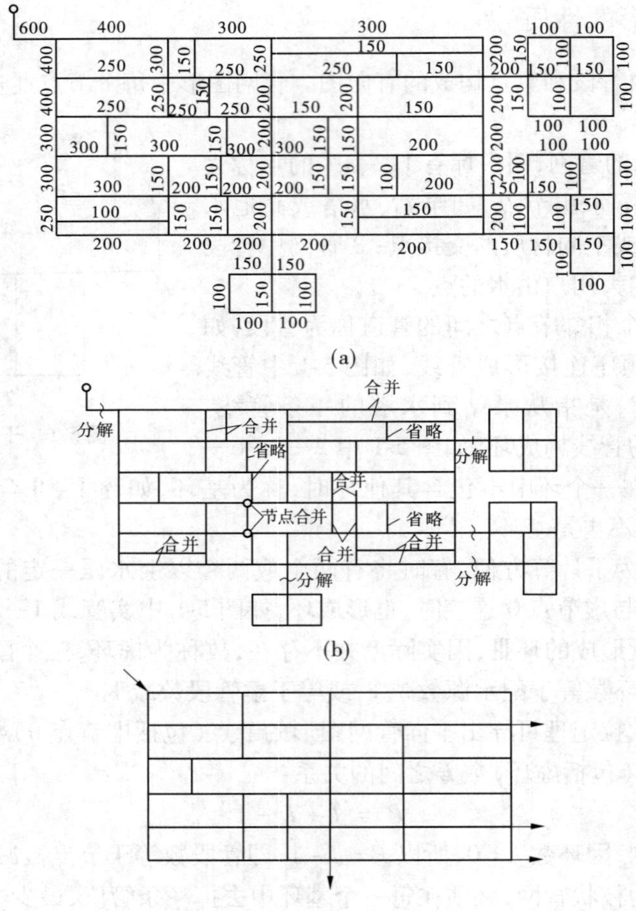

图 5-2　管网简化

在进行管网简化时，首先应对实际管网的管线情况进行充分了解和分析，然后采用分解、合并、省略等方法进行简化。从图 5-2(b)可见，只有一条管线连接的两个管网，可以把连接管线断开，分解成为两个独立的管网；有两条管线连接的分支管网，若其位于管网末端且连接管线的流量可以确定,也可以进行分解,管网分解后即可分别计算。管径较小、相互平行且靠近的管线可以考虑合并。管线省略时,首先略去水利条件影响较小的管线,即省略管网中管径相对较小的管线。管线省略后的计算结果是偏于安全的,但是由于流量集中,管径增大,并不经济。

第三节　管段设计流量计算

在管网水利计算过程中,要确定各管段的直径,必须首先确定各管段的设计流量。为此,需先求出各管段的沿线流量和各节点的节点流量。

一、沿线流量

工业企业的给水管网,用水集中在少数车间,配水情况比较简单。城镇给水管线,由于干管和分配管上承接了许多用户,既有工厂、医院、旅馆等大用户(其流量称为集中流量,常用 Q_1、Q_2、Q_3…表示),又有数量很多但用水量较小的居民用水(其用水量常用 q_1、q_2、q_3…表示)。我们把管网中管段配水干管或配水支管沿线输出的流量之和,称为该管段的沿线流量,即供给该管段两侧用户所需的流量。由于沿线分布不均匀,因此干管和分配管沿线配水情况很不规则。干管的配水情况如图 5-3(a)所示。

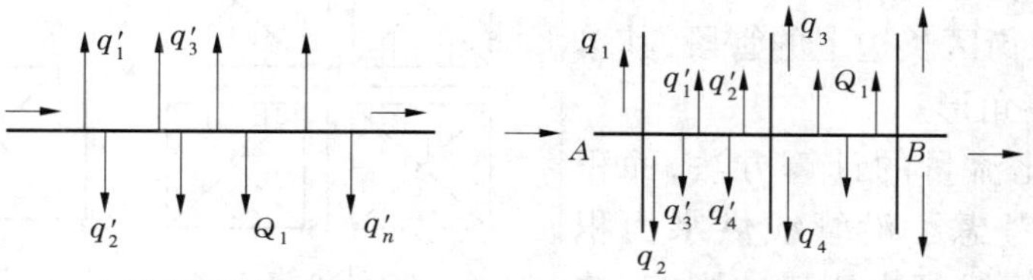

(a)干管配水情况　　(b)分配管配水情况

图 5-3　干管和分配管配水情况

分配管线配出的流量如图 5-3(b)所示,既有数量较多的小用户用水量 q'_1、q'_2…,也有少数大用户的集中流量 Q_1;而干管上还有分配管的取水流量 q_1、q_2…,这些流量大小不等,并且用水量经常发生变化。若按实际情况计算,非常复杂且没有必要。所以,为了计算方便,常采用简化法—比流量法,即假定小用水户的流量均匀分布在全部干管上。比流量法有长度比流量法和面积比流量法两种。

(一)长度比流量法

所谓长度比流量法是假定沿线流量 q'_1、q'_2…均匀分布在全部配水干管上,则管线单位长度的配水流量称为长度比流量,记作 q_{cb},按下式计算:

$$q_{cb} = \frac{Q - \sum Q_i}{\sum L} \tag{5-2}$$

式中　Q——管网总用水量,L/s;

$\sum Q_i$——工业企业及其他大用户的集中流量之和,L/s;

$\sum L$——管网配水干管总计算长度,m,单侧配水的管线(如沿河岸等地段敷设的只有一侧配水的管线）按实际长度的一半计入，双侧配水的管段，计算长度等于实际长度，两侧不配水的管线长度不计。

比流量的大小随用水量的变化而变化。因此，控制管网水力情况的不同供水条件下的比流量（如在最高时、消防时、最大传输时的比流量）是不同的，须分别计算。

必须指出，按照用水量全部均匀分布在干管上的假定来求比流量的方法，存在一定的缺点，因为忽视了沿线供水人数多少的影响。所以，不能反映各管段的实际配水量。显然，不同管段上，它的供水面积和供水居民数不会相同，配水量不能均匀。因此，提出一种改进的计算方法，即按管段供水面积决定比流量的计算方法——面积比流量法。

（二）面积比流量法

假定沿线流量 q_1'、q_2'…均匀分布在整个供水面积上，则单位面积上的配水流量称为面积比流量，记作 q_{mb}，按下式计算：

$$q_{mb} = \frac{Q - \sum Q_i}{\sum \omega} \tag{5-3}$$

式中　$\sum\omega$——给水区域内沿线配水的供水面积总和，m^2；

其余符号意义同前。

干管每一管段所负担的供水面积可按分角线或对角线的方法进行划分，如图 5-4 所示。在街区长边上的管段，其单侧供水面积为三角形。

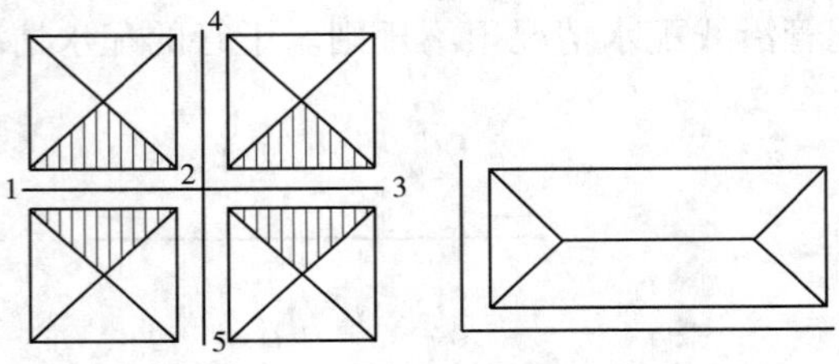

(a)对角线法　　(b)分角线法

图 5-4　供水面积划分

上述两种比流量的计算方法，面积比流量法由于考虑了沿管线供水面积（人数）多少对管线配水流量的影响，故计算结果比长度比流量法相比更接近实际配水情况，但此法计算过程较麻烦。供水区域的干管分布比较均匀，干管距大致相同的管网，没必要使用面积比流量法，改用长度比流量法较为简便。

由比流量 q_{cb}、q_{mb} 可计算出各管段的沿线配水流量，即沿线流量，记作 q_y，则任一管段的沿线流量 q_y 可按下式计算：

$$q_y = q_{cb} L_i \tag{5-4}$$

或

$$q_y = q_{mb} A_i \tag{5-5}$$

式中　L_i——该管段的计算长度，m；

A_i——该管段所负担的供水面积，m^2。

二、节点流量

管网中任一管段内的流量包括两部分：一部分是沿本管段均匀泄出供给各用户的沿线流量 q_y，如图 5-5（a）所示，流量大小沿程直线减小，到管段末端等于零；另一部分是从管段起端 A 到末端 B 管段内流量由 $q_{zs} + q_y$ 变为 q_{zs}，流量仍是变化的。对于流量变化的管段，难以确定管径和水头损失，因此需对其进一步简化。简化的方法是以变化的沿线流量折算为管段两端节点流出的流量，即节点流量。全管段引用一个不变的流量，称为折算流量，记为 q_{if}，使它产生的水头损失与实际沿线变化的流量产生的水头损失完全相同，从而得出管线折算流量的计算公式，即

$$q_{if} = q_{zs} + \alpha q_y \tag{5-6}$$

式中　α——折减系数，其值根据简化条件经推算为0.5～0.58。

α 值与管段中 q_{zs}/q_y 的值有关。一般在靠近管网起端的管段，因转输流量比沿线流量大得多，α 值接近于0.5；相反，靠近管网末端的管段，α 值则趋近于0.58。为便于管网计算，通常统一采用0.5，即将管段沿线流量平分到管段两端的节点上，在解决工程问题时，已足够精确。

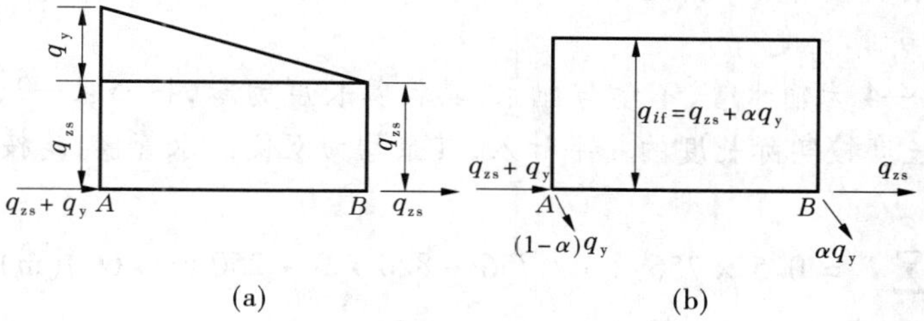

图5-5　管段输配水情况

因此，管网任一节点的节点流量为

$$q_i = 0.5\sum q_y \tag{5-7}$$

即管网中任一节点的节点流量 q_i 等于与该节点相连各管段的沿线流量总和的一半。

当整个给水区域内管网的比流量 q_{cb} 或 q_{mb} 相同时，由式(5-4)、式(5-5)可得节点流量计算式(5-7)的另一种表达形式：

$$q_i = 0.5q_{cb}\sum L_i \tag{5-8}$$

或

$$q_i = 0.5q_{mb}\sum A_i \tag{5-9}$$

式中　$\sum L_i$——与该节点相连各管段的计算长度之和，m；

$\sum A_i$——与该节点相连各管段所负担的配水面积之和，m^2。

城市管网中，工业企业等大用户所需流量，可直接作为接入大用户节点的节点流量。工业企业的生产用水管网，水量大的车间用水量也可直接作为节点流量。

这样，管网图上各节点的流量包括由沿线流量折算的节点流量和大用户的集中流量。大用户的集中流量可以在管网图上单独注明，也可与节点流量加在一起，在相应节点上注出总流量。一般在管网计算图的各节点旁引出细实线箭头，并在箭头的前段注明该节点总流量的大小。

【例5-1】　某城镇最高时总用水量为284.7 L/s，其中集中供应工业用的水量为189.2 L/s。干管各管段编号及长度如图5-6所示，管段4—5、1—2及2—3为单侧配水，其余为两侧配水。试求：(1)干管的比流量；(2)各管段的沿线流量；(3)各节点流量。

图 5-6　节点流量计算　(单位:m)

解:从整个城镇管网分布情况来看,干管的分布比较均匀,故按长度比流量法计算。

1. 配水干管计算长度

因二级泵站—4 为输水管,不参与配水,其计算长度为零,4—5、1—2、2—3 管段为单侧配水,其计算长度按实际长度的一半计入,其余均为双侧配水管段,均按实际长度计入,则:

$$\sum L = 0.5 \times 756 \times 3 + 756 + 820 \times 3 + 250 = 4\,600(\mathrm{m})$$

2. 配水干管比流量

$$q_{\mathrm{cb}} = \frac{284.7 - 189.2}{4\,600} = 0.020\,8\ (\mathrm{L/(s \cdot m)})$$

3. 沿线流量

管段 1—2 的沿线流量为

$$q_{1-2} = q_{\mathrm{cb}} L_{1-2} = 0.020\,8 \times 0.5 \times 756 = 7.9(\mathrm{L/s})$$

各管段的沿线流量计算见表 5-1。

表 5-1　各管段的沿线流量计算

管段编号	管段长度(m)	管段计算长度(m)	比流量(L/(s·m))	沿线流量(L/s)
1—2	756	0.5×756=378	0.020 8	7.9
2—3	756	0.5×756=378		7.9
1—4	820	820		17
2—5	820	820		17
3—6	820	820		17
4—5	756	0.5×756=378		7.9
5—6	756	756		15.7
6—7	250	250		5.2
合计		4 600		95.6

4. 节点流量计算

如节点 5 的节点流量为

$$q_5 = 0.5\sum q_y = 0.5 \times (q_{4-5} + q_{5-6} + q_{5-2}) = 0.5 \times (7.9 + 15.7 + 17) = 20.3(\text{L/s})$$

各节点的节点流量计算见表 5-2。

表 5-2 各管段节点流量计算

节点	连接管段	节点流量(L/s)	集中流量(L/s)	节点总流量(L/s)
1	1—4、1—2	0.5×(17+7.9)=12.5	189.2	201.7
2	1—2、2—5、2—3	0.5×(7.9+17+7.9)=16.4		16.4
3	2—3、3—6	0.5×(7.9+17)=12.5		12.5
4	1—4、4—5	0.5×(17+7.9)=12.5		12.5
5	4—5、2—5、5—6	0.5×(7.9+17+15.7)=20.3		20.3
6	3—6、5—6、6—7	0.5×(17+15.7+5.2)=19.0		19.0
7	6—7	0.5×5.2=2.6		2.6
合计		95.8	189.2	285.0

将节点流量和集中流量标注于相应节点上,如图 5-7 所示。

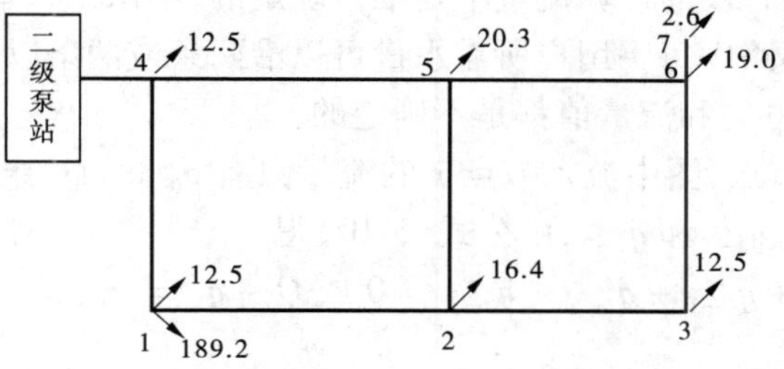

图 5-7 节点流量图 (单位:L/s)

三、管段的设计流量

管网各管段的沿线流量简化成各节点流量后,可求出各节点流量,并把大用户的集中流量也加于相应的节点上,则所有节点流量的总和便是由二级泵站送来的总流量(即总供水量)。按照质量守恒定律,每一节点必须满足节点流量平衡条件:流入任一节点的流量必须等于流出该节点的流量,即流进等于流出。

若规定流入节点的流量为负,流出节点为正,则上述平衡条件可表示为

$$q_i + \sum q_{ij} = 0 \tag{5-10}$$

式中 q_i——节点 i 上的节点流量,L/s;

q_{ij}—连接在节点 i 到 j 上的各管段流量,L/s。

依据式(5-10),用二级泵站送来的总流量沿各节点进行流量分配,所得出的各管段通过的流量,就是各管段的设计流量。

在单水源枝状管网中，各管段的计算流量容易确定。从配水源（泵站或水塔等）供水到任一节点只能沿唯一的一条管路通道，即管网中每一管段的水流方向和计算流量都是确定的，并且是唯一的。每一管段的计算流量等于该管段后面（顺水流方向）所有节点流量和大用户集中用水量之和。因此，对于枝状管网，若任一管段发生事故，该管段以后地区就会断水。

如图 5-8 所示的一枝状管网，其部分管段的计算流量为

$$q_{4-5} = q_5$$

$$q_{8-10} = q_{10}$$

$$q_{3-4} = q_4 + q_5 + q_8 + q_9 + q_{10}$$

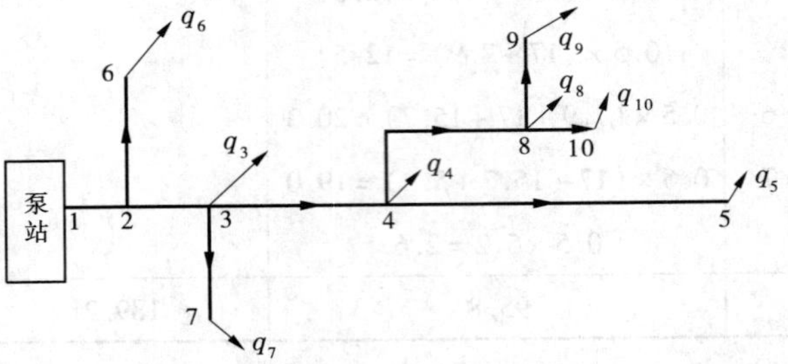

图 5-8　枝状管网管段流量计算

对于环状管网，各管段的计算流量不是唯一确定的，不像枝状管网那样容易确定。配水干管相连接环通，环路中每一用户所需水量可以沿两条或两条以上的管路供给，各环内每条配水管线的水流方向和流量值都是不确定的。

如图 5-9 中的 1 节点，图中流入节点 1 的流量只有 $q_{0-1} = Q$（泵站供水流量），流出节点 1 的流量有 q_1、q_{1-2}、q_{1-5}和 q_{1-7}，由公式(5-10)得：

$$-Q + q_1 + q_{1-2} + q_{1-5} + q_{1-7} = 0 \text{ 或 } Q - q_1 = q_{1-2} + q_{1-5} + q_{1-7}$$

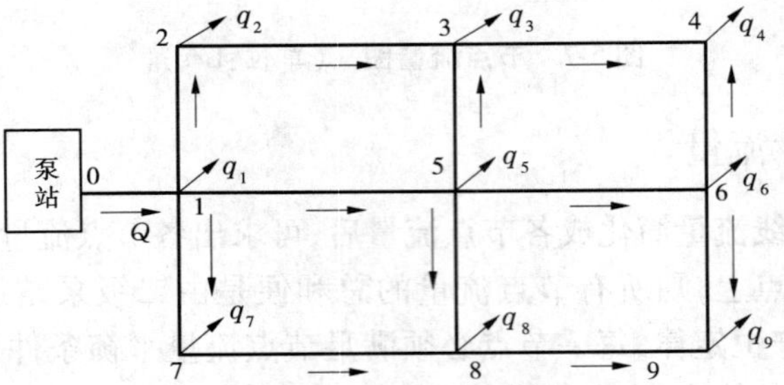

图 5-9　环状管网流量分配

可以看出，对于节点 1 来说，当进入管网的总流量 Q 和节点流量 q_1 已知时，各管段的流量，如 q_{1-2}、q_{1-5}、q_{1-7}可以有不同的分配，也就是有不同的管段流量。为了确定各管段的计算流量，需人为地假定各管段的流量分配值，称为流量预分配，以此确定经济管径。如果在管段 1—5 中分配很大的流量值 q_{1-5}，管段 1—2、1—7 分配很小的流量值 q_{1-2}、q_{1-7}，使三者之和等于 $Q - q_1$，这样敷设管道虽然造价较低，但当管道 1—5 损坏时，另两条管段将会负荷过重，以致不能满足供水安全可靠性的要求。说明在环状管网流量预分配

时，不仅要考虑经济性，而且还要考虑可靠性问题，做到经济性和可靠性并重。

环状管网可以有许多不同的流量分配方案，但是都应保证供给用户所需的水量，并且满足节点流量平衡条件。因为流量分配的不同，每一方案所得的管径也有差异，管网总造价也不相等，但一般不会有明显差别。

环状管网流量分配的具体步骤是：

(1)首先在管网平面布置图上，确定出控制点的位置，并根据配水源、控制点、大用户及调节构筑物的位置确定管网的主要流向。

(2)参照管网主要流向拟定各管段的水流方向，使水流沿最近路线输水到大用户和边远地区，以节约输水电耗和管网基建投资。

(3)根据管网中各管线的地位和功能来分配流量。尽量使平行的主要干管分配相近的流量，以免个别主要干管损坏时，其余管线负荷过重，使管网流量减少过多。干管与干管之间的连接管，其作用主要是沟通平行干管之间的流量，有时起输水作用，有时只是就近供水到用户，平时流量一般不大，只有在干管损坏时才转输较大流量，因此连接管中可分配较少的流量。

(4)分配流量时应满足节点流量平衡条件，即在每个节点上满足 $q_i + \sum q_{ij} = 0$。

由于实际管网的管线错综复杂，大用户位置不同，上述原则必须结合具体条件，分析水流情况加以运用。

对于多水源管网，会出现由两个或两个以上水源同时供水的节点，这样的节点叫供水分界点。各供水分界点的连线即为供水分界线。各水源供水流量应等于该水源供水范围内的全部节点流量加上分界线上由该水源供给的那部分流量之和。因此，流量分配时，应首先按每一水源的供水量确定大致的供水范围，初步划定供水分界线，然后从各水源开始，向供水分界方向逐节点进行流量分配。

环状管网流量分配后得出的是各管段的计算流量，由此流量即可确定管径，计算水头损失，但环状管网各管段计算流量的最后数值必须由平差计算结果来定出。

第四节　管径计算

确定管网中每一管段的直径是输水和配水系统设计计算的主要课题之一。管段的直径应按分配后的流量确定。

在设计中，各管段的管径按下式计算：

$$D = \sqrt{\frac{4q}{\pi v}} \tag{5-11}$$

式中　q——管段流量，m^3/s；

v——管内流速，m/s。

由上式可知，管径不但和管段流量有关，而且还与流速有关。因此，确定管径时必须先选定流速。

为了防止管网因水锤现象出现事故，在技术上最大设计流速限定在 2.5～3.0 m/s 范围内，在输送浑浊的原水时，为了避免水中悬浮物质在水管内沉积，最低流速通常应大于

0.60 m/s,可见技术上允许的流速幅度是较大的。因此,还需在上述流速范围内,根据当地的经济条件,考虑管网的造价和经营管理费用,来选定合适的流速。

从式(5-11)可以看出,流量一定时,管径与流速的平方根成反比。如果流速选用得大一些,管径就会减小,相应的管网造价可降低。但水头损失明显增加,所需的水泵扬程将增大,从而使经营管理费(主要指电费)增大,同时流速过大,管内压力高,因水锤现象引起的破坏作用也随之增大。相反,若流速选用小一些,管径增大,管网造价会增加。但因水头损失减小,可节约电费,使经营管理费降低。因此,管网造价和经营管理费(主要指电费)这两项经济因素是选取流速的关键。由前述可知,流速变化对这两项经济因素的影响趋势恰好相反。所以,必须兼顾管网造价和经营管理费。按一定年限 t(称为投资偿还期)内,管网造价和经营管理费用之和为最小的流速(称为经济流速),来确定管径。

若管网造价为 C,每年的经营管理费用为 M,投资偿还期为 t 年,则 t 年内的经营管理费用为 tM,总费用为 $W=C+tM$。以费用为纵坐标,以流速为横坐标,分别绘制 W、tM 和 C 曲线,如图 5-10 所示。总费用 W 曲线的最低点表示管网造价和经营管理费用之和为最小时的流速(称为经济流速)v_e。

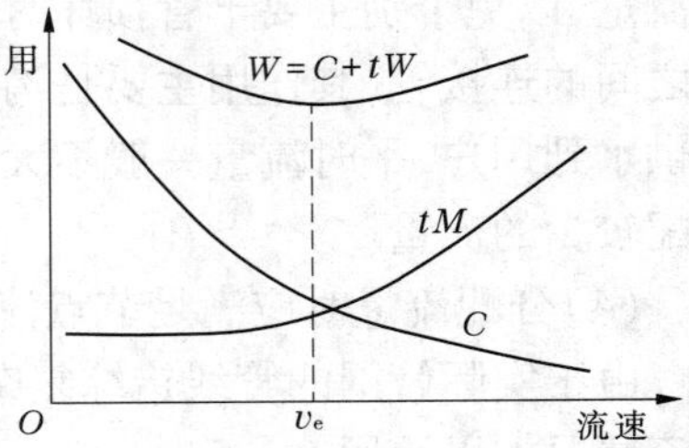

图 5-10　流速和费用的关系

各城市的经济流速值应按当地条件,如水管材料和价格、施工条件、电费等来确定,不能直接套用其他城市的数据。另外,管网中各管段的经济流速也不一样,须由管网图形、该管段在管网中的位置、该管段流量和管网总流量的比例等决定。因为计算复杂,有时简便地应用"界限流量表"(见表 5-3)确定经济管径。

表 5-3　界限流量表

管径(mm)	界限流量(L/s)	管径(mm)	界限流量(L/s)	管径(mm)	界限流量(L/s)
100	<9	350	68~96	700	355~490
150	9~15	400	96~130	800	490~685
200	15~28.5	450	130~168	900	685~823
250	28.5~45	500	168~237	1 000	823~1 120
300	45~68	600	237~355		

由于实际管网的复杂性,加上情况在不断地变化,例如流量在不断增加,管网逐步扩展,诸多经济指标如水管价格、电费等也随时变化,要从理论上计算管网造价和年管理费用相当复杂且有一定难度。在条件不具备时,设计中也可采用平均经济流速,见表 5-4。

一般大管可取较大的经济流速,小管可取小值。

在使用各地区提供的经济流速或按平均经济流速确定管网管径时,还需考虑下列因素:

(1)首先定出管网所采用的最小管径(由消防流量确定),按 v_e 确定的管径小于最小管径时,一律采用最小管径。

表 5-4 平均经济流速

管径(mm)	平均经济流速(m/s)
100 ~ 400	0.6 ~ 0.9
>400	0.9 ~ 1.4

(2)连接管属于管网的构造管,应注重安全可靠性,其管径应由管网构造来确定,即按与它连接的次要干管管径相当或小一号确定。

(3)由管径和管道比阻 α 之间的关系可知,当管径较小时,管径缩小或放大一号,水头损失会大幅度增减,而所需管材变化不多;相反,当管径较大时,管径缩小或放大一号,水头损失增减不很明显,而所需管材变化较大。因此,在确定管网管径时,一般对于管网起端的大口径管道可按略高于平均经济流速来确定管径,对于管末端较小口径的管道,可按略低于平均经济流速确定管径,特别是对确定水泵扬程影响较大的管段,适当降低流速,使管径放大一号,比较经济。

以上是指水泵供水时的经济管径确定方法,在求经济管径时,考虑了抽水所需的电费。重力供水时,由于水源水位高于给水区所需水压,两者的标高差 H 可使水在管内重力流动。此时,各管段的经济管径应按输水管和配水管网通过设计流量时,供水起点至控制点的水头损失总和等于或略小于可利用的水头来确定。

第五节 枝状管网水力计算

多数小型给水和工业企业给水在建设初期采用枝状管网,以后随着用水量的发展,可根据需要逐步连接形成环状管网。枝状管网中的计算比较简单,因为水从供水起点到任一节点的水流路线只有一个,每一管段也只有唯一确定的计算流量。因此,在枝状管网计算中,应首先计算对供水经济性影响最大的干管,即管网起点到控制点的管线,然后计算支管。

当管网起点水压未知时,应先计算干管,按经济流速和流量选定管径,并求得水头损失;再计算支管,此时支管起点及终点水压均为已知,支管计算应按充分利用起端的现有水压条件选定管径,经济流速不起主导作用,但需考虑技术上对流速的要求,若支管负担消防任务,其管径还应满足消防要求。

当管网起点水压已知时,仍先计算干管,再计算支管,但注意此时干管和支管的计算方法均与管网起点水压未知时的支管相同。

枝状管网水力计算步骤如下:

(1)按城镇管网布置图,绘制计算草图,对节点和管段顺序编号,并注明管段长度和节点地形标高。

(2)按最高日最高时用水量计算节点流量,并在节点旁引出箭头,注明节点流量。大用户的集中流量也标注在相应节点上。

(3)在管网计算草图上,按照任一管段中的流量等于其下游所有节点流量之和的关系,求出每一管段流量。

(4)选定泵房到控制点的管线为主干线,按经济流速求出管径和水头损失。

(5)按控制点要求的最小服务水头和水泵到控制点管线的总水头损失,求出水塔高度和水泵扬程。

(6)支管管径参照支管的水力坡度选定,即按充分利用起点水压的条件来确定。

(7)根据管网各节点的压力和地形标高,绘制等水压线和自由水压线图。

【例 5-2】 某城镇有居民 6 万人,用水量定额为 120 L/(人·d),用水普及率为 83%,时变化系数为 1.6。要求最小服务水头为 20 m。管网布置见图 5-11。用水量较大的一工厂和一公共建筑集中流量分别为 25.0 L/s 和 17.4 L/s,分别由管段 3—4 和 7—8 供给,其两侧无其他用户。城镇地形平坦,高差极小。水塔处地面标高为 57.4 m,地形标高见表 5-5,管材选用给水铸铁管。试完成枝状给水管网的设计计算,并求水塔高度和水泵扬程。

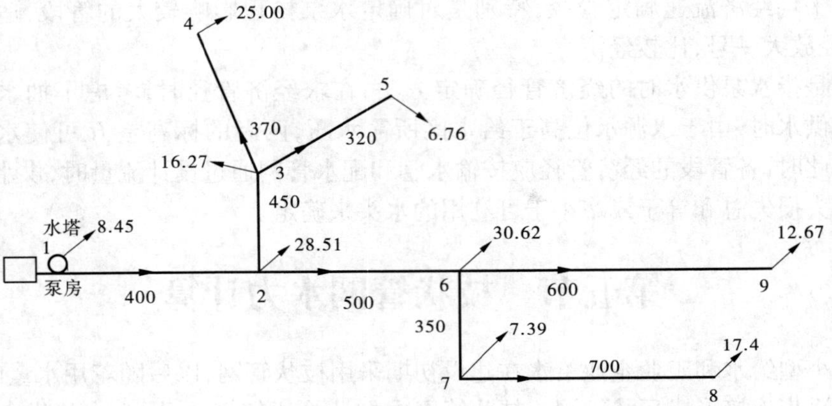

图 5-11 枝状管网计算 (长度单位:m;流量单位:L/s)

表 5-5 节点地形标高

节点	1	2	3	4	5	6	7	8	9
地形标高(m)	57.4	56.6	56.3	56.0	56.1	56.3	56.2	55.7	56.0

解:1. 计算节点流量

计算过程略,结果见图 5-11。

2. 选择控制点,确定干管和支管

由于各节点要求的自由水压相同,根据地形和用水量情况,控制点选为节点 9,干管定为 1—2—6—9,其余为支管。

3. 编制干管和支管水力计算表格

编制干管和支管水力计算表格,见表 5-6、表 5-7,并将节点编号、地形标高、管段编号、管段长度等已知条件分别填于表 5-6、表 5-7 中的第(1)、(2)、(3)、(4)项。

4. 确定各管段的计算流量

按 $q_i+\sum q_{ij}=0$ 的条件，从管线终点（包括各支管）开始，同时向供水起点方向逐个节点推算，即可得到各管段的计算流量：

表 5-6　干管水力计算表

<table>
<tr><th>节点</th><th>地形标高（m）</th><th>管段编号</th><th>管段长度（m）</th><th>流量（L/s）</th><th>管径（mm）</th><th>1 000 i</th><th>流速（m/s）</th><th>水头损失（m）</th><th>水压标高（m）</th><th>自由水压（m）</th></tr>
<tr><td>（1）</td><td>（2）</td><td>（3）</td><td>（4）</td><td>（5）</td><td>（6）</td><td>（7）</td><td>（8）</td><td>（9）</td><td>（10）</td><td>（11）</td></tr>
<tr><td rowspan="2">9</td><td rowspan="2">56. 0</td><td rowspan="3">6 – 9</td><td rowspan="3">600</td><td rowspan="3">12. 67</td><td rowspan="3">150</td><td rowspan="3">7. 24</td><td rowspan="3">0. 73</td><td rowspan="3">4. 34</td><td rowspan="2">76. 00</td><td rowspan="2">20. 0</td></tr>
<tr></tr>
<tr><td rowspan="2">6</td><td rowspan="2">56. 3</td><td rowspan="2">80. 34</td><td rowspan="2">24. 04</td></tr>
<tr><td rowspan="3">2 – 6</td><td rowspan="3">500</td><td rowspan="3">68. 08</td><td rowspan="3">350</td><td rowspan="3">2. 27</td><td rowspan="3">0. 71</td><td rowspan="3">1. 14</td></tr>
<tr><td rowspan="2">2</td><td rowspan="2">56. 6</td><td rowspan="2">81. 48</td><td rowspan="2">24. 88</td></tr>
<tr></tr>
<tr><td>1</td><td>57. 4</td><td>1 – 2</td><td>400</td><td>144. 62</td><td>450</td><td>2. 61</td><td>0. 91</td><td>1. 04</td><td>82. 52</td><td>25. 12</td></tr>
</table>

由 9 节点得 $q_{6-9}=q_9=12.67$（L/s）；

由 6 节点得 $q_{2-6}=q_6+q_{6-9}+q_7+q_{7-8}=30.62+12.67+7.39+17.4=68.08$（L/s）；

同理，可得其余各管段计算流量，计算结果分别列于表 5-6、表 5-7 中第（5）项。

5. 干管水力计算

（1）由各管段的计算流量，查《给水排水设计手册》（第 1 册）铸铁管水力计算表，参照经济流速，确定各管段的管径和相应的 1 000i 及流速。

管段 6—9 的计算流量为 12. 67 L/s，由《给水排水设计手册》（第 1 册）铸铁管水力计算表查得：当管径为 125 mm、150 mm、200 mm 时，相应的流速分别为 1. 04 m/s、0. 72 m/s、0. 40 m/s。前已指出，当 100 mm $<D<$ 400 mm 时，平均经济流速为 0. 6 ~ 0. 9 m/s，所以管段 6—9 的管径应确定为 150 mm，相应的 1 000$i=7.20$，$v=0.73$ m/s。同理，可确定其余管段的管径和相应的 1 000i 及流速，其结果见表 5-6 中第（6）、（7）、（8）项。

（2）根据 $h=iL$ 计算出各管段的水头损失，即表 5-6 中第（9）项等于 $\left[\frac{(7)}{1\,000}\times(4)\right]$，则 $h_{6-9}=\frac{7.20}{1\,000}\times 600=4.32$（m）。

同理，可计算出其余各管段的水头损失，计算结果见表 5-6 中第（9）项。

（3）计算干管各节点的水压标高和自由水压。

因管段起端水压标高 H_i 和终端水压标高 H_j 与该管段的水头损失 h_{ij} 存在下列关系：

$$H_i = H_j + h_{ij} \tag{5-12}$$

节点水压标高 H_i、自由水压 H_{0i} 与该处地形标高 Z_i 存在下列关系：

$$H_{0i} = H_i - Z_i \tag{5-13}$$

由于控制点 9 节点要求的水压标高为已知：

$$H_9 = Z_9 + H_{09} = 56.0 + 20 = 76.0\text{(m)}$$

因此，在本例中要从节点 9 开始，按式（5-12）和式（5-13）逐个向供水起点推算：

$$H_6 = H_9 + h_{6-9} = 76.0 + 4.32 = 80.32(\text{m})$$

$$H_{0-6} = H_6 - Z_6 = 80.32 - 56.3 = 24.02(\text{m})$$

同理,可得出干管上各节点的水压标高和自由水压。计算结果见表5-6中第(10)、(11)项。

6. 支管水力计算

由于干管各节点的水压已经确定(见表5-6),即支管起点的水压已定。因此,支管各管段的经济管径选定必须满足:从干管节点到该支管的控制点(常为支管的中点)的水头损失之和应等于或小于干管上此节点的水压标高与支管控制点所需的水压标高之差,即按平均水力坡度确定管径。但当支管由两个或两个以上管段串联而成时,各管段水头损失之和可有多种组合能满足上述要求。现以支管6—7—8为例说明。

首先计算支管6—7—8的平均允许1 000i,即

$$\text{允许}\ 1\,000i = 1\,000 \times \frac{80.32 - (55.7 + 20.0)}{350 + 700} = 4.4$$

由 $q_{6-7} = 24.79$ L/s,查铸铁管水力计算表,参照允许1 000i = 4.4,得 $D_{6-7} = 200$ mm,相应的实际1 000i = 5.88,则

$$h_{6-7} = \frac{5.88}{1\,000} \times 350 = 2.06(\text{m})$$

按式(5-12)、式(5-13)计算7点得水压标高和自由水压:

$$H_7 = H_6 - h_{6-7} = 80.32 - 2.06 = 78.26(\text{m})$$

$$H_{07} = H_7 - Z_7 = 78.26 - 56.2 = 22.06(\text{m})$$

由 $q_{7-8} = 17.4$ L/s,查铸铁管水力计算表,参照允许1 000i = 3.66,得 $D_{7-8} = 200$ mm,相应的实际1 000i = 2.99,则

$$h_{7-8} = \frac{2.99}{1\,000} \times 700 = 2.09(\text{m})$$

同理,可计算出节点8的水压标高和自由水压:

$$H_8 = H_7 - h_{7-8} = 78.26 - 2.09 = 76.17(\text{m})$$

$$H_{08} = H_8 - Z_8 = 76.17 - 55.7 = 20.47(\text{m})$$

按上述方法可计算所有支管管段,计算结果见图5-12、表5-7。

7. 确定水塔高度

由表5-6可知,水塔高度应为 $H_t = 25.12$ m。

8. 确定二级泵站所需的总扬程

设吸水井最低水位标高为 $Z_p = 53.0$ m,泵站内吸、压水管的水头损失取 $\sum h_p = 3.0$ m,水塔水柜深度 H_0 为4.5 m,水泵至1点间的水头损失 $h_{\text{泵}-1}$ 为0.5 m,则二级泵站所需总扬程为

$$H_p = H_{st} + \sum h_p = (Z_t + H_t + H_0 - Z_p) + h_{\text{泵}-1} + \sum h_p$$

$$= (57.4 + 25.12 + 4.5 - 53.0) + 0.5 + 3.0 = 37.52(\text{m})$$

表 5-7　支管水力计算表

节点	地形标高（m）	管段编号	管段长度（m）	管段流量（L/s）	管段管径（mm）	实际 1 000i	水头损失（m）	水压标高（m）	自由水压（m）
（1）	（2）	（3）	（4）	（5）	（7）	（8）	（9）	（10）	（11）
6	56.3	6—7	350	24.79	200	5.88	2.06	80.34	24.04
7	56.2							78.28	22.08
8	55.7	7—8	700	17.4	200	2.99	2.09	76.19	20.49
2	56.6	2—3	450	48.03	250	6.53	2.94	81.48	24.88
3	56.3							78.54	22.24
3	56.3	3—5	320	6.76	150	2.31	0.74	78.54	22.24
5	56.1							77.80	22.70
3	56.3	3—4	370	25.00	200	5.98	2.21	78.54	22.24
4	56.0							76.33	20.33

注：管段 7—8、3—5 按现有水压条件均可选用 100 mm 的管径，但考虑到消防流量较大（q_x = 35 L/s），管网最小管径定为 150 mm。

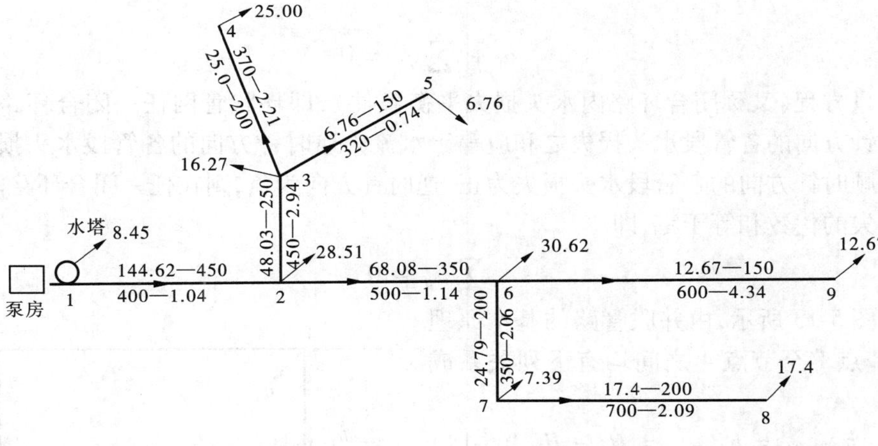

注：管线上方及左侧为 Q（L/s）—D（mm），管线下方及右侧为 L（m）—h（m）。

图 5-12　枝状管网计算

第六节　环状管网水力计算

一、环状管网水力计算步骤

（1）按城镇管网布置图，绘制计算草图，对节点和管段顺序编号，并标明管段长度和节点地形标高。

(2)按最高日最高时用水量计算节点流量，并在节点旁引出箭头，注明节点流量。大用户的集中流量也标注在相应节点上。

(3)在管网计算草图上，将最高用水时，由二级泵站和水塔供入管网流量（指对置水塔的管网），将各节点进行流量预分配，定出各管段的计算流量。

(4)根据所定出的各管段计算流量和经济流速，选取各管段的管径。

(5)计算各管段的水头损失 h 及各个环内的水头损失代数和 $\sum h$。

(6)若 $\sum h$ 超过规定值（即出现闭合差 Δh），须进行管网平差，将预分配的流量进行校正，以使各个环的闭合差达到所规定的允许范围之内。

(7)按控制点要求的最小服务水头和从水泵到控制点管线的总水头损失，求出水塔高度和水泵扬程。

(8)根据管网各节点的压力和地形标高，绘制等水压线和自由水压线图。

二、环状管网计算的理论

环状管网计算时，必须满足下列基本水力条件：

连续性方程（又称节点流量平衡条件），即对任一节点来说，流入该节点的流量必须等于流出该点的流量。

若规定流出节点的流量为正，流入节点的流量为负，则任一节点的流量代数和等于零，即

$$q_i + \sum q_{ij} = 0$$

能量方程（又称闭合环路内水头损失平衡条件），即环状管网任一闭合环路内，水流为顺时针方向的各管段水头损失之和应等于水流为逆时针方向的各管段水头损失之和。若规定顺时针方向的各管段水头损失为正，逆时针方向为负，则在任一闭合环路内各管段水头损失的代数和等于零，即

$$\sum h_{ij} = 0$$

如图 5-13 所示，由并联管路的基本原理可知，节点 1 至节点 4 之间均有下列关系成立：

$$h_{1-2-4} = h_{1-3-4} = H_1 - H_4 \quad (5\text{-}14)$$

式中 h_{1-2-4}——管线 1—2—4 的水头损失；

h_{1-3-4}——管线 1—3—4 的水头损失；

H_1、H_4——节点 1 和节点 4 的水压标高值或测压管水头值（每一节点只有一个数值）。

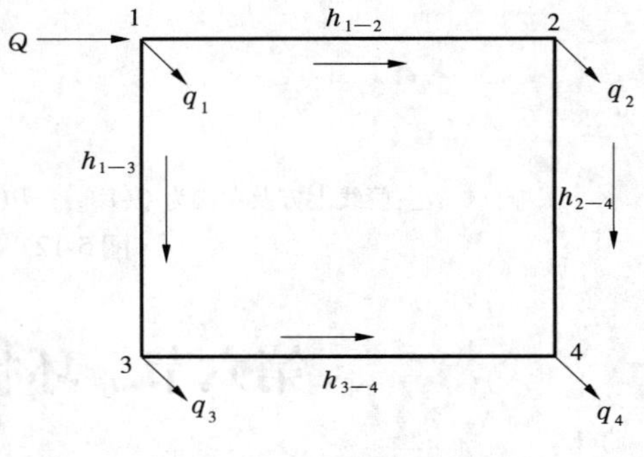

图 5-13　单环管网

另由串联管路的基本原理，得

$$h_{1-2-4} = h_{1-2} + h_{2-4}$$
$$h_{1-3-4} = h_{1-3} + h_{3-4}$$

所以有：$h_{1-2} + h_{2-4} = h_{1-3} + h_{3-4}$ 或 $h_{1-2} + h_{2-4} - h_{1-3} - h_{3-4} = 0$。

环状管网在流量预分配时，已经符合每一节点 $q_i + \sum q_{ij} = 0$，但在参照经济流速确定管径并计算水头损失以后，往往不能满足每一闭合环路内水头损失平衡条件。若不能满足 $\sum q_{ij} = 0$ 的条件，则说明此时管网中的流量和水头损失与实际水流情况不符，不能用来推求各节点水压，计算水泵扬程和水塔高度。因此，必须求出各管段的真实流量和水头损失。

若闭合环路内顺、逆时针两个水流方向的管段水头损失不相等，即 $\sum h_{ij} \neq 0$，存在一定差值，这一差值就叫环路闭合差，记作 Δh。

在计算过程中，若闭合差为正，即 $\Delta h > 0$，说明水流为顺时针方向的各管段中所分配的流量大于实际流量值，而水流为逆时针方向各管段中所分配的流量小于实际流量值；若闭合差为负，即 $\Delta h < 0$，则恰好相反。因此，需根据具体情况重新调整各管段的流量，即在每一节点均满足 $q_i + \sum q_{ij} = 0$ 的条件下，在流量偏大的各管段中减去一些流量，加在流量偏小的各管段中去。每次调整的流量值称为校正流量，记作 Δq。如此反复，直到各闭合环路均满足 $\sum q_{ij} = 0$ 的条件为止。这种为消除闭合差而进行流量调整计算的过程，叫作管网平差。

一般基环和大环闭合差达到一定精度要求后，管网平差即可结束。手算时，基环闭合差要求小于 0.5 m，大环闭合差小于 1.0 ~ 1.5 m；电算时，闭合差值可达到任何精度，一般采用 0.01 ~ 0.05 m。

顺便指出，由于不同方向管段中所增减的流量都是校正流量，所以调整后的流量仍满足节点连续性方程。

三、环状管网平差方法

(一)哈代 - 克罗斯法

最早和应用广泛的管网分析方法有哈代 - 克罗斯法和洛巴切夫法，即每环中各管段的流量用 Δq 修正的方法。现以图 5-14 为例加以说明，各参数的符号仍规定：顺时针方向为正，逆时针方向为负。

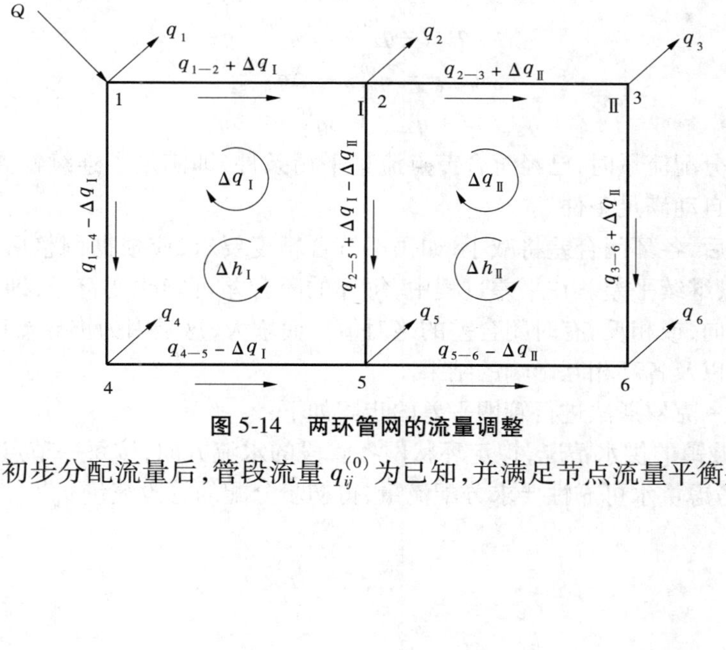

图 5-14　两环管网的流量调整

环状管网初步分配流量后，管段流量 $q_{ij}^{(0)}$ 为已知，并满足节点流量平衡条件，由 $q_{ij}^{(0)}$ 选出管径，计算各管段的水头损失 h_{ij} 和各环的水头损失代数和 $\sum h_{ij}$，一般 $\sum h_{ij}=\Delta h\neq 0$，不满足水头损失平衡条件，须引入校正流量 Δq 以减小闭合差。校正流量可按下式估算确定：

$$\Delta q_k=-\frac{\Delta h_k}{2\sum S_{ij}\left|q_{ij}\right|}=-\frac{\Delta h_k}{2\sum\frac{S_{ij}\left|q_{ij}\right|^2}{\left|q_{ij}\right|}}=-\frac{\Delta h_k}{2\sum\left|\frac{h_{ij}}{q_{ij}}\right|} \tag{5-15}$$

式中　Δq_k——环路 k 的校正流量，L/s；

Δh_k——环路 k 的闭合差，等于该环内各管段水头损失的代数和，m；

$\sum S_{ij}\left|q_{ij}\right|$——环路 k 内各管段的摩阻 $S_{ij}=\alpha_{ij}L_{ij}$ 与流量 q_{ij} 的绝对值乘积之总和；

$\sum\left|\frac{h_{ij}}{q_{ij}}\right|$——环路 k 的各管段的水头损失 h_{ij} 与相应管段流量 q_{ij} 之比的绝对值总和。

应该注意，上式中 Δq_k 和 Δh_k 符号相反，即闭合差 Δh_k 为正。校正流量 Δq_k 就为负，反之则为正。闭合差 Δh_k 的大小及符号，反映了与 $\Delta h=0$ 时的管段流量和水头损失的偏离程度和偏离方向。显然，闭合差 Δh_k 的绝对值越大，闭合差 $\Delta h_k=0$ 所需的校正流量 Δq_k 的绝对值越大，各环校正流量 Δq_k 用弧形箭头标注在相应的环内，如图 5-14 所示，然后在相应环路的各管段中引入校正流量 Δq_k，即可得到各管段第一次修正后的流量 $q_{ij}^{(1)}$，即

$$q_{ij}^{(1)}=q_{ij}^{(0)}+\Delta q_s^{(0)}+\Delta q_n^{(0)} \tag{5-16}$$

式中　$q_{ij}^{(0)}$——本环路内初步分配的各管段流量，L/s；

$\Delta q_s^{(0)}$——本环路内初次校正的流量，L/s；

$\Delta q_n^{(0)}$——邻环路初次校正的流量，L/s。

如图 5-14 中环Ⅰ和环Ⅱ：

环Ⅰ

$$q_{1-2}^{(1)}=q_{1-2}^{(0)}+\Delta q_{\text{I}}^{(0)}$$
$$q_{4-5}^{(1)}=q_{4-5}^{(0)}-\Delta q_{\text{I}}^{(0)}$$
$$q_{2-5}^{(1)}=+q_{2-5}^{(0)}+\Delta q_{\text{I}}^{(0)}-\Delta q_{\text{II}}^{(0)}$$

环Ⅱ

$$q_{2-3}^{(1)}=q_{2-3}^{(0)}+\Delta q_{\text{II}}^{(0)}$$
$$q_{5-6}^{(1)}=q_{5-6}^{(0)}-\Delta q_{\text{II}}^{(0)}$$
$$q_{2-5}^{(1)}=+q_{2-5}^{(0)}+\Delta q_{\text{I}}^{(0)}-\Delta q_{\text{II}}^{(0)}$$

由于初步分配流量时，已经符合节点流量平衡条件，即满足了连续性方程，所以每次调整流量时能自动满足条件。

流量调整后，各环闭合差将减小，如仍不符合精度要求，应根据调整后的新流量求出新的校正流量，继续平差。在平差过程中，每环的闭合差可能改变符号，即从顺时针方向改为逆时针方向，或相反，有时闭合差的绝对值反而增大，这是因为推导校正流量公式时，略去了其他项以及各环相互影响的结果。

采用哈代－克罗斯法进行管网平差的步骤如下：

(1)根据城镇的供水情况，拟定环状网各管段的水流方向，按每一节点满足连续性方程的条件，并考虑供水可靠性要求分配流量，得初步分配的管段流量 $q_{ij}^{(0)}$。

（2）由 $q_{ij}^{(0)}$ 计算各管段的水头损失 $h_{ij}^{(0)}$。

（3）假定各环内水流顺时针方向管段中的水头损失为正，逆时针方向管段中的水头损失为负，计算该环内各管段的水头损失代数和 $\sum h_{ij}^{(0)}$，如 $\sum h_{ij}^{(0)} \neq 0$，其差值即为第一次闭合差 $\Delta h_k^{(0)}$。

如 $\Delta h_k^{(0)} > 0$，说明顺时针方向各管段中初步分配的流量多了些，逆时针方向管段中分配的流量少了些；反之，如 $\Delta h_k^{(0)} < 0$，说明顺时针方向各管段中初步分配的流量少了些，逆时针方向管段中分配的流量多了些。

（4）计算每环内各管段的 $\sum \left|\frac{h_{ij}}{q_{ij}}\right|$，按式（5-15）求出校正流量。如闭合差为正，则校正流量为负；反之，则校正流量为正。

（5）设图上的校正流量 Δq_k 符号以顺时针方向为正，逆时针方向为负，凡是流量和校正流量 Δq_k 方向相同的管段，加上校正流量，否则减去校正流量，据此调整各管段的流量，得第一次校正的管段流量。对于两环的公共管段，应按相邻两环的校正流量符号，考虑邻环校正流量的影响。

按此流量再计算，如闭合差尚未达到允许的精度，再从第 2 步按每次调整后的流量反复计算，直到每环的闭合差达到要求为止。

由此可见，哈代－克罗斯法应用的是近似渐进法，适合列表运算，并可避免计算上的错误，易为初学者掌握，但此法收敛速度较慢。管网平差运算的表格形式见表 5-8。

表 5-8　管网平差计算

序号	管段编号	管长 L(m)	管径 D(mm)	初分配流量			第一次校正				
				q(L/s)	1 000i	h(m)	$\left\|\frac{h}{q}\right\|$	Δq(L/s)	q(L/s)	1 000i	h(m)
(1)	(2)	(3)	(4)	(5)	(6)	(7)	(8)	(9)	(10)	(11)	(12)

（二）最大闭合差法

管网计算过程中，在每次迭代时，可对管网中的各环同时进行校正流量，但也可以只对管网中闭合差最大的一部分环进行校正，称为最大闭合差的环校正法。

由图 5-15 知，环Ⅰ、Ⅱ和其构成的大环Ⅲ（1—2—3—6—5—4—1）闭合差之间的关系为

$$\Delta h_{\text{I}} = \sum h_{\text{I}} = h_{1-2} + h_{2-5} - h_{4-5} - h_{1-4}$$

$$\Delta h_{\text{II}} = \sum h_{\text{II}} = h_{2-3} + h_{3-6} - h_{5-6} - h_{2-5}$$

$$\Delta h_{\text{I}} + \Delta h_{\text{II}} = h_{1-2} + h_{2-3} + h_{3-6} - h_{5-6} - h_{4-5} - h_{1-4}$$

$$\Delta h_{\text{III}} = \sum h_{\text{III}} = h_{1-2} + h_{2-3} + h_{3-6} - h_{5-6} - h_{4-5} - h_{1-4}$$

即

$$\Delta h_{\text{III}} = \Delta h_{\text{I}} + \Delta h_{\text{II}}$$

由此可知，大环闭合差就等于构成该大环各基环闭合差 Δh 的代数和，即

$$\Delta h_{大环} = \sum \Delta h_i \qquad (5\text{-}17)$$

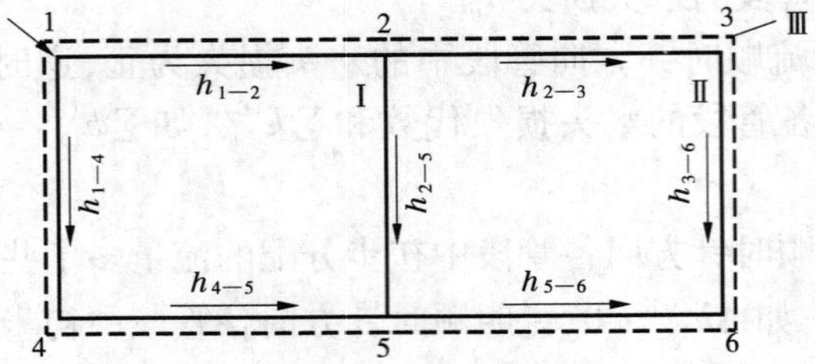

图 5-15　基环与大环

如图 5-16 所示，若环Ⅰ和环Ⅱ的闭合差方向相同，都是顺时针方向，即 $\Delta h_{\text{Ⅰ}}>0$，$\Delta h_{\text{Ⅱ}}>0$，即大环Ⅲ的闭合差 $\Delta h_{\text{Ⅲ}}=\Delta h_{\text{Ⅰ}}+\Delta h_{\text{Ⅱ}}>0$，也为顺时针方向。

为降低环Ⅰ和环Ⅱ的闭合差，分别对环Ⅰ和环Ⅱ引入校正流量 $\Delta q_{\text{Ⅰ}}$ 和 $\Delta q_{\text{Ⅱ}}$，图 5-16(a)中，引入 $\Delta q_{\text{Ⅰ}}$ 和 $\Delta q_{\text{Ⅱ}}$，使环Ⅰ和环Ⅱ的闭合差减小，但公共管段 2—5 的校正流量为 $\Delta q_{\text{Ⅱ}}-\Delta q_{\text{Ⅰ}}$，由于相互抵消作用，使环Ⅰ和环Ⅱ的闭合差降低幅度减小，平差效率较低；若只对环Ⅰ引入校正流量 $\Delta q_{\text{Ⅰ}}$，$\Delta h_{\text{Ⅰ}}$ 会降低，但 $\Delta q_{\text{Ⅱ}}$ 反而增大，反之亦然。可见，对这种情况单环平差效果不太好。若考虑对环Ⅰ和环Ⅱ构成的大环Ⅲ引入校正流量 $\Delta q_{\text{Ⅲ}}$，如图 5-16(b)所示。大环闭合差降低的同时，基环Ⅰ、Ⅱ闭合差的绝对值亦随之减少。因此，构成大环后，对大环校正，多环受益，平差效果好。

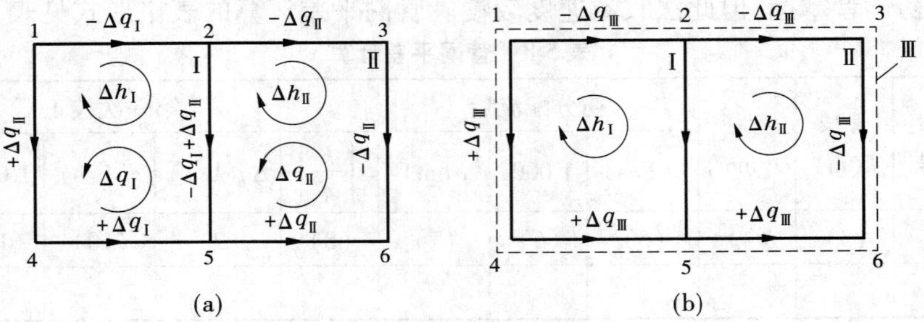

图 5-16　闭合差方向相同的两基环

图 5-17 中，如环Ⅰ和环Ⅱ的闭合差方向相反，即 $\Delta h_{\text{Ⅰ}}>0$，$\Delta h_{\text{Ⅱ}}<0$ 且 $|\Delta h_{\text{Ⅰ}}|>|\Delta h_{\text{Ⅱ}}|$，$\Delta h_{\text{Ⅲ}}=\Delta h_{\text{Ⅰ}}-\Delta h_{\text{Ⅱ}}$。

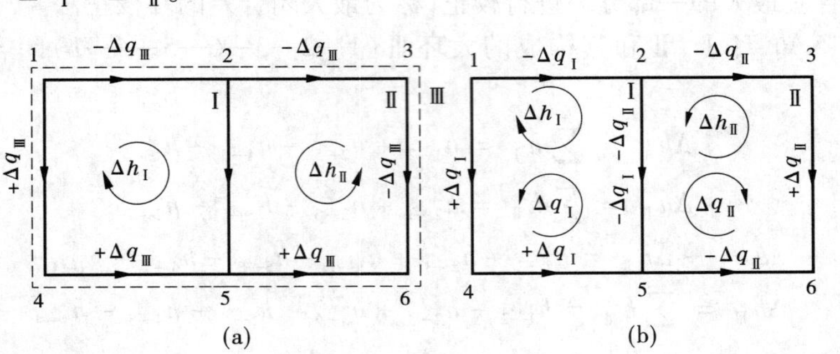

图 5-17　闭合差方向相反的两基环

图 5-17(a)中，若对大环Ⅲ引入校正流量 $\Delta q_{\text{Ⅲ}}$，大环Ⅲ闭合差降低的同时，与大环闭

合差同号的环Ⅰ闭合差亦随之降低，但与大环异号的环Ⅱ闭合差的绝对值反而增大。因此，相邻基环闭合差异号时，不宜做大环平差。但若考虑分别对环Ⅰ和环Ⅱ引入校正流量Δq_{I}和Δq_{II}，如图5-17(b)所示，由于公共管段的校正流量为$\Delta q_{\mathrm{I}}+\Delta q_{\mathrm{II}}$，从而可加速环Ⅰ和环Ⅱ闭合差的绝对值减小，平差效果较好；若只对环Ⅰ引入Δq_{I}，则Δh_{I}会降低。由于Δq_{I}对公共管段2—5修正后，使邻环Ⅱ闭合差绝对值也减小。因此，相邻各基环闭合差异号时，宜选择其中闭合差较大的环进行平差，不仅该环本身闭合差减小，与其异号的相邻的基环闭合差也随之降低，从而一环平差，多环受益，计算工作量较逐环平差方法为少。如第一次校正并不能使各环的闭合差达到要求，可按第一次计算后的闭合差重新选择闭合差较大的一个环或几个环连成的大环继续计算，直到满足要求为止。

使用平差简化法，首先对各环的闭合差大小进行综合分析，经分析和判断，确定哪些环应进行平差。可将闭合差方向相同且数值相差不太悬殊的相邻各基环构成大环进行平差。若不宜运用大环平差时，也可运用闭合差较大的终点环进行平差，或二者兼顾进行平差。此法比较灵活，平差运算效率主要取决于校正流量的确定和校正方案的选择。

大型管网如果同时可连成几个大环平差，应先计算闭合差最大的环，使对其他环产生较大的影响，有时甚至可使其他环的闭合差改变方向。如先对闭合差小的大环进行计算，则计算结果对闭合差较大的环影响较小，为了反复消除闭合差，将会增大计算次数。使用本方法计算时，同样需反复计算多次，每次计算需重新选定大环。

初次校正流量值按式(5-15)计算确定。由式(5-15)可知：计算环路内管线越长，管径越小，即$\sum S_{ij}$越大，流量变化对水头损失的影响越大。因此，也可按计算经验，并参考计算环路内的闭合差大小和各管段的管径D_{ij}、管长L_{ij}，估计校正流量值。

若闭合环路上各管段的长度和管径相差不大，可按下式估算：

$$\Delta q_{\mathrm{k}} = -\frac{q_{\mathrm{a}}\Delta h_{\mathrm{k}}}{2\sum|h_{ij}|} \tag{5-18}$$

式中　q_{a}——闭合环路上的各管段流量的平均值，L/s；

Δh_{k}——环路k的闭合差，m；

$\sum|h_{ij}|$——闭合环路上所有管段水头损失的绝对值之和，m。

闭合环路在平差过程中，因为$\sum S_{ij}|q_{ij}|$变化很小，所以在顺次进行的平差中，有下式近似关系成立：

$$\frac{\Delta q_{\mathrm{k}}}{\Delta h_{\mathrm{k}}} = \frac{\Delta q'_{\mathrm{k}}}{\Delta h'_{\mathrm{k}}} = \frac{\Delta q''_{\mathrm{k}}}{\Delta h''_{\mathrm{k}}} = \cdots \tag{5-19}$$

以Δq_{k}进行初次校正后，仍不能满足环路闭合差的精度要求，即可按上式的比例关系求得下次的校正流量值。

使用最大闭合差法需一定的技巧和经验，手工计算较复杂的管网时，有经验的计算人员可用这种方法缩短计算时间。

四、管网核算

管网的管径和水泵扬程，按设计年限内最高日最高用水时的用水量和水压要求决定。但是用水量也是经常变化的，为了核算所定的管径和水泵能否满足不同工作情况(消防时、最大转输、事故时）下的要求，就需进行其他用水量条件下的计算，以确保经济合理的供水。通过核算，有时需将管网个别管段的直径适当放大，也有可能需要另选合适的水泵。

管网的核算条件如下。

（一）消防时

消防时的核算，是以最高时用水量确定的管径为基础，然后按最高时用水量另加消防流量进行流量分配的。因此，应按最高时用水流量加消防流量及消防压力进行核算。核算时，将消防流量加在设定失火点处的节点上，即该节点总流量等于最高用水时节点流量加一次灭火用水流量，其他节点仍按最高用水时的节点流量，管网供水区内设定的灭火点数目和一次灭火用水流量均按现行的《建筑设计防火规范》（GB 50016—2006）确定。若只有一处失火，可考虑发生在控制点处；若同时有两处失火，应从经济和安全等方面考虑，一处可放在控制点，另一处可设定在离二级泵站较远或靠近大用户的节点。

核算时，应按消防队水压的要求进行管网的水压分析计算，低压消防制一般要求失火点处的自由水压不低于 10 mH_2O。虽然消防时比最高时所需的服务水头要小得多，但因消防时通过管网流量增大，各管段的水头损失相应增加。按最高时确定的水泵扬程有可能不满足消防时的需要，这时需放大个别管段的管径，以减小水头损失。若最高时和消防时的水泵扬程相差很大，须专设消防泵，以供消防时使用。

（二）事故时

管网主要管段发生损坏时，必须及时检修，在检修时间内供水量允许减少，但设计水压一般不应降低。事故时管网供水流量与最高时设计流量之比，称为事故流量降落比，用 R 表示。R 的取值根据供水要求确定，城镇的事故流量降落比 R 一般不低于 70%，工业企业的事故流量按有关规定确定。

核算时，管网各节点的流量应按事故时用户对供水的要求确定。若无特殊要求，也可按事故流量降落比统一折算，即事故时管网的节点流量等于最高时各节点的节点流量乘以事故流量降落比 R。

经核算不符合要求时，应在技术上采取措施。若当地给水管理部门检修力量较强，损坏的管段能及时修复，且断水产生的损失较小，事故时的管网核算要求可适当降低。

（三）最大转输时

设对置水塔的管网，在最高用水时由泵站和水塔相同时向管网供水，但在 1 d 内抽水量大于用水量的时段内，多余的水经过管网送入水塔贮存。因此，这种管网还应按最大转输流量来核算，以确定水泵能否将水送进水塔。核算时，管网内各节点的流量需按最大转输时管网各节点的实际用水量求出。因此，节点流量随用水量的变化成比例地增减，所以最大转输时各节点流量可按下式计算：

$$q_{zi} = K_{zs} q_i \tag{5-20}$$

式中 q_i——最高用水时的节点流量，L/s；

K_{zs}——最大转输时节点流量折减系数。

其中，K_{zs} 值可按下式计算：

$$K_{zs} = \frac{Q_{zy} - \sum Q_{zi}}{Q_h - \sum Q_i} \tag{5-21}$$

式中 Q_{zy}、Q_h——最大转输时和最高用水时管网总用水量，L/s；

Q_{zi}、Q_i——最大转输时已确定（常为集中流量）的节点流量和与之相对应的最高用水时的节点流量，L/s。

然后，按最大转输时的流量进行分配和计算。核算时，应按最大转输流量输入水塔水柜中最高水位所需水压进行管网的水压计算。

五、管网计算结果的整理

管网平差结束后，将最终结果按$\frac{l_{ij}(\mathrm{m})—D_{ij}(\mathrm{mm})}{q_{ij}(\mathrm{L/s})—1\,000i—h_{ij}(\mathrm{m})}$的形式标注在管网平面图上相应的管段旁，并继续进行下列内容的计算。

（一）管网各节点水压标高和自由水压计算

起点水压未知的管网进行水压计算时，应首先选择管网的控制点，由控制点所要求的水压标高一次推出各节点的水压标高和自由水压，计算方法同枝状管网。由于存在闭合差，即 $\Delta h \neq 0$，利用不同管线水头损失所求得的同一节点的水压值常不同，但差异较小，不影响选泵，可不必调整。

网前水塔管网系统在进行消防和事故工作校核时，由控制点按相应条件推算到水塔处的水压标高可能出现以下三种情况：一是高于水塔最高水位，此时必须关闭水塔，其水压计算与无水塔管网系统相同；二是低于水塔最低位，此时水塔无须关闭，仍可由其起调节流量作用，但由于水塔高度一定，不能改变，所以这种情况管网系统的水压由水塔控制，即由水塔开始推算到各节点（包括二级泵站）；三是介于水塔最高水位和最低水位之间，此种情况水塔调节容积不能全部利用，应视具体情况按上述两种情况之一进行水压计算。

对于起点水压已定的管网进行水压计算时，无论何种情况，均从起点开始，按该点现有水压值推算到各节点，并核算各节点的自由水压是否满足要求。

经上述计算得出的各节点水压标高、自由水压及节点处的地形标高，按一定格式写在相应管网平面图的节点旁。

（二）绘制管网水压线图

管网水压线图分等水压线图和等自由水压线图两种，其绘制方法与绘制地形等高线图相似。两节点间管径无变化时，水压标高将沿管线的水流方向均匀降低，据此从已知水压点开始，按 0.5～1.0 m 的等高距（水压标高差）推算出各管段上的标高点。在管网平面图上，用差值法按比例用细实线连接相同的水压标高点即可绘出等水压线图。水压线的疏密可反映出管线的负荷大小，整个管网的水压线最好均匀分布。如某一地区的水压线过密，表示该处管网的负荷大，所选用的管径偏小，整个管网的水压线最好均匀分布。水压线的密集程度可作为今后放大管径或增敷管线的依据。

由等水压线图标减去各点地面标高得自由水压，用细实线连接相同的自由水压即可绘出等自由水压线图。管网等自由水压线图可直观地反映整个供水区域内高、低压区的分布情况和服务水压偏低的程度。因此，管网水压线图对供水企业的管理和管网改造有很好的参考价值。

（三）水塔高度计算

按最高时平差结果和设计水压要求计算水塔高度。在核算时，水塔高度若不能满足其他最不利工作情况的供水要求，一般不修正水塔高度。网前水塔只需将水塔关闭，而对置水塔只需调整供水流量。

（四）水泵扬程及供水总流量计算

由管网控制点开始，按相应的计算条件（最高时、消防时、事故时、最大转输时），经管网和输水管推算到二级泵站，求出水泵扬程和供水总流量，以便于选泵。管网有几种计算情况就对应有几组数据。各种管网系统在各种最不利工作情况下，二级泵站的设计供水参数见表 5-9。

表 5-9　二级泵站设计供水参数

管网系统种类		无水塔管网系统	网前水塔管网系统		对置水塔管网系统
			不关闭水塔时	关闭水塔时	
最高时	流量	Q_h	$Q_{\mathrm{II}\max}$	—	$Q_{\mathrm{II}\max}$
	扬程	H_P	H_P	—	H_P
消防时	流量	Q_h+Q_x	$Q_{\mathrm{II}\max}+Q_x$	Q_h+Q_x	Q_h+Q_x
	扬程	H_{px}	H_{px}	H_{px}	H_{px}
事故时	流量	RQ_h	$RQ_{\mathrm{II}\max}$	RQ_h	$RQ_{\mathrm{II}\max}$
	扬程	H_{psk}	H_{psk}	H_{psk}	H_{psk}
最大转输时	流量	—	—	—	$Q_{\mathrm{II}zs}$
	扬程	—	—	—	H_{pz}

注：1. $Q_{\mathrm{II}\max}$、$Q_{\mathrm{II}zs}$ 分别表示二级泵站最大一级和最大转输时供水流量。

2. 设置水塔（或高地水池）的管网系统，应考虑水塔（或高地水池）因检修等关闭对供水情况的影响，必要时应进行核算。

六、多水源管网平差

许多大城市由于用水量的增长，往往逐步发展成为多水源（包括泵站、水塔、高地水池等也看作是水源）的给水系统。多水源管网计算原理与单水源管网相同，但是在几个水源同时向管网供水时，每一水源输入管网的流量不仅取决于管网用水量，并随管网阻抗和每个水源输入的水压而变化，从而存在各水源之间的流量分配问题。

应用虚环的概念，可将多水源管网转化为只从虚节点 0 供水的单水源管网，如图 5-18 所示。虚节点 0 的位置可任意选定，其水压可假设为零；虚管段中无流量，不考虑摩阻，只表示按某一基准面算起的配水源水压（泵站或水塔）。

在最高用水时，管网用水量为 $\sum Q$，从虚节点 0 流向泵站的流量 Q_p 即为泵站的供水量，此时水塔也供水到管网，虚节点 0 到水塔的流量 Q_t 即为水塔供水量，则最高时虚节点 0 的流量平衡条件为

$$Q_p + Q_t - \sum Q = 0 \text{ 或 } Q_p + Q_t = \sum Q \tag{5-22}$$

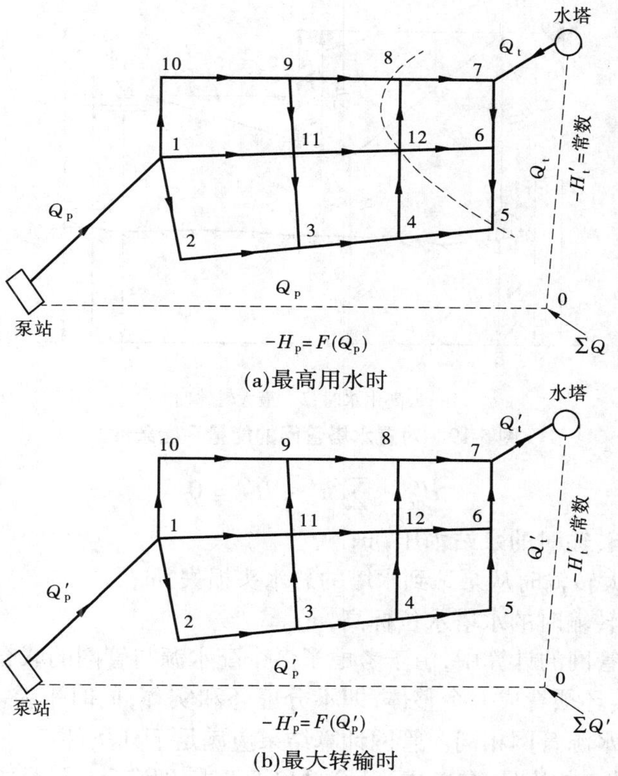

图 5-18　对置水塔的工作情况

最大转输时，管网的用量为$\sum Q'$，泵站的流量为Q'_p，经过管网用水后，以转输流量Q'_t从水塔经虚管段流向虚节点0，则最大转输时虚节点0的流量平衡条件为

$$Q'_p - Q'_t = \sum Q' \tag{5-23}$$

水压H的符号规定如下：流向虚节点的虚管段，水压为正；流离虚节点的虚管段，水压为负。在虚环内水头损失和水压均规定为：顺时针流向为正，逆时针流向为负。任一虚环内虚管段水压和实管段水头损失的代数和为零，最高时虚环的能量平衡条件参见图5-19，可用下式表示：

$$-H_p + \sum h_p - \sum h_t - (-H_t) = 0$$

或

$$H_p - \sum h_p + \sum h_t - H_t = 0 \tag{5-24}$$

式中　H_p——最高用水时泵站的水压，m；

$\sum h_p$——最高用水时从泵站供水到分界线上某一地点的管线总水头损失，m；

$\sum h_t$——最高用水时从水塔供水到分界线上同一地点的管线总水头损失，m；

H_t——最高用水时的水塔的水位标高，m。

最大转输时虚环的能量平衡条件见图5-19，可用下式表示：

$$-H'_p + \sum h' + H'_t = 0$$

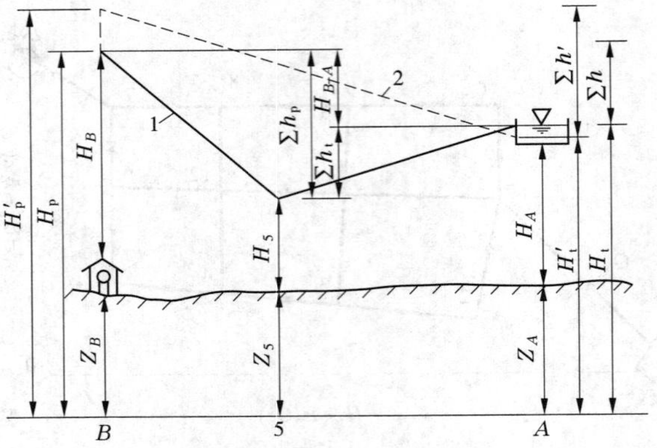

1—最高用水时;2—最大转输时

图 5-19　对置水塔管网的能量平衡条件

或
$$H'_p - \sum h' - H'_t = 0 \tag{5-25}$$

式中　H'_p——最大转输时的泵站水压,m;

$\sum h'$——最大转输时从泵站到水塔的总水头损失,m;

H'_t——最大转输时的水塔水位标高,m。

在多水源环状管网的计算中,由于考虑了多个配水源与管网的联合工作情况,所以管网平差时,虚环和实环须看成一个整体,即不分虚环和实环,同时平差。闭合差和校正流量的计算方法与单水源管网相同。管网计算结果应满足下列条件:

(1)进出每一节点的流量(包括虚流量)总和等于零,即满足连续性方程 $q_i + \sum q_{ij} = 0$。

(2)每环(包括虚环)各管段的水头损失代数和为零,即能满足能量方程 $\sum h_{ij} = 0$。

(3)各配水源供水至分界线上同一地点的水压应相同,即从各配水源到分界线上控制点的沿线水头损失之差应等于各水源的水压差。

多水源管网的计算比较复杂、费时,应用计算机运算可缩短计算时间,并提高计算精度。

【例 5-3】　某城镇规划人口为 4.5 万人,拟采用高地水池调节供水量,管网布置及节点地形标高如图 5-20 所示。各节点的自由水压要求不低于 24 mH_2O。该城镇最高日设计用水量为 $Q_d = 12\ 400\ m^3/d$,其中工业集中流量为 80 L/s,分别在 3、6、7、8 节点集中流出,3、6 节点的工业 24 h 均匀用水,7、8 节点为一班制(8 时至 16 时)均匀供水。用水量及供水量变化曲线见图 5-21。水厂在城北 1 000 m 处,二级泵站按两级供水设计,每小时供水量:6 时至 22时为 4.5% Q_d,22 时至 6 时为 3.5% Q_d。试对该城镇给水管网进行设计计算。

解:1. 确定清水池和高地水池的容积和尺寸

1)清水池容积和尺寸

根据图 5-21,清水池所需调节容积为

$$W_1 = K_1 Q_d = \left(4.5 - \frac{100}{24}\right) \times 16 Q_d = 5.33\% \times 12\ 400 = 661(m^3)$$

水厂自用水量调节容积按最高日设计用水量的 3% 计算,则

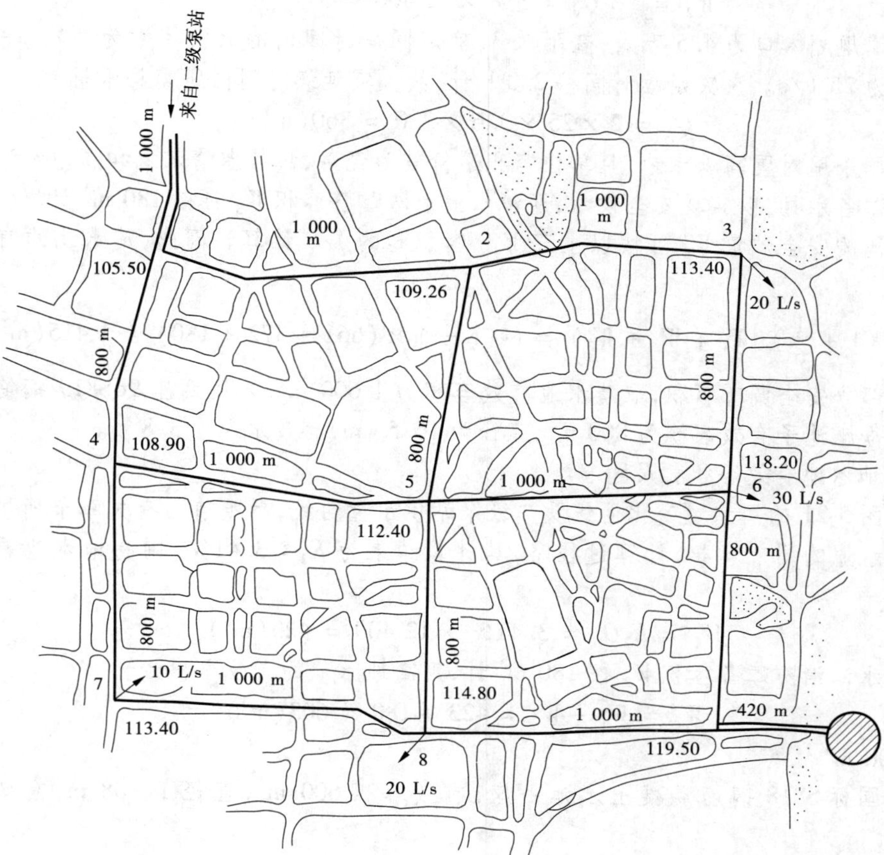

图 5-20 环状网计算例题

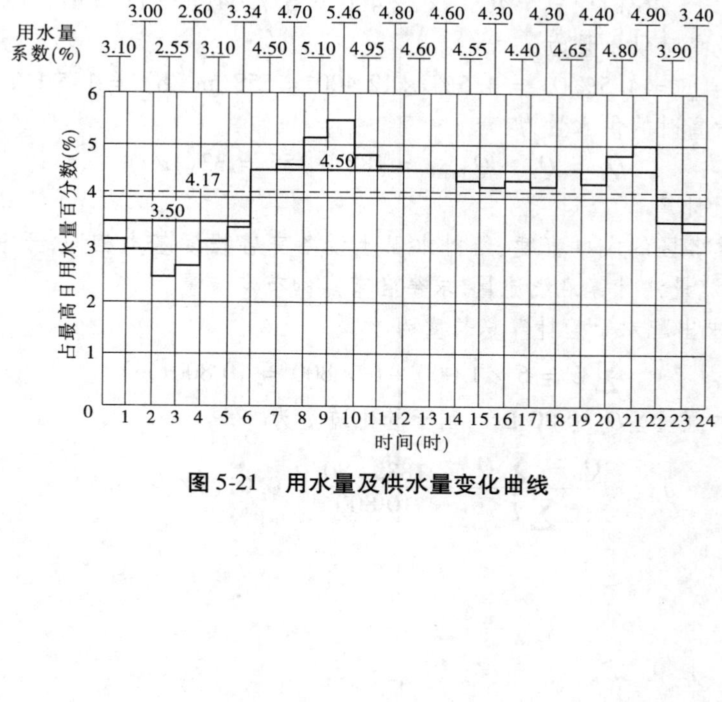

图 5-21 用水量及供水量变化曲线

$$W_2 = 3\% Q_d = 3\% \times 12\ 400 = 372(m^3)$$

该城镇规划人口为4.5万人,查附录3,确定同一时间内的火灾次数为两次,一次灭火用水量为25 L/s。火灾延续时间按2.0 h计,故火灾延续时间内所需总水量为

$$Q_x = 2 \times 25 \times 3.6 \times 2.0 = 360(m^3)$$

因本题采用对置高地水池,且单位容积造价较为经济,故考虑清水池和高地水池共同分担消防贮备水量,以实现安全供水,即清水池消防贮备容积 W_3 可按180 m^3 计算。

清水池的安全贮量 W_4 可按以上三部分容积和的1/6计算。因此,清水池的有效容积为

$$W_c = (1 + \frac{1}{6})(W_1 + W_2 + W_3) = (1 + \frac{1}{6}) \times (661 + 372 + 180) = 1\ 415(m^3)$$

考虑部分安全调节容积,取清水池有效容积为1 600 m^3,采用两座96S819钢筋混凝土水池。每座池子有效容积为800 m^3,直径为16.55 m,有效水深为3.8 m。

2)高地水池有效容积和尺寸

根据图5-21的用水量变化曲线及二级泵站供水量曲线,参照前面有关章节所讲方法确定高地水池的调节容积,计算过程略,其计算结果为 $K_2 = 3.41\%$,则高地水池调节容积为

$$W_1 = K_2 Q_d = 3.41\% \times 12\ 400 = 423(m^3)$$

高地水池消防贮备容积 W_2 按180 m^3 计,则高地水池的有效容积为

$$W_c = W_1 + W_2 = 423 + 180 = 603(m^3)$$

取600 m^3。

采用国标S818钢筋混凝土水池一座,有效容积600 m^3,直径14.08 m,有效水深3.8 m。

2. 最高日最高时设计计算

1)确定设计用水量及供水量

由用水量及供水量曲线图5-21知,最高日最高时设计用水量为

$$Q_h = 5.46\% Q_d = 5.46\% \times 12\ 400 = 677.04(m^3/h) = 188\ L/s$$

二级泵站最高时供水量为

$$Q_{\mathrm{I}\,max} = 4.5\% Q_d = 4.5\% \times 12\ 400 = 558(m^3/h) = 155\ L/s$$

高地水池最高时的供水量为

$$Q_t = Q_h - Q_{\mathrm{I}\,max} = 188 - 155 = 33(L/s)$$

2)节点流量计算

由于该城镇各区的人口密度、给排水卫生设备完善程度基本相同,干管分布比较均匀,可按长度比流量法计算沿线流量,求得各节点的节点流量。

由图5-20求出配水干管计算总长度为

$$\sum L = 6 \times 1\ 000 + 6 \times 800 = 10\ 800(m)$$

管网的集中流量 $\sum Q_i$ 为80 L/s,则干管比流量为

$$q_{cb} = \frac{Q_h - \sum Q_i}{\sum L} = \frac{188 - 80}{10\ 800} = 0.01(L/(s \cdot m))$$

按 $q_i = 0.5 q_{cb} \sum L_i$ 计算各节点流量，过程略，结果见图 5-22。

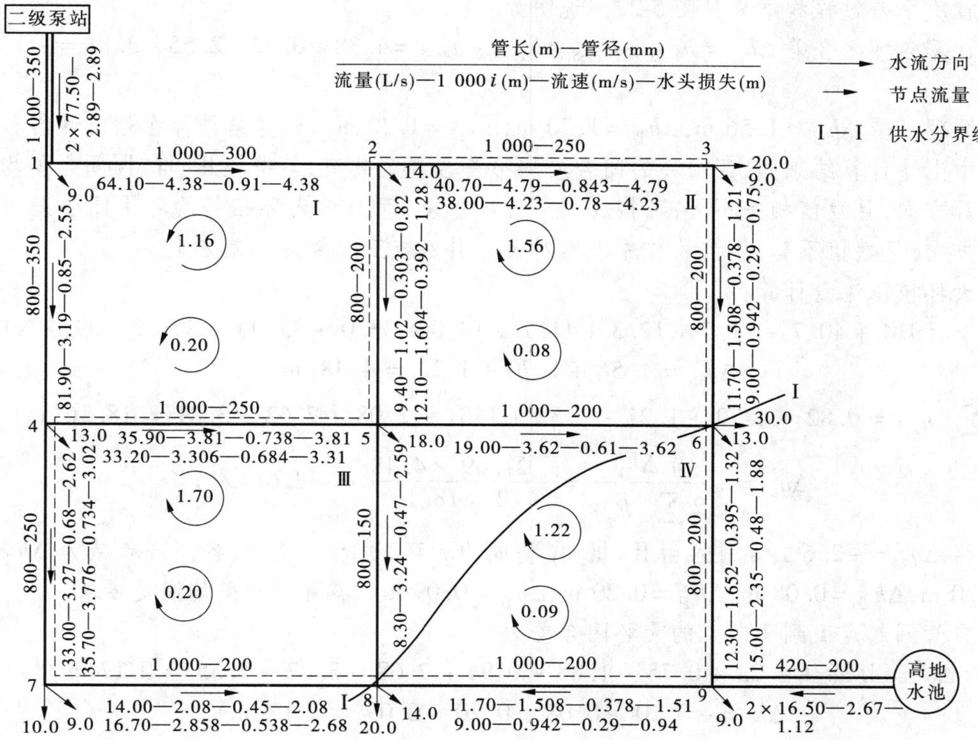

图 5-22 最高用水时管网平差计算

3）流量分配

为保证安全供水，二级泵站和高地水池至给水区的输水管均采用两根。

根据管网布置和用水情况，假定各管段的流向（见图 5-22），按环状管网流量分配原则和方法进行流量预分配，现对设计要点加以说明。

由于干管 1—4 担负干线 4—5—6 和 4—7—8 的转输任务，故应多分配一些流量，但考虑到供水可靠性，1—4 和 1—2 管段的流量分配值也不宜相差过大。由于 6、7、8 节点附近有大用户，故 4—7 和 4—5 管段、9—6 和 9—8 管段应大致分配接近的流量。2—5 和 5—8 管段在管网中主要起连接作用，故平时应尽量少转输流量，一般以满足本管段沿线配水略有多余。各管段流量预分配结果见图 5-22。

4）确定管径和水头损失

各管段流量预分配后，参照经济流速选定管径。管段 7—8、3—6、9—8、9—6 虽然平时通过的流量较小，但考虑到其他工作情况（如消防时和转输时）需要输送较大的流量，故管径应适当放大；而 2—5 和 5—8 管段在事故时将转输较大的流量，其管径一般与所连接干管线的次要干管管径相当或缩小一号，2—5 管段管径确定为 200 mm，5—8 管段为 150 mm。管径初选结果见图 5-22。

由管段预分配流量和所选管径，查铸铁管水力计算表，即可求得各管段的 1 000i，按 $h = iL$ 计算出各管段的水头损失，其结果见图 5-22。

5)管网平差

首次平差过程和结果见图5-22。说明如下:

计算各环闭合差 $\Delta h_{\mathrm{I}} = h_{1-2} + h_{2-5} - h_{1-4} - h_{4-5} = 4.38 + 0.82 - 2.55 - 3.81 = -1.16$ (m)

同理可得 $\Delta h_{\mathrm{II}} = 1.56$ m, $\Delta h_{\mathrm{III}} = 1.70$ m, $\Delta h_{\mathrm{IV}} = 1.22$ m。计算结果标在相应环内。

由上述计算结果知,四个环的闭合差均不符合规定数值,其中环Ⅱ、Ⅲ、Ⅳ闭合差均为顺时针方向,且数值相差不大,可构成一个大环平差;而与该大环相邻的环Ⅰ闭合差为逆时针方向,且数值不算太大,故首先采用对大环引入校正流量的平差方案。

大环校正流量计算:

$$q_{\mathrm{a}} = (9.4 + 40.7 + 11.7 + 12.3 + 11.7 + 14.0 + 33.0 + 35.9) \div 8 = 21.09(\mathrm{L/s})$$

$$\Delta h_{\mathrm{k}} = 1.56 + 1.70 + 1.22 = 4.48(\mathrm{m})$$

$$\sum |h_{ij}| = 0.82 + 4.79 + 1.21 + 1.32 + 1.51 + 2.08 + 2.62 + 3.81 = 18.16(\mathrm{m})$$

$$\Delta q_{\mathrm{k}} = -\frac{q_{\mathrm{a}} \Delta h_{\mathrm{k}}}{2\sum |h_{ij}|} = -\frac{21.09 \times 4.48}{2 \times 18.16} = -2.6(\mathrm{L/s})$$

将 $\Delta q_{\mathrm{k}} = -2.6$ L/s 引入由Ⅱ、Ⅲ、Ⅳ构成的大环,进行平差后,各闭合差减为 $\Delta h_{\mathrm{I}} = -0.20$ m, $\Delta h_{\mathrm{II}} = 0.08$ m, $\Delta h_{\mathrm{III}} = 0.20$ m, $\Delta h_{\mathrm{IV}} = 0.09$ m。各环闭合差均满足要求。

自管网起点1到7节点的大环闭合差为

$$\Delta h = 4.38 + 4.23 + 0.75 - 1.88 + 0.94 - 2.68 - 3.02 - 2.55 = 0.17(\mathrm{m})$$

或

$$\Delta h = -0.20 + 0.08 + 0.20 + 0.09 = 0.17(\mathrm{m})$$

远小于规定数值1.0 m,平差结束。将最终平差结果以 $\dfrac{l_{ij}(\mathrm{m})—D_{ij}(\mathrm{mm})}{q_{ij}(\mathrm{L/s})—1\,000i—h_{ij}(\mathrm{m})}$ 的形式注写在绘制好的管网平面图的相应管段旁(见图5-23)。

6)水压计算

选择6节点为控制点,由此点开始,按该点要求的水压标高 $Z_{\mathrm{c}} + H_{\mathrm{c}} = 118.20 + 24 = 142.20$(m),分别向泵站及高低水池方向推算,计算各节点的水压标高和自由水压,将计算结果及相应节点处的地形标高注写在相应节点上,如图5-23所示。

7)高地水池设计标高计算

由上述水压计算结果可知,所需高地水池供水水压标高为145.20 m,即为消防贮水量的水位标高(也为平时供水的最低水位标高)。所以,高地水池的设计标高应为

$$145.20 - \frac{4 \times 180}{3.14 \times 14.08^2} = 144.05(\mathrm{m})$$

8)二级泵站总扬程计算

由水压计算结果可知,所需二级泵站最低供水水压标高为154.45 m。设清水池底标高(由水厂高程设计确定)为105.50 m,则平时供水时清水池的最低水位标高为

$$105.50 + 0.5 + \frac{4 \times 180}{2 \times 3.14 \times 16.55^2} = 106.42(\mathrm{m})$$

泵站内吸、压水管路的水头损失取3.0 m,则最高用水时所需二级泵站总扬程:

$$H_{\mathrm{p}} = 154.45 - 106.42 + 3.0 = 51.03(\mathrm{m})$$

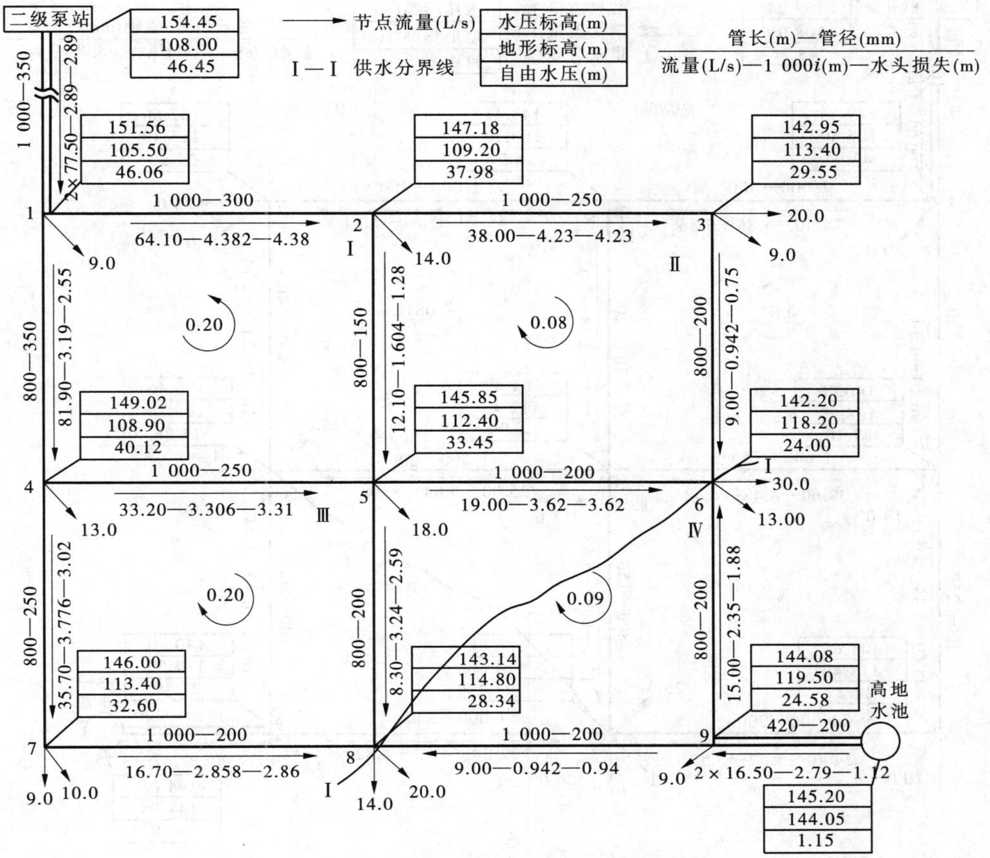

图 5-23 最高用水时管网平差及水压计算成果

3. 管网核算

设对置调节构筑物的管网按最高时进行设计计算后，还应以最高时加上消防时、事故时和最大转输时的工作情况进行校核计算。

无论是哪一种情况核算，均是利用最高用水时选定的管径，即管网管径不变，按核算条件拟定节点流量，然后假定各管段水流方向，重新分配流量，并进行管网平差。管网平差方法与最高时相同。

1)消防时核算

该城镇同一时间火灾次数为两次，一次灭火用水量为 25 L/s。从安全和经济角度来考虑，失火点分别设在6节点和8节点处。消防时管网各节点的流量，除6、8节点各附加 25 L/s 的消防流量外，其余各节点的流量与最高时相同(见图5-24)。消防时，需向管网供应的总流量为 $Q_h + Q_x = 188.0 + 2 \times 25.0 = 238.0$(L/s)，其中：

二级泵站供水　　　　155.0 + 25.0 = 180.0(L/s)

高地水池供水　　　　33.0 + 25.0 = 58.0(L/s)

消防时，管网平差及水压计算结果见图5-24。

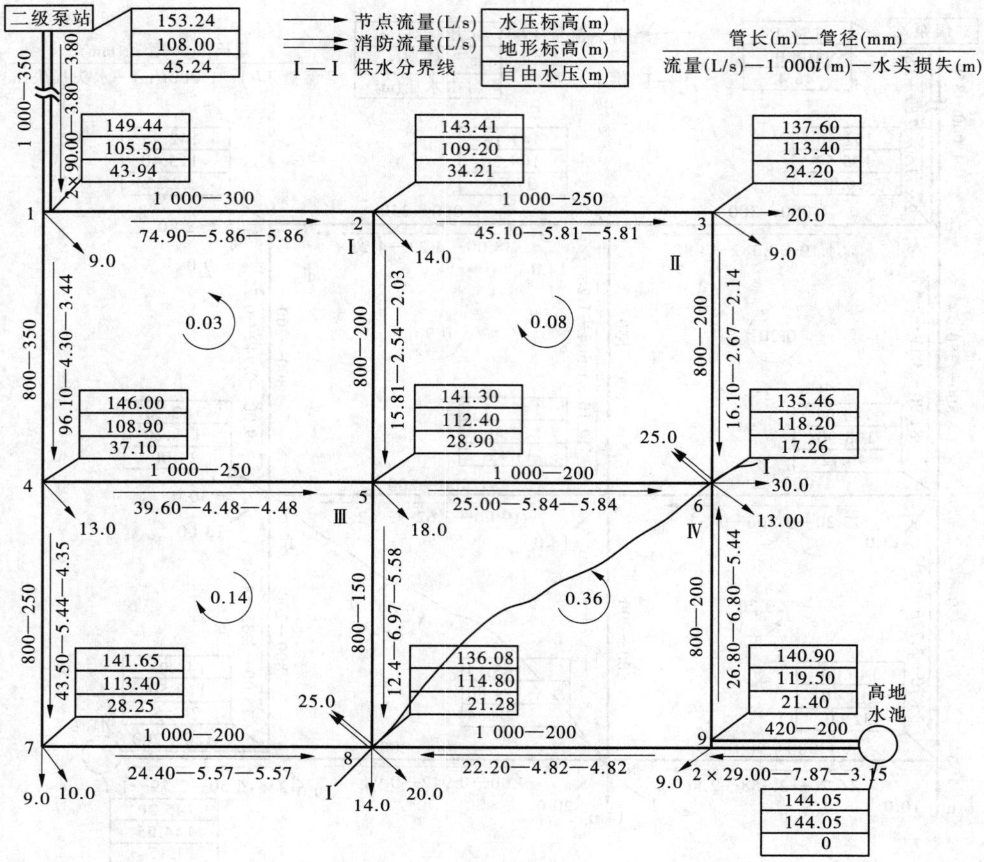

图 5-24 消防时管网平差及水压计算成果

由图 5-24 可知，管网各节点处的实际自由水压均大于 10 mH_2O，符合低压消防制要求。因此，高地水池设计标高满足消防时核算条件。

消防时，所需二级泵站最低供水水压标高为 153. 24 m，清水池最低设计水位标高等于池底标高 105. 50 m 加安全贮量水深 0. 5 m，泵站内水头损失取 3. 0 m，则所需二级泵站总扬程为

$$H_{px} = 153.24 - (105.50 + 0.50 + 3.0) = 50.24(m)$$

2）事故时核算

设 1—4 管段损坏需关闭检修（见图 5-25），并按事故时流量降落比 $R = 70\%$ 及设计水压进行核算，此时管网供应的总流量为 $Q_a = 70\% \times 188.0 = 131.6$（L/s），其中二级泵站供水流量为 $70\% Q_{Ⅱ} = 70\% \times 155.0 = 108.5$（L/s），高地水池供水流量为 $131.6 - 108.5 = 23.1$（L/s）。

事故时，管网各节点流量可按最高时各节点流量的 70% 计算。管网平差及水压计算成果见图 5-25。

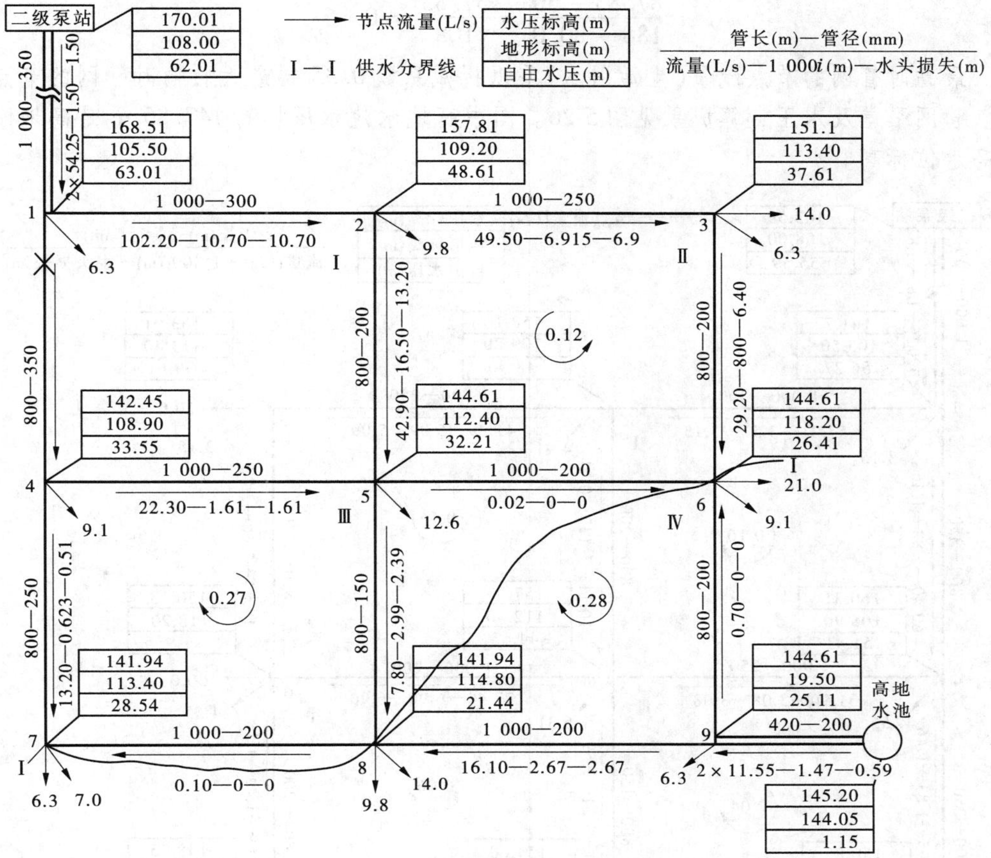

图 5-25　事故时管网平差及水压计算成果($R=70\%$)

由图 5-25 可知，管网中各节点处的实际自由水压均大于 24.0 mH_2O。因此，高地水池设计标高满足事故时核算条件。

事故时，所需二级泵站最低供水水压标高为 170.01 m，清水池最低水位（即消防贮水位）标高为 106.42 m，泵站内水头损失取 2.5 m，则所需二级泵站总扬程为

$$H_{psk} = 170.01 - 106.42 + 2.5 = 66.09(\text{m})$$

大于最高时所需水泵扬程 $H_p = 51.03$ m。

3）最大转输时核算

最大转输时发生在 2 时至 3 时（见图 5-21），此时管网用水量为最高日设计用水量的 2.55%，即为 $2.55\% \times 12\,400 = 316.2(\text{m}^3/\text{h}) = 87.83$ L/s，此时二级泵站供水量为

$$3.5\% \times 12\,400 = 434.0(\text{m}^3/\text{h}) = 120.56 \text{ L/s}$$

则最大转输流量为

$$120.56 - 87.83 = 32.73(\text{L/s})$$

最大转输时工业集中流量为 $20 + 30 = 50(\text{L/s})$，所以最大转输时节点流量折减系数为

$$\frac{87.83-50}{188-80.0}=\frac{37.83}{108}=0.35$$

最高时管网的节点流量(生活用水)乘以折减系数0.35得最大转输时管网的节点流量。管网平差及水压计算成果见图5-26。图中高地水池水压标高147.85 m是高地水池最高水位标高。

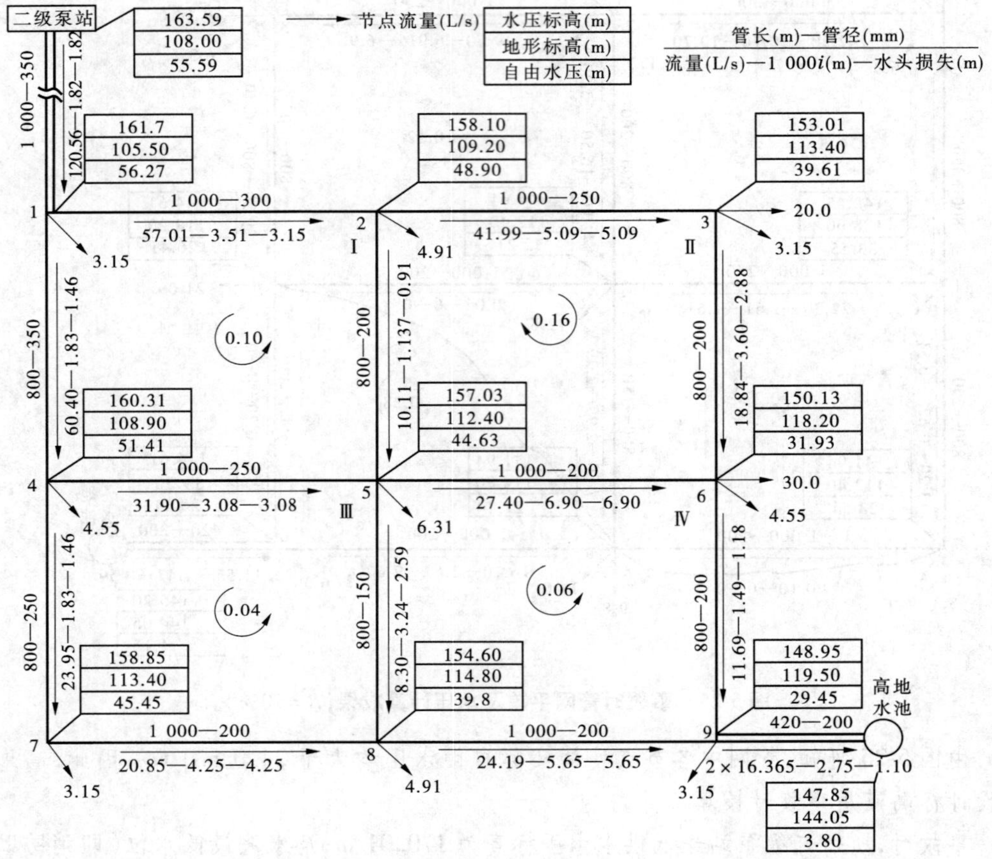

图5-26　最大转输时管网平差及水压计算成果

最大转输时,所需二级泵站供水水压标高为163.59 m,清水池最低设计水位标高为106.42 m,泵站内水头损失取2.5 m,安全出流水头取1.5 m,则所需二级泵站总扬程为

$$H_{pzs}=163.59-106.42+2.5+1.5=61.17(m)$$

大于最高时所需水泵扬程 $H_p=51.03$ m。

4. 计算结果及水泵选择

上述核算结果表明,最高时选定的管网管径、高地水池设计标高均满足核算条件,管网水头损失也比较均匀,且各核算工况所需水泵扬程与最高时相比相差不大(事故时 H_{psk} 与 H_p 相差15.06 m),经水泵初选基本可以兼顾,故计算成果成立,不需调整。

管网设计管径和计算工况的各节点水压及高地水池设计供水参数如图5-23~图5-26所示。二级泵站设计供水参数及选泵结果见表5-10。

表 5-10　二级泵站设计供水参数及选泵

<table>
<tr><th rowspan="2">工况</th><th colspan="2">设计供水参数</th><th colspan="3">水泵选择</th><th rowspan="2">说明</th></tr>
<tr><th>流量(L/s)</th><th>扬程(m)</th><th>型号</th><th>性能</th><th>台数</th></tr>
<tr><td rowspan="2">最高
用水时</td><td rowspan="2">155.00</td><td rowspan="2">51.03</td><td>8Sh－9</td><td>$Q = 97.5 \sim 60$ L/s
$H = 50 \sim 69$ m</td><td>1台</td><td rowspan="2">备用2台
8Sh－9</td></tr>
<tr><td>8Sh－9A</td><td>$Q = 90 \sim 50$ L/s
$H = 37.5 \sim 54.5$ m</td><td>1台</td></tr>
<tr><td rowspan="2">最大
转输时</td><td rowspan="2">120.56</td><td rowspan="2">61.17</td><td>8Sh－9</td><td>$Q = 97.5 \sim 60$ L/s
$H = 50 \sim 69$ m</td><td>1台</td><td rowspan="2">备用2台
8Sh－9</td></tr>
<tr><td>6Sh－6A</td><td>$Q = 50 \sim 31.5$ L/s
$H = 55 \sim 67$ m</td><td>1台</td></tr>
<tr><td>消防时</td><td>180.00</td><td>50.24</td><td>8Sh－9</td><td>$Q = 97.5 \sim 60$ L/s
$H = 50 \sim 69$ m</td><td>2台</td><td rowspan="2">由备用
泵满足</td></tr>
<tr><td>事故时</td><td>108.50</td><td>66.09</td><td>8Sh－9</td><td>$Q = 97.5 \sim 60$ L/s
$H = 50 \sim 69$ m</td><td>2台</td></tr>
</table>

因此,二级泵站共需设置5台水泵(包括备用泵),其中3台8Sh－9型水泵,1台8Sh－9A型水泵,1台6Sh－6A型水泵。正常工作情况下,共需3台水泵。其中6时至22时,1台8Sh－9和1台8Sh－9A并联工作;22时至6时,1台8Sh－9和1台6Sh－6A并联工作。每一级供水中水泵的切换可通过水位远传仪由高地水池水位控制。

消防时和事故时,由两台8Sh－9型水泵并联工作即可得到满足。

给水工程建成通水需若干年后达到最高日设计用水量,达到后每年也有许多天用水量低于最高日用水量。本例题二级泵站还可设置2台8Sh－9型、1台8Sh－9A型、2台6Sh－6A型水泵以满足最高用水时、最大转输时、消防时和事故时的设计要求。设置2台6Sh－6A型水泵可互为备用,且可作为1台8Sh－9型水泵的备用泵。

本例题属于多水源管网系统,各种工况下配水源(泵站和高地)水池的真实流量分配及管网实际运行情况,只能在上述选泵的基础上,应用虚环概念,进行多水源管网平差后,才能获得。

第七节　输水管水力计算

从水源到城市水厂或工业企业自备水厂的输水管渠设计流量,应按最高日平均时供水量与水厂自用水量之和确定。当远距离输水时,输水管渠的设计流量应计入管渠漏失水量。

从水源到水厂或从水厂到管网的输水管必须保证不间断输水。输水系统的一般特点是距离长,和河流、高地、交通路线等交叉较多。

输水管渠有多种形式,常用的有以下几种:

(1)压力输水管渠。此种形式通常用得最多,当输水量大时可采用输水渠。常用于高地水源或水泵供水。

(2)无压输水管渠(非满流水管或暗渠)。无压输水管渠的单位长度造价较压力管渠低,但在定线时,为利用与水力坡度相接近的地形,不得不延长路线,因此建造费用相应增加。重力无压输水管渠可节约水泵输水所耗电费。

(3)加压与重力相结合的输水系统。在地形复杂的地区常用加压与重力结合的输水方式。

(4)明渠。明渠是人工开挖的河槽,一般用于远距离输送大量水的情况。

以下重点讨论压力输水管。

输水管平行工作的管线数,应从可靠性要求和建造费用两方面来比较。若增加平行管线数,虽然可提高供水的可靠性,但输水系统的建造费用随之增大。实际上,常采用简单而造价又增加不多的方法,以提高供水的可靠性,即在平行管线之间设置连接管,将输水管线分成多段,分段数越多,供水可靠性越高。合理的分段数应根据用户对事故流量的要求确定。

输水管计算的任务是确定管径和水头损失,以及达到一定事故流量所需的输水管条数和需设置的连接管条数。确定大型输水管的管径时,应考虑具体的埋管条件、管材和形式、附属构筑物数量和特点、输水管条数等,通过方案比较确定。具体计算时,先确定输水管条数,依据经济供水的原则,即按设计流量和经济流速(或可资用水头)确定管径,进而计算水头损失。

一、重力供水时的压力输水管

水源在高地时(如取用蓄水库水时),若水源水位和水厂内处理构筑物之间有足够的水位高差,可利用水源水位向水厂重力输水。

如图5-27所示,若水源水位标高为Z,输水管终端要求的水压为$Z_0 = Z_m + H_0$,则可资用水头为$H = Z - Z_0$,用来克服输水管阻力损失。假设输水系统的总流量为Q,平行管线(管径、管长和管材均相同)数为n,则每条输水管的流量为$\frac{Q}{n}$,如图5-28所示。

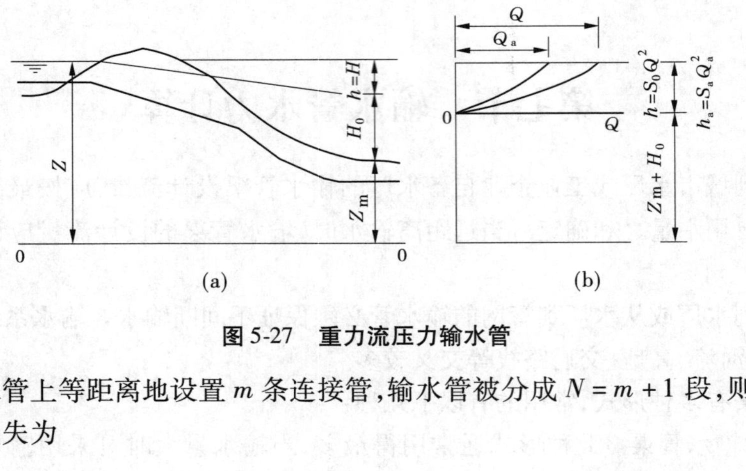

图5-27　重力流压力输水管

若在输水管上等距离地设置m条连接管,输水管被分成$N = m + 1$段,则正常工作情况下的水头损失为

$$h = s(m+1)\left(\frac{Q}{n}\right)^2 = \left[\frac{s(m+1)}{n^2}\right]Q^2 = S_0Q^2 \tag{5-26}$$

式中　s——每一管段的摩阻；

S_0——输水系统的总摩阻，$S_0=\frac{s(m+1)}{n^2}$。

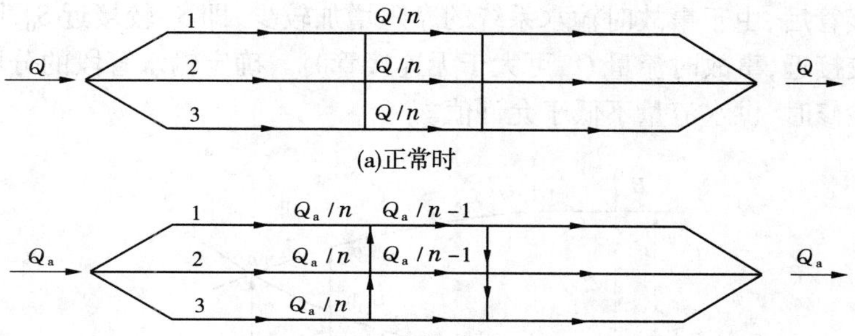

图 5-28　输水管正常时与事故时工作情况

如图 5-28 任一管段损坏时，流量降低为 Q_a，水头损失为

$$h_a = s\left(\frac{Q_a}{n}\right)^2 m + s\left(\frac{Q_a}{n-1}\right)^2 = \left[s\frac{m}{n^2}+\frac{s}{(n-1)^2}\right]Q_a^2 = S_aQ_a^2 \tag{5-27}$$

式中　S_a——n 条管线中任一段损坏时输水系统的总摩阻，$S_a=\left[s\frac{m}{n^2}+\frac{s}{(n-1)^2}\right]$。

在重力流压力输水系统中，因起、终点的水头差固定，不受管线损坏的影响，因此 $h=h_a$，但 $S_0\neq S_a$，可得出事故时和正常工作时的流量比例，即事故时允许流量降落比 R 为

$$R=\frac{Q_a}{Q}=\sqrt{\frac{S_0}{S_a}}=\sqrt{\frac{s\frac{(m+1)}{n^2}}{s\frac{m}{n^2}+s\frac{1}{(n-1)^2}}} \tag{5-28}$$

城镇给水管网的允许流量降落比 R 值为 0.7。不同 m、n 值时的 R 值见表 5-11。由表可知：输水管线可靠性随着平行管线数和连接管数的增大而增大。两根输水管平行时，为保证 $R=0.7$，需设置两条连接管。

表 5-11　不同 m、n 值时的 R 值

n	当 m 为下列值时的 R 值				
	0	1	2	3	4
2	0.5	0.63	0.71	0.76	0.79
3	0.67	0.78	0.84	0.87	0.89
4	0.75	0.85	0.89	0.91	0.93

二、水泵供水的压力输水管

水泵供水时，流量 Q 受到水泵扬程的影响。反之，输水量变化也会影响输水管起点

的水压。因此，水泵供水时的实际流量，应由水泵特性曲线 $H_p=f(Q)$ 和输水管特性曲线 $H=H_{st}+\sum h=f(Q)$ 的联合曲线求出。

水泵特性曲线和输水管特性曲线的联合工作情况可如图 5-29 表示，Ⅰ、Ⅱ分别表示输水管正常工作和事故时的 $Q\sim\sum h$ 特性曲线。当输水管任一管段损坏时，系统的阻力增大，曲线的交点从正常工作时的 b 点移到 a 点，与 a 点相应的横坐标表示事故时流量 Q_a。设置连接管后，由于事故时输水系统的摩阻增加较少，即 S_a 较接近 S_0，因此曲线Ⅱ和曲线Ⅰ也比较接近，事故时流量 Q_a 可大于无连接管时。确定输水管段的分段数应保证任一管段损坏检修时，供水流量不低于允许值。

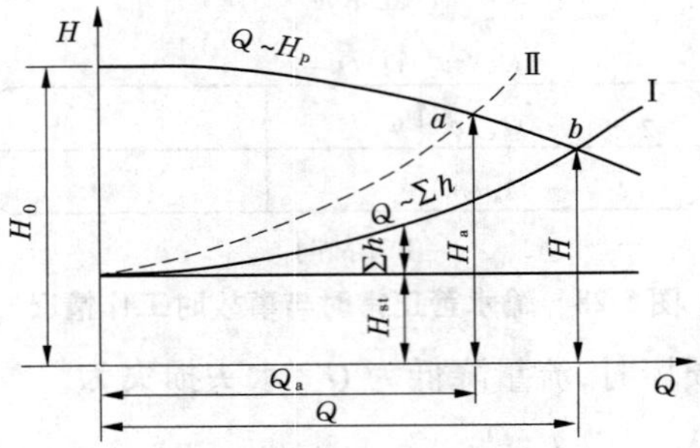

图 5-29　水泵和输水管特性曲线

(一) 设有网前水塔时输水管分段数计算

$$N=\frac{(S_1-S_d)R^2}{(S+S_p+S_d)(1-R^2)} \tag{5-29}$$

式中　S——水泵的摩阻，与同时工作的水泵型号和台数有关；

S_p——泵站内部管路的摩阻；

S_1——事故输水管的摩阻；

S_d——输水系统正常工作时的总摩阻；

R——事故时允许流量降落比，按供水要求确定。

(二) 设对置水塔时输水管分段数计算

分段数可按下式近似计算：

$$N=\frac{(S_1-S_d)R^2}{(S+S_p+S_c+S_d)(1-R^2)} \tag{5-30}$$

式中　S_c——管网起点至控制点间的管路总摩阻；

其他符号意义同前。

思考题

1. 管网图应如何设置节点？什么是基环、大环和虚环？
2. 为什么要进行管网图形的简化？怎样进行管网图形的简化？
3. 什么叫比流量？什么是沿线流量、集中流量？比流量是否随用水量变化而变化？
4. 什么叫长度比流量、面积比流量？怎样计算？各有什么优缺点及适用条件？

5. 什么是节点流量？它是否存在？为何能用来进行管网计算？

6. 推求折算系数 α 的条件是什么？α 值一般在什么范围？实践中常取多少？

7. 为什么管网计算须先求出节点流量？怎样计算节点流量？

8. 为什么要分配流量？流量分配要考虑哪些要求？枝状管网和环状管网流量分配有何异同？

9. 什么是供水分界线？单水源管网与多水源管网的流量分配有什么区别？

10. 什么是经济流速？影响经济流速的主要因素有哪些？设计时能否任意套用？

11. 枝状管网计算时，干管和支管如何划分？两者确定管径的方法有何不同？

12. 平均经济流速值一般是多少？依据经济流速初选管径时，还应注意哪些问题？为什么？

13. 什么是节点流量平衡条件？什么是闭合环路内水头损失平衡条件？为何环状管网计算须同时满足这两个条件？

14. 什么是闭合差 Δh？闭合差大小及正负各说明什么问题？

15. 什么是管网平差？为什么要进行管网平差？

16. 什么是校正流量 Δq？Δh 和 Δq 有什么关系？怎样计算？如何求得修正后的管段流量？

17. 为什么环状管网计算时，任一环路内各管段增减校正流量 Δq 后，并不影响节点流量平衡条件？

18. 大环闭合差与构成大环的各基环闭合差之间有什么关系？

19. 应用最大闭合差法进行管网平差时，怎样选择大环进行平差以加速收敛？

20. 哈代－克罗斯法和最大闭合差法各有什么优缺点？

21. 绘制管网等水压线图有什么意义？应怎样绘制？

22. 多水源管网水力计算和单水源管网计算时应各满足什么要求？

23. 重力供水是否属于起点水压已知的供水系统？其水力计算与水泵加压供水系统有何差异？

24. 在压力输水系统平行管线中间设置的连接管有何作用？连接管数应由什么来决定？

25. 某城镇近期管网规划拟采用枝状给水管网，管网布置如图 5-30 所示。已知该城镇最高时设计用水量为 396 m^3/h，其中大用户集中流量为 30 L/s，分别于 5、7 点各取出一半；各管段长度为：$L_{1-2} = L_{1-3} = L_{4-7} = 800$ m，$L_{0-1} = L_{1-4} = 1\,200$ m，$L_{4-6} = L_{4-5} = 900$ m；其中 0—1 管段为输水管，4—5 管段为单侧配水，其余管线均为双侧配水。试确定管网各管段的设计流量。

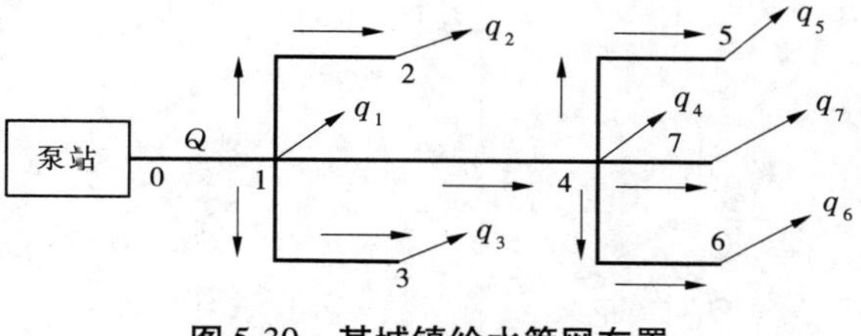

图 5-30　某城镇给水管网布置

26. 某城镇最高时设计用水量为 850 m^3/h,给水管网布置和其他已知条件见节点流量计算例题和图 5-6。试初选管网管径,并计算在预流量分配下各管段的水头损失,进行最高时管网平差。

27. 如图 5-31 所示的管网,为使闭合差的收敛速度最快,应采用哪一种平差方法,说明理由。

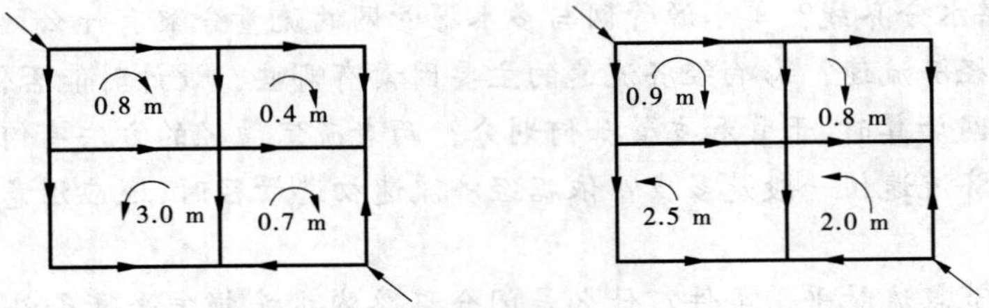

图 5-31　环状管网闭合差计算图

28. 绘出环状管网例题 5-3 的等水压线。

29. 某一泵站加压输水系统,采用两条管径、管材均相同,中间不设连接管的输水管线输水到高地水池,试问当一条输水管损坏检修时,其事故时的输水量是否为正常输水量的 50%?为什么?若是重力输水系统呢?

第六章　室外给水管材、附件及附属构筑物

【知识要点】

1. 室外给水管材的种类、特点、连接方式及埋设要求，接头配件种类。
2. 室外给水管网常用附件的类型、作用及设置。
3. 管网附属构筑物的作用、设置要求。
4. 调节构筑物的作用、构造、设置要求。

【能力目标】

1. 掌握室外给水管材和各种配件。
2. 掌握室外给水管网常用附件。
3. 熟悉管网附属构筑物的相关知识。
4. 熟悉调节构筑物的相关知识。

第一节　给水管道材料及配件

一、给水管材

给水管网是给水系统中造价最高并且是极为重要的组成部分。按照给水水管的工作条件，给水管材性能应满足下列要求：

(1)有足够的强度。可以承受各种内外荷载。

(2)水密性好。它是保证管网有效而经济地工作的重要条件。如因管线的水密性差，以致经常漏水，无疑会增加管理费用和导致经济上的损失。同时，管网漏水严重时也会冲刷地层而引起严重事故。

(3)水力条件好。管材内壁光滑、不易结垢，可减少水头损失，降低常年供水电耗。

(4)化学稳定性好。管材具有耐腐蚀性，不会受到水中各种物质的侵蚀和土壤的侵蚀，同时也不会向水中析出有毒有害物质。

(5)水管接口施工维修方便，尽可能缩短维修所造成的停水时间。

(6)价格较低，建设投资省。管网建设费用占总费用的50% ~70%，管材的价格占管道综合工程造价的50%以上。

(7)使用寿命长。管网扩建对城市交通、环境产生很大的影响，一般按永久性工程设施进行设计。

给水水管可分为金属管(铸铁管和钢管等)和非金属管(预应力钢筋混凝土管、预应力混凝土管、塑料管、玻璃钢管等)。输配水管道材质的选择，应根据管径、承受的水压、外部荷载和管道敷设区的地形、地质、管材的供应，按照运行安全、耐久、减少漏损、施工和

维护方便、经济合理以及防止清水管道二次污染的原则，进行技术、经济、安全等方面的综合分析确定。

（一）金属管材

1. 铸铁管

铸铁管是给水管网最常用的材料。它的抗腐蚀性较好，锈蚀缓慢，价格比钢管便宜。但质脆，不耐振动和弯折，工作压力较钢管低，制作时耗用金属比钢管多，重量较大，一般比同规格的钢管重1.5～2.5倍。

铸铁管按使用要求不同，其接口形式有承插式（见图6-1）和法兰盘式（见图6-2）。管道接头应紧密不漏水且稍带柔性，特别是在沿管线的土质不均匀而有可能发生沉降时。

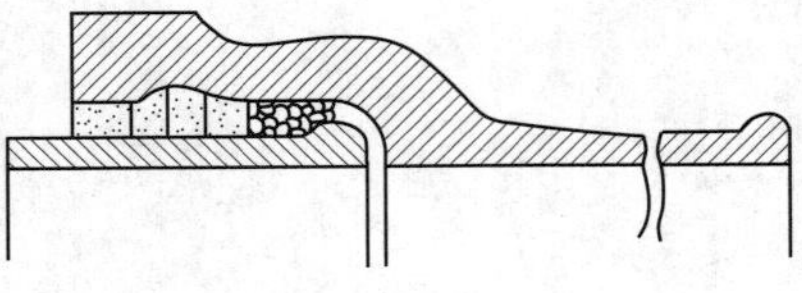

图6-1　铸铁管承插式接口

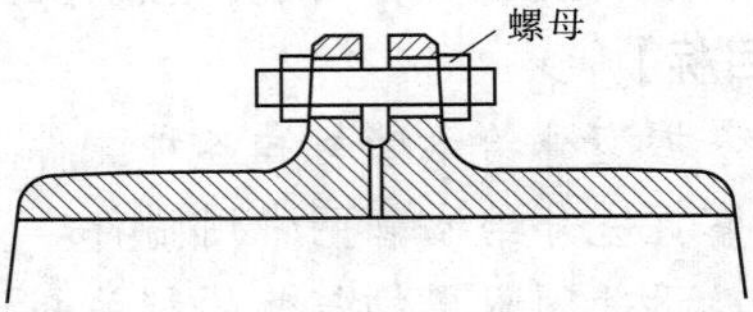

图6-2　铸铁管法兰盘式接口

承插式接口适用于埋地管线，安装时将插口插入承口内，两口之间的环形空隙用接头材料填实，接口时施工麻烦，劳动强度大。接口材料一般可采用橡胶圈、膨胀性水泥或石棉水泥等，特殊情况下也可采用青铅水泥。此外，也有采用膨胀性填料接口，利用材料的膨胀性达到接口密封的目的。承插式铸铁管采用橡胶圈接口时为柔性接口，允许有一定限度的转角和位移，因而具有良好的抗震性和密封性，安装时无须敲打接口，减轻了劳动强度，并加快了施工进度。

法兰盘式接口的优点是接头严密，检修方便，但由于螺栓易腐蚀，一般不埋于地下，常用以连接泵站内或水塔的进、出水管。为使接口不漏水，在两法兰盘之间嵌以3～5 mm厚的橡胶垫片。

常用的铸铁管按材质可分为灰铸铁管（也称连续铸铁管）和球墨铸铁管。

灰铸铁管有较强的耐腐蚀性，以往使用最广。但由于连续铸管工艺的缺陷，其质地较脆，抗冲击和抗震能力较差，重量较大，且经常发生接口漏水，水管断裂和爆管事故，给生产带来很大的损失。灰铸铁管的性能虽相对较差，但可用在直径较小的管道上，同时采用柔性接口，必要时可选用较大一级的壁厚，以保证安全供水。

与灰铸铁管相比，球墨铸铁管不仅具有灰铸铁管的许多优点，而且机械性能有很大提高，其强度是灰铸铁管的多倍，抗腐蚀性能远高于钢管。此外，球墨铸铁管重量轻，很少发生爆管、渗水和漏水现象。球墨铸铁管采用推入式楔形胶圈柔性接口，也可用法兰接口，施工安装方便，接口的水密性好，有适应地基变形的能力，抗震效果也好，因此是一种理想的管材。

我国现在生产的铸铁管内径为75～1 200 mm，长度为3～6 m，按承受的压力分为低压管、普压管及高压管三种规格，见表6-1。

表 6-1 铸铁管规格

类别	高压管				普压管				低压管			
	直径(mm)	长度(m)	试验压力(MPa)	工作压力(MPa)	直径(mm)	长度(m)	试验压力(MPa)	工作压力(MPa)	直径(mm)	长度(m)	试验压力(MPa)	工作压力(MPa)
离心管	75 ~ 500	4 ~ 6	1.96 ~ 2.45	0.98	75 ~ 900	3 ~ 4	1.47 ~ 1.96	0.74	150 ~ 900	4	0.98 ~ 1.47	0.44
砂型管					75 ~ 900	4 ~ 6	1.47 ~ 1.96	0.74	150 ~ 900	4 ~ 6	0.98 ~ 1.47	0.44

2. 钢管

钢管分为无缝钢管和焊接钢管两种。

焊接钢管有直缝钢管和螺旋卷焊钢管两种。钢管的特点是能耐高压、耐振动、重量较轻、单节管段的长度大和接口方便,但承受外荷载的稳定性差,耐腐蚀性差,管壁内外都需有防腐措施,并且造价较高。在给水管网中,钢管一般不用于埋地管,通常只在管径大和水压高处,以及因地质、地形条件限制或穿越铁路、河谷和地震地区时使用。

普通钢管的工作压力不超过 0.98 MPa。加强钢管的工作压力可达 1.47 MPa。高压管可用无缝钢管。给水管用的钢管外径为 100 ~ 140 mm,长 5 ~ 10 m;无缝钢管外径为 109 ~ 630 mm,长 5 ~ 10 m。外径小于 100 mm 的钢管,用于室内给水系统。螺旋卷焊钢管外径为 219 ~ 630 mm,长 8 ~ 12 m。

钢管接口一般采用焊接或法兰接口,小管径可用螺纹连接或卡箍连接。

(二)非金属管材

在给水工程建设中,有条件时宜以非金属管代替金属管,对于加快工程建设,降低造价和节约金属材料都有现实意义。

1. 预应力钢筋混凝土管和自应力钢筋混凝土管

预应力钢筋混凝土管分普通和加钢套管两种。预应力钢筒混凝土管是在预应力钢筋混凝土管内放入钢筒,其用钢材量省,价格比钢管便宜。其接口为承插式,采用特制的橡胶圈及自应力水泥,承口环和插口环均用扁钢压制成型,与钢筒焊成一体。预应力钢筋混凝土管的特点是造价低、抗震性能强、管壁光滑、水力条件好、耐腐蚀、爆管率低,但重量大,不便于运输和安装。预应力钢筋混凝土管在设置阀门、弯管、排气、放水等装置处,须采用钢管配件。

自应力钢筋混凝土管由自应力水泥制成,这种水泥由矾土水泥、石膏、高强度等级水泥配制而成,在一定条件下产生晶体转变,水泥自身体积膨胀,比一般膨胀水泥大 4 ~ 6 倍,膨胀时,带着钢筋一起膨胀,张拉钢筋使之产生自应力。但自应力钢筋混凝土管的后期膨胀,可能会使管材疏松,最大管径为 600 mm,只要质量可靠,可用在郊区或农村等水压较低的次要管线上。

2. 玻璃钢管

玻璃钢管是一种新型管材,能长期保持较高的输水能力,还具有耐腐蚀、不结垢、强度高、粗糙系数小、重量轻(为钢材的1/4左右,预应力钢筋混凝土管的1/5~1/10)等特点,因此便于运输和施工方便。但其价格较高,几乎与钢管接近,可在强腐蚀性土壤处采用。为降低价格,提高管道的刚度,国内又开发研制出一种夹砂玻璃钢管。

3. 塑料管

塑料管种类很多,如聚丙烯腈-丁二烯-苯乙烯塑料管(ABS)、聚乙烯管(PE)、聚丙烯塑料管(PP)和硬聚氯乙烯塑料管(UPVC)等。塑料管具有内壁光滑、不易结垢、水头损失小、耐腐蚀、重量轻、加工和接口方便等优点,但是管材的强度较低,膨胀系数较大,用作长距离管道时,需要考虑温度补偿措施,例如设置伸缩节和活络接口等。

与铸铁管相比,塑料管的水力性能较好,由于管壁光滑,在相同流量和水头损失情况下,塑料管的管径可比铸铁管小;塑料管相对密度在1.40左右,比铸铁管轻,又可采用橡胶圈柔性承插接口,抗震性和水密性较好,不易漏水,既提高了施工效率,又可降低施工费用。因此,塑料管近年来发展很快,目前在生产中应用较多的有UPVC、ABS、PE管材等。尤其是UPVC管,以其优良的力学性能、阻燃性能、低廉的价格,受到用户的青睐,应用广泛。UPVC管工作压力宜低于2.0 MPa,用户进水管的常用管径为DN25和DN50,小区内的常用管径为DN100~DN200,管径一般不大于DN400。随着塑料管的推广应用,还开发出质量高、规格齐全的各种管配件和阀门。管道接口在无水情况下可用胶粘剂黏结,承插式管可用橡胶柔性接口,也可用法兰连接。塑料管在运输和堆放过程中,应防止剧烈碰撞和阳光暴晒,以防止变形、加速老化。

目前,国内输水管道管材一般采用预应力钢筒混凝土管、钢管、球墨铸铁管、预应力混凝土管、玻璃纤维增强树脂夹砂管等。配水管材一般采用球墨铸铁管、钢管、聚乙烯管、硬质聚氯乙烯管等。

上述各种材料的给水管多数埋在道路下。水管管顶以上的覆土厚度,在不冰冻地区由外部荷载、水管强度以及与其他管线交叉情况等决定。金属管道的管顶覆土厚度通常不小于0.7 m,非金属管的管顶覆土厚度应大于1~1.2 m,覆土必须夯实,以免受到动荷载的作用而影响水管强度。冰冻地区的管道埋设深度一般在冰冻线以下,管道浅埋时应进行热力计算。

在土壤耐压力较高和地下水位较低处,水管可直接埋在管沟中未扰动的天然地基上。一般情况下,铸铁管、钢管、承插式钢筋混凝土管可以不设基础。在岩石或半岩石地基处,管底应垫砂铺平夯实。垫砂层厚度,金属管和塑料管至少为100 mm,非金属管道不小于150~200 mm。在土壤松软的地基处,管底应有强度不小于C8的混凝土基础。如遇流沙或通过沼泽地带,承载能力达不到设计要求时,需进行基础处理,根据一些地区的施工经验,可采用各种桩基础。

二、管道配件

给水管网的各管段之间由于管径大小变化、接头方式改变、地理位置高低不同、敷设方向转变、管线分支等在相互连接时应用的设备称为管道配件,简称管件。根据不同的用途和连接方法,管件主要分以下几种。

(一)弯管

弯管通常用于管道转弯处。弯管按接口方式分,有法兰弯管、双承弯管、承插弯管;按弯转角度分,有90°弯管、45°弯管、22.5°弯管、11.25°弯管等。各种弯管所采用的材料、接口方式、弯转角度不同,规格也不尽相同。如图6-3所示为几种常见的弯头。

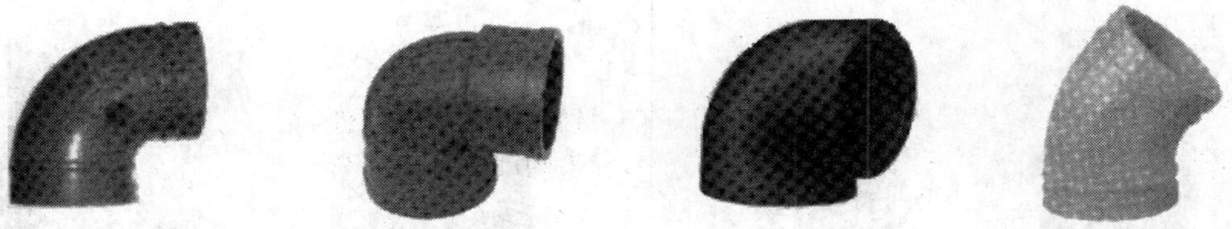

(a)90°弯头(球墨铸铁管)　(b)90°弯头(UPVC管)　(c)90°弯头(PE管)　(d)45°弯头(球墨铸铁管)

图6-3　各种弯头

(二)短管

短管通常用于改变接头形式处。短管按接口方式分,有承口法兰短管、法兰插口短管、双承口短管。与弯管类似,各种短管按所用材料、接口方式不同,规格也不相同。如图6-4所示为几种常见的短管。

(a)插盘短管(球墨铸铁管)　(b)承盘短管(球墨铸铁管)　(c)双盘短管(球墨铸铁管)

图6-4　各种短管

(三)三通、四通管

三通、四通管通常用于承接分支管。按分支管径不同可分为等径三通、四通管,异径三通、四通管;按接口方式不同可分为三法兰三通、三承三通、双承法兰三通、法兰四通、四承四通、双承双法兰四通等;按分支角度不同可分为90°正三通、45°斜三通、正四通、45°斜四通等。如图6-5所示为几种常见的三通、四通管。

(a)等径三通管(球墨铸铁管)　(b)等径三通管(PE管)　(c)异径三通管(UPVC管)　(d)异径四通管(球墨铸铁管)　(e)等径四通管(球墨铸铁管)

图6-5　各种三通、四通管

(四)异径管

异径管通常用于管径变换处。按管径变化情况可分为渐缩管和渐扩管;按接口方式的不同可分为法兰异径管、承插法兰异径管、双承异径管等;按不同加工形式可分为同心异径管、偏心异径管。如图6-6所示为几种常见的异径管。

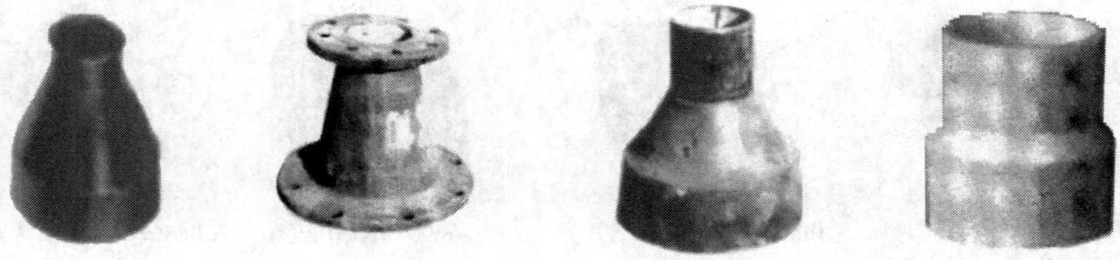

(a)双承异径管(球墨铸铁管)　(b)双盘异径管(球墨铸铁管)　(c)双插异径管(球墨铸铁管)　(d)双承异径管(ABS树脂管)

图6-6　各种异径管

(五)其他各种管件

其他各种管件如穿墙时所用的穿墙套管、修理管线时用的管配件、接消火栓用的管配件等。

第二节　管网附件

给水管网除水管外还应设置各种附件,以保证管网的正常工作。管网的附件主要有调节流量、水压和控制水流方向用的各类阀门、安装在管线高处或低处的排气阀和泄水阀,及供应消防用水的消火栓等。

一、阀门

阀门用来调节管线中的流量或水压。阀门的布置要数量少而调度灵活。主要管线和次要管线交接处的阀门常设在次要管线上,承接消火栓的水管上也要安装阀门。阀门的口径一般和水管的直径相同,但当管径较大以致阀门价格较高时,为了降低造价,可安装口径为0.8倍的水管直径的阀门。阀门一般采用法兰连接。

阀门的种类很多,给排水工程中常用的阀门,按照阀门的结构形式和功能可分为截止阀、闸阀、蝶阀、球阀、旋塞阀、隔膜阀、节流阀、止回阀、减压阀、安全阀、排气阀、疏水阀、多功能水力控制阀、电磁阀等。下面就常用的阀门进行简单的介绍。

(一)闸阀

闸阀有楔式和平行式两种。根据阀门使用时阀杆是否上下移动,可分为明杆和暗杆。明杆是阀门启闭时,阀杆随之升降,因此易于掌握阀门启闭程度,适宜于安装在泵站内。暗杆适用于安装和操作受到限制之处,否则当阀门开启时因阀杆上升而妨碍工作。输配水管道上的闸阀以采用暗杆为宜,一般采用手动操作,直径较大时可设置齿轮传动装置,并在闸板两侧接以旁通管,以减小水压差,便于启闭。开启阀门时,先开旁通管,关闭阀门时,则后关旁通管;或者应用电动阀门以便于启闭。安装在长距离输水管上的电动阀门,应限制开启和闭合的时间,以免因启闭过快而出现水锤现象使水管损坏。如图 6-7 所示为手动法兰明杆楔式闸阀装置示意图。

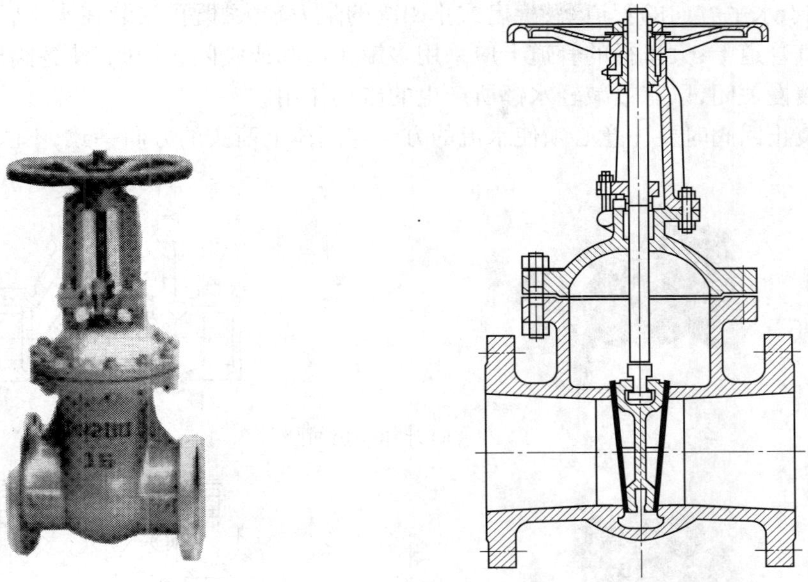

图 6-7　手动法兰明杆楔式闸阀

(二)蝶阀

蝶阀为盘状圆板启闭件,绕其自身中轴旋转改变管道轴线间的夹角,而控制水流通过的阀门。蝶阀的外形尺寸小于闸阀,其结构简单、重量轻、体积小、开启迅速,可在任意位置安装,旋转 90°就可全开或全关。蝶阀可用在中、低压管线上,例如水处理构筑物和泵站内。如图 6-8 所示为涡轮传动蝶阀装置示意图。

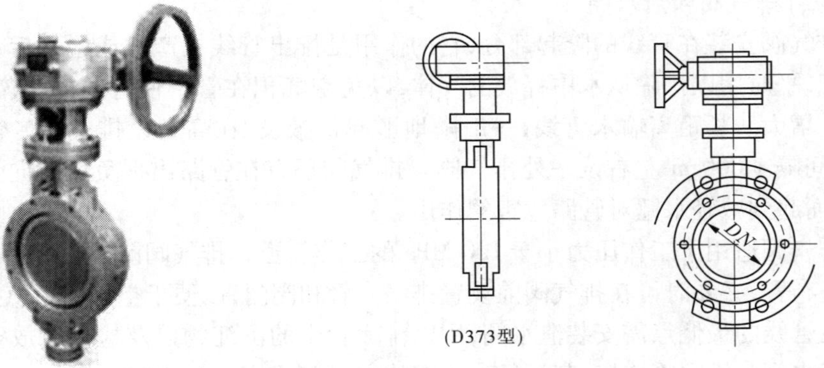

图 6-8　涡轮传动蝶阀

(三)止回阀

止回阀又称逆止阀、单向阀,是限制压力管道中的水流朝一个方向流动的阀门。阀门的闸板可绕轴旋转,水流方向相反时,闸板因自重和水压作用而自动关闭。止回阀一般安装在水泵出水管、用户接入管和水塔进水管处，以防止突然停电或其他事故时水的倒流而损坏水泵设备。

止回阀按形式可分为升降式和旋启式，如图 6-9 所示。升降式止回阀的密封性能较好，常用于水平方向的管道上；旋启式止回阀的阻力较大，既可安装在水平管道上，又可安装在垂直管道上；大口径的管道上应采用多瓣止回阀或缓闭止回阀，使各阀瓣的关闭时间错开或缓慢关闭，以有效减轻水锤所产生的破坏作用。

安装止回阀时要注意必须使水流的方向与阀体上箭头的方向一致，不能装反。

(a)升降式止回阀

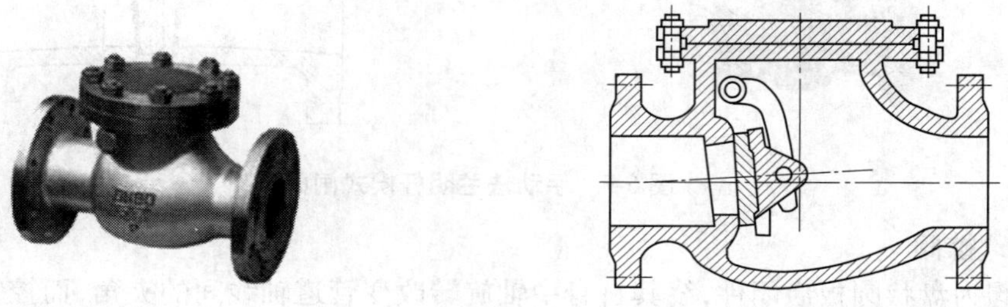

(b)旋启式止回阀

图 6-9　止回阀

(四)排气阀和泄水阀

排气阀安装在管线的隆起部分，它的作用是排出管线投产时或检修后通水时管线内的空气，平时用以排除从水中释放的气体，以免空气积在管中使管线的过流断面减小，水头损失增大。长距离输水管线，一般随地形起伏敷设，在高处设排气阀。管线布置平缓时，宜间隔 1 000 m 左右设一处排气阀。排气阀还有在管路出现负压时向管中进气的功能，从而起到减轻水锤对管路危害的作用。

排气阀适用于工作压力小于 1.0 MPa 的工作管道。排气阀前必须设置检修阀门。根据管路布置，必要时可在排气阀前设置排气支管和阀门，以便于空气的紧急排放。

在管线的最低点需安装泄水阀，用以排除管中的沉淀物以及检修时放空水管内的存水。泄水阀与排水管连接，其管径由所需放空时间决定。放空时间可按一定工作水头下孔口出流公式计算。为加快排水，可根据需要同时安装进气管或进气阀。

二、水锤消除器

水锤消除器(见图 6-10)能在无须阻止流体流动的情况下，有效地消除各类流体在传输系统可能产生的水外锤和浪涌发生的不规则水击波震荡，从而消除具有破坏性的冲击波，起到保护的作用。水锤消除器适用于高层建筑物或长距离输送液体的管道中，用以消除因突然停泵产生的水锤引起的振动和噪声，避免破坏其他设备，保障系统的正常运行。它一般安装在止回阀的下游，距止回阀越近越好。

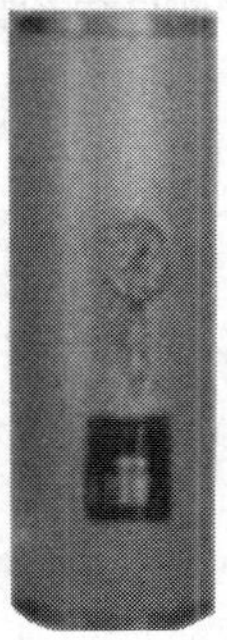

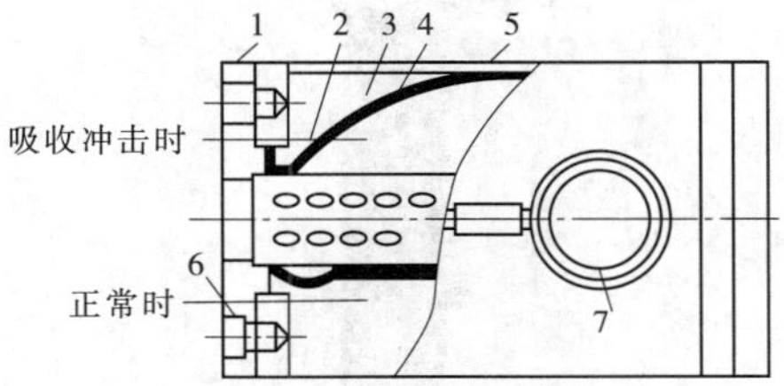

1—法兰;2—有孔内管;3—胶胆;4—空气管;5—外壳;6—内六角螺钉;7—压力表

图 6-10　水锤消除器

活塞式水锤消除器的内部有一密闭的容气腔，下端为一活塞，当冲击波传入水锤消除器时，水击波作用于活塞上，活塞将向容气腔方向运动。活塞运动的行程与容气腔内的气体压力、水击波大小有关，活塞在一定压力的气体和不规则水击的双重作用下，作上下运动，形成一个动态的平衡，这样就有效地消除了不规则的水击波震荡，水锤现象随之缓和。常用的水锤消除器有下开式水锤消除器和自动复位式水锤消除器两种。在高扬程的供水工程的出水管上，如有发生水锤现象的可能，须考虑安装水锤消除器，以消除水锤破坏。

三、消火栓

给水管道上设立的消火栓，是作为发生火情时，向火场供水的带有阀门的标准接口。消火栓分室内消火栓和室外消火栓两类，室外消火栓有双出口和三出口两种形式，出水口直径有 65 mm、100 mm 和 150 mm 三种规格。室外至少一个出水口直径不小于 100 mm。室外消火栓又分为地上式和地下式两种，分别见图 6-11 和图 6-12。

地上消火栓部分露出地面，目标明显、易于寻找、出水操作方便，但容易冻结、易损坏，适应于气温较高地区，有些场合妨碍交通，容易被车辆意外撞坏，影响市容。地上消火栓有两种型号：SS100/65 和 SS150/65。SS100/65 有一个直径为 100 mm 和两个直径为 65 mm 的栓口；SS150/65 有一个直径为 150 mm 和两个直径为 65 mm 的栓口。地上式消火栓一般布置在交叉路口消防车可以驶近的地方。

地下式消火栓隐蔽性强，不影响城市美观，受破坏情况少，寒冷地带可防冻，适用于较寒冷地区。但目标不明显，寻找、操作和维修都不方便，容易被建筑和停放的车辆等埋、占、压，要求在地下消火栓旁设置明显标志。地下式消火栓安装在阀门井内。地下式消火栓一般需要与消火栓连接器配套使用。消火栓连接器主要由本体、闸体、快速接头等零部件组成，其材质为铸造铝合金。地下消火栓的型号为 SA100/65，有直径为 100 mm 和 65 mm 的栓口各一个。

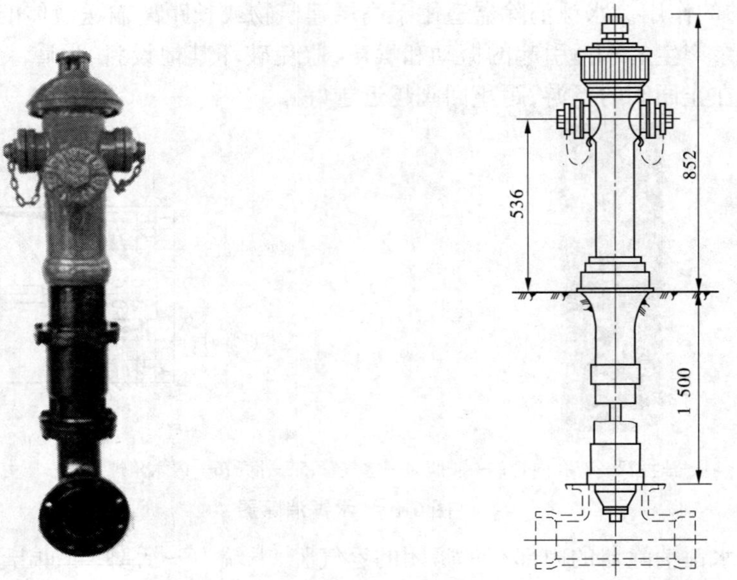

图 6-11　地上式消火栓

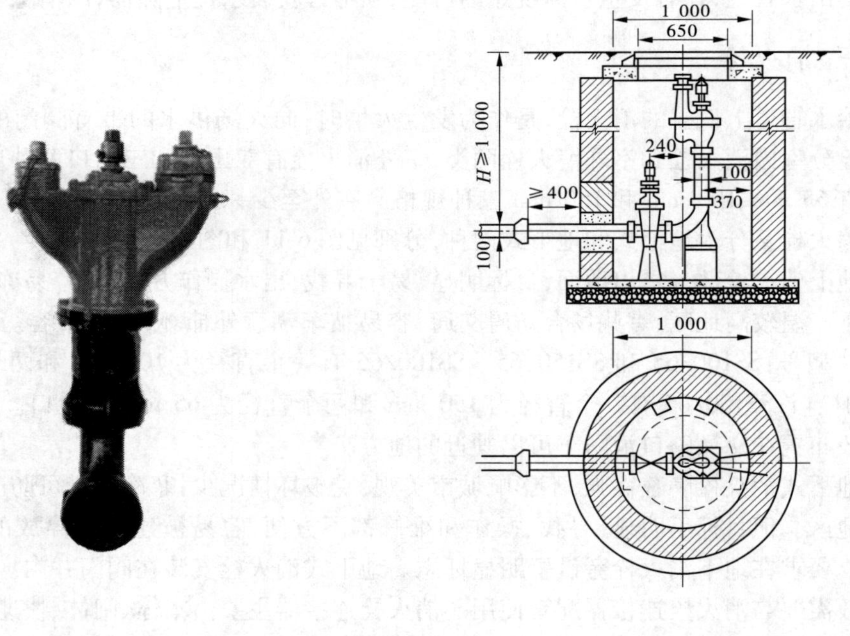

图 6-12　地下式消火栓

消火栓沿建筑物周围布置,间距不大于 120 m,消火栓的数量应保证供应建筑物需要的灭火用水量。大型和高层建筑应适当缩小间距,增加消火栓数量。消火栓系统管道可在建筑物周围或市政管网成环状布置,见图 6-13。引入管最小管径不应小于 100 mm,最大流速不宜超过 2.5 m/s,每个消火栓的流量为 10 ~ 15 L/s。

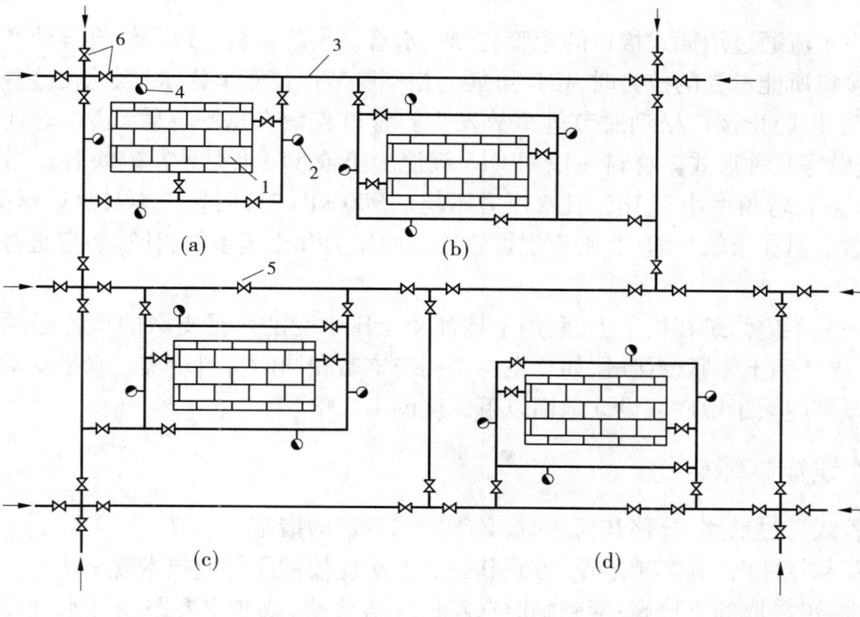

(a)室外给水管道与市政给水管成环(不同市政给水管段引入);
(b)室外给水管道在建筑物周围成环(不同市政给水管段引入);
(c)室外给水管道在建筑物周围成环(同一方向,不同市政给水管段引入);
(d)室外给水管道在建筑物周围成环(同一方向,不同市政给水管段引入,只能作枝状给水管计)
1—建筑物;2—室外消火栓;3—市政给水环管;4—市政消火栓;5—分段阀;6—阀门

图 6-13 室外消火栓系统在环状给水管网的布置

第三节 管网附属构筑物

一、阀门井

管网中的附件(阀门、排气阀、地下式消火栓和设在地下管道上的流量计等)一般应安装在阀门井内。阀门井的平面尺寸取决于水管直径以及附件的种类和数量,但应满足阀门操作和安装拆卸各种附件所需要的最小尺寸。阀门井的深度由水管埋设深度确定,但井底到水管承口或法兰盘底的距离至少为 0.1 m,法兰盘和井壁的距离大于 0.15 m,从承口外缘到井壁的距离应在 0.3 m 以上,以便于接口施工。

阀门井一般用砖砌,也可用石砌或钢筋混凝土建造。阀门井的形式根据所安装的附件类型、大小和路面材料而定。例如,直径较小,位于人行道上或简易路面以下的阀门,可采用阀门套筒;位于地下水位较高处的阀门井,井底和井壁应不透水,在水管穿越井壁处应保持水密性。阀门井应有抗浮的稳定性。阀门井适用于温热带及寒冷地区,当用于采暖室外计算温度低于 -20 ℃的地区时,需做保温井口或采取其他保温措施。

二、管道支墩

当管内水流通过承插式接口的弯管、三通、水管尽头的盖板上以及缩管等处产生的外推力大于接口所能承受的拉力时,接口可能会松动脱节而使管道漏水,因此在这些部位需要设置支墩,以防止接口松动脱节等事故发生。管道支墩有水平弯管支墩、垂直弯管支墩、三通支墩等几种形式。材料一般用 C15 级混凝土或 1∶3水泥砂浆砌块石。当管径小于300 mm 或转弯角度小于 10°,且水压力不超过 980 kPa 时,因接口本身足以承受拉力,可不设支墩。但在松软土壤中,则应根据管中试验压力和土壤条件,计算确定是否需要设置支墩。

支墩一般不应修筑在松土上,利用土体被动土压承受的水平支墩的后背必须为原状土,并保证支墩和土体紧密接触,如有空隙需用与支墩相同的材料填实。水平支墩后背土壤的最小厚度应大于墩底在设计地面以下深度的 1.3 倍。

三、管线穿越障碍物

给水管线通过铁路、公路和河谷时,必须采取一定的措施。

管线穿越铁路时,其穿越地点、方式和施工方法应按铁路行业技术规定执行。根据铁路的重要性,可采取如下措施:穿越临时铁路或一般公路,或非主要路线且水管埋设较深时,可不设套管,但应尽量将铸铁管接口放在铁路两股道之间,并用青铅接头,钢管则应有防腐设施;穿越较重要的铁路或交通频繁的公路时,水管须放在钢筋混凝土套管内,套管直径根据施工方法而定,大开挖施工时应比给水管直径大 300 mm,顶管法施工时,应比给水管的直径大 600 mm。穿越铁路或公路时,水管管顶应在铁路路轨底或公路路面以下 1.2 m 左右。管道穿越铁路时,两端应设检查井,井内应设阀门或排水管等。

管道穿越河川山谷时,应根据河道特性、通航情况、河岸地质地形条件、过河管材料和直径、施工条件等选用穿越方式,可采用河底穿越,或利用现有桥梁架设水管,或建造水管桥。穿越河底的管道应避开锚地,管内流速应大于不淤流速。管道应有检修和防止冲刷破坏的保护措施。管道的埋设深度还应在其相应防洪标准(根据管道等级确定)的洪水冲刷深度以下,且至少应大于 1.0 m。管道埋设在通航河道时,应符合航运管理部门的技术规定,并应在河两岸设立标志,管道埋设深度应在航道底设计高程 2.0 m 以下。

敷设倒虹管从河底穿越,如图 6-14 所示,其优点是隐蔽,不影响航运,但施工和检修不方便。倒虹管应设置一条或两条,在两岸应设阀门井。阀门井顶部标高应保证洪水时不致淹没,井内设阀门和排水管。倒虹管一般用钢管,需加强防腐措施。当管径小、距离短时可用铸铁管,但应采用柔性接口。给水管架设在现有桥梁下穿越河流最为经济,施工和检修比较方便,通常水管架在桥梁的人行道下。

大口径水管由于重量大,架设在桥下有困难或当地无现成桥梁可利用时,可建造水管桥,架空跨越河道。水管桥应设适当高度,以免影响航行。架空管一般用钢管或铸铁管。

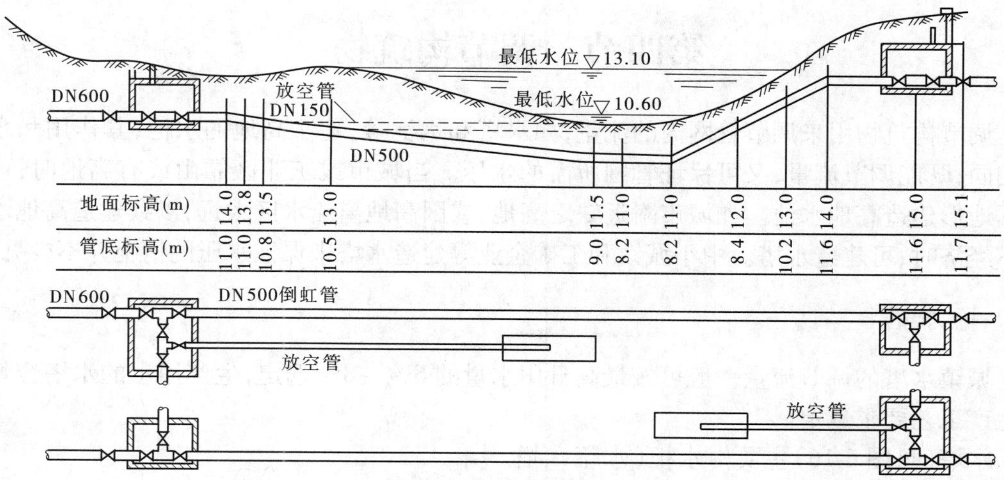

图 6-14　**倒虹管**

钢管过河时,本身也可作为承重结构,称为拱管,如图 6-15 所示。其施工方便,并可节省架桥所需的支承材料。

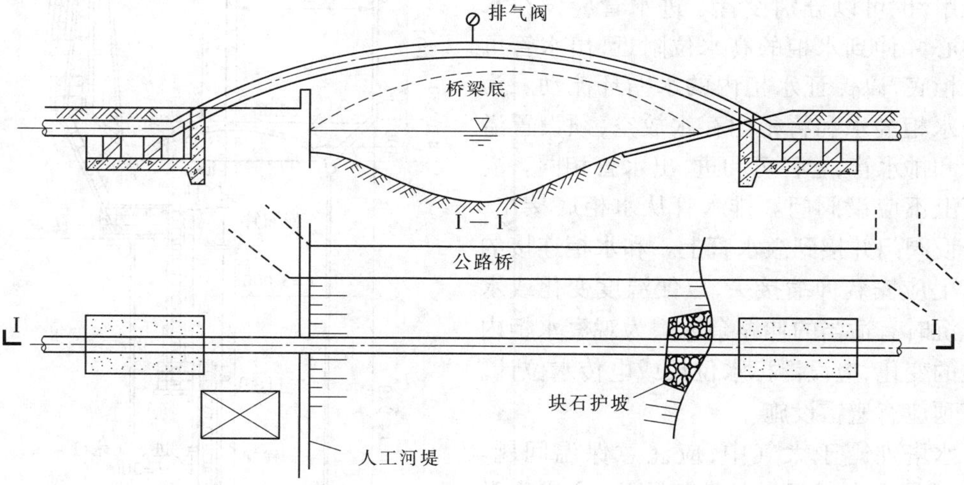

图 6-15　**过河拱管**

四、管网节点详图

管网设计时,须先在管网图上确定阀门、消火栓、排气阀等主要附件的位置,布置必须合理,然后选定节点上的管配件。

在施工图中应绘制节点详图。图中用标准符号绘出节点上的配件和附件,如消火栓、弯管、渐缩管、阀门等。特殊的配件也应在图中注明,以便于加工。设在阀门井内的阀门和地下式消火栓应在图上表示,阀门的大小和形状应尽量统一,形式不宜过多。

节点详图不按比例绘制,但管线方向和相对位置须与管网总图一致,图的大小应根据节点构造的复杂程度而定。

第四节　调节构筑物

调节构筑物用来调节管网内的流量，如水塔和水池等，建于高地的水池，其作用和水塔相同，既能调节流量，又可保证管网所需的水压。当城市或工业区靠山或有高地时，可根据地形建造高地水池。如城市附近缺乏高地，或因高地离给水区太远，以致建造高地水池不经济时，可建造水塔。中小城镇和工矿企业等建造水塔来保证水压的情况并不少见。

一、水塔

城镇水塔的调节流量一般可按最高日用水量的6% ~8%选定，生产用水的水塔容量按生产工艺要求选定。

水塔（见图6-16）主要由水柜（水箱）、塔架、管道和基础组成。水柜（水箱）可用钢材、钢筋混凝土或砌块建造，塔架和基础多采用钢筋混凝土、砖、石等建造。进、出水管可以合用，也可以分别设置。进水管应设在水柜中心并伸到水柜的高水位附近，出水管可靠近柜底，以保证水柜内的水循环流动。为防止水柜溢水和将柜内存水放空，须设置溢水管和排水管，管径可和进、出水管相同。溢水管上不应设阀门。排水管从水柜底接出，管上设阀门并接到溢水管上。和水柜连接的水管上应安装伸缩接头，以便温度变化或水塔下沉时有适当的伸缩余地。为观察水柜内水位的变化，应设浮标水位尺或电传水位计。水塔顶应有避雷设施。

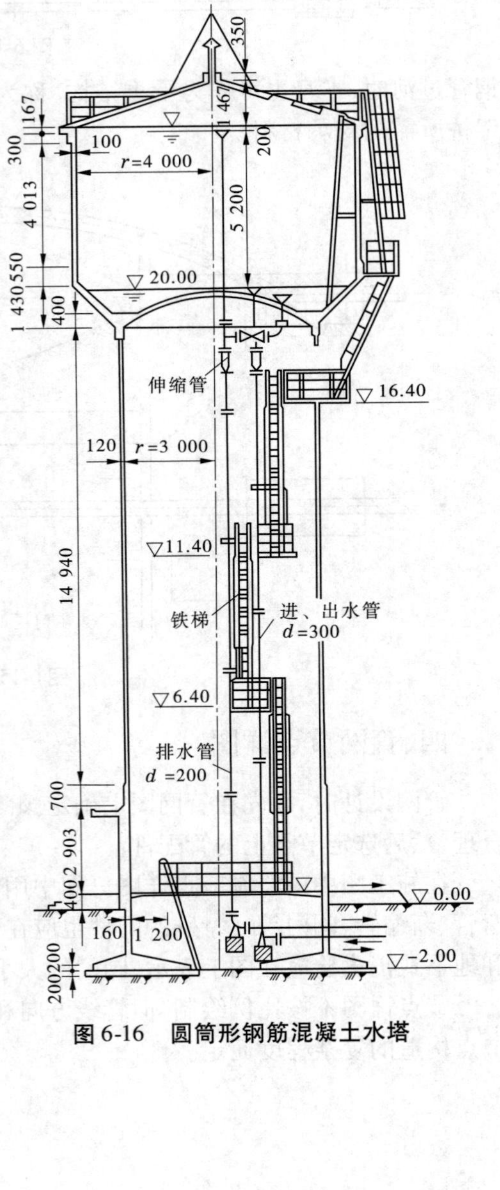

图6-16　圆筒形钢筋混凝土水塔

水塔外露于大气中，应注意保温问题。钢筋混凝土水柜经过长期使用后，会出现微细裂缝，浸水后再加冰冻，裂缝会扩大，因此可能引起漏水。根据当地气候条件，可采取不同的保温措施：在水柜壁上贴砌8 ~10 cm的泡沫混凝土、膨胀珍珠岩等保温材料，或在水柜外贴砌一砖厚的空斗墙，或在水柜外再加保温外壳，外壳与水柜壁的净距不应小于0.7 m，内填保温材料。

水柜通常做成圆筒形，高度和直径之比为0.5 ~1.0。水柜过高不好，因为水位变化幅度大会增加水泵扬程，多耗动力，且影响水泵效率。塔体用以支撑水柜,常用钢筋混凝土、砖石或钢材建造。近年来也采用装配式和预应力钢筋混凝土水塔。装配式水塔可节约模板用量。塔体形状有圆筒式和支柱式。

水塔基础可采用单独基础、条形基础和整体基础。砖石水塔的造价比较低,但施工费时,自重较大,宜建于地质条件较好地区。从就地取材的角度来看,砖石结构可和钢筋混凝土结合使用,即水柜用钢筋混凝土,塔体用砖石结构。

二、水池

从给水角度考虑,设计水池的关键是水池的容积和其布置方式。如果水池容积设计过大,不仅增加基建投资,且因水在水池中停留时间过长而造成水质变化;如果水池容积过小,则影响供水安全。给水工程中,常用钢筋混凝土水池、预应力钢筋混凝土水池和砖石水池等,其中以钢筋混凝土水池使用最广。水池一般做成圆形或矩形,见图 6-17。

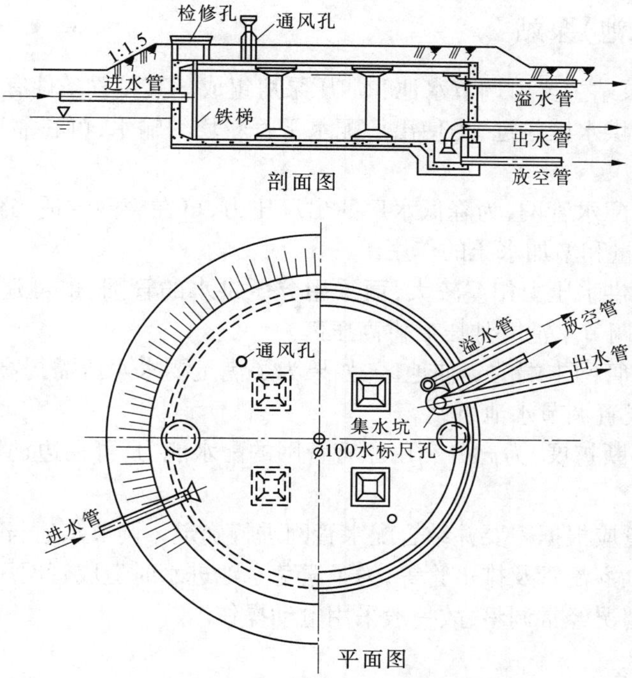

图 6-17　圆形钢筋混凝土水池

水池可布置在独立水泵房屋顶上,成为高位水池,也可单独布置在室外呈地面水池或地下水池。水池应有单独的进水管和出水管,并设在两端以保证水池内水流的循环。此外,水池内应有溢水管,其管径和进水管相同,管端有喇叭口,管上不设阀门。水池的排水管接到集水坑内,管径一般按 2 h 内将池水放空计算。容积在 1 000 m^3 以上的水池,至少应设两个检修孔。为使池内自然通风,应设若干通风孔,高出水池覆土面 0.7 m 以上。池顶覆土厚度视当地平均室外气温而定,一般为 0.5 ~ 1.0 m,气温低则覆土应厚些。当地下水位较高,水池埋深较大时,覆土厚度需按抗浮要求决定。为便于观测池内水位,可装置浮标水位尺或水位传示仪。在消防和生活合用一个水池时,应有消防贮水,并有不能被生活水泵动用的措施,一般可在消防水位处生活水泵的吸水管上开一个 10 mm 的小孔或提高生活水泵吸水管的标高。

预应力钢筋混凝土水池的水密性高，大型水池比钢筋混凝土水池节约造价。装配式钢筋混凝土水池近年来也有采用。水池的柱、梁等构件事先预制，各构件拼装完毕后，外面再加钢箍，接缝处喷涂砂浆使不漏水。砖石水池具有节约木材、钢筋、水泥，能就地取材，施工简便等特点。我国中南、西南地区盛产砖石材料，尤其是丘陵地带，地质条件好，地下水位低，砖石施工经验也丰富，更宜于建造砖石水池。但是这种水池的抗拉、抗渗、抗冻性能差，所以不宜用在湿陷性的黄土地区、地下水过高地区或严寒地区。

水塔和高位水池是以恒水位供水为特征，当管网中设置水塔和高位水池后，其水位将成为管网压力的控制高程，因此在设置过程中应结合城市供水的特点和供水远期的发展，对其所在位置和作用进行综合比较论证，以避免在供水条件变化的情况下造成构筑物闲置或不良运行。

三、调节(水池)泵站

调节(水池)泵站主要由调节水池和加压泵房组成。其设置条件有以下几点：

(1)当水厂离供水区较远，为使出厂配水干管较均匀输水，可在靠近用水区建造调节(水池)泵站。

(2)对于大型配水管网，为降低水厂的出厂压力，可在管网的适当位置建造调节水池泵站，兼起调节水量和增加水压的作用。

(3)对于要求供水压力相差较大，而采用分压供水的管网，也可建造调节水池泵站，由低压区进水，经调节水池并加压后供高压区。

(4)对于给水管网末端的延伸地区，如果为了满足要求水压需提高水厂出厂水压，经过经济比较也可设置调节水池泵站。

(5)当城市不断扩展，为充分利用原有管网的配水能力，可在边远地区的适当位置建调节水池泵站。

调节水池容量应根据需要并结合配水管网进行确定。调节水池与普通水池一样都设有进水管、出水管、溢流管及排水管等，为了避免水池进水时造成管网压力降低过大，进水阀门需根据水压情况经常调整，故一般采用电动操作。

四、变位水箱

变位水箱是给水系统中分布在多层、中高层居民住宅楼顶的一种调蓄构筑物，为四层以上的用户供水。在以往城市水厂生产能力不足、管网供水能力差、城市水压普遍偏低的情况下，设置屋顶水箱是解决供水矛盾简单实用而且行之有效的措施。

水箱的容积分有效容积和无效容积，前者是可供出水的容积，后者是包括箱底不能利用的死水和最高水位以上的超高部分的容积。一般先计算出有效容积，配合土建定出水箱的长、宽、高的有效尺寸，再加上箱底死水高度和超高尺寸，定出水箱总尺寸。对于高层建筑减压水箱供水方式，水箱主要起减压作用，只要减压水箱进水管流量随时满足出水管流量的要求，减压水箱的调节容积可以很小，一般可选用 5 ~ 10 m^3。

常用的水箱按材质可分为钢筋混凝土水箱、不锈钢水箱、玻璃钢水箱等，外形有圆形及矩形。水箱上应设进水管、出水管、溢流管、排水管(泄水管)、通气管、水位信号装置等,如图 6-18 所示为水箱结构示意图。溢流管和排水管应采用间接排水,以防污染水质。生活、消防系统共用一个水箱时,应有防止消防贮水长期不用而水质变化和确保消防水量不被挪用的技术措施。

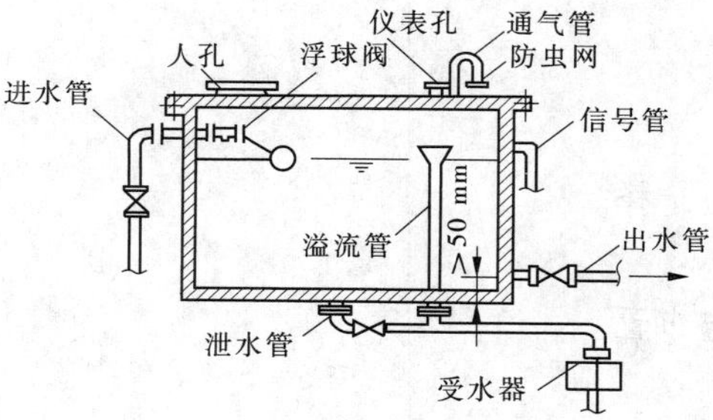

图 6-18　水箱结构示意图

思考题

1. 常用的给水管材有哪几种?各有什么特点?
2. 阀门起什么作用?有几种主要形式?各安装在哪些部位?
3. 排气阀和泄水阀应在哪些情况下设置?
4. 阀门井起什么作用?它的大小和深度如何确定?
5. 哪些情况下管道要设支墩?应放在哪些部位?
6. 水塔和水池应布置哪些管道?

第七章 室外排水工程概论

【知识要点】

1. 排水工程的任务。

2. 排水系统的体制与选择。

3. 排水系统的组成。

4. 排水系统的规划与布置。

【能力目标】

1. 了解污水的性质及其分类。

2. 掌握排水系统体制与选择原则。

3. 掌握不同类型排水系统的组成。

4. 了解排水管渠系统的规划设计原则与管道布置形式。

在城镇，从住宅、工厂和各种公共建筑中不断地排出各种各样的污水和废弃物，需要及时妥善的排除、处理或利用。

在日常生活中，盥洗、淋浴和洗涤等都要使用水，用后便成为污水。现代城镇的住宅，不仅利用卫生设备排除污水，而且随污水排走粪便和废弃物，特别是有机废弃物。生活污水含大量腐败性的有机物以及各种细菌、病毒等致病性微生物，也含有为植物生长所需要的氮、磷、钾等肥分，应当予以适当处理和利用。在工业企业中，几乎没有一种工业不用到水。在总用水量中，工业用水量占有相当的比例。水经生产过程使用后，绝大部分成为废水。工业废水有的被热所污染，有的则夹带着大量的污染物质，甚至可能含有致癌物质。这些物质多数是有害和有毒的，但也是有用的，必须妥善处理和回收利用。城市雨水和冰雪融水也需要及时排除，否则将积水为害，妨碍交通，甚至危及人们的生产和日常生活。

在人们生产和生活中产生的大量污水，如不加控制，任意直接排入水体或土壤，使水体和土壤受到污染，将破坏原有的自然环境，以致引起环境问题，甚至造成公害。因此，排水工程在我国社会主义建设中有着十分重要的作用。从环境方面讲，排水工程有保护和改善环境、消除污水危害的作用；从卫生上讲，排水工程的兴建对保障人民的健康具有深远意义；从经济上讲，排水工程也具有重要意义。总之，排水工程作为国民经济的一个组成部分，对保护环境，促进工农业生产和保障人民的健康，具有巨大的现实意义和深远的影响。应当充分发挥排水工程在社会主义建设中的积极作用，使经济建设、城乡建设和环境建设同步规划、同步实施、同步发展，以实现经济效益、社会效益和环境效益的统一。

第一节　排水工程的任务

一、污水及分类

在人类的生活和生产中，使用着大量的水。水在使用的过程中会受到不同程度的污染，改变了原有的化学成分和物理性质，这些水称为污水和废水。污水也包括雨水和融化的雪水。对这些污水和废水如不加控制，任意直接排入水体和土壤，使水体和土壤受到污染，将破坏原有的生态环境，从而引起各种环境问题。为保护环境，现代城镇需要建设一整套工程设施来收集、输送、处理和处置污水，这种工程设施称为排水工程。

按照来源的不同，污水可分为生活污水、工业废水和降水三类。

（一）生活污水

它是指人们日常生活中用过的水，包括从厕所、浴室、盥洗室、厨房、食堂和洗衣房等处排出的水。它来自住宅、机关、公共场所、学校、医院、商店以及工厂中的生活间部分。

生活污水含有较多的有机物，如蛋白质、动植物脂肪、碳水化合物、尿素和氨氮等，还含有肥皂和合成洗涤剂等，以及常在粪便中出现的病原微生物，如寄生虫卵和肠系传染病菌等。这类污水需要经过处理后排入水体、灌溉农田或再利用。

（二）工业废水

它是指在工业生产中排出的废水，来自车间或矿场。由于各种工厂的生产类别、生产过程、使用的原材料以及用水成分的不同，工业废水的水质变化很大。

工业废水按照污染程度的不同，可分为生产废水和生产污水两类。生产废水是指在使用过程中受到轻度污染或水温稍有增高的水，如机器冷却水就属于这一类，通常经某些处理后即可在生产中重复使用或直接排入水体。生产污水是指在使用过程中受到较严重污染的水，这类水多半具有危害性。例如有的含大量有机物，有的含氰化物、铬、汞、铅、镉等有害和有毒物质，有的含多氯联苯、合成洗涤剂等合成有机化合物质，有的含放射性物质，有的物理性质十分恶劣，等等。这类污水大都需经适当处理后才能排放，或在生产中使用。废水中的有害或有毒物质往往是宝贵的工业原料，对这类废水应尽量回收利用，为国家创造财富，同时也减少了污水的污染。

工业废水按所含主要污染物的化学性质，可分为以下三类：

（1）主要含无机物的，包括冶金、建筑材料等工业所排出的废水；

（2）主要含有机物的，包括食品工业、炼油和石油化工工业等废水；

（3）同时含大量有机物和大量无机物的废水，包括焦化厂、化学工业中的氮肥厂、轻工业中的洗毛厂等废水。

工业废水按所含污染物的主要成分分类，有酸性废水、碱性废水、含氰废水、含铬废水、含镉废水、含汞废水、含酚废水、含醛废水、含油废水、含有机磷废水和放射性废水等，这种分类法明确地指出了废水中主要污染物的成分。实际上，一种工业可以排出几种不同性质的废水，而一种废水又会有不同的污染物和不同的污染效应。即便是一套生产装置排出的废水，也可能同时含有几种污染物。在不同的工业企业，虽然产品、原料和加工过程截然不同,但也可能排出性质类似的废水。

(三)降水

降水即大气降水,包括液态降水(如雨、露)和固态降水(如雪、冰雹、霜等)。前者主要指降雨,降雨落水一般比较清洁,但其形成的径流量大,若不及时排泄,会使居住、工厂、仓库等遭受淹没,交通受阻,积水为害,尤其是山区的山洪水为害更甚。通常暴雨为害最大,是排水的主要对象之一;冲洗街道和消防用水等,由于其性质和雨水相似,也并入雨水。一般,雨水不需处理,可直接就近排入水体。

雨水虽然一般比较清洁,但初降雨时所形成的雨水径流会夹带着大气、地面和屋面上的各种污染物质,使其受到污染,所以形成初雨径流的雨水,是雨水污染最严重的部分,应予以控制。有的国家对污染严重地区雨水径流的排放作了严格要求。近年来,由于大气污染严重,在某些地区和城市出现酸雨,严重时 pH 值达到 3.4,因而初降雨时雨水是酸性水。虽然雨水径流量大,处理较困难,但近年来由于水污染加剧,水资源日益紧缺,雨水的作用被重新认识,大量的研究表明,对其进行适当处理后再排入水体是必要的。

二、排水工程及其任务

排水工程的基本任务是保护环境免受污染,以促进工农业生产的发展和保障人民的健康与正常生活,其主要内容包括:①收集各种污水并及时输送至适当地点;②经污水妥善处理后排放或再利用。

排水工程是城市的基础设施之一,在城市建设中起着十分重要的作用。

首先,排水工程的合理建设有助于保护和改善环境,消除污水的危害,对保障人民的健康起着重要的作用。随着现代工业的发展和城市规模的扩大,污水量日益增加,污水成分也日趋复杂,城镇建设必须随时注意经济发展过程中造成的环境污染问题,并协调解决好污水的污染控制、处理及利用问题,以确保环境不受污染。

其次,排水工程作为国民经济的一个组成部分,也具有重要意义。水是非常宝贵的自然资源,它在人民日常生活和工农业生产中都是不可缺少的,虽然地球表面的 70% 以上被水覆盖,但其中便于取用的淡水量仅为地球总水量的 0.2% 左右。许多河川的水都不同程度地被其上下游的城市重复使用着。如果水体受到污染,势必降低淡水水源的使用价值。排水工程正是保护水体免受污染,以充分发挥其经济效益的基本手段之一。同时,城市污水资源化后,可重复用于城市和工业,这是节约用水和解决淡水资源短缺的一个重要途径。

最后,污水的妥善处置与合理利用,是保证工农业生产正常运行的必要条件之一。此外,污水利用本身也有很大的经济价值,如有控制地利用污水灌溉农田,会提高产量,节约化肥,促进农业生产;工业废水中有价值原料的回收,不仅消除了污染,而且为国家创造了财富,降低了产品成本;将含有机物的污泥发酵,不仅可以获得高效能源,而且可以更好地利用污泥做农肥、建筑材料或铺路材料等。

总之,在城市建设中,排水工程对保护环境,促进工农业生产和保障人民的健康,具有巨大的现实意义和深远的影响。应当充分发挥排水工程在我国经济建设中的积极作用,使经济建设、城乡建设与环境建设同步规划、同步实施、同步发展,以达到经济效益、社会效益和环境效益的统一。

三、污水的处理

在城市和工业企业中,应当有组织地、及时地收集、处理、排除上述污水,否则有可能影响和破坏环境,影响生活和生产,威胁人民健康。排水的收集、输送、处理和排放等工程设施以一定的方式组合成的总体称为排水系统。排水系统通常由管道系统(或称排水管网)和污水处理系统(即污水处理厂)两大部分组成。管道系统是收集和输送废水的设施,把废水从产生处输送至污水厂或出水口,它包括排水设备、检查井、管渠、泵站等工程设施。污水处理系统是处理和利用污水的设施,它包括城市及工业企业污水处理厂(站)中的各种处理构筑物及利用设施等。

根据不同的要求,经处理后的污水的最终去向包括:①排放至水体;②灌溉农田;③重复利用。

排放至水体是污水的自然归宿。水体对污水有一定的稀释与净化能力,也称为水体的自净作用,这是最常用的一种处置方法。灌溉农田是污水利用的一种方式,也是污水处理的一种方法,称为污水的土地处理法。重复利用是最合适的污水处置方式,污水经处理达到无害化后排放并重复利用,是控制水污染、保护水资源的重要手段,也是节约用水的重要途径。城市污水重复利用的方式有以下几种:

(1)自然复用。一条河流往往既作给水水源,也受纳沿河城市排放的污水。流经河流下游城市的污水中,总是掺杂有上游城市排放的污水。因而地面水源中的水,在其最后排入海洋之前,实际已被重复多次使用。

(2)间接复用。将城市污水注入地下补充地下水,作为供水的间接水源,也可防止地下水位下降和地面沉降。

(3)直接复用。可将城市污水直接作为城市饮用水水源、工业用水水源、杂用水水源等重复利用(也称污水回用)。城市污水经过人工处理后直接作为城市饮用水源,这对严重缺水地区来说可能是必要的。近年来,我国也提倡采用中水及收集利用雨水,而且有不少工程实例,它是利用处理后的生活污水作为冲洗厕所、洗车、园林灌溉、冷却设备补充水等杂用水。

工业废水的循序使用和循环使用也是直接复用。某工序的废水直接用于其他工序,某生产过程的废水直接用于其他生产过程,称作循序使用。某生产工序或过程的废水,经回收处理后仍作原用,称作循环使用。我国工业用水重复率一般不到40%,远远低于工业发达国家,不断提高水的重复利用率是可持续发展的必然趋势。

第二节　排水系统的体制及选择

如前所述,在城市和工业企业中通常有生活污水、工业废水和雨水。这些污水(废水)是采用一个管渠系统来排除,或是采用两个或两个以上各自独立的管渠系统来排除。污水的这种不同排除方式所形成的排水系统,称作排水系统的体制(简称排水体制)。排水系统的体制一般分为合流制和分流制两种类型。

一、合流制排水系统

合流制排水系统是将生活污水、工业废水和雨水混合在同一个管渠内排除的系统。最早出现的合流制排水系统，是将排除的混合污水不经处理直接就近排入水体，国内外很多老城市以往都是采用这种合流制排水系统。但由于污水未经无害化处理就排放，使受纳水体遭受严重污染。现在常采用的是截流式合流制排水系统（见图7-1）。这种系统是在河流岸边建造一条截流干管，同时在合流干管与截流干管相交前或相交处设置溢流井，并在截流干管下游设置污水处理厂。晴天和初降雨时所有污水都排送至污水处理厂，经处理后排入水体，随着降雨量的增加，雨水径流也增加，当混合污水的流量超过截流干管的输水能力后，就有部分混合污水经溢流井溢出，直接排入水体。截流式合流制排水系统较前一种方式前进了一大步，但仍有部分混合污水未经处理直接排放，成为水体的污染源而使水体遭受污染，这是它的严重缺点。国内外在改造老城市的合流制排水系统时，常采用这种方式。

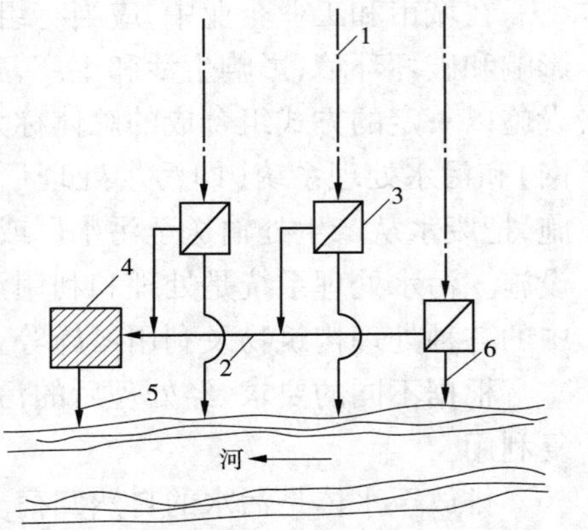

1—合流干管；2—截流主干管；3—溢流井；4—污水处理厂；5—出水口；6—溢流出水口

图7-1　截流式合流制排水系统

二、分流制排水系统

分流制排水系统是将生活污水、工业废水和雨水分别在两个或两个以上各自独立的管渠内排除的系统（见图7-2）。排除生活污水、城市污水或工业废水的系统称为污水排水系统，排除雨水的系统称为雨水排水系统。由于排除雨水的方式不同，分流制排水系统又分为完全分流制和不完全分流制两种排水系统（见图7-3）。在城市中，完全分流制排水系统具有污水排水系统和雨水排水系统；而不完全分流制只具有污水排水系统，未见雨水排水系统，雨水沿天然地面、街道边沟、水渠等原有渠道系统排泄，或者为了补充原有渠道系统输水能力的不足而修建部分雨水道，待城市进一步发展再修建雨水排水系统，转变成完全分流制排水系统。

在工业企业中，一般采用分流制排水系统。然而，往往由于工业废水的成分和性质很复杂，不但与生活污水不宜混合，而且彼此之间也不宜混合，否则将造成污水和污泥处理复杂化，以及给废水重复利用和回收有用物质造成很大困难。所以，在多数情况下，采用分质分流、清污分流的几种管道系统来分别排除。但如生产污水的性质和成分同生活污水类似，可将生活污水和生产污水用同一管道系统来排放。生产废水可直接排入雨水管道或循环使用。如图7-4所示为具有循环给水系统和局部处理设施的分流制排水系统，生活污水、生产污水、雨水分别设置独立的管道系统。含有特殊污染物质的有害生产污水，不允许与生活或生产污水直接混合排放，应在车间附近设置局部处理设施。冷却废水经冷却后在生产中循环使用。如条件允许，工业企业的生活污水和生产污水应直接排入城市污水管道，而不做单独处理。

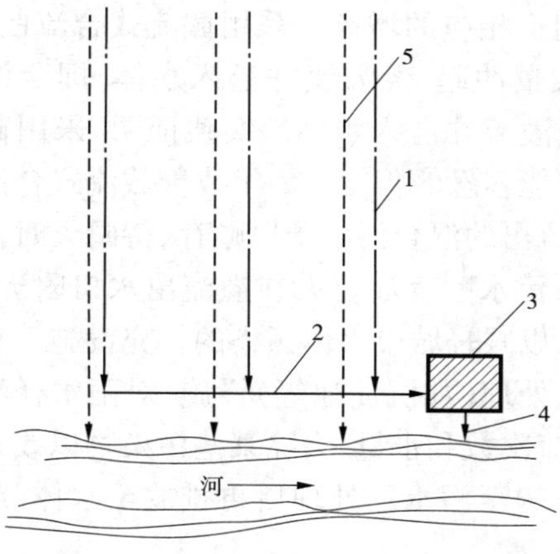

1—污水干管;2—污水主干管;3—污水处理厂;
4—出水口;5—雨水干管

图 7-2　分流制排水系统

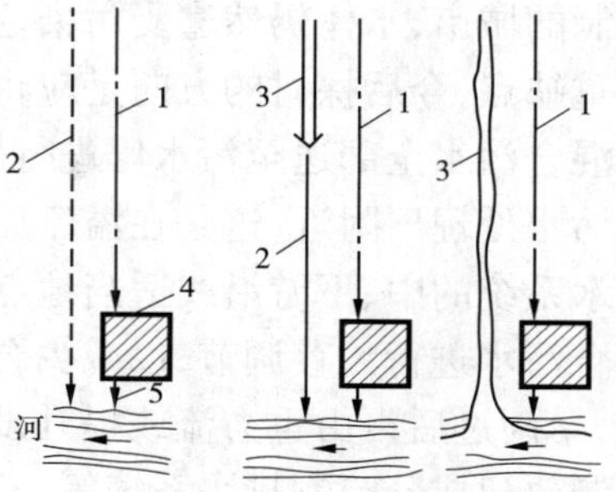

1—污水管道;2—雨水管道;3—原有管道;
4—污水厂;5—出水口

图 7-3　完全分流制及不完全分流制

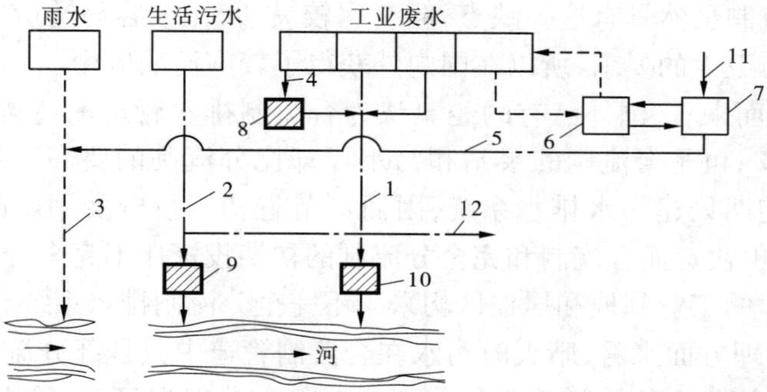

1—生产污水管道系统;2—生活污水管道系统;3—雨水管道系统;4—特殊污染生产污水管道系统;
5—溢流水管道;6—泵站;7—冷却构筑物;8—局部处理构筑物;9—生活污水厂;
10—生产污水厂;11—补充清洁水;12—排入城市污水管道

图 7-4　工业企业分流制排水系统

在一座城市中,有时是混合制排水系统,即既有分流制又有合流制的排水系统。混合制排水系统一般是在具有合流制的城市需要扩建排水系统时出现的。在大城市中,各区域的自然条件以及修建情况可能相差较大,因地制宜地在各区域采用不同的排水体制也是合理的。

合理的选择排水系统的体制,是城市和工业企业排水系统规划与设计的重要课题。它不仅从根本上影响排水系统的设计、施工和维护管理,而且对城市和工业企业的规划与环境保护影响深远,同时也影响排水系统工程的总投资和初期投资费用以及维护管理费用。通常,排水系统体制的选择应满足环境保护的需要,根据当地条件通过技术经济比较确定。而环境保护应是选择排水体制时所考虑的主要问题。下面本节从不同角度来进一步分析各种体制的使用情况:

(1)从环境保护方面来看,如果采用合流制将城市生活污水、工业废水和雨水全部截流送往污水厂进行处理,然后再排放,为控制和防止水体的污染是有利的。但这时截流主干管尺寸很大,污水厂容量也增加很多,建设费用也相应的增高。采用截流式合流制时,在暴雨径流之初,原沉淀在合流管渠的污泥被大量冲起,经溢流井溢入水体,即所谓的“第一次冲刷”。同时,雨天时有部分混合污水经溢流井溢入水体。实践证明,采用截流式合流制的城市,水体仍然遭受污染,甚至达到不能容忍的程度。为了改善截流式合流制这一严重缺点,今后探讨的方向是应将雨天时溢流出的混合污水予以贮存,待晴天时再将贮存的混合污水全部送至污水厂进行处理。雨水污水贮存池可设在溢流出水口附近,或者设在污水处理厂附近,这是在溢流后设贮存池,以减轻城市水体污染的补充设施。有的是在排水系统的中、下游沿线适当地点建造调节、处理(如沉淀池等)设施,对雨水径流或雨污混合污水进行贮存调节,以减少合流管的溢流次数和水量,去除某些污染物以改善出流水质,暴雨过后再由重力流或提升设备,经管渠送至污水厂处理后再排放至水体,或者将合流制改建成分流制排水系统等。

分流制将城市污水全部送至污水厂进行处理。但初雨径流未加处理就排入水体,对城市水体也会造成污染,有时还很严重,这是它的缺点。近年来,国外对雨水径流的水质调查发现,雨水径流特别是初降雨水径流对水体的污染相当严重,甚至提出对雨水径流也要严格控制。分流制虽然具有这一缺点,但它比较灵活,比较容易适应社会发展的需要,一般又能符合城市卫生的要求,所以在国内外获得了较广泛的应用。

(2)从造价方面来看,国外已有的经验认为合流制排水管道的造价比完全分流制一般要低 20% ~40%,可是合流制的泵站和污水厂却比分流制的要高。从初期投资来看,不完全分流制因初期只建污水排水系统,因而可节省初期投资费用。此外,又可缩短工期,发挥工程效益也快。而合流制和完全分流制的初期投资比不完全分流制要大。所以,我国过去很多新建的工业基地和居住区均采用不完全分流制排水系统。

(3)从维护管理方面来看,晴天时污水在合流制管道中只是部分流,雨天时才接近满管流,因而晴天时合流制管内流速较低,易于产生沉淀。但据经验,管中的沉淀物易被暴雨水流冲走,这样合流管道的维护管理费用可降低。但是,晴天和雨天时流入污水厂的水量变化很大,增加了合流制排水系统污水厂运行管理中的复杂性。而分流制系统可以保持管内的流速,不致发生沉淀,同时,流入污水厂的水量和水质比合流制变化小得多,污水厂的运行易于控制。混合制排水系统的优缺点介于合流制和分流制排水系统两者之间。

总之,排水系统体制的选择是一项很复杂、重要的工作。应根据城镇及工业企业的规划、环境保护的要求、污水利用情况、原有排水设施、水质、水量、地形、气候和水体等条件,从全局出发,在满足环境保护的前提下,通过技术经济比较,综合考虑确定。由于综合考虑结果,我国《室外排水设计规范》(GB 50014—2006)(2011 年版)规定,除降雨量少的干旱地区外,新建地区排水系统应采用分流制。但在附近有水量充沛的河流或近海,且发展又受到限制的小城镇地区;在街道较窄、地下设施较多,且修建污水和雨水两条管线有困难的地区;或在雨水稀少、废水全部处理的地区等,采用合流制排水系统有时可能是有利和合理的。

近年来,我国的排水工作者对排水体制的规定和选择提出了一些有益的看法。最主要的观点归纳起来有两点:一是两种排水体制的污染效应问题。有的认为合流制的污染效应与分流制持平或低下,因此认为采用合流制较合理,同时国外有先例。二是已有的合流制排水系统,是否要逐步改造成分流制排水系统的问题。有的认为将合流制改造为分流制,其费用高昂而且效果有限,并举出国外排水体制的构成中带有污水处理厂的合流制仍占相当高的比例等。这些问题的解决只有通过大量研究和调查以及不断地工程实践,才能逐步得出科学的论断。

第三节　排水系统的组成

排水系统是指排水的收集、输送、处理和利用,以及排放等设施以一定方式组合成的总体。下面就城市污水、工业废水和雨水等各排水系统的主要组成部分分别加以介绍。

一、城市污水排水系统的组成

城市污水包括城镇生活污水和工业废水。将工业废水排入城市生活污水排水系统,就组成城市污水排水系统。

城市生活污水排水系统由下列几个主要部分组成。

(一)室内污水管道系统及设备

其作用是收集生活污水,并将其排送至室外居住小区污水管道中。在住宅及公共建筑内,各种卫生设备既是人们用水的容器,也是承受污水的容器,它们又是生活污水排水系统的起端设备,生活污水从这里经水封、支管、立管和出户管等室内管道系统流入室外居住小区管道系统。在每一出户管与室外居住小区管道相接的连接点设检查井,供检查和清通管道之用。

(二)室外污水管道系统

分布在地面下的依靠重力流输送污水至泵站、污水厂或水体的管道系统称为室外污水管道系统。它分为居住小区污水管道系统及街道污水管道系统。

(1)居住小区污水管道系统。该系统敷设在居住小区内,连接建筑物出户管的污水管道系统,称居住小区污水管道系统。它分为接户管、小区污水支管和小区污水干管。接户管是指布置在建筑物周围接纳建筑物各污水出户管的污水管道。小区污水支管是布置在居住组团内与接户管连接的污水管道,一般布置在组团内道路下。小区污水干管是指在居住小区内,接纳各居住组团内小区支管流来污水的管道,一般布置在小区道路或市政道路下。居住小区污水排入城市排水系统时,其水质必须符合《污水排入城镇下水道水质标准》(CJ 343—2010),居住小区污水排出口的数量和位置要取得城市市政部门的同意。

(2)街道污水管道系统。该系统敷设在街道下,用以排除居住小区管道流来的污水。在一个市区内它由城市支管、干管、主干管组成。支管是承受居住小区干管流来的污水或集中流量排出的污水。在排水区界内,常按分水线划分为几个排水流域。在各排水流域内,干管是汇集输送由支管流来的污水,也常称流域干管。主干管是汇集输送由两个或两个以上干管流来污水的管道。市郊干管是从主干管把污水输送至总泵站、污水处理厂或通至水体出水口的管道,一般在污水管道系统设置区范围之外。

(3)管道系统上的附属构筑物。有检查井、跌水井、倒虹管,等等。

(三)污水泵站及压力管道

污水一般以重力流排除,但往往由于受到地形等条件的限制而发生困难,这时就需要设置泵站。泵站分为局部泵站、中途泵站和总泵站等。压送从泵站出来的污水至高地自流管道或至污水厂的承压管段,称压力管道。

(四)污水处理厂

供处理和利用污水、污泥的一系列构筑物和附属构筑物的综合体称污水处理厂,在城市中常称污水厂,在工厂中常称废水处理站。城市污水厂一般设置在城市河流的下游地段,并与居民点或公共建筑保持一定的卫生防护距离。若采用区域排水系统,每个城镇就不需要单独设置污水厂,将全部污水送至区域污水厂进行统一处理。

(五)出水口及事故排出口

污水排入水体的渠道和出口称出水口,它是整个城市污水排水系统的终点设备。事故排出口是指在污水排水系统的中途,在某些易于发生故障的组成部分前面,例如在总泵站的前面所设置的辅助性出水渠,一旦发生故障,污水就通过事故排出口直接排入水体。

二、工业废水排水系统的组成

在工业企业中,用管道将厂内各车间及其他排水对象所排出的不同性质的废水收集起来,送至废水回收利用和处理构筑物。经回收处理后的水可再利用或排入水体,或排入城市排水系统。若某些工业废水不经处理容许直接排入城市排水管道,就不需设置废水处理构筑物,直接排入厂外的城市污水管道。

工业废水排水系统由下列几个主要部分组成:

(1)车间内部管道系统和设备。主要用于收集各生产设备排出的工业废水,并将其排送至车间外部的厂区管道系统。

(2)厂区管道系统。敷设在工厂内,是用以收集并输送各车间排出的工业废水的管道系统。厂区工业废水的管道系统,可根据具体情况设置若干个独立的管道系统。

(3)污水泵站及压力管道。

(4)废水处理站。它是回收和处理废水与污泥的场所。

在管道系统上,同样也设置检查井等附属构筑物。在接入城市排水管道前宜设置检测设施。

三、雨水排水系统的组成

雨水排水系统由下列几个主要部分组成:

(1)建筑物的雨水管道系统和设备。它主要收集工业、公共或大型建筑的屋面雨水,并将其排入室外的雨水管渠系统。

(2)居住小区或工厂雨水管道系统。

(3)街道雨水管道系统。

(4)排洪沟。

(5)出水口。

收集屋面的雨水可用雨水斗或天沟,收集地面的雨水用雨水口。地面上的雨水经雨水口流入居住小区、厂区或街道的雨水管道系统。雨水排水系统的室外管道系统基本上和污水排水系统相同。同样,在雨水管道系统中也设有检查井等附属构筑物。雨水一般既不处理也不利用,直接排入水体。此外,因雨水径流量较大,一般应尽量不设或少设雨水泵站,但在必要时也要设置。

合流制排水系统的组成与分流制相似,同样有室内排水设备、室外居住小区以及街道管道系统。住宅和公共建筑的生活污水经庭院和街坊管道流入街道管道系统。雨水经雨水口进入合流管道。在合流管道系统的截流干管处设置溢流井。

对于每一个具体的排水系统来说,上述各排水系统的组成部分并不一定都完全具备,必须结合当地条件来确定排水系统内所需要的组成部分。

第四节　排水管道系统的规划和布置形式

排水工程是现代化城市和工业企业不可缺少的一项重要措施,是城市和工业企业基本建设的一个重要组成部分,也是控制水污染,改善和保护环境的重要措施。

排水工程的规划与设计是在区域规划以及城市和工业企业总体规划的基础上进行的。因此,排水系统的规划与设计的有关基础资料,应以区域规划以及城市和工业企业的规划与设计方案为依据。排水系统的设计规模、设计期限,应根据区域规划以及城市和工业企业规划方案的设计规模和设计期限而定。排水区界是指排水系统设置的边界,它取决于区域、城市和工业企业规划的建筑界限。

城市、居住区和工业企业的排水系统在平面上的布置,随着地形、竖向规划、污水厂的位置、土壤条件、河流情况,以及污水的种类和污染程度等因素而定。在工厂中,车间的位置、场内交通运输线,以及地下设施等因素都将影响工业企业排水系统的布置。下面介绍的是考虑以地形为主要因素的几种布置形式。在实际情况下,单独采用一种布置形式的情况较少,通常是根据当地条件,因地制宜地采用综合布置的形式。

一、正交式

在地势向水体适当倾斜的地区,各排水流域的干管以最短距离沿与水体垂直相交的方向布置,这种布置称正交布置(见图 7-5(a))。正交布置的干管长度短、管径小,因而经济,污水排出也迅速。但是由于污水未经处理就直接排放,会使水体遭受严重污染,影响环境。因此,在现代城市中,这种布置形式仅用于排除雨水。若沿河岸再敷设主干管,并将各干管的污水截流送至污水厂,这种布置形式称截流式布置(见图 7-5(b)),所以截流式是正交式发展的结果。截流式布置对减轻水体污染,改善和保护环境有重大的作用。它适用于分流制污水排水系统,将生活污水及工业废水经处理后排入水体;也适用于区域排水系统,区域主干管截流各城镇的污水送至区域污水厂进行处理。对于截流式合流制排水系统,因雨天有部分混合污水泄入水体,造成水体污染,这是它的严重缺点。

二、平行式

在地势向河流方向有较大倾斜的地区,为了避免因干管坡度及管内流速过大,管道受

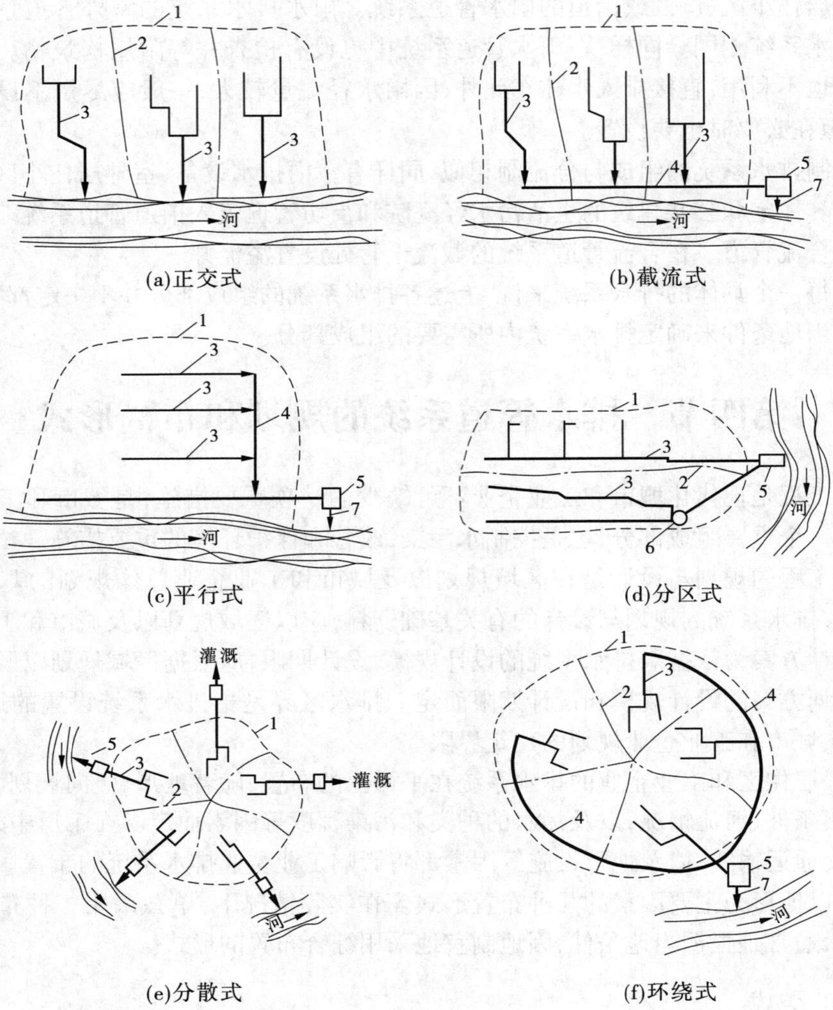

1—城市边界;2—排水流域分界线;3—干管;4—主干管;5—污水厂;6—污水泵站;7—出水口

图 7-5　排水系统的布置形式

到严重冲刷,可使干管与等高线及河道基本上平行,主干管与等高线及河道成一定斜角敷设,这种布置方式称平行式布置(见图 7-5(c))。

三、分区式

在地势高低相差很大的地区,当污水不能靠重力流流至污水厂时,可采用分区布置形式(见图 7-5(d))。这时,可分别在高地区和低地区敷设独立的管道系统。高地区的污水靠重力流直接流入污水厂,而低地区的污水用水泵抽送至高地区干管或污水厂。这种布置只能用于个别阶梯地形或起伏很大的地区,它的优点是能充分利用地形排水,节省电力。如果将高地区的污水排至低地区,然后用水泵一起抽送是不经济的。

四、分散式

当城市周围有河流，或城市中央部分地势高、地势向周围倾斜的地区，各排水流域的干管常采用辐射状分散布置（见图7-5(e)），各排水流域具有独立的排水系统。这种布置形式具有干管长度短、管径小、管道埋深浅、便于污水灌溉等优点，但污水厂和泵站的数量将增多。在地形平坦的大城市采用辐射状分散布置可能是比较有利的。

五、环绕式

近年来，由于建造污水厂用地不足以及建造大型污水厂的基建投资和运行管理费用也较建小型厂经济等，故不希望建数量多、规模小的污水厂，而倾向于建规模大的污水厂，所以由分散式发展成环绕式布置（见图7-5(f)）。这种形式是沿四周布置主干管，将各干管的污水截流送往污水厂。

六、区域集中式

为了提高污水处理厂的规模效益，并改善其处理效果，可以把几个区域的排水系统连接合并起来，汇集输送至一个大型污水处理厂集中处理，将这种两个以上城镇地区的污水统一处理和排出的系统称作区域排水系统。区域排水系统的干管、主干管、泵站、污水厂等，分别称为区域干管、区域主干管、区域泵站、区域污水厂等。

发展区域性废水及水污染综合整治系统。区域是按照地理位置、自然资源和社会经济发展情况划定的，这种规划可以在一个更大范围内统筹安排经济、社会和环境的发展关系。区域规划有利于对废水的所有污染进行全面规划和综合整治以及水污染防治，有利于建立区域（或称流域）性排水系统。将两个以上城镇地区的污水统一排除和处理的系统，称作区域（或流域）排水系统。这种系统是以一个大型区域污水处理厂代替许多分散的小型污水厂，这样就能降低污水厂的基建和运行管理费用，而且能可靠地防止工业和人口稠密地区的地面水污染，改善和保护了环境。实践证明，对生活污水和工业废水的混合处理效果以及控制的可靠性，大型区域污水厂比分散的小型污水厂要高。在工业和人口稠密地区，将全部对象的排水问题同本地区的国民经济发展、城市建设和工业扩大、水资源综合利用，以及控制水体污染的卫生技术措施等各种因素进行综合考虑、研究、解决、预计是经济合理的。所以，区域排水系统是由局部单项治理发展至区域综合治理，是控制水污染，改善和保护环境的新发展。要解决好区域综合治理，应运用系统工程学的理论和方法以及现代计算技术，对复杂的各种因素进行系统分析，建立各种模拟试验和数学模型，寻找污染控制的设计和管理的最优化方案。

区域排水系统正在欧美、日本等一些国家推广使用。它具有以下优点：

(1)污水厂数量少，处理设施大型化、集中化，每单位水量的基建和运行管理费用低，因而经济。

(2)污水厂占地面积小，节省土地。

(3)水质、水量变化小，有利于运行管理。

(4)河流等水资源利用与污水排放体系合理化，而且可能形成统一的水资源管理体系。

但是，它也具有以下几个方面的缺点：

(1)当排入大量工业废水时，有可能使污水处理发生困难。

(2)工程设施规模大，造成运行管理困难，而且一旦污水厂运行管理不当，对整个河流影响较大。

(3)因工程设施规模大，发挥经济效益较慢。

在选择排水系统方案时，是选择区域排水系统还是选择一系列局部排水系统，或是选择连接已建的独立排水系统，应根据环境保护的要求，通过技术经济比较确定。在确定区域排水系统方案时，应考虑下列问题：

(1)近期和远期的全部污水量和水质。

(2)通过采取改革生产工艺、废水部分或全部循环利用以及本厂和厂际的重复利用等措施，尽量减少工业废水的排放量。

(3)应考虑工业废水和生活污水混合处理的可能性，以及雨水和生产废水混合排除和利用的合理性。

(4)对用水和取水点的河水水质，应预计到当位于该点上游的全部排水对象的污水排入时所产生的后果。

在规划工业企业排水系统时，对于工业废水的治理，应首先从改革生产工艺和技术革新入手，力求把有害物质消除在生产过程之中，做到不排或少排废水。对于必须排出的废水，还应采取下列措施：

(1)采用循环利用和重复利用系统，尽量减少废水排放量。

(2)按不同水质分别回收利用废水中的有害物质，创造财富。

(3)利用本厂和厂际的废水、废气、废渣，以废治废。而无废水无害生产工艺、闭合循环重复利用以及不排或少排废水，是控制污染的有效途径。

在规划工业企业排水系统时，会遇到经过回收利用后的工业废水，能否直接排入城市排水系统与城市生活污水一并排除和处理的问题。

当工业企业位于城市内，应尽量考虑将工业废水直接排入城市排水系统，利用城市排水系统一并排除和处理，这是比较经济的。但并不是所有工业废水都能直接排入城市排水系统，因为有些工业废水往往含有害和有毒物质，可能破坏排水管道，影响生活污水的处理，以及使运行管理发生困难等。所以，当解决工业废水能否直接排入城市排水系统，或者解决工业废水能否与生活污水合并排除的问题时，应考虑两者合并处理的可能性，以及对管道系统和运行管理产生的影响等问题。

工业废水排入城市排水系统的水质，应以不影响城市排水管渠和污水厂等的正常运行，不对养护管理人员造成危害，不影响污水处理厂出水以及污泥的排放和利用为原则。但工业企业排出的工业废水不能满足上述要求时，应在厂区内设置废水的局部处理除害设施，以满足排入城市排水管道所要求的条件，然后再排入城市排水管道。在规划工业企业排水系统时，当工业废水需要排入水体时，应符合《污水综合排放标准》(GB 8978—1996)、《工业企业设计卫生标准》(GBZ 1—2010)及其他有关标准。

城市污水和工业废水是造成水体污染的一个重要污染源。长期以来，对污水和废水多采用消极的单项治理方式,水体污染未能得到很好的控制,有日益加重之势。实践证明,对废水进行综合治理并纳入水污染防治体系,才是解决水污染的重要途径。废水综合治理应当对废水进行全面规划和综合治理。做好这一工作是与很多因素有关的,如要求有合理的生产布局和城市规划,要合理利用水体、土壤等自然环境的自净能力,严格控制废水和污染物的排放量,做好区域性综合治理及建立区域排水系统等。

合理的生产布局有利于合理地开发和利用自然资源,达到既保证自然资源的充分利用,获得最优的经济效益,又能使自然资源和自然环境免受破坏,并能减少废水及污染物的排放量。合理的生产布局也有利于区域污染的综合防治。由于城市污水和工业废水主要集中在城市,所以要做好城市的整体规划,如合理地布置居住区、商业区、工业区等。使产生废水和污染物的单位尽量布置在水源的下游,同时应搞好水源保护和污水处理规划等。

各地区的水体、土壤等自然环境都不同程度地对污染具有稀释、转化、扩散、净化等能力,而污水最终出路是要排入水体或灌溉农田的,所以应当充分发挥和合理利用自然环境的自净能力。

严格控制废水及污染物的排放量。防治废水污染,不是消极处理已产生的废水,而是控制和消除产生废水的原由。如尽量做到节约用水,废水重复使用及采用闭路循环系统,发展不用水或少用水或采用无污染或少污染生产工艺等,以减少废水及污染物的排放量。

总的来说,综合考虑水资源规划、水体用途、经济投资和自然净化能力,运用系统工程的方法,选择适当的污水处理措施,发展效率高、能耗小的新处理技术。

第五节　排水系统的规划设计原则和任务

排水工程的设计对象是需要新建、改建和扩建排水工程的城市、工业企业和工业区,它的主要任务是规划设计收集、输送、处理和利用各种污水的一整套工程设施和构筑物,即排水管道系统和污水厂的规划与设计。

排水工程的建设和设计必须按基本建设程序进行。为了加强基本建设管理,坚持必要的基建程序是保证基建工作顺利进行的重要条件。基建程序可归纳为下述几个阶段:

(1)可行性研究阶段:可行性研究是论证基建项目在经济、技术等方面是否可行。如果论证可行,按照项目隶属关系,由主管部门组织计划、设计等单位,编制计划(设计)任务书。

(2)计划任务书阶段:计划任务书是确定基建项目、编制设计文件的主要依据。计划任务书按隶属关系经上级批准后,即可委托设计单位进行设计工作。

(3)设计阶段:设计单位根据上级有关部门批准的计划任务书等文件进行设计工作,并编制概(预)算。

(4)组织施工阶段:建设单位采用施工招标或其他形式落实施工工作。

(5)竣工验收交付使用阶段:建设项目建成后,竣工验收交付生产使用是建筑安装施工的最后阶段。未经验收合格的工程,不能交付生产使用。

排水工程设计工作可分为三个阶段设计(初步设计、技术设计和施工图设计)和两个阶段设计(初步设计或扩大初步设计和施工图设计)。大中型基建项目一般采用两阶段设计;重大项目和特殊项目,根据需要,可增加技术设计阶段。

(1)初步(扩大初步)设计:应明确工程规模,建设目的,投资效益,设计原则和标准,选定设计方案,拆迁、征地范围及数量,设计中存在的问题、注意事项及建议等。设计文件应包括设计说明书、图纸、主要工程数量、主要设备材料数量及工程概算。初步设计文件应能满足审批、控制工程投资和作为编制施工图设计、组织施工和生产准备的要求。对采用新工艺、新技术、新材料、新结构、新设备或国内科研新成果时,应在设计说明书中加以详细说明。

(2)施工图设计:施工图应能满足施工、安装、加工及施工预算编制的要求。设计文件应包括说明书、设计图纸、材料设备表、施工图预算。

上述两阶段设计的初步设计或扩大初步设计,是三阶段设计的初步设计和技术设计两个内容的综合。

排水工程的规划与设计应遵循以下原则:

(1)排水工程的规划应符合区域规划以及城市和工业企业的总体规划,并应与城市和工业企业中其他单项工程密切配合,互相协调。

(2)排水工程的规划与设计,要与邻近区域内的污水和污泥的处理及处置相协调。一个区域的污水系统,可能影响邻近区域,特别是影响下游区域的环境质量,故在确定规划区的处理水平的处置方案时,必须在较大区域范围内综合考虑。根据排水规划,有几个区域同时或几乎同时修建时,应考虑合并起来处理和处置的可能性,即实现区域排水系统,因为它的经济效益可能更好,但施工期较长,实现较困难。

(3)排水工程规划与设计,应处理好污染源治理与集中处理的关系。城市污水应以点源治理与集中处理相结合,以城市集中处理为主的原则加以实施。工业废水符合排入城市下水道标准的,应直接排入城市污水排水系统,与城市污水一并处理。个别工厂或车间排放的含有毒、有害物质的,应进行局部除害处理,达到排入城市下水道标准后排入城市污水排水系统。生产废水达到排放水体标准的,可就近排入水体或雨水道。

(4)城市污水是可贵的淡水资源,在规划中要考虑污水经再生后回用的方案。城市污水回用于工业用水是缺水城市解决水资源短缺和水环境污染的可行之路。

(5)如设计排水区域内尚需考虑给水和防洪问题,污水排水工程应与给水工程相协调,雨水排水工程应与防洪工程相协调,以节省总投资。

(6)排水工程的设计应全面规划,按近期设计,考虑远期发展有扩建的可能,并应根据使用要求和技术经济等因素的合理性,对近期工程作出分期建设的安排。排水工程的建设费用很大,分期建设可以更好地节省初期投资,并能更快地发挥工程建设的作用。分期建设应首先建设最急需的工程设施,使它能尽早地服务于最迫切需要的地区和建筑物。

(7)对城市和工业企业原有的排水工程进行改造和扩建时,应从实际出发,在满足环境保护的要求下充分利用和发挥其效用,有计划、有步骤地加以改造,使其逐步完善和合理化。

(8)在规划和设计排水工程时,必须认真贯彻执行国家和地方有关部门制定的现行有关标准、规范或规定。同时,也必须执行国家关于新建、改建、扩建工程,实行把防止污染设施与主体工程同时设计、同时施工、同时投产的“三同时”规定,这是控制污染发展的重要政策。

思考题

1. 污水分为几类,其性质特征是什么?

2. 何谓排水系统及排水体制?排水体制分几类,各类的优缺点是什么?选择排水体制的原则是什么?

3. 排水系统主要由哪几部分组成,各部分的用途是什么?

4. 排水系统布置的几种形式各有什么特点,其适用条件是什么?

5. 工业企业的废水在什么条件下可以排入城市排水管道?

6. 区域排水系统的优缺点各有哪些?

7. 排水工程的建设程序和设计原则有哪些?

第八章 污水管道系统

【知识要点】

1. 污水管道系统设计流量的确定。
2. 污水管道的水力计算。
3. 污水管道系统的平面布置。
4. 污水管道系统的设计计算。

【能力目标】

1. 掌握污水管道系统设计流量的计算。
2. 掌握污水管道水力计算的设计参数和污水管道的水力计算。
3. 掌握污水管道系统的设计计算方法。

第一节 污水管道系统设计流量的确定

污水管道系统是由收集和输送城市污水的管道及其附属构筑物组成的。

污水管道系统的设计流量是污水管道及其附属构筑物能保证通过的最大流量。通常以最高日最大时流量作为污水管道系统的设计流量,其单位为 L/s。合理确定设计流量是污水管道系统设计的主要内容。污水设计流量包括生活污水和工业废水两大类。

一、生活污水设计流量

(一)居民生活污水设计流量

居民生活污水主要来自居民区,它通常按下式计算:

$$Q_1 = \frac{nNK_z}{24 \times 3\ 600} \tag{8-1}$$

式中 Q_1——居民区生活污水设计流量,L/s;

n——居民区生活污水定额,L/(人·d);

N——设计人口数;

K_z——生活污水量总变化系数。

1. 居民生活污水定额

居民生活污水量定额可分为居民生活污水定额和综合生活污水定额,可参考居民生活用水定额或综合生活用水定额确定。

1)居民生活污水定额

它是指居民每人每天日常生活产生的污水量(L/(人·d)),包括生活中的洗涤、冲厕、洗澡等产生的污水量。

2)综合生活污水定额

它是指居民生活污水和公共设施(包括娱乐场所、宾馆、浴室、商业网点、学校和机关办公室等地方)排出污水的总和(L/(人·d))。

根据《室外排水设计规范》(GB 50014—2006)(2011 年版)的规定:居民生活污水定额和综合生活污水定额应根据当地采用的用水定额,结合建筑内部给排水设施水平和排水系统普及程度等因素确定。可按当地相关用水定额的 80% ~90% 采用。

2. 设计人口

设计人口是指污水排水系统设计期限终期的规划人口数,是计算污水设计流量的基本数据,该值由城镇(地区)的总体规划确定。由于各个城镇性质或规模不同,城镇工业、仓储、交通运输、生活居住用地分别占城镇总用地的比例和指标也有所不同。因此,在计算污水管道服务的设计人口时,常用人口密度与服务面积相乘得到。

$$N = \rho F \tag{8-2}$$

式中 N——设计人口数,人;

ρ——人口密度,人/hm^2;

F——居民区面积,hm^2。

人口密度表示人口分布的情况,是指住在单位面积上的人口数,以人/ hm^2 表示。人口密度所用的地区面积包括街道、公园、运动场、水体等,在以上面积计算的人口密度称作总人口密度。若所用的面积只是街区,计算出的人口密度称作街区人口密度。通常在规划或初步设计时,是根据总人口密度计算污水量的。而在技术设计或施工图设计时,则采用街区人口密度计算。

3. 生活污水量总变化系数

由于居民生活污水定额是平均值,因此根据设计人口和生活污水定额计算得到的是污水平均流量,而实际流入污水管道的污水量时刻都在变化。例如,夏季和冬季污水量就不同,一天中各个时段污水量也是不同的。一般来说,居住区的污水量在凌晨的几个小时中最小,6 时到 8 时和 17 时到 20 时污水流量最大。从以上所述中可知,在一个小时内污水量也是有所变化的,但是这个变化很小,在污水管道的设计中,通常假定 1 h 内流入污水管道的污水量是均匀的。这样假定不会影响污水排水系统设计和运转的合理性。

污水量的变化情况用变化系数表示。变化系数分为日变化系数、时变化系数和总变化系数。

一年中最高日污水量与平均日污水量的比值称为日变化系数 (K_d)。

最高日中最大时污水量与该日平均时污水量的比值称为时变化系数(K_h)。

最高日最大时污水量与平均日平均时污水量的比值称为总变化系数(K_z)。

根据上述定义三者之间的关系可用下式表达:

$$K_z = K_d K_h \tag{8-3}$$

式中 K_d——日变化系数;

K_h—— 时变化系数;

K_z——总变化系数。

通常污水管道的设计断面是根据最高日最大时污水流量确定的,因此需要求出总变化系数。然而实际情况是：一般城市缺乏日变化系数和时变化系数的数据，要直接采用式(8-3)求出总变化系数就有困难。实际上污水流量的变化情况随着人口数和污水定额的变化而变化。若污水定额一定，流量变化幅度随人口数的增加而减少；若人口数一定，流量变化幅度随污水定额的增加而减小。因此，在采用同一污水定额的地区，上游和下游就会出现不同的情况。上游管道区域由于服务的人口少，管道中出现的最大流量与平均流量的比值较大；而在下游管道区域中，由于服务的人口比较多，来自各排水地区的污水由于流出的时间不同，高峰流量得到削减，最大流量与平均流量的比值较小，流量变化幅度小于上游管道。也就是说，总变化系数与平均流量之间具有一定的关系，平均流量愈大，总变化系数愈小。规范规定：综合生活污水量总变化系数可按当地实际综合生活污水量变化资料采用，没有测定资料时，可按表 8-1 的规定取值。

表 8-1　综合生活污水量总变化系数

平均日流量(L/s)	5	15	40	70	100	200	500	≥1 000
总变化系数	2.3	2.0	1.8	1.7	1.6	1.5	1.4	1.3

注：1. 当污水平均日流量为中间数时，总变化系数可采用内插法计算。

2. 当居民区有实际生活污水变化资料时，可按实际数据采用。

我国自 1972 年起，先后在北京 19 个点进行 1 年观测，长春 4 个点进行 4 个月观测和广州 1 个点进行 2 个月观测，以及郑州、鞍山和广州的历史观测资料，共 27 个观测点的 2 700多个数据，经综合分析后得出了生活污水量总变化系数值。同时，各地区普遍认为，当污水平均日流量大于 1 000 L/s 时，总变化系数至少应为 1.3。当然，居民区生活污水量总变化系数值也可按综合分析得出的总变化系数与平均流量间的关系式求得，即

$$K_z = \frac{2.7}{Q^{0.11}} \tag{8-4}$$

式中　Q——平均日平均时污水流量，L/s。

当 $Q < 5$ L/s 时，$K_z = 2.3$；$Q > 1\ 000$ L/s 时，$K_z = 1.3$。

(二)公共建筑生活污水设计流量

公共建筑包括公共浴室、旅馆、医院、学校住宿区、洗衣房、餐饮娱乐中心等，公共建筑生活污水量与居民生活污水量合并计算时应选用综合生活污水量定额。

1. 公共建筑生活污水设计流量

$$Q_2 = \frac{m q_d K_h}{3\ 600\ T} \tag{8-5}$$

式中　Q_2——公共建筑生活污水设计流量，L/s；

m——公共建筑在设计使用年限其所服务的用水单位数；

q_d——公共建筑最高日生活污水排水定额，L/(用水单位·d)；

K_h——公共建筑生活污水时变化系数；

T——公共建筑最高日排水时间，h。

2. 工业企业生活污水和淋浴污水设计流量

$$Q_3 = \frac{A_1 B_1 K_1 + A_2 B_2 K_2}{3\ 600\ T} + \frac{C_1 D_1 + C_2 D_2}{3\ 600} \tag{8-6}$$

式中　Q_3——工业企业生活污水及淋浴污水设计流量，L/s；

A_1——一般车间最大班职工人数；

A_2——热车间最大班职工人数；

B_1——一般车间职工生活污水定额，一般以25 L/(人·班)计；

B_2——热车间职工生活污水定额，一般以35 L/(人·班)计；

K_1——一般车间生活污水量时变化系数，一般以3.0计；

K_2——热车间生活污水量时变化系数，一般以2.5计；

C_1——一般车间最大班使用淋浴的职工人数；

C_2——热车间最大班使用淋浴的职工人数；

D_1——一般车间的淋浴污水定额，以40 L/(人·次)计；

D_2——高温、污染严重车间的淋浴污水定额，以60 L/(人·次)计；

T——每班工作时数，h。

二、工业废水设计流量

工业废水设计流量按下式计算：

$$Q_4 = \frac{mMK_z}{3\,600\,T} \tag{8-7}$$

式中　Q_4——工业废水设计流量，L/s；

m——生产过程中每单位产品的废水量，L/单位产品；

M——产品的平均日产量；

T——每日生产时数；

K_z——总变化系数。

生产单位产品或加工单位数量原料所排出的平均废水量，也称为单位产品的废水量定额。工业企业的工业废水量随各行业类型、采用的原材料、生产工艺特点和管理水平等有很大差异。近年来，随着国家对水资源开发利用和保护的日益重视，有关部门正在制定各工业的工业用水量等规定，排水工程设计时应与之协调。《污水综合排放标准》(GB 8978—1996)对矿山工业、焦化企业(煤气厂)、有色金属冶炼及金属加工、石油炼制工业、合成洗涤剂工业、合成脂肪酸工业、湿法生产纤维板工业、制糖工业、皮革工业、发酵酿造工业、铬盐工业、硫酸工业(水洗法)、苎麻脱胶工业、粘胶纤维工业(单纯纤维)、铁路货车洗涮、电影洗片、石油沥青工业等部分行业规定了最高允许排水量或最低允许水重复利用率。其他行业也有相应的国家标准或地方标准。在排水工程设计时，可根据工业企业的类别、生产工艺特点等情况，按有关规定选用工业废水量定额。

在不同的工业企业中，工业废水的排出情况都不相同。对于工业废水，有些工厂是均匀排出的，也有变化很大的，甚至一些个别车间的废水也可能在短时间内一次排放。因而工业废水量的变化取决于工厂的性质和生产工艺过程。工业废水量的日变化一般较小，其日变化系数、时变化系数可实测，例如表8-2列出了某印染厂废水量最大一天中各小时流量的实测值。

从实测资料看出，最大时废水流量为412.28 m^3，发生在8时至9时。变化系数 K_h =

$\frac{412.28}{263.81}=1.57$。

以时间为横坐标,各小时流量占总流量的百分数为纵坐标,用表 8-2 的数据绘制成废水流量变化图,如图 8-1 所示。

表 8-2 各小时废水流量的实测值

时间	排出口			总出口	
	流量(m^3)			流量(m^3)	%
	1#	2#	3#		
0 ~ 1	114.64	182.05	5.86	302.55	4.78
1 ~ 2	75.57	173.62	5.41	254.60	4.02
2 ~ 3	40.35	165.45	12.25	218.05	3.45
3 ~ 4	43.92	165.45	10.62	219.99	3.48
4 ~ 5	135.04	190.70	9.12	334.86	5.29
5 ~ 6	64.57	237.64	6.53	308.74	4.88
6 ~ 7	121.23	157.50	7.77	286.50	4.53
7 ~ 8	121.23	182.05	7.77	311.05	4.91
8 ~ 9	157.50	247.77	7.01	412.28	6.51
9 ~ 10	45.24	147.79	6.48	199.51	3.15
10 ~ 11	40.35	160.70	5.41	206.46	3.26
11 ~ 12	41.05	160.70	5.41	207.16	3.27
12 ~ 13	36.99	163.84	5.41	206.24	3.26
13 ~ 14	45.39	227.76	6.53	279.68	4.42
14 ~ 15	69.28	199.60	5.41	274.29	4.33
15 ~ 16	20.14	239.84	6.08	266.06	4.20
16 ~ 17	30.17	157.50	6.53	194.20	3.07
17 ~ 18	85.72	149.79	9.12	244.63	3.86
18 ~ 19	79.56	173.62	7.77	260.95	4.12
19 ~ 20	60.06	157.50	6.53	224.09	3.54
20 ~ 21	74.20	218.29	7.77	300.26	4.74
21 ~ 22	74.20	190.70	9.12	274.02	4.33
22 ~ 23	55.74	218.29	8.55	282.58	4.46
23 ~ 24	45.39	208.74	6.53	260.66	4.12
合计	1 677.53	4 476.89	174.99	6 329.41	100.00
平均	69.90	186.54	7.29	263.73	4.17

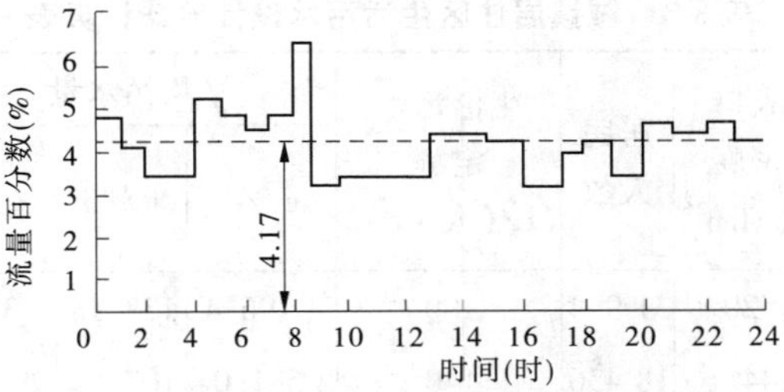

图 8-1　某印染厂废水流量变化

某些工业废水量的时变化系数大致如下，可供参考：冶金工业 1.0 ~ 1.1，化学工业 1.3 ~ 1.5，纺织工业 1.5 ~ 2.0，食品工业 1.5 ~ 2.0，皮革工业 1.5 ~ 2.0，造纸工业 1.3 ~ 1.8。

三、地下水渗入量

在地下水较高的地区，因当地土质、管道及接口材料、施工质量等因素的影响，一般均存在地下水渗入现象，设计污水管道系统时宜考虑地下水渗入量。地下水渗入量 Q_5 一般以单位管道延长米或单位服务面积公顷计算。日本的有关规程规定采用经验数据：每人每日最大污水量的 10% ~20%。

四、城市污水设计总流量的计算

城市污水总的设计流量是居民生活污水、公共建筑生活污水、工业企业生活污水和工业废水设计流量四部分之和。在地下水位较高地区，还应加入地下水渗入量。城市污水总设计流量一般采用直接求和的方法进行计算，因此城市污水设计总流量为

$$Q = Q_1 + Q_2 + Q_3 + Q_4 + Q_5 \tag{8-8}$$

上述求污水总设计流量的方法，是假定排出的各种污水都在同一时间内出现最大流量的。污水管道设计是采用这种简单累加法来计算流量的。但在设计污水泵站和污水厂时，如果也采用各项污水最大时流量之和作为设计依据，将很不经济。因为各种污水最大时流量同时发生的可能性很小，各种污水流量汇合时，可能互相调节，而使流量高峰降低。因此，为了正确地、合理地决定污水泵站和污水厂各处理构筑物的最大污水设计流量，就必须考虑各种污水流量的逐时变化，即知道一天中各种污水每小时的流量，然后将相同小时的各种流量相加，求出一天中流量的逐时变化，取最大时流量作为总设计流量。按这种综合流量计算法求得的最大污水量，作为污水泵站和污水厂处理构筑物的设计流量，是比较经济合理的。但往往由于缺乏污水量逐时变化资料而不便采用。

当设计污水管道系统时，应分别列表计算各居住区生活污水、工业废水和工厂生活污水设计流量，然后得出污水设计流量综合表。某城镇生活污水、生产污水、工厂内生活污水及淋浴污水和城镇污水总流量的综合计算见表 8-3、表 8-4、表 8-5 及表 8-6。

表 8-3　城镇居住区生活污水设计流量计算表

居住区名称	排水流程编号	居住区面积(hm^2)	人口密度(人/hm^2)	居民人数	生活污水定额(L/(人·d))	平均污水量			总变化系数	设计流量	
						m^3/d	m^3/h	L/s		m^3/h	L/s
旧城区	Ⅰ	61.49	520	31 964	100	3 196.4	133.18	37	1.81	241.06	66.97
文教区	Ⅱ	41.19	440	18 436	140	2 581.04	107.54	29.87	1.86	200.02	55.56
工业区	Ⅲ	52.85	480	25 363	120	3 044.16	126.84	35.23	1.82	231.08	64.12
合计	—	155.53	—	75 763	—	8 821.60	367.56	102.10	1.62	595.45*	165.40*

注： * 此项合计数字不是直接总计，而是合计平均流量与相对应的总变化系数的乘积。

表 8-4　城镇生产污水设计流量计算表

工厂名称	班数	各班时数(h)	单位产品(1 t)	日产量(t)	单位产品废水量(m^3/t)	平均流量			总变化系数	设计流量	
						m^3/d	m^3/h	L/s		m^3/h	L/s
酿酒厂	3	8	酒	15	18.6	279	11.63	3.23	3	34.89	9.69
肉类加工厂	3	8	牲畜	162	15	2 430	101.25	28.13	1.7	172.13	47.82
造纸厂	3	8	白纸	12	150	1 800	75	20.83	1.45	108.75	30.20
皮革厂	3	8	皮革	34	75	2 550	106.25	29.51	1.4	148.75	41.31
印染厂	3	8	布	36	150	5 400	225	62.5	1.42	319.5	88.75
合计						12 459	519.13	144.2	—	784.02	217.77

表 8-5　城镇污水总流量综合表

排水工程对象	平均日污水流量(m^3/d)		最大时污水流量(m^3/h)		设计流量(L/s)	
	生活污水	进入城镇污水管道的生产污水	生活污水	进入城镇污水管道的生产污水	生活污水	进入城镇污水管道的生产污水
居住区	8 821.60	—	595.45	—	165.40	—
工厂	368.90	12 459	87.49	784.02	24.26	217.77
合计	9 190.50	12 459	682.94	784.02	189.66	217.77
总计	$Q_{vd}=21\ 649.5$		$Q_{maxh}=1\ 466.96$		$Q_{maxs}=407.43$	

实际上，由于各项污水设计流量均为最大值，是不大可能同时出现的，直接求和方法不合理。而合理计算城市污水设计总流量需要逐项分析各项污水水量的变化规律，这在实际工程设计中很难办到，只能采用简化计算的方法，采用直接求和方法计算所得城市污水设计总流量往往超过实际值，所设计污水管网是偏安全的。

表 8-6　各工厂生活污水及淋浴污水设计流量计算表

车间名称	班数	每班时数（h）	生活污水								淋浴污水						合计		
			职工人数		污水量标准（L）	日流量（m^3）	最大班流量（m^3）	时变化系数 K_b	最大时流量（m^3）	最大秒流量（L）	使用淋浴的职工人数		污水量标准（L）	日流量（m^3）	最大时流量（m^3）	最大秒流量（L）	日流量（m^3）	最大时流量（m^3）	最大秒流量（L）
			日（cap）	最大班（cap）							日（cap）	最大班（cap）							
酿酒厂	3	8	418	156	35	14.63	5.46	2.5	1.71	0.47	292	109	60	17.52	6.54	1.82	32.15	8.25	2.29
			256	108	25	6.40	2.70	3.0	1.01	0.28	89	38	40	3.56	1.52	0.42	9.96	2.53	0.70
肉类加工厂	3	8	520	168	35	18.20	5.88	2.5	1.84	0.51	364	116	60	21.84	6.96	1.93	40.04	8.8	2.49
			234	92	25	5.85	2.33	3.0	0.87	0.24	90	35	40	3.6	1.40	0.39	11.94	2.27	0.63
造纸厂	3	8	440	150	35	15.40	5.25	2.5	1.64	0.46	300	105	60	18.00	6.30	1.75	33.40	7.94	2.21
			422	145	25	10.55	3.63	3.0	1.36	0.38	148	50	40	5.92	2.00	0.56	16.47	3.36	0.94
皮革厂	3	8	792	274	35	27.72	9.50	2.5	2.99	0.83	440	156	60	26.40	9.36	2.6	54.12	12.35	3.43
			864	324	25	21.60	8.10	3.0	3.04	0.84	372	80	40	14.88	3.20	0.89	36.48	6.24	1.64
印染厂	3	8	1 330	450	35	46.55	15.75	2.5	4.92	1.37	930	315	60	55.80	18.9	5.25	102.35	23.82	6.62
			1 390	470	25	9.75	11.75	3.0	4.41	1.22	556	188	40	22.24	7.52	2.09	31.99	11.93	3.31
合　计	—	—	—	—	—	176.65	70.44	—	23.79	6.6	—	—	—	189.76	63.7	17.7	368.9	87.49	24.26

第二节　污水管道的水力计算

一、污水流动特点

污水由支管流入干管，由干管流入主干管，再由主干管流入污水处理厂，管道由小到大，分布类似树枝状，与给水管网的环流贯通情况完全不同。污水在管道中一般是靠管道两端的水面高差从高处向低处流动。大多数情况下，管道内不是不承受压力的，即靠重力流动。

流入污水管道的污水中含有不同数量的无机物和有机物，其中比重小的漂浮在水面并随污水漂流；较重的分布在水流断面上并呈悬浮状态流动；更重的沿着管底移动或淤积在管道中。这种情况与清水的流动略有不同。但是总的来说，水分含量达99%以上的污水还是符合流体的一般规律的，我们就假定污水是普通流体，并假定管道内水流速度是均匀的。

但实际情况是：经检测的污水管道中流速是有变化的，因为管道中水流经转变、交叉、变径、跌水等地点时水流状态发生了改变，导致流速和流量也发生了改变。但是在直线管段上，当流量没有很大变化又无沉淀物时，管道内水流状态可以接近匀速。这就要求在设计和施工过程中，注意改善管道的水力条件，就可以使管道内水流接近匀速。

二、水力计算的基本公式

水力计算的目的是确定设计管段断面尺寸、管道坡度以及管道标高和埋深。由于这种计算的依据是水力学规律，所以称之为管道的水力计算。前面提到如果在设计和施工中注意改善管道的水力条件，可使管内污水的流动状态接近匀速。我国排水设计规范规定，污水管道按非满流进行计算，所确定的管道断面尺寸和管道坡度，必须要在规定的设计充满度和设计流速的情况下，能够排泄设计流量，同时，所确定的管道标高应使管道埋深满足设计要求。为了简化计算工作，常用均匀流基本公式，即

$$Q = Av \tag{8-9}$$

$$v = \frac{1}{n} R^{\frac{2}{3}} I^{\frac{1}{2}} \tag{8-10}$$

$$Q = \frac{1}{n} A R^{\frac{2}{3}} I^{\frac{1}{2}} \tag{8-11}$$

式中　Q——流量，m^3/s；

A——过水断面面积，m^2；

v——流速，m/s；

R——水力半径（过水断面面积与湿周的比值），m；

I——水力坡度（即水面坡度，等于管底坡度 i）；

n——管壁粗糙系数。该值根据管渠材料而定，见表8-7。

表 8-7　排水管渠粗糙系数

管渠种类	n 值	管渠种类	n 值
UPVC 管、PE 管、玻璃钢管	0.009 ~ 0.011	浆砌砖渠道	0.015
石棉水泥管、钢管	0.012	浆砌块石渠道	0.017
陶土管、铸铁管	0.013	干砌块石渠道	0.020 ~ 0.025
混凝土管、钢筋混凝土管、水泥砂浆抹面渠道	0.013 ~ 0.014	土明渠(包括带草皮)	0.025 ~ 0.030

三、污水管道水力计算设计参数

由水力计算公式可知,设计流量与设计流速及过水断面有关,而流速则是和管壁粗糙系数、水力半径和水力坡度有关。为了保证污水管道的正常运行,在《室外排水设计规范》(GB 50014—2006)(2011 年版)中对这些因素作了规定,在污水管道进行水力计算时应予以遵守。

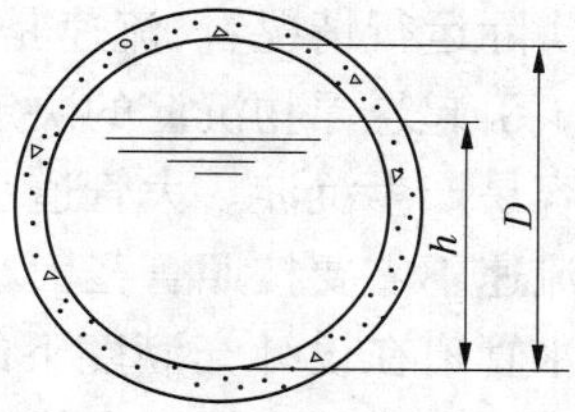

图 8-2　充满度示意图

(一)设计充满度

在设计流量下,污水在管道中的水深 h 和管道直径 D 的比值称为设计充满度,如图 8-2 所示。当 $h/D=1$ 时,称为满流;当 $h/D<1$ 时,称为非满流。

污水管道的设计有两种情况:按满流和非满流设计。室外排水设计规范规定,重力流污水管道应按非满流计算,其最大设计充满度见表 8-8。

表 8-8　最大设计充满度

管径(D)或暗渠高(H)(mm)	最大设计充满度(h/D 或 h/H)
200 ~ 300	0.55
350 ~ 450	0.65
500 ~ 900	0.70
≥1 000	0.75

在计算污水管道充满度时,不包括短时突然增加的污水量,但当管径小于或等于 300 mm 时,应按满流复核,这样规定的主要原因有以下几点:

(1)确保设计安全。

污水流量时刻在变化,很难精确计算,而且雨水或地下水可能通过检查井盖或管道接口渗入污水管道。因此,有必要保留一部分管道断面,为未预见用水量的增长留有余地,避免污水溢出影响环境卫生。

(2)利于管道通风。

污水管道内沉积的污泥可能分解析出一些有害气体。此外,污水中如含有汽油、石油等易燃液体时,可能形成爆炸性气体。故需留出适当空间,以利于管道通风,排除有害气体,防止管道爆炸。

(3)改善水力条件。

管道部分充满时,管道内水流速度在一定条件下比满流时大一些。当 $h/D=0.813$ 时,流速 v 达到最大值,而当 $h/D=1$ 和 $h/D=0.5$ 时,流速相等,$h/D=0.95$ 时,流量 Q 达到最大值,然后降低,而 $h/D=1$ 时的流量比 $h/D=0.5$ 时的流量大一倍。

(4)便于管道的疏通和维护管理。

(二)设计流速

与设计流量、设计充满度相应的水流平均速度叫作设计流速。污水在管道内流动缓慢时,污水中所含的杂质可能会下沉,产生淤积;当污水流速过大时,可能产生冲刷现象,甚至损坏管道。为了防止管道中产生淤积或冲刷,设计流速不宜过小或过大。

最小设计流速是保证管道内不致发生淤积的流速。这个最小设计流速的最低限值与污水中的悬浮物的成分和粒度有关,同时也和管道的水力半径、管壁的粗糙系数有关。但从实际运行情况看,流速是防止管道中污水所含悬浮物沉淀的重要因素,但不是唯一因素。引起悬浮物沉淀的决定性因素是充满度,即水的深度。小管道水量变化大,水深变小就容易产生沉淀。大管道水量大、动量大,水深变化小,所以不易产生沉淀。因此,最小设计流速不需要按照管径大小来规定。根据国内污水管道实际运行情况的观测数据显示,污水管道在设计充满度下的最小设计流速为0.6 m/s,明渠为0.4 m/s。含有金属、矿物或重油杂质的生产污水管道,最小设计流速宜适当加大。

最大设计流速是保证管道不被冲刷损坏的流速。排水管渠最大设计流速规定为:金属管道10 m/s;非金属管道5 m/s,渠中水流深度为0.4~1.0 m时,宜按表8-9采用。排水管道采用压力流时,设计流速宜采用0.7~2.0 m/s。

表8-9　明渠最大设计流速

明渠类别	最大设计流速(m/s)	明渠类别	最大设计流速(m/s)
粗砂或低塑性粉质黏土	0.80	干砌块石	2.00
粉质黏土	1.00	浆砌块石或浆砌砖	3.00
黏土	1.20	石灰岩及中砂岩	4.00
草皮护面	1.60	混凝土	4.00

注:当水流深度 h 在0.4~1.0 m范围以外时,表列流速应乘以以下系数:$h<0.4$ m,系数0.85;1 m $<h<2$ m,系数1.25;$h\geq 2$ m,系数1.40。

(三)最小设计坡度

在污水管道设计时,应尽可能减小管道敷设坡度以降低管道埋深,使管道埋设坡度与设计地区的地面坡度基本一致,但管道流速应等于或大于最小设计流速,以防止管道内产生沉淀。这点在地势平坦或管道走向与地面坡度相反的情况下尤为重要。因此,将相应于管内流速为最小设计流速时的管道坡度称为最小设计坡度。

由污水管道水力计算公式可知,不同管径的污水管道应有不同的最小坡度。管径相同的管道,因充满度不同,其最小坡度也不同;在给定设计充满度条件下,管径越大,相应的最小设计坡度值越小。规范规定了排水管道的最小管径及相应最小设计坡度,见表8-10。其他管径最小设计坡度,可按设计充满度下不淤流速控制,当管道坡度不能满足不淤流速要求时,应有防淤、清淤措施。

表8-10　最小管径与相应最小设计坡度

管道类别	最小管径(mm)	相应最小设计坡度
污水管	200	塑料管0.002,其他管0.004
雨水管和合流管	200	塑料管0.002,其他管0.004
污水管	300	塑料管0.002,其他管0.003
雨水管和合流管	300	塑料管0.002,其他管0.003

(四)最小管径

污水管道系统上游管段设计流量较小,若根据流量计算,则管径会很小。根据管道养护经验可知,管径过小极易堵塞,例如管径150 mm支管的堵塞次数是管径200 mm支管的两倍,这样就增加了养护经费。而管径200 mm与管径150 mm的管道在同样埋深下,施工费用相差不大。此外,采用较大的管径,可选用较小的坡度,使管道埋深减小。因此,为了养护工作的方便,常规定一个允许的最小管径。规范规定:在街区和厂区内最小管径为200 mm,在街道下,污水管道最小管径为300 mm。

当污水管道系统上游管段的设计流量小于最小管径在最小设计坡度、充满度等于0.5时可以通过的流量,此管段可以不进行水力计算,而直接采用最小管径和相应的最小设计坡度作为设计参数,这种管段称为不计算管段。在这些管段中,为了养护方便,当有适当的冲洗水源时,可考虑设置冲洗井。

四、污水管道的埋设深度及其衔接方式

(一)污水管道的埋设深度

污水管网在通常情况下占到污水工程总投资的50%~75%,而构成污水管道造价的挖填沟槽、沟槽支撑、降水、管道基础、管道铺设各部分所占的比例,都与管道的埋设深度及开槽支撑方式有很大的关系。在实际工程中,同管径、管材,连接方式也相同的管道,因其埋设深度会造成单位长度的管道费用相差很大。因此,合理地确定管道埋深对于降低工程造价是很重要的。

管道埋设深度有两层含义:

(1)管道的覆土厚度:指的是管道外壁顶部到地面的距离,如图8-3所示。

(2)管道的埋设深度:指的是管道内壁底部到地面的距离,如图8-3所示。

管道埋深是影响管道造价的重要因素,是污水管道的重要设计参数。为了降低造价,缩短工期,管道埋设深度愈小愈好,但覆土厚度应有一个最小限值,这个限值称为最小覆土厚度。最小覆土厚度应根据管材强度、外部荷载、土壤冰冻深度和土壤性质等条件,结合当地埋管经验确定。污水管道的最小覆土厚度,一般应满足下述三个因素的要求:

(1)必须防止管道内污水冰冻和因土壤冻胀而损坏管道。

我国东北、西北、华北及内蒙古的部分地区气候比较寒冷，属于季节性冻土区。土壤冰冻深度主要受气温和冻结期长短的影响。当然，同一城市也会因地面覆盖的土壤种类不同及朝向不同，冻土深度也会有所差别。

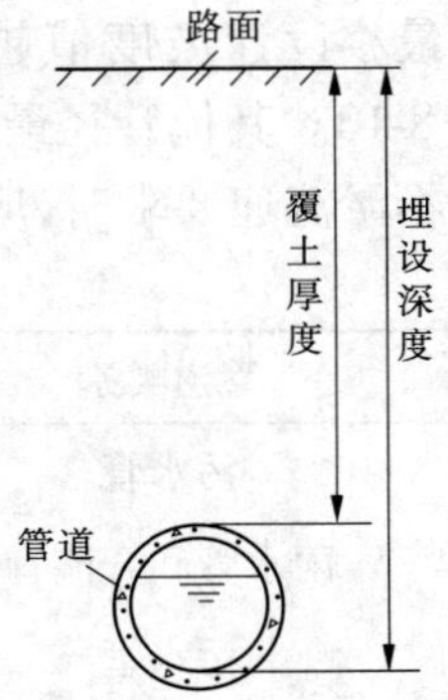

图 8-3　覆土厚度

冰冻层内污水管道埋设深度或覆土深度，应根据管道流量、地下水水温、水流情况和敷设位置等因素确定。由于污水水温较高，在冬季也不会低于 4 ℃，因此没有必要把整个污水管都埋在土壤冰冻线以下。例如，满洲里市、齐齐哈尔市、哈尔滨市的街道污水管水温平均为 5 ℃，一些测点的水温高达 8 ~ 9 ℃，最寒冷的满洲里市在一月份实测为 7 ~ 9 ℃。同时，污水管道在敷设时有一定的坡度，管内污水具有一定的流速，会保持一定的流量流动。但是也不能将管道全部敷设在冰冻线以上，这也会因为土壤冰冻膨胀损坏管道基础，从而损坏管道。

一般情况下，排水管道宜埋设在冰冻线以下，当该地区或条件相似地区有浅埋经验或采取相应措施时，也可埋设在冰冻线以上，其浅埋数值应根据该地区经验确定，但应保证排水管道安全运行。

(2) 必须防止管壁因地面荷载而受到破坏。

埋设在地面下的污水管道承受着管顶覆盖土壤静荷载和地面上车辆运行产生的动荷载。为防止管道因外部荷载影响而损坏，首先要注意管材质量，另外必须保证管道有一定的覆土厚度。因为车辆运行对管道产生动荷载，其垂直压力会随着深度增加而向管道两侧传递，最后有一部分集中的轮压力传递到地下管道上。所以车行道路下污水管道最小覆土厚度应不小于 0.7 m，非车行道下污水管道若能满足管道衔接的要求以及无动荷载的影响，管顶最小覆土厚度不应小于 0.6 m。

(3) 必须满足街区污水连接管衔接的要求。

城市住宅、公共建筑内产生的污水要能顺畅排入街道污水管网，就必须保证街道污水管网起点的埋深大于或等于街区污水管终点的埋深。而街区污水管起点的埋深又必须大于或等于建筑物污水出户管的埋深。这对于确定在气候温暖又地势平坦地区街道管网起点的最小埋深或覆土厚度是很重要的因素。从安装技术方面考虑，要使建筑物首层卫生设备的污水能顺利排出，污水出户管的最小埋深一般为 0.5 ~ 0.7 m，可根据图 8-4 和式(8-12)计算出街道管网起点的最小埋设深度。

$$H = h + iL + Z_1 - Z_2 + \Delta h \tag{8-12}$$

式中　H——街道污水管网起点的最小埋深，m；

h——街区污水管起点的最小埋深，m；

Z_1——街道污水管起点检查井处地面标高，m；

Z_2——街区污水管起点检查井处地面标高，m；

i——街区污水管和连接支管的坡度；

L——街区污水管和连接支管的总长度，m；

Δh——连接支管与街道污水管的管内底高差，m。

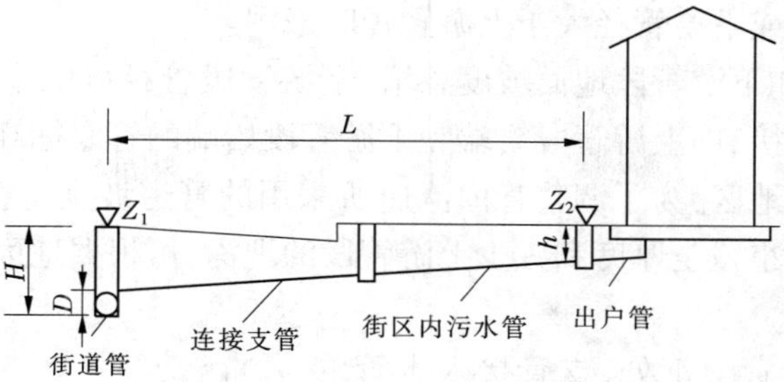

图 8-4　街道污水管道最小埋深示意

对每一个具体管道,从上述三个因素出发,可以得到三个不同的管底埋深或管顶覆土厚度值,这三个数值中的最大值就是这一管道的允许最小覆土厚度或最小埋设深度。

当管道的坡度大于地面坡度时,管道的埋深就愈来愈大,尤其在地形平坦的地区更为突出。埋深愈大,则造价愈高,施工期也愈长。管道埋深允许的最大值称为最大允许埋深。该值的确定应根据技术经济指标及施工方法而定,一般在干燥土壤中,最大埋深不超过 7 ~8 m;在多水、流沙、石灰岩地层中,一般不超过 5 m。当超过最大埋深时,应考虑建设提升泵站,以减小下游管道埋深。

(二)污水管道的衔接

污水管道系统中的检查井是清通维护管道的设施,也是管道的衔接设施。一般在管道管径、坡度、高程、方向发生变化及管道交汇时,必须设置检查井,以满足结构和维护管理的需要。在检查井中上、下游管段必须有较好的衔接,以保证管道顺利运行。管道衔接应遵循两个原则:其一,尽可能提高下游管段的高程,以减小管道埋深,降低造价;其二,避免在上游管段中形成回水而造成淤积。管道衔接的方法,通常有水面平接和管顶平接两种,如图 8-5 所示。

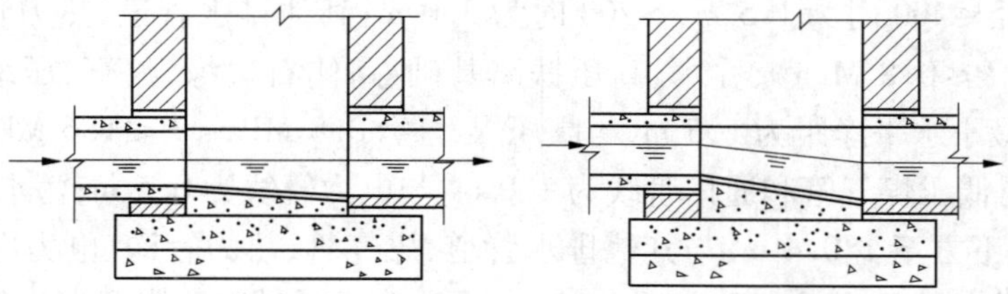

(a)水面平接　　(b)管顶平接

图 8-5　污水管道的衔接

水面平接是指在水力计算中,使上游管段终端和下游管段始端在设计充满度下的水面相平,即上游管段终端与下游管段始端的水面标高相同。由于上游管段设计流量较小,可能水面变化较大,导致水面平接时在上游管段中易形成回水;但水面平接时,下游管段埋深要小于管顶平接。水面平接一般适用于上、下游管段直径相同时,特别是在平坦地区采用。

管顶平接是指在水力计算中,使上游管段终端和下游管段始端的管顶标高相同。采用管顶平接时,在上游管段中不至于产生回水,但下游管段的埋深将增加,因而管顶平接适用于地面坡度较大或下游管径大于上游管径时采用。

在特殊情况下,如下游管段地面坡度急增,下游管段管径可能小于上游管段,此时管道衔接应采取管底平接,即上游管段终端和下游管段始端的管底标高相同。

在地形坡度较大地区,为了调整管内流速所采用的管道坡度将会小于地面坡度。为了保证下游管段的最小覆土厚度和减少上游管段的埋深,可根据地面坡度采用跌水连接,如图 8-6 所示。

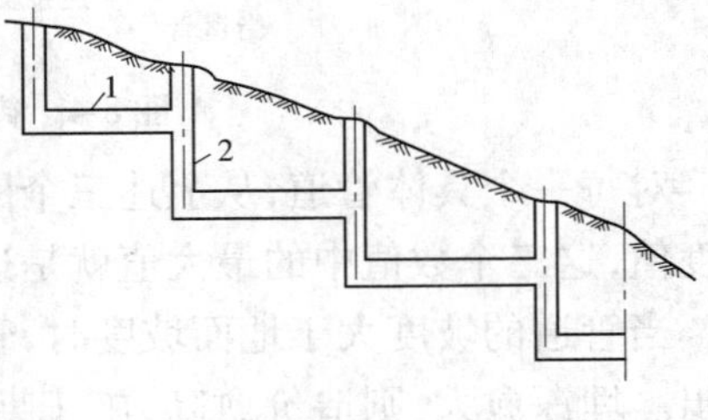

1—管段;2—跌水井

图 8-6　管道跌水连接

在旁侧支管与干管交汇处,支管接入干管的转弯角度,与下游管道的夹角一般应大于 90°,以防止在上游管道中产生回水。支管接入交汇检查井时,应避免与干管底有较大落差,若落差不足 1 m,可在支管上设斜坡;若落差大于 1 m,可在支管上设跌水井,跌落后再接入交汇井,以保证干管有良好的水利条件。

在地势平坦地区,管道坡度大于地面坡度,当管道埋深达到允许最大埋深时,必须减小下游管道埋深,这时上、下游管道采用提升泵站衔接。

(三)管道综合

管道综合指与建筑物、各种管线之间的关系。规范规定:污水管道、合流管道与生活给水管道相交时,应敷设在生活给水管道的下面;排水管道与其他地下管线(或构筑物)的水平和垂直最小净距,应根据两者的类别、高程、施工先后和管线损坏的后果等因素,按当地城市管道综合规划确定;污水管道与建筑物的最小水平净距:管道埋深浅于建筑物基础时为 2.5 m,深于建筑物基础时应计算确定但不得小于 3.0 m;与给水管道的最小水平净距:给水管径≤200 时为 1.5 m,>200 时为 3.0 m;其他排水管道、热力管沟、中压煤气管($0.4\ \mathrm{MPa} < P \leqslant 0.8\ \mathrm{MPa}$)、乔木、高压铁路基础、路侧石边缘、油管、压缩空气管、氧气管、乙炔管的最小水平净距为 1.5 m,与高压煤气管($0.8\ \mathrm{MPa} < P \leqslant 1.6\ \mathrm{MPa}$)和架空管基础为 2.0 m,与低压煤气管和通信管线为 1.0 m,与电力管线为 0.5 m;污水管道应在给水和再生水管道下方至少 0.4 m;与其他排水管道、煤气管、热力管沟、电力电缆(穿管)、压缩空气、涵洞基础的最小垂直距离为 0.15 m,与油管、氧气管、乙炔管为 0.25 m,与电力电缆(直埋)、照明管线、通信(直埋)管线为 0.5 m。

地下管线的水平布置顺序,自外侧向路中线方向一般依次为电力—通信—煤气—热力—给水—污水—雨水管线。地下管线的竖向布置顺序,一般为电力、通信管线在最上,其次为煤气、热力、给水管线,再往下为雨水管线,污水管线在最下。各种管线发生矛盾的避让原则是:新建让已建,临时让永久,小让大,压力管让重力管,检修不频繁让频繁。

五、污水管道水力计算方法

在进行污水管道水力计算时,通常污水设计流量为已知,需要确定管道的断面尺寸和敷设坡度。为了使水力计算获得较为满意的结果,必须认真分析设计地区的地形等条件,并充分考虑水力计算设计数据的有关规定。所以,必须在规定的设计充满度和设计流速下选择管道的断面尺寸,并且要求达到能够排泄设计流量。管道坡度应参照地面坡度和最小坡度的规定确定。要保证一方面使管道尽可能与地面坡度平行敷设,但同时又不能小于最小设计坡度的规定,以免管道内流速达不到最小设计流速而产生淤积。当然,也应避免管道坡度太大而使流速大于最大设计流速,导致管壁受冲刷。

在具体计算中,已知设计流量 Q 及管道粗糙系数 n,需要求出管径 D、水力半径 R、充满度 h/D、管道坡度 i 和流速 v。为了简化计算,常采用水力计算图(见附录6和附录7)。

第三节　污水管道系统的平面布置

一、污水管道系统的布置原则

污水管道系统的布置要确定污水厂、出水口、泵站及主要管道的位置。当利用污水灌溉农田时,还需要确定灌溉田的位置、范围以及灌溉干渠的位置。

污水管道系统的平面布置对整个排水系统起到重要的作用,为了使城市排水系统达到技术上先进、经济上合理;既能发挥其功能,满足实用性,又能处理好排水系统与城市其他部分设施的相互关系,平面布置应遵循以下基本原则:

(1)尽可能在管线较短和埋深较小的情况下,让较大区域中的污水自流排出。

(2)充分利用地形,在整个排水区域较低的地方敷设主干管和干管,便于支管的污水自流接入。

(3)污水管网尽可能避免穿越河道、铁路、地下建筑或其他障碍物,也减少与其他地下管线和构筑物交叉。

(4)污水干管一般沿城市道路布置,不宜设置在交通繁忙的快车道下或狭窄的街道。

(5)管线布置要简洁顺直,不要绕弯,不设或少设中途泵站。

二、污水管道系统的具体布置

管道系统的平面布置也称为定线。污水管道系统的平面布置一般按主干管、干管、支管顺序依次进行。在一定条件下,地形一般是影响管道定线的主要因素。定线时应充分利用地形,使管道的走线符合地形趋势,一般宜顺坡排水。污水管道中的水流靠重力流动,因此管道必须设置坡度。在地形平坦地区,管线虽然不长,埋深亦会增加很快,当埋深超过一定限值时,需要泵站抽升污水。这样便会增加基建投资和常年运转费用,对系统来说,是很不利的。

(一)确定排水区界,划分排水区域

排水区界是排水系统规划的界限,在排水区界内应根据地形和城市的竖向规划,划分排水流域。一般情况下,流域边界应与分水线相符合。在地形起伏及丘陵地区,流域分界线与分水线基本一致;在地形平坦无显著分水线的地区,应使干管在最小埋深的情况下,让绝大部分污水自流排出。如有河流或铁路等障碍物贯穿,应根据地形情况、周围水体情况及倒虹管的设置情况等，通过方案比较，决定是否分为几个排水流域。每一个排水流域应有一根或一根以上的干管，根据流域高程情况，确定干管水流方向和需要污水提升的地区。

(二)污水干管布置

城市污水主干管和干管是污水管道系统的主体。每一个排水区域一般有一条或几条主干管，来汇集各干管的污水。它们的布置恰当与否将影响这个系统的合理性。主干管的走向取决于城市的布局和污水处理厂的位置，主干管终端通向污水处理厂，其始端最好是排泄大量工业废水的工厂，管道建成后可立即得到充分利用。

污水干管应布置成树状网络，根据地形条件，可采用平行式或正交式布置。通常影响污水管平面布置的主要因素有：①地形和水文地质条件；②城市总体规划、竖向规划和分期建设情况；③排水体制、线路数目；④污水处理利用情况、处理厂和污水排放口位置；⑤排水量大的工业企业和公共建筑的分布和排水情况；⑥道路和交通情况；⑦地下管线和构筑物的分布情况。污水主干管的走向与数目取决于污水厂和出水口的位置和数目，所有管线都应朝出水口方向铺设并组成枝状管网。

(三)污水支管布置

污水支管的平面布置取决于地形及街区建筑特征，并应便于用户接管排水。一般有低边式、围坊式和穿坊式三种布置形式。

低边式布置是指将污水支管布置在街坊地势较低的一边，如图 8-7(a)所示。这种布置形式适用于街坊面积较小而污水又集中的出水方式，具有管线较短的特点，在城市规划中普遍采用。

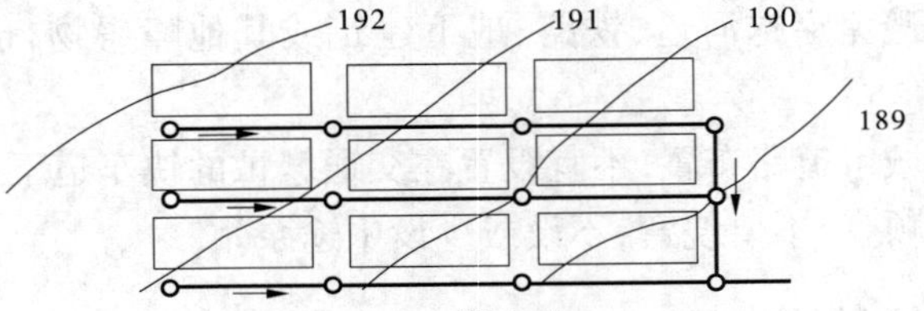

(a)低边式

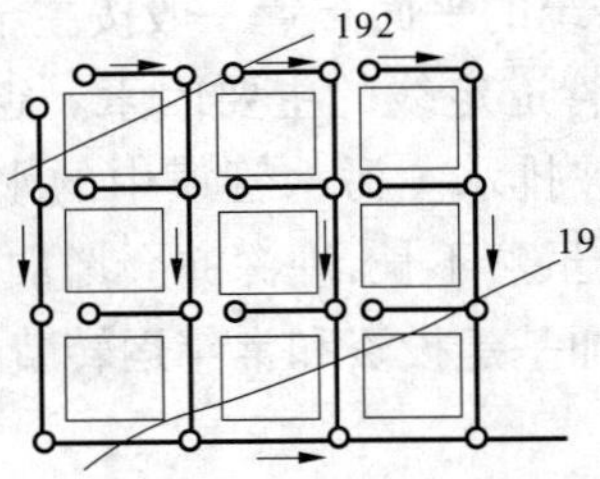

(b)围坊式

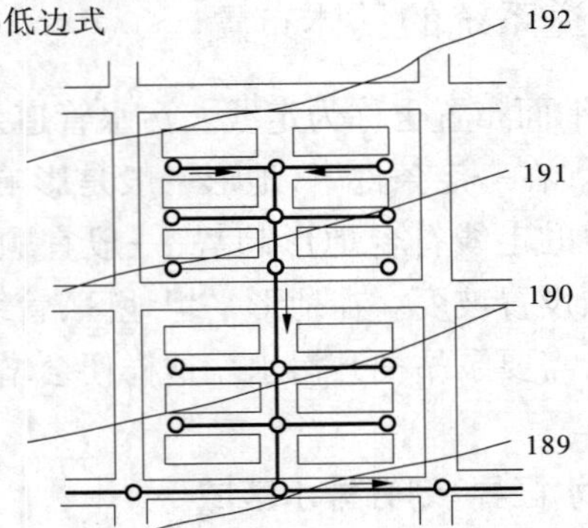

(c)穿坊式

图 8-7 污水支管的布置形式

围坊式布置是指将污水支管布置在街坊四周，如图 8-7(b)所示，这种布置形式适用于地势平坦并采用集中出水的大型街坊。

穿坊式布置是指污水管道穿过街坊，而街坊四周不设置污水支管，如图 8-7(c)所示。这种布置形式适用于街坊内部建筑规划已确定或街坊内部管线自成体系，具有管线较短，工程造价低的特点，但由于管道维护管理不便，设计中很少采用。

(四)控制点的确定和泵站的设置

在污水排水区域内，对管道系统的埋深起控制作用的地点称为控制点。各条管道的起点大都是该管道的控制点，这些控制点中离污水处理厂或出水口最远的一点，通常就是整个系统的控制点。具有相当深度的工厂排出口或某些低洼地区的管道起点，也可能成为整个管道系统的控制点。这些控制点的管道埋深影响着整个污水管道系统的埋深。

确定控制点的标高，一方面应根据城市的竖向规划，保证排水区域内各点的污水都能够排出，并考虑发展，在埋深上适当留有余地。另一方面，不能因照顾个别控制点而增加整个管道系统的埋深。对此通常采取一些措施，例如加强管材强度，填土提高地面高程以保证最小覆土厚度，设置泵站提高管位等方法，以减小控制点管道的埋深，从而减小整个管道系统的埋深，降低工程造价。

在排水管道系统中，由于地形条件等因素的影响，通常需设中途泵站、局部泵站和终点泵站。泵站设置的具体位置应考虑环境卫生、地质、电源和施工条件等因素，并应征询规划、环保、城建等部门的意见。

三、污水管道在街道上的位置

城市街道下有给水、污水、雨水、煤气、热力、电力、通信等管线，工厂内的管线更多。街道下还可能有地铁、人行过街隧道等障碍物。应综合规划、统筹安排、合理布置，方便施工和维护管理。条件许可时，地下设施拥挤和交通繁忙的街道下，可以将污水管线与其他管线布设在一个管廊内，以利于管线综合和维护管理，但雨水管线一般不布设在管廊内，通常与管廊平行布设。

所有地下管线应尽量布置在道路绿化带、人行步道和非机动车道之下，只有在不得已的情况下，才将埋深大的污水和雨水管道布置在机动车道下。很多管线布置在机动车道下，动则开挖破路，是地下管线工程的一大通病，应注意避免。

污水管道一般沿道路敷设并与道路中心线平行，在交通频繁的道路上应尽量避免污水管道横穿道路。当道路宽于 50 m，且两侧街坊都需要向支管排水时，常在道路两侧各设一条污水管道。对于城市快速路、轨道交通线等，污水管道也宜布置在两侧。

污水管道与其他地下管线或建筑设施之间的相互位置，应满足下列要求：

(1)保证在敷设和检修管道时互不影响。

(2)污水管道损坏时，不致影响附近建筑和基础及污染生活用水。

污水管道与其他地下管线或建筑设施的水平和垂直最小净距，应根据两者的类型、标高、施工顺序和管道损坏的后果等因素，按管道的综合设计要求确定。一般排水管道与其他管线或构筑物的最小净距见表 8-11。

表 8-11　排水管道与其他管线和构筑物的最小净距

<table>
<tr><th colspan="3">名称</th><th>水平净距(m)</th><th>垂直净距(m)</th></tr>
<tr><td colspan="2" rowspan="2">给水管</td><td>$d \leqslant 200$ mm</td><td>1.0</td><td rowspan="2">0.4</td></tr>
<tr><td>$d > 200$ mm</td><td>1.5</td></tr>
<tr><td colspan="3">排水管≥</td><td></td><td>0.15</td></tr>
<tr><td colspan="3">再生水管</td><td>0.5</td><td>0.4</td></tr>
<tr><td rowspan="4">燃气管</td><td>低压</td><td>$P \leqslant 0.05$ MPa</td><td>1.0</td><td>0.15</td></tr>
<tr><td>中压</td><td>0.05 MPa $< P \leqslant$ 0.4 MPa</td><td>1.2</td><td>0.15</td></tr>
<tr><td rowspan="2">高压</td><td>0.4 MPa $< P \leqslant$ 0.8 MPa</td><td>1.5</td><td>0.15</td></tr>
<tr><td>0.8 MPa $< P \leqslant$ 1.6 MPa</td><td>2.0</td><td>0.15</td></tr>
<tr><td colspan="3">热力管线</td><td>1.5</td><td>0.15</td></tr>
<tr><td colspan="3">电力管线</td><td>0.5</td><td>0.5</td></tr>
<tr><td colspan="3" rowspan="2">通信管线</td><td rowspan="2">1.0</td><td>直埋 0.5</td></tr>
<tr><td>穿管 0.15</td></tr>
<tr><td colspan="3">乔木</td><td>1.5</td><td></td></tr>
<tr><td colspan="2" rowspan="2">地上柱杆</td><td>通信、照明 < 10 kV</td><td>0.5</td><td></td></tr>
<tr><td>高压铁塔基础边</td><td>1.5</td><td></td></tr>
<tr><td colspan="3">道路侧石边缘</td><td>1.5</td><td></td></tr>
<tr><td colspan="3">铁路钢轨(或坡脚)</td><td>5.0</td><td>轨底 1.2</td></tr>
<tr><td colspan="3">电车(轨底)</td><td>2.0</td><td>1.0</td></tr>
<tr><td colspan="3">架空管架基础</td><td>2.0</td><td></td></tr>
<tr><td colspan="3">油管</td><td>1.5</td><td>0.25</td></tr>
<tr><td colspan="3">压缩空气管</td><td>1.5</td><td>0.15</td></tr>
<tr><td colspan="3">氧气管</td><td>1.5</td><td>0.25</td></tr>
<tr><td colspan="3">乙炔管</td><td>1.5</td><td>0.25</td></tr>
<tr><td colspan="3">电车电缆</td><td></td><td>0.5</td></tr>
<tr><td colspan="3">明渠渠底</td><td></td><td>0.5</td></tr>
<tr><td colspan="3">涵洞基础底</td><td></td><td>0.15</td></tr>
</table>

第四节　污水管道系统的设计计算

污水管道系统是由收集和输送城市区域中的生活污水和工业企业生产废水的管道及其附属的构筑物组成的，其中生活污水占有较大的比例。污水管道系统设计的主要内容有：

(1)设计基础数据的收集。

(2)确定设计方案，划分排水区界，进行污水管道的定线和平面布置。

(3)污水管道总设计流量和各管段设计流量计算。

(4)进行污水管道水力计算，确定管道断面尺寸、设计坡度、埋设深度等。

(5)污水提升泵站的设置与设计。

(6)进行污水管道系统上某些附属构筑物的设计计算。

(7)确定污水管道在街道横断面上的位置。

(8)绘制污水管道平面图和剖面图。

一、污水管道设计资料收集和设计方案的确定

(一)设计资料的收集

设计资料主要包括与设计任务相关的资料、自然因素方面的资料和有关工程情况的资料。

1. 与设计任务相关的资料

(1)了解与设计工程有关的城镇(地区)的总体规划及道路、交通、给排水、电力、电信、防洪、环保、燃气、园林绿化等各项专业工程的规划。从而明确本工程的设计范围、设计期限、设计人口数，确定排水体制。

(2)了解现有雨水、污水管道系统的走向，确定排水出口的位置和高程，发现存在的问题，提出改造方案。

(3)了解与给水、电力、电信、燃气等工程管线及其他市政设施可能交叉的情况，确定污水管道在街道纵横断面的布置。

(4)根据工程投资情况，确定适当设计标准。

污水管道的水力计算自上游依次向下游管段进行，水力计算的主要内容是确定污水管道管径、管道坡度以及污水管道标高和埋深。

2. 有关自然因素的资料

自然因素的资料包括了解当地地形图的资料、当地气象资料、当地水文资料及地质资料。

3. 有关工程情况的资料

有关工程情况的资料主要包括道路的现状和规划，地面建筑物、地铁及其他地下建筑的位置和高程，各种地下管线的位置，建筑材料、管道制品、电力供应情况和价格，建筑、安装施工队伍的水平等。

(二)设计方案的确定

掌握较为完整可靠的设计资料后，设计人员根据工程的要求和特点，对工程中一些原则性的、涉及面较广的问题提出不同的解决办法，这就构成了不同的设计方案。

在设计方案中需要解决的问题有：排水体制的选择，接纳工业废水并进行集中处理和处置的可能性；污水分散处理或集中处理问题；与给水、防洪等工程协调问题；涉及期限的划分和相互衔接的问题等，污水管道的布局、走线，污水管道与其他管线交叉的矛盾。

排水方案设计中应体现国家有关的方针、政策，尽可能做到技术先进，切实可行，经济合理，安全适用。对提出的设计方案需要进行经济技术分析，方案比较与评价，最终确定出最佳设计方案。

二、污水管网的布置

管道系统的平面布置也称为定线。污水管道系统的平面布置一般按主干管、干管、支管顺序依次进行。污水管网的平面布置主要内容有：

(1)确定排水区界，划分排水区域。

(2)确定管道定线和平面布置的结合。

(3)污水管道的平面布置。

(4)确定控制点和泵站的位置。

这些内容我们在前面已经详细讲解过，具体见第三节，在此不再赘述。

三、设计管段及设计流量的确定

(一)设计管段及其划分

两个检查井之间的管段采用的设计流量不变，且采用同样的管径和坡度，称为设计管段。在确定设计管段时，为了简化计算，不需把每个检查井都作为设计管段的计算节点。如果检查井未发生跌水，且连接的管道流量和坡度均保持不变，则该检查井可不作为计算节点，即设计管段上可以包括多个检查井。如同给水管网一样，污水管网也可以被简化为由管段和节点构成的污水管网。根据管道平面布置图，凡有集中流量进入，有旁侧管道接入的检查井均作为设计管段的起讫点，设计管段的起讫点应编上号码。

(二)设计管段中设计流量的组成

污水设计管段中设计流量包括本段流量和转输流量。

本段流量包括本段沿线流量流入的居民生活排水量和本段接入的公共建筑生活排水量。转输流量包括上游或旁侧流来的居民生活排水量和上游或旁侧管流来的公共建筑生活排水量。

(三)沿线流量计算

污水管网节点设计流量计算时，只有居民生活污水是沿线流量，其余污水流量一般作为集中流量处理。沿线流量采用面积比例进行分配，不是直接分配设计流量，而是分配平均日流量，在计算管段设计流量时再乘以总变化系数。

通常，面积比流量(q_0)可用下式进行计算：

$$q_0 = \frac{n\rho}{86\,400} \tag{8-13}$$

式中 n——居住区生活污水定额，L/(人·d)；

ρ——人口密度，人/hm²。

(四)节点设计流量计算

污水管网的节点设计流量计算包括从该节点下游管段的沿线街坊流入的本段流量与该节点所接纳的集中污水流量(简称集中流量)。

工矿企业和公共建筑的污水排放一般采用集中式排放，所以工业企业的工业废水、生活污水与淋浴污水流量往往作为集中流量，公共建筑污水流量也作为集中流量。因为这些集中流量的值一般比较大，所以它们的接纳点一般必须作为节点，以避免造成较大的计算误差。

管段分配的沿线流量全部加到上游节点作为节点流量。节点设计流量往往与管段设计流量计算同时进行。

（五）管段设计流量的计算

每一设计管段的污水设计流量可能包括以下几种流量（见图 8-8）：

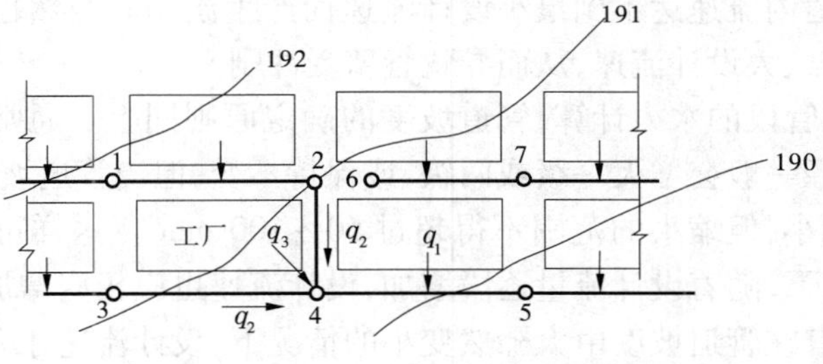

图 8-8　设计管段的设计流量

（1）本段流量 q_1。它是从管段沿线街坊流来的污水量。

（2）转输流量 q_2。它是从上游管段和旁侧管段流来的污水量。

（3）集中流量 q_3。它是从工业企业或其他大型公共建筑物流来的污水量。

对于某一设计管段而言，本段流量 q_1 是沿线变化的。为了方便计算，通常假定本段流量集中在起点进入设计管段，而且流量不变。本段流量可用下式计算：

$$q_1 = F_1 q_0 K_z \tag{8-14}$$

式中　q_1——设计管段的本段流量，L/s；

F_1——设计管段服务的街区面积，hm^2；

q_0——单位面积的本段平均流量，即面积比流量，L/(s · hm^2)；

K_z——生活污水量总变化系数。

从上游管段和旁侧管段流来的污水平均流量以及集中流量对于设计管段是不变的。

具有本段流量 q_1（服务的街区面积 F_1）、转输流量 q_2（上游、旁侧管段服务的街区面积 F_2）和集中流量 q_3 的设计管段总流量 Q 可用下式计算：

$$Q = F q_0 K_z + q_3 \tag{8-15}$$

式中　F——包括本段服务的街区面积 F_1 和上游、旁侧管段服务的街区面积 F_2 的总服务面积。

若不同街区的面积比流量不一样，应先分别计算本段和转输的污水平均流量，求和后确定相应的生活污水量总变化系数，最后确定设计管段总流量。

四、污水管网水力计算

污水管网水力计算的目的在于经济合理地确定管径、坡度和埋深。

(一)水力计算的具体步骤

(1)污水管道管径和管道坡度的确定在设计管段具体计算中,通常采用水力计算图表进行计算。在水力计算中,由于 Q, v, h/D, n,i, D 各水力要素之间存在相互制约的关系,因此在查水力计算图时存在一个试算过程。

污水管道起始管段的水力计算,首先应考虑不计算管段问题,合理确定不计算管段的管径和坡度。

管道坡度应参照地面坡度和保证自净流速的最小坡度的规定确定。一方面要使管道尽可能与地面坡度平行敷设,以减小管道埋深。但同时管道坡度又不能小于最小设计坡度的规定,以免管道内流速达不到最小设计流速而产生淤积。当然也应避免若管道坡度太大而使流速大于最大设计流速,从而导致管壁受冲刷。

对于下游其他管段的水力计算,管道坡度的确定原则同上。通常随着设计流量的增加,下一管段的管径一般会增大一级或两级,或保持不变,但当管道坡度骤然增大时,下游管段的管径可以减小,但缩小的范围不得超过 50 ~ 100 mm 。这样可根据流量的变化确定管径。一般情况下,随着设计流量逐段增加,设计流速也应相应增加,如流量保持不变,流速不应减小,只有在管道坡度由大骤然变小的情况下,设计流速才允许减小。管道的设计充满度不能超过最大充满度要求,综合考虑以上几方面因素,通过试算完全可以合理地确定污水管道的管径和坡度。

(2)污水管道标高和埋深的确定、污水管道标高和埋深的确定,也应自上游依次向下游管段进行。

首先应合理确定整个管道系统的控制点,作为主干管的起始点。按确定最小埋深的三个途径分别计算起点埋深,从而确定起始点最小埋深。根据管径和充满度计算管段的水深,根据设计管段长度和管道坡度计算设计管段降落量,最后确定起始管段起讫点的标高和埋深。

根据管段在检查井处采用的衔接方法,可确定下游管段的标高和埋深。在旁侧管与干管或主干管的连接点处,要考虑干管的已定埋深是否允许旁侧管接入。若连接处旁侧管的埋深大于干管埋深,则需在连接处的干管上设置跌水井,以使旁侧管能接入干管。若连接处旁侧管的管底标高比干管的管底标高高出许多,为使干管有较好的水力条件,需在连接处前的旁侧管上设置跌水井。

(二)水力计算

1. 不计管段的确定

按照规范规定,污水管道在街区和厂区内的最小管径为 200 mm,其最小设计坡度为 0.004;在街道下的最下管径为 300 mm,最小设计坡度为 0.003,当管道粗糙系数为 0.014 时,通过计算,上述管段对应的设计流量分别为 9.19 L/s 与 14.63 L/s。当设计污水流量小于上述值时,已经没有选择管径的余地,因此可以不通过计算直接采用最小管径,在平坦地区可以直接采用相应的最小设计坡度。

2. 较大坡度地区管段计算

当管段敷设地点有一定的地形坡度可以利用时,管道计算坡度可以选择地面坡度。管段直径选用满足最大充满度要求的最小直径。由已知的设计流量和坡度,求其他水力参数。

3. 平坦或反坡地区管段计算

当管道敷设地点地形比较平坦甚至是反坡时，管段设计不但要考虑规范规定的最小流速、最大充满度等技术要求，同时要认真考虑经济性问题。

4. 管段高程计算

污水管道衔接设计是由上游管段向下游管段进行的，首先确定管段起点埋深，对于非起点管段，则应确定它与上游管段的衔接关系，即根据具体情况选用衔接方式（管顶平接、水面平接和管底平接），以确定本管段的起点埋深；然后用本管段设计确定的管径、坡度、充满度等以及管段长度，推求本管段的终端埋深，作为下游管段的衔接条件。管段末端埋深计算公式为

$$(Z_2 - H_2) = (Z_1 - H_1) - iL \tag{8-16}$$

式中 Z_1、Z_2——管段上、下游节点处的地面高程，m；

H_1、H_2——管段上、下游节点处的埋设深度，m，根据管道衔接等技术条件确定；

L——管段长度，m；

i——管段坡度，m；

iL——管段降落量，m。

5. 水力计算中应注意的问题

（1）必须仔细研究管网系统的控制点。各条管道的起端、低洼地区的个别街坊和污水出口较深的工业企业或公共建筑都是控制点的研究对象。

（2）必须仔细研究管道敷设坡度与地面坡度之间的关系，使确定的管道坡度在保证最小流速的前提下，尽量减小管道埋深，同时便于支管的接入。

（3）水力计算自上游依次向下游管段进行，管径一般应沿程增大。

（4）当地面高程有剧烈变化或地面坡度太大时，可采用跌水井，防止管内流速太大而冲刷损坏管壁。通常污水管道的跌落差大于1.0 m时，宜设置跌水井；跌落差小于1.0 m时，只把检查井中的流槽做成斜坡即可。

（5）在旁侧管与干管的连接点上，要考虑干管已定埋深是否允许旁侧管接入。同时避免旁侧管和干管产生回水，旁侧管中的设计流速不应大于干管的设计流速。

五、绘制管道平面图和剖面图

污水管道的平面图和纵剖面图作为污水管道设计的主要图纸，是污水管道水力计算结果的体现。根据设计阶段的不同，图纸表现的深度亦有所不同。

初步设计阶段的管道平面图就是管道总体布置图。通常采用的比例尺为1∶5 000～1∶10 000，图上有地形、地物、河流、风向玫瑰或指北针等。

污水管道的纵剖面图反映管道沿线的高程位置，它是和平面图相对应的。图上用单线条表示原地面高程线和设计地面高程线，用双线条表示管道高程线，用双竖线表示检查井。图中还应标出沿线支管接入处的位置、管径、高程，与其他地下管线、构筑物或障碍物交叉点的位置和高程。沿线地质钻孔位置和地质情况等。

六、污水管道设计计算举例

图 8-9 为某市一个小区的平面图。居住区人口密度为 350 cap/hm^2,居民生活污水定额为 120 L/(cap·d)。火车站和公共浴室的设计污水量分别为 3 L/s 和 4 L/s。工厂甲和工厂乙的工业废水设计流量分别为 25 L/s 与 6 L/s。生活污水及经过局部处理后的工业废水全部送至污水厂处理。工厂甲废水排出口的管底埋深为 2 m。

设计方法和步骤如下:

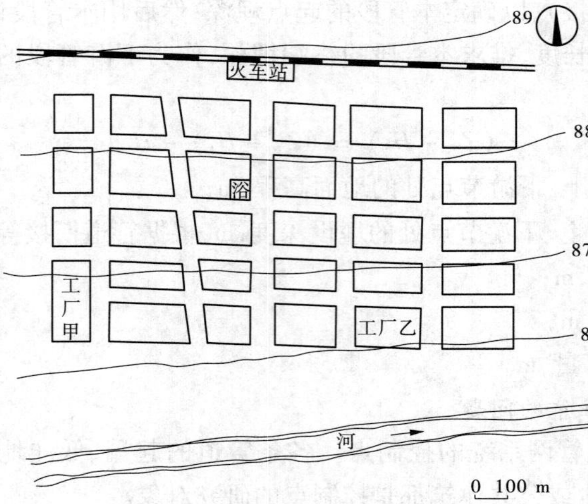

图 8-9 某市一小区平面图

(一)在小区平面图上布置污水管道

从小区平面图可知该区地势自北向南倾斜,坡度较小,无明显分水线、可划分为一个排水流域。街道支管布置在街区地势较低一侧的道路下,干管基本上与等高线垂直布置,主干管则沿小区南面河岸布置,基本与等高线平行。整个管道系统呈截流式形式布置,如图 8-10 所示。

(二)街区编号并计算其面积

将各街区编上号码,并按各街区的平面范围计算它们的面积,列入表 8-12 中。用箭头标出各街区污水排出的方向。

表 8-12 街区面积

街区编号	1	2	3	4	5	6	7	8	9	10	11
街区面积(hm^2)	1.21	1.70	2.08	1.98	2.20	2.20	1.43	2.21	1.96	2.04	2.40
街区编号	12	13	14	15	16	17	18	19	20	21	22
街区面积(hm^2)	2.40	1.21	2.28	1.45	1.70	2.00	1.80	1.66	1.23	1.53	1.71
街区编号	23	24	25	26	27						
街区面积(hm^2)	1.80	2.20	1.38	2.04	2.40						

（三）划分设计管段，计算设计流量

根据设计管段的定义和划分方法，将各干管和主干管中有本段流量进入的点（一般定为街区两端）、集中流量及旁侧支管进入的点，作为设计管段的起讫点的检查井并编上号码。例如，本例的主干管长 1 200 余 m，根据设计流量变化的情况，可划分为 1 ~ 2，2 ~ 3，3 ~ 4，4 ~ 5，5 ~ 6，6 ~ 7，6 个设计管段。

各设计管段的设计流量应列表进行计算。在初步设计中只计算干管和主干管的设计流量，如表 8-13 所示。

表 8-13　污水干管设计流量计算表

管段编号	居住区生活污水量 Q_1								集中流量		设计流量 (L/s)
	本段流量				传输流量 q_2 (L/s)	合计平均流量 (L/s)	总变化系数 K_z	生活污水设计流量 Q_1 (L/s)	本段 (L/s)	转输 (L/s)	
	街区编号	街区面积 (hm^2)	比流量 q_0 (L/(s·hm^2))	流量 q_1 (L/s)							
1	2	3	4	5	6	7	8	9	10	11	12
1 ~ 2	—	—	—	—	—	—	—	—	25.00	—	25.00
8 ~ 9	—	—	—	—	1.41	1.41	2.3	3.24	—	—	3.24
9 ~ 10	—	—	—	—	3.18	3.18	2.3	7.31	—	—	7.31
10 ~ 2	—	—	—	—	4.83	4.88	2.3	11.23	—	—	11.23
2 ~ 3	24	2.20	0.486	1.07	4.88	5.95	2.2	13.09	—	25.00	38.09
3 ~ 4	25	1.38	0.486	0.67	5.95	6.62	2.2	14.56	—	25.00	39.56
11 ~ 12	—	—	—	—	—	—	—	—	3.00	—	3.00
12 ~ 13	—	—	—	—	1.97	1.97	2.3	4.53	—	3.00	7.53
13 ~ 14	—	—	—	—	3.91	3.91	2.3	8.99	4.00	3.00	15.99
14 ~ 15	—	—	—	—	5.44	5.44	2.2	11.97	—	7.00	18.97
15 ~ 4	—	—	—	—	6.85	6.85	2.2	15.07	—	7.00	22.07
4 ~ 5	26	2.04	0.486	0.99	13.47	14.46	2.0	28.92	—	32.00	60.92
5 ~ 6	—	—	—	—	14.46	14.46	2.0	28.92	6.00	32.00	66.92
16 ~ 17	—	—	—	—	2.14	2.14	2.3	4.92	—	—	4.92
17 ~ 18	—	—	—	—	4.47	4.47	2.3	10.28	—	—	10.28
18 ~ 19	—	—	—	—	6.32	6.32	2.2	13.90	—	—	13.90
19 ~ 6	—	—	—	—	8.77	8.77	2.1	18.42	—	—	18.42
6 ~ 7	27	2.40	0.486	1.17	23.23	24.40	1.9	46.36	—	38.00	84.36

本例中，居住区人口密度为 350 cap/hm^2，居民生活污水定额为 120 L/(cap · d)，则

每 hm^2 街区面积的生活污水平均流量(比流量)为:

$$q_0 = \frac{350 \times 120}{86\ 400} = 0.486(\mathrm{L/(s \cdot hm^2)})$$

本例中有 4 个集中流量,在检查井 1、5、11、13 分别进入管道,相应的设计流量为 25、6、3、4 L/s。

如图 8-10 和表 8-13 所示,设计管段 1 ~ 2 为主干管的起始管段,只有集中流量(工厂甲经处理后排出的工业废水)25 L/s 流入,故设计流量为 25 L/s。设计管段 2 ~ 3 除转输管段 1 ~ 2 的集中流量 25 L/s 外,还有本段流量 q_1 和转输流量 q_2 流入。该管段接纳街区 24 的污水,其面积为 2.2 hm^2(见街区面积表),故本段流量 $q_1 = q_0 F = 0.486 \times 2.2 = 1.07$ L/s;该管段的转输流量是从旁侧管段 8 ~ 9 ~ 10 ~ 2 流来的生活污水平均流量,其值为 $q_2 = q_0 F = 0.486 \times (1.21 + 1.7 + 1.43 + 2.21 + 1.21 + 2.28) = 0.486 \times 10.04 = 4.88$(L/s)。合计平均流量 $q_1 + q_2 = 1.07 + 4.88 = 5.95$(L/s)。查表 2-1,$K_z = 2.2$。该管段的生活污水设计流量 $Q_1 = 5.95 \times 2.2 = 13.09$(L/s)。总计设计流量 $Q = 13.09 + 25 = 38.09$(L/s)。

其余管段的设计流量计算方法相同。

(四)水力计算

在确定设计流量后,便可以从上游管段开始依次进行主干管各设计管段的水力计算。一般常列表进行计算,如表 8-14 所示。水力计算步骤如下。

(1)从管道平面布置图上量出每一设计管段的长度,列入表 8-14 第 2 项。

(2)将各设计管段的设计流量列入表 8-4 第 3 项。设计管段起迄点检查井处的地面标高列入表 8-4 第 10、11 项。

(3)计算每一设计管段的地面坡度$\left(\text{地面坡度} = \dfrac{\text{地面高差}}{\text{距离}}\right)$,作为确定管道坡度时参考。例如,管段 1 ~ 2 的地面坡度 $= \dfrac{86.20 - 86.10}{110} = 0.000\ 9$。

(4)确定起始管段的管径以及设计流速 v,设计坡度 I,设计充满度 h/D。首先拟采用最小管径 300 mm,即查附录 6 附图 3。在这张计算图中,管径 D 和管道粗糙系数 n 为已知,其余 4 个水力因素只要知道 2 个即可求出另外 2 个。现已知设计流量,另 1 个可根据水力计算设计数据的规定设定。本例中由于管段的地面坡度很小,为不使整个管道系统的埋深过大,宜采用最小设计坡度为设定数据。相应于 300 mm 管径的最小设计坡度为 0.003。当 $Q = 25$ L/s,$I = 0.003$ 时,查表得出 $v = 0.7$ m/s(大于最小设计流速 0.6 m/s),$h/D = 0.51$(小于最大设计充满度 0.55),计算数据符合规范要求。将所确定的管径 D、坡度 I、流速 v、充满度 h/D 分别列入表 8-14 的第 4、5、6、7 项。

(5)确定其他管段的管径 D、设计流速 v、设计充满度 h/D 和管道坡度 I。通常随着设计流量的增加,下一个管段的管径一般会增大一级或两级(50 mm 为一级),或者保持不变,这样便可根据流量的变化情况确定管径。然后可根据设计流速随着设计流量的增大而逐段增大或保持不变的规律设定设计流速。根据 Q 和 v 即可在确定 D 的那张水力计算图或表中查出相应的 h/D 和 I 值,若 h/D 和 I 值符合设计规范的要求,说明水力计算合理,将计算结果填入表 8-14 相应的项中。在水力计算中,由于 Q、v、h/D、I、D 各水力因素之间存在相互制约的关系,因此在查水力计算图或表时实际存在一个试算过程。

表 8-14　污水主干管水力计算表

管段编号	管道长度 L (mm)	设计流量 Q (L/s)	管径 D (mm)	坡度 I	流速 v (m/s)	充满度		降落量 $I \cdot L$ (m)	标高(m)						埋设深度(m)	
						$\frac{h}{D}$	h (m)		地面		水面		管内底			
									上端	下端	上端	下端	上端	下端	上端	下端
1	2	3	4	5	6	7	8	9	10	11	12	13	14	15	16	17
1 ~2	110	25.00	300	0.003 0	0.70	0.51	0.153	0.330	86.20	86.10	84.353	84.023	84.200	83.870	2.00	2.23
2 ~3	250	38.09	350	0.002 8	0.75	0.52	0.182	0.700	86.10	86.05	84.002	83.302	83.820	83.120	2.28	2.93
3 ~4	170	39.56	350	0.002 8	0.75	0.53	0.186	0.476	86.05	86.00	83.302	82.826	83.116	82.460	2.93	3.36
4 ~5	220	60.92	400	0.002 4	0.80	0.58	0.232	0.528	86.00	85.90	82.822	82.294	82.590	82.062	3.41	3.84
5 ~6	240	66.92	400	0.002 4	0.82	0.62	0.248	0.576	85.90	85.80	82.294	81.718	82.046	81.470	3.85	4.33
6 ~7	240	84.36	450	0.002 3	0.85	0.60	0.270	0.552	85.80	85.70	81.690	81.138	81.420	80.868	4.38	4.83

注:管内底标高计算至小数点后 3 位,埋设深度计算至小数点后 2 位。

(6)计算各管段上端、下端的水面、管底标高及其埋设深度:

①根据设计管段长度和管道坡度求降落量。如管段 1 ~2 的降落量为 $I \times L = 0.003 \times 110 = 0.33$(m),列入表 8-14 第 9 项。

②根据管径和充满度求管段的水深。如管段 1 ~2 的水深为 $h = D \times h/D = 0.3 \times 0.51 = 0.153$(m),列入表 8-14 第 8 项。

③确定管网系统的控制点。本例中离污水厂最远的干管起点有 8、11、16 及工厂出水口 1 点,这些点都可能成为管道系统的控制点。8、11、16 三点的埋深可用最小覆土厚度的限值确定,因此至南地面坡度约 0.003 5,可取干管坡度与地面坡度近似,因此干管埋深不会增加太多,整个管线上又无个别低洼点,故 8、11、16 三点的埋深不能控制整个主干管的埋设深度。对主干管埋深起决定作用的控制点则是 1 点。

1 点是主干管的起始点,它的埋设深度受工厂排出口埋深的控制,定为 2.0 m,将该值列入表 8-14 中第 16 项。

④求设计管段上、下端的管内底标高,水面标高及埋设深度。

1 点的管内底标高等于 1 点的地面标高减 1 点的埋深,为 86.200 − 2.000 = 84.200(m),列入表 8-14 中第 14 项。

2 点的管内底标高等于 1 点管内底标高减降落量,为 84.200 − 0.330 = 83.870(m),列入表 8-14 中第 15 项。

2 点的埋设深度等于 2 点的地面标高减 2 点的管内底标高,为 86.100 − 83.870 = 2.230(m),列入表 8-14 中第 17 项。

管段上下端水面标高等于相应点的管内底标高加水深。如管段 1 ~2 中 1 点的水面标高为 84.200 + 0.153 = 84.353(m),列入表 8-14 第 12 项。2 点的水面标高为 83.870 + 0.153 = 84.023(m)列入表 8-14 第 13 项。

根据管段在检查井处采用的衔接方法,可确定下游管段的管内底标高。例如,管段 1 ~2与 2 ~3 的管径不同,采用管顶平接,即管段 1 ~2 中的 2 点与 2 ~3 中的 2 点的管顶标高应相同。所以管段2~3中的2点的管内底标高为83.870+0.300-0.350=83.820(m)。求出2点的管内底标高后,按照前面讲的方法即可求出3点的管内底标高,2、3点的水面标高及埋设深度。又如管段2~3与3~4管径相同,可采用水面平接,即管段2~3与3~4中的3点的水面标高相同。然后用3点的水面标高减去降落量,求得4点的水面标高。将3、4点的水面标高减去水深求出相应点的管底标高。进一步求出3、4点的埋深。

(7)进行管道水力计算时,应注意的问题:

①必须细致研究管道系统的控制点。这些控制点常位于本区的最远或最低处,它们的埋深控制该地区污水管道的最小埋深。各条管道的起点、低洼地区的个别街坊和污水出口较深的工业企业或公共建筑都是研究控制点的对象。

②必须细致研究管道敷设坡度与管线经过地段的地面坡度之间的关系。使确定的管道坡度,在保证最小设计流速的前提下,又不使管道的埋深过大,以及便于支管的接入。

③水力计算自上游依次向下游管段进行,一般情况下,随着设计流量逐段增加,设计流速也相应增加。如流量保持不变,流速不应减小。只有在管道坡度由大骤然变小的情况下,设计流速才允许减小。另外,随着设计流量逐段增加,设计管径也应逐段增大,但当管道坡度骤然增大时,下游管段的管径可以缩小,但缩小的范围不超过50~100 mm。

④在地面坡度太大的地区,为了减小管内水流速度,防止管壁被冲刷,管道坡度往往需要小于地面坡度。这就有可能使下游管段的覆土厚度无法满足最小限值的要求,甚至超出地面,因此在适当的点可设置跌水井,管段之间采用跌水连接。跌水井的构造详见第六章。

⑤水流通过检查井时,常引起局部水头损失。为了尽量降低这项损失,检查井底部在直线管理上要严格采用直线,在管道转弯处要采用匀称的曲线。通常直线检查井可不考虑局部损失。

⑥在旁侧管与干管的连接点处,要考虑干管的已定埋深是否允许旁侧管接入。若连接处旁侧管的埋深大于干管埋深,则需在连接处的干管上设置跌水井,以使旁侧管能接入干管。另一方面,若连接处旁侧管的管底标高比干管的管底标高高出许多,为使干管有较好的水力条件,需在连接处前的旁侧管上设置跌水井。

(五)绘制管道平面图和纵剖面图

污水管道平面图和纵剖面图的绘制方法见本节五。本例题的设计深度仅为初步设计,因此在水力计算结束后将计算所得的管径、坡度等数据标注在图8-10上,该图即是本例题的管道平面图。

在进行水力计算的同时,绘制主干管的纵剖面图,本例题主干管的纵剖面图如图8-11所示。

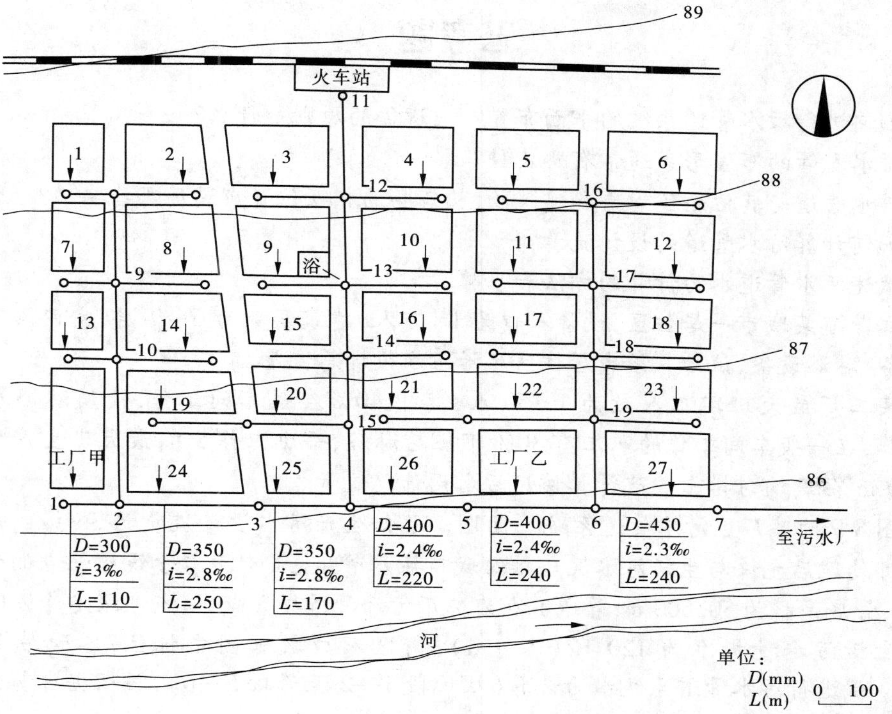

图 8-10　某小区污水管道平面布置(初步设计)

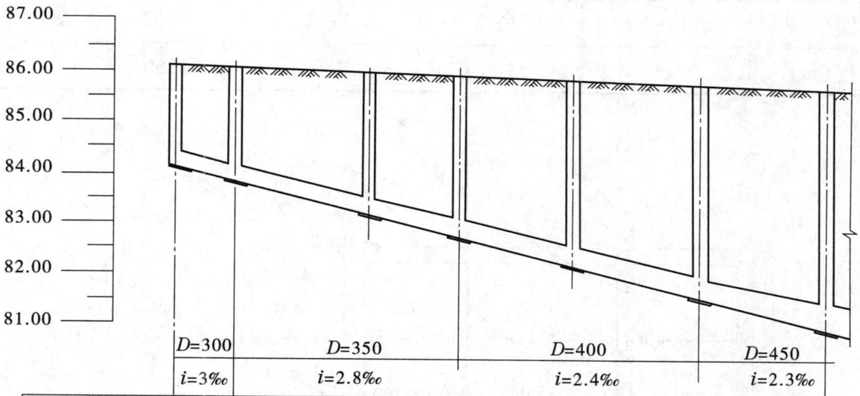

检查井号	1	2	3	4	5	6	7
地面标高(m)	86.20	86.10	86.05	86.00	85.90	85.80	85.70
埋设深度(m)	2.00	2.23 2.28	2.93	3.36 3.41	3.84 3.85	4.33 4.38	4.83
管内底标高(m)	84.200	83.870 83.820	83.120 83.116	82.640 82.590	82.062 82.046	81.470 81.420	80.868
管道长度(m)	110	250	170	220	240	240	

图 8-11　主干管纵剖面

思考题

1. 如何进行污水管道系统的平面布置？应遵循的原则是什么？

2. 排水支管的布置形式通常有哪几种？

3. 排水管道与其他地下管道和建筑物、构筑物的相互位置应满足哪些要求？

4. 如何计算污水管道的设计流量？

5. 试述污水管道水力计算的方法和步骤。

6. 江苏省某城市一居住区，设计人口为15万人，建筑层数为6~7层，室内设有给水排水设备、淋浴设备，试计算该市居住区生活污水设计总流量。

7. 某工厂最大班职工人数为1 150人，其中40%在热车间工作，使用淋浴人数按90%计算，在一般车间工作的职工有30%下班后淋浴，每班工作8 h，最大班生产废水量为1 230 m^3/班，均匀排出。试计算该厂污水设计总流量。

8. 图8-9为某厂区污水管道系统平面图。已知生产污水设计流量为35 L/s，厂内污水经局部处理后允许与生活污水混合排入城市污水管道；城市污水管线接管点的管径为500 mm，管底高程为50.500 m；管道1点为工厂污水管道接管点，该点埋深定为2.0 m；职工住宅生活污水量标准为120 L/(人·d)，街区人口数如图中标注，各管段长度见表8-15。试进行污水管道系统水力计算(从管段1—2至管段5—6)，并根据计算结果绘制污水管道系统纵剖面图。

表8-15　各管段长度

管段编号	1—2	2—3	3—4	4—5	5—6
管段长度(m)	100	100	350	360	320

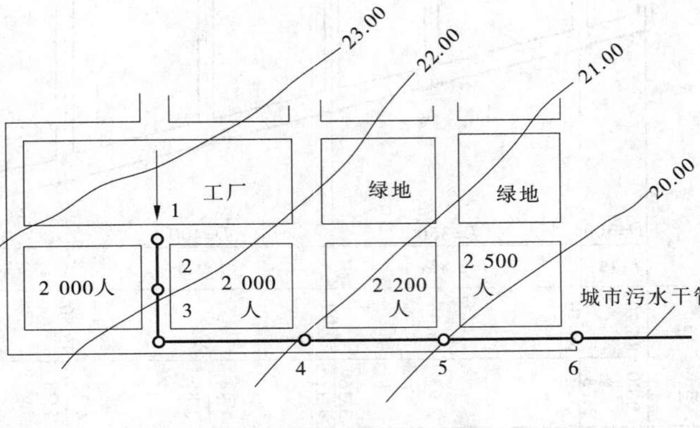

图8-12　某厂区污水管道系统平面图

9. 试根据图8-10所示的街坊平面图，布置污水管道，并从工厂接管点至污水厂进行管段的水力计算，绘出管道平面图和纵剖面图。

(1)人口密度为350 人/hm^2。

(2)污水量标准为120 L/(人·d)。

(3)工厂的生活污水和淋浴污水设计流量分别为 9.24 L/s 和 6.84 L/s，生产污水设计流量为 26.4 L/s，工厂排出口地面标高为 45.5 m，管底埋深不小于 2 m，土壤冰冻深为 1.8 m。

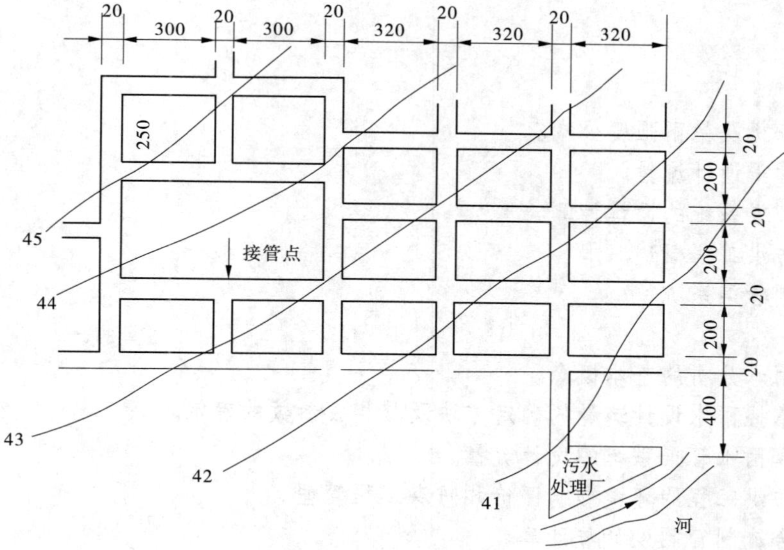

图 8-13 街坊平面图 （单位：m）

第九章　雨水管渠系统与合流制排水管渠系统

【知识要点】

1. 雨量分析及暴雨强度公式。
2. 雨水管渠设计流量。
3. 雨水管渠系统的设计计算。
4. 城镇防洪工程概述。
5. 合流制管渠系统。

【能力目标】

1. 了解雨水分析的基本概念。
2. 熟练掌握雨水设计流量的确定方法及其相关参数的确定。
3. 会计算雨水管渠系统的设计流量。
4. 理解防洪工程的环境影响评价和防洪工程管理。
5. 了解合流制管网设计与计算。

第一节　雨量分析及暴雨强度公式

降雨是一种自然过程，降雨时间和降雨量的大小具有一定的随机性。一般情况下，特大暴雨出现的概率较小，为排除产生严重危害的某一场大暴雨的雨水，必须建设具有相应排水能力的雨水管渠系统。雨水径流量是雨水管渠系统设计的重要依据，由于雨水径流的特点是流量大、历时短，可通过对降雨过程的多年（一般具有 10 年以上）资料的统计和分析，找出表示暴雨特征的降雨历时、暴雨强度和降雨重现期之间的相互关系，作为雨水管渠系统设计的依据。

一、雨量分析

（一）降雨量

降雨量指单位地面面积上在一定时间内降雨的雨水体积，其计量单位为（体积/（时间·面积））。由于体积除以面积等于长度，所以降雨量的单位又可以采用长度/时间表示。这时降雨量又称为单位时间内的降雨深度。常用的降雨量统计数据计量单位有：

（1）年平均降雨量。指多年观测的各年降雨量的平均值，计量单位为 mm/年。

（2）月平均降雨量。指多年观测的各月降雨量的平均值，计量单位为 mm/月。

（3）最大日降雨量。指多年观测的各年中降雨量最大的一日的降雨量，计量单位为 mm/d。

（二）雨量的数据整理

自记雨量计所记录的数据一般是每场雨的累计降雨量（mm）和降雨时间（min）之间

的对应关系。以降雨时间为横坐标和以累计降雨量为纵坐标绘制的曲线称为降雨量累计曲线。降雨量累计曲线上某一点的斜率即为该时间的降雨瞬时强度。将降雨量在该时间段内的增量除以该时间段长度,可以得到描述单位时间内的累计降雨量,即该段降雨历时的平均降雨强度。

(三)降雨历时和暴雨强度

在降雨量累计曲线上取某一时间段 t,称为降雨历时。降雨历时内的平均降雨量,即单位时间内的平均降水深度,称为降雨强度。

降雨强度用符号 i 表示,常用单位为 mm/min,也可为 mm/h;设单位时间 t 内的平均降雨深度为 H,则其关系为

$$i = \frac{H}{t} \tag{9-1}$$

在工程设计中的降雨多属于暴雨性质,所以降雨强度又称为暴雨强度,常用单位时间内单位面积上的降雨量 q 表示,其单位为 L/(s · hm^2)。在实际计算中,是以降雨深度表示的降雨强度 i 折算为以体积表示的暴雨强度 q。它是指降雨历时为 t 的降雨深度 H 的雨量,在 1 hm^2 面积上,每秒钟平均的雨水体积。设降雨量为每分钟 1 mm,则用体积表示的暴雨强度 q 为

$$q = \frac{10\,000 \times 1\,000i}{1\,000 \times 60} = 167i \tag{9-2}$$

式中 167——折算系数。

就雨水管渠设计而言,有意义的是找出降雨量最大的那个时段内的降雨量。因此,暴雨强度的数值与所取的连续时间段 t 的跨度和位置有关。在城市暴雨强度公式推求中,经常采用的降雨历时为 5 min、10 min、15 min、20 min、30 min、45 min、60 min、90 min、120 min 等 9 个历时数值,特大城市可以用到 180 min。

(四)降雨面积和汇水面积

降雨面积是指降雨所笼罩的面积,就是指接受雨水的地面面积,汇水面积是降雨面积的一部分,是雨水管道汇集和排除雨水的面积,用 F 表示,其计量单位用 hm^2 或 km^2 表示。

(五)暴雨强度的频率和重现期

暴雨强度的频率 P_n 是指某种强度的降雨和大于该强度的降雨出现的次数(m),占观测年限内降雨总次数(n)的百分数,即 $P_n = \frac{m}{n} \times 100\%$。由公式可知,频率小的暴雨强度出现的可能性小,反之则大。

工程上常用比较容易理解的"重现期"来等效地替代较为抽象的频率概念。重现期的定义是指在多次的观测中,事件数据值大于等于某个设定值重复出现的平均间隔年数,单位为年,一般用 P 表示。

重现期与经验频率之间的关系可直接按定义由下式表示:

$$P = \frac{1}{P_n} \tag{9-3}$$

二、暴雨强度公式

暴雨强度公式是用数学表达式的形式反映暴雨强度(i、q)、降雨历时 t、重现期 P 三者之间的相互关系,推导过程见《给水排水设计手册》(第5册)中的相关部分。

我国《室外排水设计规范》(GB 50014—2006)(2011 年版)中规定,我国采用的暴雨强度公式的形式为

$$q = \frac{167A_1(1 + c\lg P)}{(t + b)^n} \tag{9-4}$$

式中 q——设计暴雨强度,$L/(s \cdot hm^2)$;

P——设计重现期,年;

t——降雨历时,min;

A_1、c、b、n——地方参数(待定参数),根据统计方法进行计算确定。

当 $b=0$ 时

$$q = \frac{167A_1(1 + c\lg P)}{t^n} \tag{9-5}$$

当 $n=1$ 时

$$q = \frac{167A_1(1 + c\lg P)}{t + b} \tag{9-6}$$

附录4收录了我国若干城市的暴雨强度公式,可供设计雨水管或城市防洪时选用。

第二节　雨水管渠设计流量

雨水管道的设计,是要保证排除汇水面积上产生的最大径流量,而最大径流量是确定雨水管道断面尺寸的重要依据。

一、雨水设计流量计算公式

由于城市和工厂的雨水管道系统属于小汇水面积上的排水构筑物,因此可采用小汇水面积暴雨径流推理公式计算雨水管道的设计流量,即

$$Q = \psi qF \tag{9-7}$$

式中 Q——雨水设计流量,L/s;

ψ——径流系数,径流量和降雨量的比值,其值小于1;

F——汇水面积,hm^2;

q——设计暴雨强度,$L/(s \cdot hm^2)$。

注:当有允许排入雨水管道的生产废水排入雨水管道时,应将其水量计算在内。

我国目前采用恒定均匀流推理公式,即用式(9-7)计算雨量。恒定均匀流推理公式基于以下3个假设:①在计算雨量过程中径流系数是常数;②汇流面积不变;③在汇水时间内降雨强度不变。而实际上这三者都是变化的,而且推理公式适用于较小规模排水系统的计算,随着技术的进步、管渠直径的放大、水泵能力的提高,排水系统汇水流域面积逐步

扩大，应该修正推理公式的精确度。

根据《室外排水设计规范》(GB 50014—2006)(2011 年版)的规定：采用推理公式计算雨水设计流量，应按式(9-7)计算。有条件的地区，雨水设计流量也可采用数学模型法计算。

发达国家已采用数学模型模拟降雨过程，把排水管渠作为一个系统考虑，并用数学模型对管网进行管理。因此，本规范提出雨水设计流量的计算也可采用数学模型法。

数学模型法是一种基于流量过程线的设计方法，指设计流量的取值是根据设计暴雨条件下，经地表径流计算或管网汇流计算所得的流量过程线求得，同时根据最大洪峰流量计算求得管径。有条件的城镇可采用实测的流量过程线作为设计流量。

利用数学模型法设计流量过程线可按以下 5 个步骤计算。

(一)设计暴雨

设计暴雨包括确定设计暴雨量和设计暴雨过程，设计暴雨量可按城市暴雨强度公式计算，设计暴雨过程可按以下三种方法确定：

1. 设计暴雨统计模型

结合编制城市暴雨强度公式的采样过程，收集降雨过程资料和雨峰位置，根据常用重现期部分的降雨资料，采用统计分析方法确定设计降雨过程。

2. 芝加哥降雨模型

根据自记雨量资料统计分析城市暴雨强度公式，同时采集雨峰位置系数，雨峰位置系数取值为降雨雨峰位置除以降雨总历时。

3. 当地水利部门推荐的降雨模型

采用当地水利部门的设计降雨雨型资料，必要时需作适当修正。

(二)汇水流域面积

应根据雨水口布置划分汇水流域，计算汇水流域面积。

(三)地表径流过程线

可采用瞬时单位线法、时间面积等流时线法、线性水库、非线性水库和运动波法计算地表径流过程线。

(四)管网汇流过程

宜采用运动波法计算管网汇流过程，若考虑下游回水的影响，宜采用动力波法进行校核。

(五)流量调节

在计算过程中应考虑径流调节的作用。

二、雨水管段设计流量的计算

在图 9-1 中，Ⅰ、Ⅱ、Ⅲ、Ⅳ为相毗邻的四个街区。设汇水面积 $F_{\mathrm{I}} = F_{\mathrm{II}} = F_{\mathrm{III}} = F_{\mathrm{IV}}$，雨水从各块面积上最远点分别流入雨水口所需的集水时间均为 τ(min)。1—2、2—3、3—4、4—5 分别为设计管段，试确定各设计管段的雨水流量。

图 9-1 中，四个街区的地形均为北高南低，道路是西高东低，雨水管道沿道路中心线敷设，道路断面呈拱形，为中间高，两侧低。降雨时，降落在地面上的雨水顺着地形坡度流

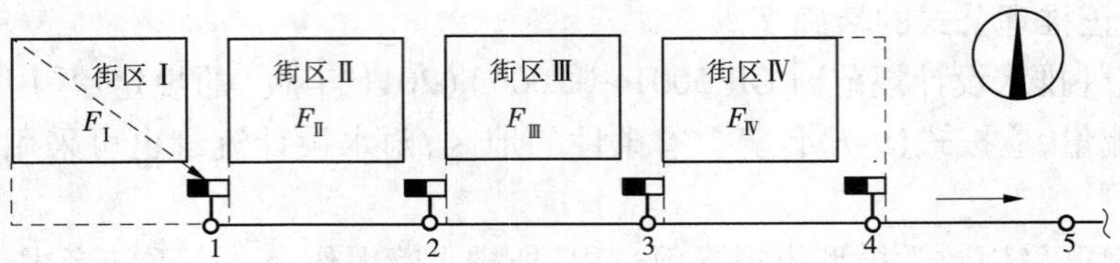

图 9-1　雨水管道设计管段流量计算示意图

到道路两侧的边沟中,道路边沟的坡度和地形坡度相一致。雨水沿着道路的边沟流到雨水口经检查井流入雨水管道。Ⅰ街区的雨水(包括路面上雨水)在 1 号检查井集中,流入管段 1—2。Ⅱ街区的雨水在 2 号检查井集中,并同Ⅰ街区经管段 1—2 流来的雨水汇合后流入管段 2—3。Ⅲ街区的雨水在 3 号检查井集中,同Ⅰ街区和Ⅱ街区流来的雨水汇合后流入管段 3—4。其他依次类推。

已知管段 1—2 的汇水面积为 F_{I},检查井 1 为管段 1—2 的集水点。由于汇水面积上各点离集水点 1 的距离不同,所以在同一时间内降落到 F_{I} 面积上各点的雨水,就不可能同时到达集水点 1,同时到达集水点 1 的雨水则是不同时间降落到地面上的雨水。

集水点同时能汇集多大面积上的雨水量,和降雨历时的长短有关。如雨水从降雨面积最远点流到集水点 1 所需的集水时间为 20 min,而这场降雨只下 10 min 就停了,待汇水面积上的雨水流到集水点时,降落在离集水点 1 附近面积上的雨水早已流过去了。也就是说,同时到达集水点 1 的雨水只能来自 F_{I} 中的一部分面积,随着降雨历时的延长,就有愈来愈大面积上的雨水到达集水点 1,当恰好降雨历时 $t=20$ min 时,则第 1 min 降落在最远点的雨水与第 20 min 降落在集水点 1 附近的雨水同时到达,这时,集水点 1 处的径流量达到最大。

通过上述分析可知,汇水面积随着降雨历时 t 的增长而增加,当降雨历时等于集水时间时,汇水面积上的雨水全部流到集水点,则集水点产生最大雨水量。

为便于求得各设计管段相应雨水设计流量,作几点假设:①汇水面积随降雨历时的增加而均匀增加;②降雨历时大于或等于汇水面积最远点的雨水流到设计断面的集水时间;③地面坡度的变化是均匀的,径流系数 ψ 为定值,且 $\psi=1.0$。

(一)管段 1—2 的雨水设计流量计算

管段 1—2 是收集汇水面积 F_{I}(hm^2)上的雨水,设最远点的雨水流到 1 断面的时间为 τ(min),只有当降雨历时 $t=\tau$ 时,F_{I} 全部面积的雨水均已流到 1 断面,此时管段 1—2 内流量达到最大值。因此,管段 1—2 的设计流量为

$$Q_{1-2}=F_{\mathrm{I}}q_1$$

其中,q_1 为管段 1—2 的设计暴雨强度,即相应于降雨历时 $t=\tau$ 时的暴雨强度。

(二)管段 2—3 的雨水设计流量计算

当 $t=\tau$ 时,全部 F_{II} 和部分 F_{I} 面积上的雨水流到 2 断面,此时管段 2—3 的雨水流量不是最大。只有当 $t=\tau+t_{1-2}$ 时,F_{I} 和 F_{II} 全部面积上的雨水均流到 2 断面,此时管段 2—3 雨水流量达到最大值。设计管段 2—3 的雨水设计流量为

$$Q_{2-3}=(F_{\mathrm{I}}+F_{\mathrm{II}})q_2$$

其中，q_2 为管段 2—3 的设计暴雨强度，是用 $F_{\mathrm{I}} + F_{\mathrm{II}}$ 面积上最远点雨水流行时间求得的降雨强度，即相应于 $t = \tau + t_{1-2}$ 的暴雨强度；t_{1-2} 为管段 1—2 的管内雨水流行时间。

同理可求得管段 3—4 及 4—5 的雨水设计流量分别为

$$Q_{3-4} = (F_{\mathrm{I}} + F_{\mathrm{II}} + F_{\mathrm{III}})q_{3-4}$$

$$Q_{4-5} = (F_{\mathrm{I}} + F_{\mathrm{II}} + F_{\mathrm{III}} + F_{\mathrm{IV}})q_{4-5}$$

其中，q_3、q_4 分别为管段 3—4、4—5 的设计暴雨强度，即相应于 $t = \tau + t_{1-2} + t_{2-3}$ 和 $t = \tau + t_{1-2} + t_{2-3} + t_{3-4}$ 的暴雨强度；t_{2-3}、t_{3-4} 分别为管段 2—3、3—4 的管内雨水流行时间。

由上可知，各设计管段的雨水设计流量等于该管段所承担的全部汇水面积和设计暴雨强度的乘积。各设计管段的设计暴雨强度是相应于该管段设计断面的集水时间的暴雨强度，因为各设计管段的集水时间不同，所以各管段的设计暴雨强度亦不同。在使用计算公式 $Q = \psi qF$ 时，应注意到随着排水管道计算断面位置的不同，管道的计算汇水面积也不同，从汇水面积最远点到不同计算断面处的集水时间（其中也包括管道内雨水流行时间）也是不同的。因此，在计算平均暴雨强度时，应采用不同的降雨历时 t_i。

根据上述分析，雨水管道的管段设计流量，是该管道上游节点断面的最大流量。在雨水管道设计中，应根据各集水断面节点上的集水时间 t_i 正确计算各管段的设计流量。

第三节　雨水管渠系统的设计计算

降落在地面上的雨水，并非是全部都流入雨水管道系统的，雨水管道系统的设计流量，只是相应汇水面积上全部降雨量的一部分。

一、径流系数的确定

雨水径流量与总降雨量的比值称为径流系数，用符号 ψ 表示，即

$$\psi = \frac{径流量}{降雨量} \tag{9-8}$$

根据定义，其值小于 1。

影响径流系数 ψ 的因素很多，如汇水面积上地面覆盖情况、建筑物的密度与分布地形、地貌、地面坡度、降雨强度、降雨历时等。其中，影响的主要因素是汇水面积上的地面覆盖情况和降雨强度的大小。目前，在设计计算中通常根据地面覆盖情况按经验来定。

根据《室外排水设计规范》（GB 50014—2006）（2011 年版）的规定：应严格执行规划控制的综合径流系数，综合径流系数高于 0.7 的地区应采用渗透、调蓄措施。径流系数可按表 9-1 的规定取值，汇水面积的平均径流系数应按地面种类加权平均计算。综合径流系数可按表 9-2 的规定取值。国内部分城市采用的综合径流系数 ψ 值见表 9-3。

《室外排水设计规范》（GB 50014—2006）（2011 年版）关于径流系数的规定体现了低影响开发的理念。小区的高强度开发，不应由市政设施的一再扩建与之适应，而应在小区内进行源头削减，本条规定了应严格执行规划控制的综合径流系数，还提出了综合径流系数高于 0.7 的地区应采用渗透、调蓄措施。

表 9-1 径流系数

地面种类	ψ
各种屋面、混凝土或沥青路面	0.85～0.95
大块石铺砌路面或沥青表面处理的碎石路面	0.55～0.65
级配碎石路面	0.40～0.50
干砌砖石或碎石路面	0.35～0.40
非铺砌土路面	0.25～0.35
公园或绿地	0.10～0.20

表 9-2 综合径流系数

区域情况	ψ
城市建筑密集区	0.60～0.85
城市建筑较密集区	0.45～0.6
城市建筑稀疏区	0.20～0.45

表 9-3 国内部分城市采用的综合径流系数

城市	综合径流系数 ψ	城市	综合径流系数 ψ
上海	一般 0.50～0.60，最大 0.80，新建小区 0.40～0.44，某工业区 0.40～0.50	北京	建筑极稠密的中心区 0.70 建筑密集的商业、居住区 0.60 城郊一般规划区 0.55
无锡	一般 0.50，中心区 0.70～0.75	西安	城区 0.54，郊区 0.43～0.47
常州	0.55～0.60	齐齐哈尔	0.30～0.50
南京	0.50～0.70	佳木斯	0.30～0.45
杭州	小区 0.60	哈尔滨	0.35～0.45
宁波	0.50	吉林	0.45
长沙	0.60～0.90	营口	郊区 0.38，市区 0.45
重庆	一般 0.70，最大 0.85	白城	郊区 0.35，市区 0.38
沙市	0.60	四平	0.39
成都	0.60	通辽	0.38
广州	0.50～0.90	浑江	0.40
济南	0.60	唐山	0.50
天津	0.30～0.90	保定	0.50～0.70
兰州	0.60	昆明	0.60
贵阳	0.75	西宁	半建成区 0.30，基本建成区 0.50

实际设计计算中,在同一块汇水面积上兼有多种地面覆盖的情况,需要计算整个汇水面积上的平均径流系数 ψ_{av}。

$$\psi_{av} = \frac{\sum (F_i \psi_i)}{F} \tag{9-9}$$

式中 ψ_{av}——汇水面积上的平均径流系数;

F_i——汇水面积上各类地面的面积,hm^2;

ψ_i——相应于各类地面的径流系数;

F——全部汇水面积,hm^2。

【例 9-1】 某小区各类地面 F_i 及 ψ_i 值见表 9-4,试求该小区平均径流系数 ψ_{av} 值。

表 9-4 某小区 F_i 及 ψ_i 值

地面种类	面积 F_i(hm^2)	采用 ψ_i 值
屋面	1.6	0.90
沥青道路及人行道	0.8	0.90
圆石路面	0.8	0.40
非铺砌土路面	0.9	0.30
绿地	0.9	0.15
合计	5.0	0.577

解: 由表 9-4 求得 $F = \sum F_i = 5.0(hm^2)$,则

$$\psi_{av} = \frac{\sum (F_i \psi_i)}{F}$$

$$= \frac{1.6 \times 0.9 + 0.8 \times 0.9 + 0.8 \times 0.4 + 0.9 \times 0.3 + 0.9 \times 0.15}{5}$$

$$= 0.577$$

二、设计暴雨强度的确定

(一)设计重现期 P 的确定

一般情况下,低洼地段采用的设计重现期应大于高地,干管采用的设计重现期应大于支管,工业区采用的设计重现期应大于居住区,市区采用的设计重现期应大于郊区。

根据《室外排水设计规范》(GB 50014—2006)(2011 年版)规定:雨水管渠设计重现期,应根据汇水地区性质、地形特点和气候特征等因素确定;同一排水系统可采用同一重现期或不同重现期;重现期应采用 1 ~ 3 年,重要干道、重要地区或短期积水即能引起较严重后果的地区,应采用 3 ~ 5 年,并应与道路设计协调,经济条件较好或有特殊要求的地区宜采用规定的上限;特别重要地区可采用 10 年或以上。

应校核城镇排水系统排除地面积水的能力,根据城镇特点、积水影响程度和内河水位调控等因素经技术经济比较后确定。一般地区根据重现期校核排除地面积水的能力,重现期应采用 3 ~ 5 年;重要干道、重要地区或短期积水即能引起较严重后果的地区,应采用 5 ~ 10 年;经济条件较好或有特殊要求的地区宜采用规定的上限,目前不具备条件的地区

可分期达到标准；特别重要地区可采用 50 年或以上。

雨水管渠设计重现期选用范围是根据我国各地目前实际采用的数据，经归纳综合规定。鉴于我国幅员广大，各地气候状况、地形条件、重要程度和排水设施各异，同时为防止或减少城镇积水现象，保证城镇的安全运行，规定将一般地区的重现期调整为 1 ~3 年，重要地区为 3 ~5 年，同时规定经济条件较好或有特殊要求的地区宜采用规定的上限，特别重要的地区可采用 10 年或以上。国内一些城市采用的设计重现期见表 9-5 。

表 9-5　国内一些城市现状设计重现期

城市	设计重现期（年）	城市	设计重现期（年）
北京	一般地区 1 ~2，特别重要地区 3 ~10	扬州	0.5 ~1
上海	一般地区 1 ~3，特别重要地区 5	宜昌	1 ~5
天津	1	南宁	1 ~2
乌兰浩特	0.5 ~1	柳州	0.5 ~1
南京	0.5 ~1	深圳	一般地区 2，低洼易涝及重要地区 2，下沉广场、地下通道、排水困难地区 5 ~10
杭州	一般地区 1，重要地区 2 ~3，特别重要地区 3 ~5	香港	一般地区 10 年，重要地区（工程）200 年

美国、日本等国在防止城镇内涝的设施上投入较大，城镇雨水管渠设计重现期一般采用 5 ~10 年。美国各州都将排水干管系统的设计重现期定为 100 年，排水系统的其他设施分别具有不同的设计重现期。日本下水道设计指南中，排水系统设计重现期标准可以提高到 30 ~50 年。

（二）设计降雨历时的确定

对于雨水管道某一设计断面来说，降雨历时 t 是由地面雨水集水时间 t_1 和管内雨水流行时间 t_2 两部分组成（如图 9-2 所示）。所以，设计降雨历时可用下式表达：

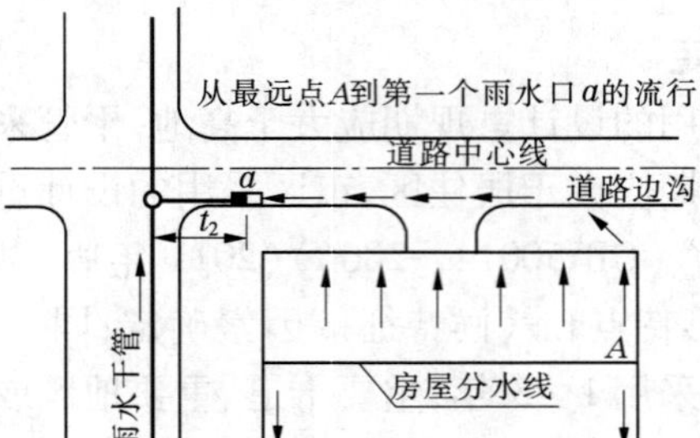

图 9-2　设计断面集水时间示意图

$$t = t_1 + mt_2 \tag{9-10}$$

式中　t——设计降雨历时，min；

t_1——地面雨水集水时间，min；

t_2——设计管段管内雨水流行时间，min；

m——折减系数。

1. 地面雨水集水时间 t_1 的确定

地面雨水集水时间 t_1 是指雨水从汇水面积上最远点 A 到第一个雨水口 a 的地面雨水流行时间。

地面雨水集水时间 t_1 的大小主要受地形坡度、地面铺砌及地面植被情况、水流路程的长短、道路的纵坡和宽度等因素的影响，这些因素直接影响水流沿地面或边沟的流行速度。其中，雨水流程的长短和地面坡度的大小是影响集水时间最主要的因素。

根据《室外排水设计规范》(GB 50014—2006)(2011 年版)规定：一般采用 5 ~ 15 min。按经验，一般在汇水面积较小、地形较陡、建筑密度较大、雨水口分布较密的地区，宜采用较小的 t_1 值，可取 t_1 =5 ~ 8 min；而在汇水面积较大、地形较平坦、建筑密度较小、雨水口分布较疏的地区，宜采用较大值，可取 t_1 = 10 ~ 15 min。起点检查井上游地面雨水流行距离以不超过 120 ~ 150 m 为宜。国外采用的地面集水时间见表 9-6 。

表 9-6　国外采用的地面集水时间

资料来源	工程情况	t_1(min)
日本指针	人口密度大的地区	5
	人口密度小的地区	10
	平均	7
	干线	5
	支线	7 ~ 10
美国土木学会	全部铺装，下水道完备的密集地区	5
	地面坡度较小的发展区	10 ~ 15
	平坦的住宅区	20 ~ 30

2. 管内雨水流行时间 t_2 的确定

管内雨水流行时间 t_2 是指雨水在管内从第一个雨水口流到设计断面的时间。它与雨水在管内流经的距离及管内雨水的流行速度有关，可用下式计算：

$$t_2 = \sum \frac{L}{60v} \tag{9-11}$$

式中　t_2——管内雨水流行时间，min；

L——各设计管段的长度，m；

v——各设计管段满流时的流速，m/s；

60——单位换算系数。

3. 折减系数 m 值的确定

管道内的水流速度是由零逐渐增加到设计流速的。雨水在管内的实际流行时间大于设计水流时间。此外，雨水管道各管段的设计流量是按照相应于该管段的集水时间的设计暴雨强度来设计计算的。因此,在一般情况下,各管段的最大流量不大可能在同一时间内发生。折减系数实际是苏林系数和管道调蓄利用系数两者的乘积,所以折减系数 $m = 2.0$。

根据《室外排水设计规范》(GB 50014—2006)(2011 年版)规定:暗管 $m = 2$,明渠 $m = 1.2$,陡坡地区暗管采用 1.2 ~ 2,经济条件较好、安全性要求较高地区的排水管渠,m 可取 1。

2010 年进入主汛期以来,我国许多地区发生严重内涝,给人民生活和生产造成了极不利影响。为防止或减少类似事件,有必要提高城镇排水系统设计标准,而采用降雨历时计算公式中的折减系数降低了设计标准,当时因考虑经济条件而设折减系数,发达国家一般不采用折减系数。为提高城镇排水的安全保证性,规定经济条件较好、安全性要求高的地区和没有折减的排水管渠,m 可取 1。

综上所述,当设计重现期、设计降雨历时、折减系数确定后,计算雨水管渠的设计流量所用的设计暴雨强度公式及流量公式可写成:

$$q = \frac{167A_1(1 + c\lg P)}{(t_1 + mt_2 + b)^n} \tag{9-12}$$

$$Q = \frac{167A_1(1 + c\lg P)}{(t_1 + mt_2 + b)^n}\psi F \tag{9-13}$$

式中 q——设计暴雨强度,L/(s · hm²);

Q——雨水设计流量,L/s;

ψ——径流系数,其值小于 1;

F——汇水面积,hm²;

P——设计重现期,年;

t_1——地面集水时间,min;

t_2——管渠内雨水流行时间,min;

m——折减系数;

A_1、c、b、n——地方参数。

雨水设计管段 i 的流量计算公式可写为

$$Q_i = \frac{167A_1(1 + c\lg P)}{(t_1 + mt_2 + b)^n}\sum \psi_i F_i \quad (i = 1,2,3,\cdots,n) \tag{9-14}$$

式中 Q_i——第 i 管段雨水设计流量,L/s;

F_i——第 i 管段所承担的汇水面积,hm²;

ψ_i——第 i 管段所承担的汇水面积上的径流系数;

其他符号意义同上。

三、单位面积径流量的确定

单位面积径流量 q_0 是暴雨强度 q 与径流系数 ψ 的乘积,即

$$q_0 = q\psi = \frac{167A_1(1 + c\lg P)}{(t_1 + mt_2 + b)^n}\psi \quad (9\text{-}15)$$

对于某一具体工程来说，式中 P、t_1、ψ、A_1、b、c、n 均为已知数。因此，只要求得符合各计算管段内的雨水流行时间 t_2，即可求出相应设计管段的 q_0 值。则相应设计雨水流量为 $Q = q_0 F$。

四、雨水管渠水力计算设计参数

（一）设计充满度

雨水管渠按满流来设计，即充满度 $h/D = 1$ 对于明渠，超高不得小于 0.2 m；街道边沟，超高应大于等于 0.3 m。

（二）设计流速

《室外排水设计规范》（GB 50014—2006）（2011 年版）中规定，雨水管渠（满流时）的最小设计流速为 0.75 m/s。由于明渠内发生淤积后易于清除、疏通，所以可采用较低的设计流速，一般明渠内最小设计流速为 0.4 m/s。

为防止管壁及渠壁因冲刷而损坏，雨水管道最大设计流速为：金属管道为 10 m/s，非金属管道为 5 m/s。明渠最大设计流速则根据其内壁材料的抗冲刷性质，按设计规范选用，见表 9-7。

表 9-7　明渠最大设计流速

明渠类别	最大设计流速（m/s）	明渠类别	最大设计流速（m/s）
粗砂或低塑性粉质黏土	0.8	草皮护面	1.6
粉质黏土	1.0	干砌石块	2.0
黏土	1.2	浆砌石块或浆砌砖	3.0
石灰岩或中砂岩	4.0	混凝土	4.0

（三）最小管径

《室外排水设计规范》（GB 50014—2006）（2011 年版）中规定，在街道下的雨水管道，最小管径为 300 mm，雨水口连接管最小管径为 200 mm。

（四）最小坡度

关于雨水管道最小设计管径和最小坡度的规定，见表 9-8。

表 9-8　雨水管道最小管径和最小坡度

管道类别	最小管径（mm）	最小设计坡度
污水管、雨水管道和合流管道	300	塑料管 0.002，其他管 0.003
雨水口连接管道	200	0.01

（五）最小埋深与最大埋深

最小埋深与最大埋深的具体规定与污水管道相同。

（六）管渠的断面形式

雨水管渠一般采用圆形断面，当直径超过 2 000 mm 时也采用矩形、半椭圆形或马蹄形断面，明渠一般采用梯形断面。

五、雨水管道水力计算的方法

雨水管道水力计算仍按均匀流考虑，其水力计算公式与污水管道相同。

在工程设计中，通常是在选定管材后，管壁粗糙系数 n 值即为已知数，雨水管道通常选用的是混凝土或钢筋混凝土管，其 n 值一般采用 0.013。设计流量 Q 是经过计算后求得的已知数。因此，只剩下 3 个未知数管径 D、流速 v 及管底坡度 i。在实际应用中，可参考地面坡度假定管底坡度，并根据设计流量值，从水力计算图或水力计算表中求得 D 及 v 值，并使所求得的 D、v、i 值符合水力计算基本参数的规定。

【例 9-2】 已知：钢筋混凝土圆管，充满度 $h/D=1$，粗糙度 $n=0.013$，设计流量 $Q=200$ L/s，设计地面坡度 $I=0.004$，试确定该管段的管径 D、流速 v 和管底坡度 i。

解：（1）采用圆管满流，$n=0.013$ 钢筋混凝土管水力计算图，如图 9-3。

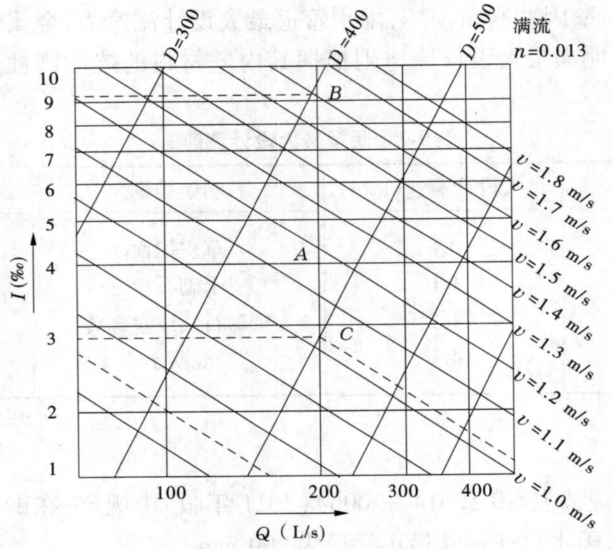

图 9-3　钢筋混凝土圆管水力计算图

（2）在横坐标上找出 $Q=200$ L/s 的点，向上作垂线，与坡度 $I=0.004$ 相交于点 A，在 A 点可得到 $v=1.17$ m/s，其值符合规定。而 D 值介于 400 ~ 500 mm，不符合管材规格的要求，需要调整管径 D。

（3）当采用 $D=400$ mm 时，则 $Q=200$ L/s 的垂线与 $D=400$ mm 的斜线相交于点 B，从图中得到 $v=1.60$ m/s，符合规定，而 $i=0.009\,2$ 与地面坡度 $I=0.004$ 相差很大，势必增大管道埋深，不宜采用。

（4）如果采用 $D=500$ mm，则 $Q=200$ L/s 的垂线与 $D=500$ mm 的斜线相交于点 C，从图中得出 $v=1.02$ m/s，$i=0.002\,8$。此结果既符合水力计算要求，又不会增大管道埋深。

六、雨水管渠的设计方法和步骤

采用暗管或是明渠排除雨水，直接涉及工程投资、环境卫生及管渠养护管理等方面的问题，在设计时，应因地制宜，结合具体条件确定。

雨水管渠的设计通常按以下步骤进行：

（1）收集并整理设计地区各种原始资料（如地形图、排水工程规划图、水文、地质、暴雨等）作为基本的设计数据。

（2）划分排水流域，进行雨水管道定线。

（3）划分设计管段。

（4）划分并计算各设计管段的汇水面积。

（5）根据排水流域内各类地面的面积数或所占比例，计算出该排水流域的平均径流系数。另外，也可根据规划的地区类别，采用区域综合径流系数。

（6）确定设计重现期 P 及地面集水时间 t_1。

设计时，应结合该地区的地形特点、工程建设性质和气象条件选择设计重现期 P，各排水流域雨水管道的设计重现期可选用同一值，也可选用不同值。

根据设计地区建筑密度情况、地形坡度和地面覆盖种类、街坊内是否设置雨水管渠，确定雨水管道的地面集水时间 t_1。

（7）确定管道的埋深与衔接。

根据管道埋设深度的要求，必须保证管顶的最小覆土厚度。在车行道下时，一般不低于0.7 m，此外，应结合当地埋管经验确定。当在冰冻层内埋设雨水管道，如有防止冰冻膨胀破坏管道的措施，可埋设在冰冻线以上，管道的基础应设在冰冻线以下。雨水管道的衔接，宜采用管顶平接。

（8）确定单位面积径流量 q_0。

q_0 是暴雨强度与径流量系数的乘积，称为单位面积径流量，即

$$q_0 = \psi q = \psi \frac{167A_1(1 + c\lg P)}{(t_1 + b)^n} = \psi \frac{167A_1(1 + c\lg P)}{(t_1 + mt_2 + b)^n}$$

对于具体的工程设计来说，公式中的 P、t_1、ψ、m、A_1、b、c、n 均为已知数，因此只要求出各管段的管内雨水流行时间 t_2，就可求出相应于该管段的 q_0 值，然后根据暴雨强度公式，可绘制出单位面积径流量与设计降雨历时关系曲线。

（9）管渠材料的选择。

雨水管道管径小于或等于400 mm，采用混凝土管；管径大于400 mm，采用钢筋混凝土管。

（10）设计流量的计算。

根据流域具体情况，选定设计流量的计算方法，计算从上游向下游依次进行，并列表计算各设计管段的设计流量。

（11）进行雨水管渠水力计算，确定雨水管道的坡度、管径和埋深。计算并确定出各设计管段的管径、坡度、流速、管底标高和管道埋深。

（12）绘制雨水管道平面图及纵剖面图。绘制方法及具体要求与污水管道基本相同。

七、雨水管渠设计计算实例

【例9-3】 某市居住区部分雨水管道布置如图9-4所示。地形西高东低，一条自西向东流的天然河流分布在城市的南面。该城市的暴雨强度公式为 $q=\dfrac{500(1+1.47\lg P)}{t^{0.65}}$。

该街区采用暗管排除雨水，管材采用圆形钢筋混凝土管。管道起点埋深1.40 m。各类地面面积见表9-9，试进行雨水管道的设计与计算。

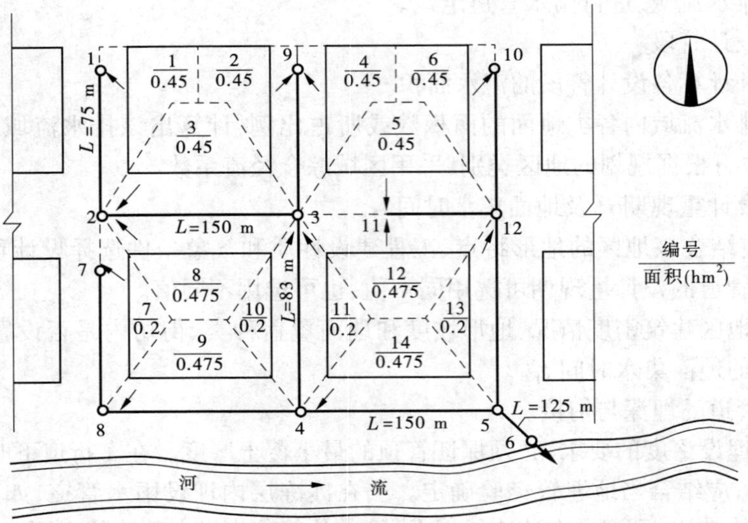

图9-4　某市居住区部分雨水管道布置

表9-9　街坊及街道各类面积

地面种类	面积 F_i	采用径流系数 ψ_i	$F_i\psi_i$
屋面	1.2	0.9	1.08
沥青路面及人行道	0.7	0.9	0.63
圆石路面	0.5	0.4	0.20
土路面	0.8	0.3	0.24
草地	0.8	0.15	0.12
合计	4.0		2.27

解：(1)从居住区地形图中得知，该地区地形较平坦，无明显分水线，因此可按就近排入附近雨水管道的原则划分汇水面积，雨水出水口设在河岸边，故雨水干管走向从西向东南，为保证在暴雨期间排水的可能性，故在雨水干管的终端设置雨水泵站。

(2)根据地形及管道布置情况，划分设计管段，将设计管段的检查井依次编号，并量出每一设计管段的长度，汇总到表 9-10。确定出各检查井的地面标高填入表 9-11。

(3)每一设计管段所承担的汇水面积可按就近排入附近雨水管道的原则划分，然后将每块汇水面积编号，计算数值。雨水流向标注在图中，如图 9-4 所示。

表 9-12 为各设计管段的汇水面积计算表。

(4)水力计算：采用列表方法进行雨水管道设计流量及水力计算。先从管段起端开始，然后依次向下游进行。方法如下：

表 9-10　设计管道长度汇总表

管段编号	管段长度(m)	管段编号	管段长度(m)
1—2	75	4—5	150
2—3	150	5—6	125
3—4	83		

表 9-11　地面标高汇总表

检查井编号	地面标高(m)	检查井编号	地面标高(m)
1	86.700	4	86.550
2	86.630	5	86.530
3	86.560	6	86.500

表 9-12　汇水面积计算表

管段编号	本段汇水面积编号	本段汇水面积(hm^2)	转输汇水面积(hm^2)	汇水总面积(hm^2)
1—2	1	0.450	0	0.450
2—3	3、8	0.925	0.450	1.375
9—3	2、4	0.900	0	0.900
3—4	10、11	0.400	2.275	2.675
7—8	7	0.200	0	0.200
8—4	9	0.475	0.200	0.675
4—5	14	0.475	3.350	3.825
10—12	6	0.450	0	0.450
11—12	5、12	0.925	0	0.925
12—5	13	0.200	1.375	1.575
5—6	0	0	5.400	5.400

①表 9-13 中第 1 项为需要计算的设计管段，应从上游向下游依次写出。第 2、3、13、14 项分别从表 9-10、表 9-12、表 9-11 中取得。

②在计算中，假定管段中雨水流量均从管段的起点进入，将各管段的起点设为设计断

面。因此，各设计管段的设计流量按该管段的起点，即上游管段终点的设计降雨历时进行计算，也就是说，在计算各设计管段的暴雨强度时，所采用的 t_2 值是上游各管段的管内雨水流行时间之和 $\sum t_2$。例如，设计管段 1—2 是起始管段，故 $t_2=0$，将此值列入表 9-13 中第 4 项。

表 9-13　雨水干管水力计算表

设计管段编号	管段长度 L(m)	汇水面积 $F(hm^2)$	管内雨水流行时间(min) $\sum t_2=\sum \frac{L}{v}$	管内雨水流行时间(min) $t_2=\frac{L}{v}$	单位面积径流量 q_0 (L/(s·hm²))	设计流量 Q(L/s)	管径 D(mm)	水力坡度 I(‰)
1	2	3	4	5	6	7	8	9
1—2	75	0.450	0	1.67	105	47.25	300	3
2—3	150	1.375	1.67	3.13	75.57	103.90	400	2.3
3—4	83	2.675	4.80	1.73	52.52	140.49	500	1.75
4—5	150	3.825	6.53	2.84	45.74	174.95	500	2.2
5—6	125	5.400	9.37	2.08	38.29	206.78	600	1.70

流速 v(m/s)	管道输水能力 Q'(L/s)	坡降 IL(m)	设计地面标高(m) 起点 G_1	设计地面标高(m) 终点 G_2	设计管内底标高(m) 起点	设计管内底标高(m) 终点	埋深(m) 起点	埋深(m) 终点
10	11	12	13	14	15	16	17	18
0.75	54	0.225	86.700	86.630	85.300	85.075	1.40	1.56
0.80	110	0.345	86.630	86.560	84.975	84.630	1.66	1.93
0.80	160	0.145	86.560	86.550	84.530	84.385	2.03	2.17
0.88	175	0.330	86.550	86.530	84.385	84.055	2.17	2.48
0.90	260	0.213	86.530	86.500	83.955	83.742	2.58	2.76

③求该居住区的平均径流系数 ψ_{av}，根据表 9-9 中数值，按公式计算得：

$$\psi_{av}=\frac{\sum(F_i\psi_i)}{F}=0.57\approx 0.6$$

④求单位面积径流量 q_0，即

$$q_0=\psi_{av}q$$

因为该设计地形较平坦，街区面积较小，地面集水时间 t_1 采用 5 min，汇水面积设计重现期 P 采用 1 年，采用暗管排除雨水，所以 $m=2.0$。将确定的设计参数代入公式中，则

$$q_0=\psi_{av}q=0.6\times\frac{500\times(1+1.47\lg 1)}{(5+2\sum t_2)^{0.65}}=\frac{300}{(5+2\sum t_2)^{0.65}}$$

因为 q_0 为某设计管段的上游管段雨水量流行时间之和的函数，只要知道各设计管段内雨水流行时间 t_2，即可求出该设计管段的单位面积径流量 q_0。例如，管段 1—2 的

$\sum t_2=0$,代入上式 $q_0=\frac{300}{5^{0.65}}=105$,将上式结果列入表 9-14 中。

表 9-14　单位面积径流量计算表

t_2(min)	0	5	10	15	20	25	30	35	40	45	50	55	60
$(5+t_2)$	5	15	25	35	45	55	65	75	85	95	105	115	125
$(5+t_2)^{0.65}$	2.85	5.8	8.1	10	11.9	13.6	15.08	16.55	18	19.3	20.6	21.8	23.06
$q_0=\psi q$	105	51.6	37	30	25.2	22.1	19.9	18.1	16.7	15.5	14.6	13.8	13.00

⑤用各设计管段的单位面积径流量乘以该管段的总汇水面积得该管段的设计流量。例如,管段 1—2 的设计流量为 $Q=q_0F_{1-2}=105\times0.45=47.25$ (L/s),将此结果列入表中第 7 项。

⑥根据求得各设计管段的设计流量,参考地面坡度,查满流水力计算图,确定管段的设计管径、坡度和流速。

由于该街区地面坡度较小,甚至地面坡度与管道坡向正好相反。因此,为不使管道埋深过大,管道坡度宜取小值,但所取的最小坡度应能使管内水流速度不小于设计流速。例如,管段 1—2 处的地面坡度为 $I_{1-2}=\frac{Z_1-Z_2}{L_{1-2}}=\frac{86.700-86.630}{75}=0.0009$。该管段的设计流量 $Q=47.25$ L/s,当管道坡度采用地面坡度($i=0.0009$)时,查满流水力计算图 D 介于 300 ~ 400 mm,$v=0.48$ L/s,不符合设计的技术规定。因此,需要进行调整,当 $D=300$ mm、$v=0.75$ m/s、$i=0.003$ 时,符合设计规定,故采用并将其填入表中第 8、9、10 项中。表中第 11 项是管道的输水能力 Q',它是指经过调整后的流量值,也就是指在给定的 D、I 和 v 的条件下,雨水管道的实际过水能力,要求 $Q'>Q$,管段 1—2 的输水能力为 54 L/s。

⑦根据设计管段的设计流速求本管段的管内雨水流行时间 t_2。例如管段 1—2 的管内雨水流行时间 $t_2=\frac{L_{1-2}}{60v_{1-2}}=\frac{75}{60\times0.75}=1.67$ min,将其计算值列入表中第 5 项中。

⑧求降落量。由设计管段的长度及坡度,求出设计管段上下端的设计高差(降落量)。例如管段 1—2 的降落量 $iL=0.003\times75=0.225$(m),将此值列入表中第 12 项。

⑨确定管道埋深及衔接。在满足最小覆土厚度的条件下,考虑冰冻情况,承受荷载及管道衔接,并考虑到与其他地下管线交叉的可能,确定管道起点的埋深或标高。本例起点埋深为 1.40 m。将此值列入表中第 17 项。各设计管段的衔接采用管顶平接。

⑩求各设计管段上、下端的管内底标高。用 1 点地面标高减去该点管道的埋深,得到该点的管内底标高,即 86.700 − 1.40 = 85.300(m)列入表中第 15 项,再用该值减去该管段的降落量,即得到终点的管内底标高,即 85.300 − 0.225 = 85.075(m),列入表中第 16 项。

用 2 点的地面标高减去该点的管内底标高,得到 2 点的埋深,即 86.630 − 85.075 = 1.56 (m),将此值列入表中第 18 项。

由于管段 1—2 与 2—3 的管径不同,采用管顶平接。即管段 1—2 中的 2 点与 2—3 中的 2 点的管顶标高应相同。所以管段 2—3 中的 2 点的管内底标高为 85.075 + 0.300 −

0.400 = 84.975(m)。求出2点的管内底标高后,按前面的方法求出3点的管内底标高。其余各管段的计算方法与此相同,指导完成表9-13中所有项目,则水力计算结束。

⑪水力计算后,要进行校核,使设计管段的流速、标高及埋深符合设计规定。

雨水管道在设计计算时,应注意以下几方面的问题:

a. 在划分汇水面积时,应尽可能使各设计管段的汇水面积均匀增加,否则会出现下游管段的设计流量小于上游管段的设计流量。这是因为下游管段的集水时间大于上游管段的集水时间,故下游管段的设计暴雨强度小于上游管段的设计暴雨强度,而总汇水面积只有很少增加的缘故。若出现了这种情况,应取上游管段的设计流量作为下游管段的设计流量。

b. 水力计算自上游管段依次向下游进行,一般情况下,随着流量的增加,设计流速也相应增加,如果流量不变,流速不应减小。

c. 雨水管道各设计管段的衔接方式应采用管顶平接。

d. 本例只进行了雨水干管水力计算,但在实际工程设计中,干管与支管是同时进行计算的。在支管和干管相接的检查井处,会出现到该断面处有两个不同的集水时间$\sum t_2$和管内底标高值,在继续计算相交后的下一个管段时,应采用其中较大的集水时间值和较小的管内底标高。

e. 绘制雨水管道的平面图和纵断面图。

绘制的方法、要求及内容参见污水管道平面图和纵剖面图。

第四节　城镇防洪工程

新中国成立以来,我国城市防洪事业有了很大发展,大江大河和大中城市初步建成了防洪体系,在保卫城市经济发展和人民生命财产安全方面发挥了积极作用。改革开放以来,随着城市化的迅速发展,城市的防洪标准有了一定的提高。但是,仍有很多城市的防洪建设进展迟缓,没有与城市发展同步进行,至今城市防洪标准普遍偏低。防洪设计的主要任务是防止暴雨形成巨大的地面径流而产生严重危害。在我国660余座建制市中,639座有防洪任务,占96.67%,达到国家防洪标准的只有236个。洪水对城市的危害程度与城市人口数量密切相关,人口越多洪水危害越大。

一、防洪设计原则

(1)应符合城市和工业企业的总体规划。

(2)应合理安排,使近远期有机结合。

因防洪工程的建设费用较大,建设期较长,因此要作出分期建设的安排,既能节省初期投资,又能提早发挥工程设施的效益。

(3)应从实际出发,充分利用原有防洪、泄洪、蓄洪设施,做到有计划、有步骤地加以改造,使其逐步完善。

(4)应尽量采用分洪、截洪、排洪相结合的措施。

(5)应尽可能与农业生产相结合。

二、防洪标准

城市防洪标准是指城市应具有的防洪能力，也就是城市整个防洪体系的综合抗洪能力。在一般情况下，当发生不大于防洪标准的洪水时，通过防洪体系的正确运用，能够保证城市的防洪安全。具体表现为防洪控制点的最高水位不高于设计洪水位，或者河道流量不大于该河道的安全泄量。防洪标准与城市的重要性、洪水灾害的严重性及其影响直接有关，并与国民经济发展水平相适应。

防护对象的防洪标准应以防御的洪水或潮水的重现期表示。对特别重要的防护对象，可采用可能最大洪水表示。根据防护对象的不同需要，其防洪标准可采用设计一级或设计、校核两级。

在实际设计中，一般常用暴雨重现期来衡量设计标准的高低，即重现期越小，则设计标准越低，工程规模也就越小；反之，设计标准越高，工程规模越大。根据我国城市防洪工程的特点和防洪工程实践，城市的等级和防洪标准见表9-15，乡村防护区的等级和防洪标准见表9-16，供水工程主要建筑物的防洪标准见表9-17。

表9-15　城市的等级和防洪标准

等级	重要性	非农业人口(万人)	防洪标准(重现期(年))
Ⅰ	特别重要的城市	≥150	≥200
Ⅱ	重要的城市	50~150	100~200
Ⅲ	中等城市	20~50	50~100
Ⅳ	一般城镇	≤20	20~50

表9-16　乡村防护区的等级和防洪标准

等级	防护区人口(万人)	防护区耕地面积(万亩)	防洪标准(重现期(年))
Ⅰ	≥150	≥300	50~100
Ⅱ	50~150	100~300	30~50
Ⅲ	20~50	30~100	20~30
Ⅳ	≤20	≤30	10~20

注：1亩=0.066 7 hm^2。

表9-17　供水工程主要建筑物的防洪标准

水工建筑物等级	防洪标准(重现期(年))	
	设计	校核
1	50~150	200~300
2	30~50	100~200
3	20~30	50~100
4	10~20	30~50

三、设计洪峰流量计算

设计洪峰流量，是指相应于防洪设计标准的洪水流量。

计算设计洪峰流量的方法较多，目前我国常用的暴雨洪峰流量的计算有以下三种方法。

（一）地区性经验公式

在缺乏水文资料的地区，洪峰小面积径流量的计算，可采用我国应用比较普遍的、以流域面积 F 为参数的一般地区性经验公式。

1. 公路科学研究所的经验公式

当没有暴雨资料，汇水面积小于 10 km² 时，可按下式计算：

$$Q_P = K_P F^m \tag{9-16}$$

式中 Q_P——设计洪峰流量，m^3/s；

K_P——随地区及洪水频率而变化的流量模数；

F——流域面积，km^2；

m——随地区及洪水频率而定的面积指数。

2. 水利科学院水文研究所经验公式

对洪水调查，汇水面积小于 100 km² 的经验公式如下：

$$Q_P = K_P F^{\frac{2}{3}} \tag{9-17}$$

式中 Q_P、F、K_P 符号意义同前，其中 K_P 值除按实测、调查得到外，还可根据地形条件选用下列数值：

对于山区 $K_P = 0.72S_P$

对于平原 $K_P = 0.5S_P$

当汇水面积 $F < 3$ km² 时，经验公式为

$$Q_P = 0.6S_P F \tag{9-18}$$

式中 S_P——设计雨力，mm/h。

（二）推理公式法

我国水利科学院水文研究所提出的推理公式已得到广泛的应用，其公式如下：

$$Q = 0.278F\frac{\psi S}{\tau^n} \tag{9-19}$$

式中 Q——设计洪峰流量，m^3/s；

F——流域面积，km^2；

ψ——径流系数；

S——暴雨雨力，即与设计重现期相应的最大 1 h 降雨量，mm/h；

τ——流域的集流时间，h；

n——暴雨强度衰减指数。

此公式适用范围为汇水面积 $F \leqslant 500$ km²，但汇水面积 F 为 40 ~ 50 km² 时适用效果最好。

(三)洪水调查法

洪水调查法主要是指河流、山溪在历史上出现的特大洪水流量的调查和推算。调查的主要内容是历史上洪水的概况及洪水痕迹标高。调查的方法主要是通过深入现场,勘察洪水位的痕迹,查阅当地可靠的文字记载。此外,还应调查访问在河道附近世代久居的群众,这些老年人的回忆及祖辈流传的有关洪水传说都是历史洪水的宝贵资料。

四、排洪沟设计计算

(一)排洪沟设计要点

排洪沟的设计涉及面广,影响因素复杂。因此,应深入现场,根据城镇总体规划布置、山区自然流域划分范围、山坡地形及地貌条件、原有天然排洪沟情况、洪水走向、洪水冲刷情况、当地工程地质及水文地质条件、当地气象条件等各种因素综合考虑,合理布置排洪沟。排洪沟包括明渠、暗渠、截洪沟等。排洪沟设计的要点有以下几个方面:

(1)排洪沟布置应与城镇和工业企业总体规划相结合。

(2)排洪沟应尽可能利用设计地区原有天然山洪沟道,必要时可作适当整修。

(3)排洪沟选址,宜选在地形平稳、地质较稳定的地带。

(4)排水沟布置时,应尽量利用自然地形坡度。

(5)排水沟采用明渠或暗渠应根据设计地区具体条件确定。

(6)排洪沟的平面布置,包括进口段、连接段、出口段。

(7)排洪沟穿越道路应设桥涵。

(8)排水沟纵坡确定。

(9)排洪沟设计流速的确定。

(10)排洪沟设计计算径流系数的确定。

(11)排洪沟断面形式、材料及其选择。

(二)排洪沟水力计算

在进行排洪沟水力计算时,常遇到以下几种情况:

(1)已知设计流量、渠底坡度,确定渠道断面。

(2)已知设计流量或流速、渠道断面及粗糙系数,求渠道底坡。

(3)已知渠道断面、渠壁粗糙系数及渠道底坡,求渠道的输水能力。

五、防洪工程的环境影响评价

城市防洪工程的环境影响评价,应根据国务院发布的《建设项目环境保护管理条例》及国家环保总局发布的《建设项目环境保护分类管理名录》要求,编制环境影响报告书或环境影响报告表。城市防洪工程对环境的影响,应依据《中华人民共和国环境影响评价法》、《环境影响评价技术导则 水利水电工程》(HJ/T 88—2003),结合城市防洪工程的具体情况进行评价。城市防洪工程的环境影响评价应包括下述内容:

(1)对河道、河滩及湿地的影响。

(2)对城市排水管网的影响。

(3)对城市现有的交通等基础设施的影响。

环境保护设计应依据具有审批权的环境保护主管部门对城市防洪工程环境影响报告书或环境影响报告表的批复意见进行。环境保护投资概算应按现行有关规定编制，包括环境保护措施投资、环境监测措施投资、仪器设备及安装投资、环境保护临时措施投资、独立费用、预备费和建设期还贷利息等。同时，城市防洪工程应依据《开发建设项目水土保持方案技术规范》（SL 204—98）进行水土保持设计。城市防洪工程的水土保持措施应符合城市建设的要求，与城市绿化、美化相结合，生物措施应与园林景观相协调。

六、防洪工程管理

城市防洪工程管理设计应明确管理体制、机构设置和人员编制，划定工程管理范围和保护范围，提出观测、交通、通信、抢险、生产管理和生活设施，进行防汛指挥调度系统设计，编制防洪调度运行管理规定，以及测算年运行管理费等。城市防洪工程管理范围和保护范围，应根据城市的自然地理条件、土地开发利用情况、工程运行需要及当地人民政府的规定划定。

城市防洪工程管理是城市防洪工程设计中的重要组成部分，是城市防洪工程建成投产后能够正常安全运行、发挥工程效益的基础。在社会主义市场经济体制逐步建立、传统水利向现代水利和可持续发展水利转变的新形势下，工程管理提到了一个相对比较高的高度。因此，只有加强对城市防洪工程的管理，才能最大限度地发挥城市防洪工程的效益，保障城市经济的可持续发展。这就要求城市防洪工程设计重视工程管理设计，针对城市防洪工程类型多、密度大、标准高的特点进行管理设计，为运行管理打好基础。

按照国务院体改办 2002 年 9 月 3 日颁布的《水利工程管理体制改革实施意见》，应根据水管单位承担的任务和收益状况，确定城市防洪管理单位的性质。

第一类是指承担防洪、排涝等水利工程管理运行维护任务的水管单位，称为纯公益性水管单位，定性为事业单位。

第二类是指承担既有防洪、排涝等公益性任务，又有供水、水力发电等经营性功能的水利工程管理运行维护任务的水管单位，称为准公益性水管单位。准公益性水管单位依其经营收益情况确定性质，不具备自收自支条件的，定性为事业单位；具备自收自支条件的，定性为企业；目前已转制为企业的，维持企业性质不变。

第三类是指承担城市供水、水力发电等水利工程管理运行维护任务的水管单位，称为经营性水管单位，定性为企业。

城市防洪安全是关系到社会安定、经济发展的大事。保证工程发挥效益，必须做好防洪工程的管理工作，必须要有稳定的经费来源作保证。既要完善各项管理规章制度，又要落实管理费用，工程建设与工程管理并重。年运行管理费用测算，是为有关部门筹集维护管理资金和制定相关的财务补贴政策提供数值依据的。

城市防洪工程的年运行管理费主要包括以下内容：

（1）工资及福利费，主要包括基本工资、补助工资及劳保福利费等。

（2）材料、燃料及动力费，主要包括消耗的原材料、辅助材料、备品备件、燃料及动力费。

（3）工程维修费，主要包括主体工程及其附属工程的岁修费、养护费、检修费及防汛抢险经费等。

(4)其他直接费,主要包括技术开发费、监测费、试验费等。

(5)管理费,主要包括办公费、旅差费、邮电费、水电费、会议费、采暖费、房屋修缮费及工会经费等。

《中华人民共和国防洪法》第六章第四十九条的规定,城市防洪工程设施的建设和管理费用,由城市人民政府承担。国家防汛总指挥部《关于加强城市防洪工作的意见》明确提出:城市防洪工程建设、维修和管理所需经费,主要应由地方自筹解决。与大江大河有密切关系的大城市防洪骨干工程,仍以地方为主,中央可予以适当补助。城市应从地方财政和城市维护建设费中拨出一定经费,按照城市防洪规划进行城市防洪工程建设和维修管理。同时还应按照"谁受益,谁出资"的原则,采取多层次、多渠道的途径开辟资金来源,如组织公民义务投劳,有关单位集资,向受益单位收取防洪工程修建维护管理费等。

城市防洪工程基本上是以防洪为主的纯公益性的水利工程,或者是准公益性的水利工程,城市防洪管理单位一般没有直接的财务收入,不具备自收自支条件,其管理单位大多为事业单位。目前,我国的水管理体制还比较松散,很多城市的防洪工程分别由水利、城建和市政等部门共同管理。在这种体制下,不可避免地形成了各部门之间业务范围交叉、办事效率低下、责任不清等状况,不利于城市防洪的统一管理,也不利于城市防洪工程整体效益的发挥,应逐步集中到一个部门管理,实施水务一体化管理。

第五节　合流制排水管渠系统

合流制排水管渠系统是利用同一管渠排除生活污水、工业废水及雨水的排水方式。本节只介绍截流式合流制排水系统。

一、截流式合流制排水系统的工作情况与特点

截流式合流制排水系统,是在同一管渠内输送多种混合污水,集中到污水处理厂处理,从而消除了晴天时城市污水及初期雨水对水体的污染,在一定程度上满足环境保护方面的要求。另外,该排水系统还具有管线单一、管渠的总长度小等优点。因此,在节省投资、管道施工等方面较为有利。截流式合流制组成示意图如图9-5所示。

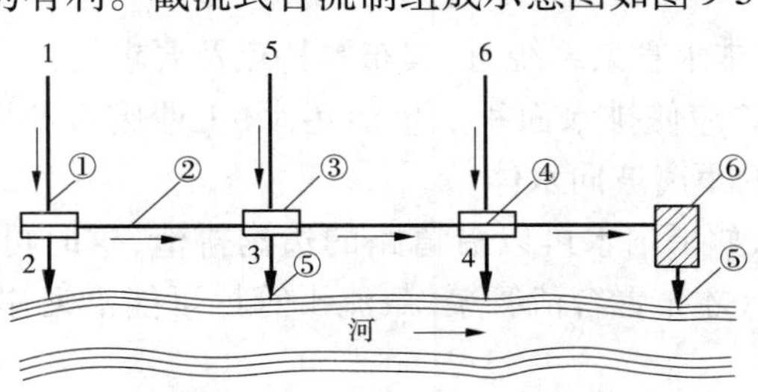

①—合流管道;②—截流管道;③—溢流井;
④—溢流堰;⑤—出水口;⑥—污水处理厂

图9-5　截流式合流制组成示意图

截流式合流制排水系统的缺点是:在暴雨期间,会有部分混合污水通过溢流井排入水体,将造成水体周期性污染;由于截流式合流制排水管渠的过水断面很大,而在晴天时流量小、流速低,往往在管底形成淤积,降雨时,雨水将沉积在管底的大量污物冲刷起来带入水体形成严重的污染。

另外,截流管、提升泵站以及污水处理厂的设计规模都比分流制排水系统大,截流管的埋深也比单设雨水管渠的埋深大。

排水体制(分流制或合流制)的选择,应根据城镇的总体规划,结合当地的地形特点、水文条件、水体状况、气候特征、原有排水设施、污水处理程度和处理后出水利用等综合考虑后确定。同一城镇的不同地区可采用不同的排水体制。除降雨量少的干旱地区外,新建地区的排水系统应采用分流制。现有合流制排水系统,有条件的应按照城镇排水规划的要求,实施雨污分流改造;暂时不具备雨污分流条件的,应采取截流、调蓄和处理相结合的措施。

二、截流式合流制排水系统的使用条件

在下列情形下可考虑采用截流式合流制排水系统:

(1)排水区域内有充沛的水体,并且具有较大的流量和流速,一定量的混合污水溢入水体后,对水体造成的污染危害程度在允许范围内。

(2)街区、街道的建设比较完善,必须采用暗管排除雨水时,而街道的横断面又较窄,管渠的设置位置受到限制时。

(3)地面有一定的坡度倾向水体,当水体水位高,岸边不被淹没时。

(4)排水管渠能以自流方式排入水体,在中途不需要泵站提升。

(5)降雨量小的地区。

(6)水体卫生要求特别高的地区,污水、雨水均需要处理。

显然,对于某个地区或城市来说,上述条件不一定能够同时满足,但可根据具体情况酌情选用合流制排水系统。在水体距离排水区域较远,水体流量、流速都较小,城市污水中的有害物质经溢流井排入水体的浓度超过水体允许卫生标准等情况下,则不宜采用。

三、截流式合流制排水系统布置

采用截流式合流制排水管渠系统时,其布置特点及要求是:

(1)排水管渠的布置应使排水面积上生活污水、工业废水和雨水都能合理地排入管渠,管渠尽可能以最短的距离坡向水体。

(2)在排水区域内,如果雨水可以沿道路的边沟排泄,这时可只设污水管道,只有当雨水不宜沿地面径流时,才布置合流管渠,截流干管尽可能沿河岸敷设,以便于截流和溢流。

(3)沿水体岸边布置与水体平行的截流干管,在截流干管的适当位置上设置溢流井,以保证超过截流干管的设计输水能力的那部分混合污水能顺利地通过溢流井就近排入水体。

(4)在截流干管上,必须合理地确定溢流井的位置及数目,以便尽可能减少对水体的

污染，减小截流干管的断面尺寸和缩短排放渠道的长度。

(5)在汛期，因自然水体的水位增高，造成截流干管上的溢流井，不能按重力流方式通过溢流管渠向水体排放时，应考虑在溢流管渠上设置闸门，防止洪水倒灌，还要考虑设置排水泵站提升排放，这时宜将溢流井适当集中，利于排水泵站集中抽升。

(6)为了彻底解决溢流混合污水对水体的污染问题，又能充分利用截流干管的输水能力及污水处理厂的处理能力，可考虑在溢流出水口附近设置混合污水贮水池，在降雨时，可利用贮水池积蓄溢流的混合污水，待雨后将贮存的混合污水再送往污水处理厂处理。此外，贮水池还可以起到沉淀池的作用，可改善溢流污水的水质。但一般所需贮水池容积较大，另外，蓄积的混合污水需设泵站提升至截流管。

四、合流制排水管渠的水力计算

(一)完全合流制排水管渠设计流量的确定

完全合流制排水管渠的设计流量按下式计算：

$$Q_w = Q_s + Q_g + Q_y = Q_h + Q_y \tag{9-20}$$

式中 Q_w——完全合流制管渠的设计流量，L/s；

Q_s——生活污水设计流量，L/s；

Q_g——工业废水设计流量，L/s；

Q_h——旱流流量(指晴天时的城市污水量，即 $Q_h = Q_s + Q_g$)，L/s；

Q_y——雨水设计流量，L/s。

截流式合流制排水管渠系统中溢流井上游部分，实际上相当于完全合流制排水管渠系统。

(二)截流式合流制排水管渠设计流量的确定

在截流式合流制排水管渠系统中，由于在截流干管上设置了溢流井，当溢流井上游合流污水流量超过截流干管的输水能力时，就会有部分合流污水经溢流井直接排入水体。当溢流井内的水量刚好达到溢流状态时，雨水流量和旱流流量的比值称为截流倍数，用 n_0 表示。n_0 值的大小应根据旱流污水的性质和水量及其总变化系数、水体环境要求以及水文、气象条件等因素计算确定。显然，n_0 的取值也决定了下游管渠的断面尺寸和污水处理厂的规模。

溢流井下游截流干管的设计雨水流量可按下式计算：

$$Q_y = n_0(Q_s + Q_g) + Q'_y \tag{9-21}$$

溢流井下游截流干管的设计总流量是上述雨水设计流量与生活污水平均流量及工业废水最大班平均流量之和，可按下式计算：

$$\begin{aligned} Q_z &= n_0(Q_s + Q_g) + Q'_y + Q_s + Q_g + Q'_h \\ &= (1 + n_0)(Q_s + Q_g) + Q'_y + Q'_h \\ &= (1 + n_0)Q_h + Q'_y + Q'_h \end{aligned} \tag{9-22}$$

式中 Q_z——溢流井下游截流干管的总设计流量，L/s；

n_0——设计截流倍数；

Q'_h——溢流井下游纳入的旱流流量，L/s；

Q'_y——溢流井下游纳入的雨水设计流量，L/s。

（三）从溢流井溢出的混合污水设计流量的确定

当溢流井上游合流污水的流量超过溢流井下游管段的截流能力时，将有一部分混合污水经溢流井处溢流，并通过排放渠道排入水体。其溢流的混合污水设计流量按下式计算：

$$Q_x = Q_s + Q_g + Q_y - (1 + n_0) Q_h \tag{9-23}$$

式中 Q_x——经溢流井处溢流的混合污水设计流量，L/s。

五、截流式合流制管渠的水力计算要点

截流式合流制排水管渠一般按满流设计。水力计算方法、水力计算数据、设计流速、最小坡度、最小管径、覆土厚度以及雨水口布置要求与分流制中雨水管道的设计基本相同。

截流式合流制排水管渠水力计算内容包括以下几方面。

（一）溢流井上游合流管渠计算

溢流井上游合流管渠的计算与雨水管渠计算基本相同，只是它的设计流量包括设计污水量、工业废水量和设计雨水量。

（二）截流式合流制管渠的雨水设计重现期

截流式合流制管渠的雨水设计重现期，可适当高于同一情况下雨水管道设计重现期的10%～25%。因为合流管渠一旦溢出，溢出混合污水比雨水管道溢出的雨水所造成的危害更为严重，所以为防止出现这种情况，应从严掌握合流管渠的设计重现期和允许的积水程度。

（三）截流干管和溢流井的计算

合理地确定所采用的截流倍数 n_0 值。

截流倍数 n_0 应根据旱流污水的水质、水量、总变化系数、水体的卫生要求及水文气象等因素经计算确定。工程实践证明，截流倍数 n_0 值采用2.6～4.5时比较经济合理。

《室外排水设计规范》(GB50014—2006)(2011年版)规定，截流倍数一般采用1～5。在同一排水系统中可采用同一截流倍数或不同截流倍数。经多年工程实践，我国多数城市一般采用截流倍数 $n_0=3$。而美国、日本及西欧等国家多采用 $n_0=3\sim5$。合流制排水系统宜采取削减雨天排放污染负荷的措施，包括：

(1)合流管渠的雨水设计重现期可适当高于同一情况下的雨水管道设计重现期。

(2)提高截流倍数，增加截流初期雨水量。

(3)有条件地区可增设雨水调蓄池或初期雨水处理措施。

（四）晴天旱流流量的校核

晴天旱流流量应能满足污水管渠最小流速的要求，一般不宜小于0.35～0.5 m/s，当不能满足时，可修改设计管渠断面尺寸和坡度。

六、截流式合流制管渠水力计算实例

【例9-4】 某市一小区域的截流式合流干管的平面布置如图9-6所示。

已知该市暴雨强度公式 $q=\dfrac{10\,020(1+0.56\lg P)}{t+36}$；设计重现期 $P=1$ 年；地面集水时

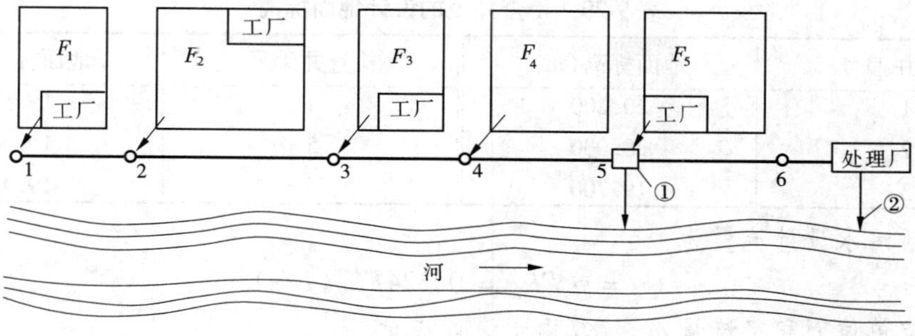

①—溢流井；②—出水口

图 9-6 某小区域的截流式合流干管的平面布置图

间 $t_1=10$ min；平均径流系数 $\psi_{av}=0.45$；设计地区人口密度 $\rho=280$ 人/hm^2；生活污水量定额 $n=100$ L/(人·d)；总变化系数 $K_z=1.0$；截流倍数 $n_0=3$；管道起点埋深为 1.75 m；出口处河流的平均水面标高为 17.500 m；该区域内有四个工业企业，其工业废水量见表 9-18。试进行管渠的水力计算，并校核河水是否会倒灌。

表 9-18 工业废水量统计

街区面积编号	工业废水量(L/s)	街区面积编号	工业废水量(L/s)
F_1	20	F_4	90
F_2	30	F_5	35
F_3	90		

解：计算方法及步骤如下。

1. 划分设计管段及汇水湎积

划分并计算各设计管段及汇水面积，见表 9-19。

表 9-19 设计管段长度、汇水面积计算表

管段编号	管长(m)	面积编号	汇水面积(hm^2)		
			本段面积	转输面积	总汇水面积
1—2	87	F_1	1.24	0	1.24
2—3	128	F_2	1.80	1.24	3.04
3—4	59	F_3	0.85	3.04	3.89
4—5	138	F_4	2.10	3.89	5.99
5—6	165.5	F_5	2.12	0	2.12

2. 列出各检查井处的设计地面标高

根据地形图读出各检查井处的设计地面标高见表 9-20。

3. 计算生活污水比流量 q_s

$$q_s=\frac{n\rho}{86\ 400}=\frac{100\times 280}{86\ 400}=0.324(\mathrm{L/(s\cdot hm^2)})$$

表 9-20 检查井处的设计地面标高

检查井编号	地面标高(m)	检查井编号	地面标高(m)
1	20.200	4	19.550
2	20.000	5	19.500
3	19.700	6	19.450

则生活污水设计流量为

$$Q_s = q_s F K_Z = 0.324 F K_Z (\mathrm{L/s})$$

4. 确定单位面积径流量 q_0,计算雨水设计流量

单位面积流量为

$$q_0 = \psi_{av} q = 0.45 \times \frac{10\,020 \times (1 + 0.56 \lg P)}{t + 36}$$

$$= 0.45 \times \frac{10\,020 \times (1 + 0.56 \lg 1.0)}{10 + 2t_2 + 36} = \frac{4\,509}{46 + 2t_2} (\mathrm{L/(s \cdot hm^2)})$$

则雨水设计流量为

$$Q_y = q_0 F = \frac{4\,509}{46 + 2t_2} F (\mathrm{L/s})$$

5. 列表计算各设计管段的设计流量

如设计管段 1—2 的设计流量为

$$Q_{1-2} = Q_s + Q_g + Q_y = 0.324 \times 1.24 \times 1.0 + 20 + \frac{4\,509}{46 + 2t_2} \times 1.24$$

因为 1—2 管段为起始管段,所以 $t_2 = 0$,则

$$Q_{1-2} = 0.40 + 20 + \frac{4\,509}{46 + 0} \times 1.24 = 142 (\mathrm{L/s})$$

将此结果列入表 9-21 中第 12 项。

6. 确定设计管段的管径、坡度、流速及管内底标高和埋设深度

根据设计管段设计流量,当粗糙系数 $n = 0.013$ 时,查满流水力计算表,确定出设计管段的管径、坡度、流速及管内底标高和埋设深度。其计算结果分别列入表 9-21 中第 13、14、15、16、20、21 项和 23 项。

7. 进行旱流流量校核

计算结果见表 9-21 中第 24 ~ 26 项。

下面将其部分计算说明如下:

(1) 表中第 17 项设计管道输水能力是指设计管径在设计坡度条件下的最大输水能力,此值应接近或略大于第 12 项的设计总流量。

(2) 1—2 管段因旱流流量太小,未进行旱流校核,应加强养护管理或采取适当措施防止淤塞。

(3) 由于在 5 节点处设置了溢流井,因此 5—6 管段可看作截流干管,它的截流能力为

$$(n_0 + 1) Q_h = (3 + 1) \times 91.94 = 367.76 (\mathrm{L/s})$$

表 9-21　截流式合流干管计算表

管段编号	管长(m)	汇水面积(hm^2)			管内流行时间(min)		设计流量(L/s)					设计管径(mm)	设计坡度(‰)	管道坡降 IL(m)
		本段	转输	总计	累计 $\sum t_2$	本段 t_2	雨水	生活污水	工业废水	溢流井转输水量	总计			
1	2	3	4	5	6	7	8	9	10	11	12	13	14	15
1—2	87	1.24	0	1.24	0	1.93	122	0.40	20	—	142	500	1.5	0.131
2—3	130	1.80	1.24	3.04	1.93	2.71	274.92	1.04	30	—	305.96	700	1.1	0.143
3—4	59	0.85	3.04	3.89	4.63	0.89	315.47	1.26	90	—	406.73	700	2.1	0.124
4—5	138	2.10	3.89	5.99	5.52	2.09	473.51	1.94	90	—	565.45	800	1.7	0.234
5—6	165.8	2.12	0	2.12	0	2.27	207.80	0.69	35	367.76	611.25	800	2.3	0.381

管段编号	设计流速(m/s)	设计管道输水能力 Q(L/s)	地面标高(m)		管内底标高(m)		埋深(m)		旱流校核			备注
			起点	终点	起点	终点	起点	终点	旱流流量	充满度	流速(m/s)	
1	16	17	18	19	20	21	22	23	24	25	26	27
1—2	0.75	150	20.200	20.000	18.450	18.320	1.750	1.680	20.40			5号节点设溢流井
2—3	0.80	310	20.000	19.700	18.120	17.977	1.880	1.723	31.04			
3—4	1.10	410	19.700	19.550	17.977	17.853	1.723	1.697	91.26	0.335	0.83	
4—5	1.10	570	19.550	19.500	17.753	17.520	1.797	1.980	91.94	0.290	0.82	
5—6	1.22	630	19.500	19.450	17.520	17.139	1.980	2.310	127.63	0.320	1.00	

将此值列入表中第11项。

(4)5—6管段的旱流流量为4—5管段的旱流流量和5—6管段本段的旱流之和。即

$$91.94 + 35 + 0.69 = 127.63(\text{L/s})$$

(5)5—6管段的本段旱流流量和雨水设计流量均按起始管段进行计算。

8. 溢流井的计算

经溢流井溢流的混合污水量为

$$565.45 - 367.76 = 197.69(\text{L/s}) \approx 0.20\ \text{m}^3/\text{s}$$

选用溢流堰式溢流井,溢流堰顶线与截流干管的中心线平行,则

$$Q = M\sqrt[3]{l^{2.5}h^{5.0}}$$

式中 Q——溢流井溢流量,m^3/s;

M——溢流堰溢流系数,薄壁堰可取2.2;

l——堰长,m;

h——堰顶以上水层高,m。

因薄壁堰 $M=2.2$,设堰长 $l=1.5$ m,则

$$Q = 2.2\sqrt[3]{1.5^{2.5}h^{5.0}}$$

解得 $h=0.19$ m,即溢流堰末端堰顶以上水层高度为0.19 m。该水面高度为溢流井下游管段(截流干管)起点的管顶标高。该管顶标高为17.520 + 0.8 = 18.320 m。

溢流堰末端堰顶标高为18.320 - 0.19 = 18.13(m)。此值高于河流平均水面标高17.500 m,故河水不会倒灌。

思考题

1. 什么是降雨强度?降雨频率和降雨重现期之间的关系是什么?
2. 暴雨强度的数学表达式是什么?如何编制?
3. 雨水设计流量的计算公式是什么?各个符号的意义是什么?
4. 径流系数的定义是什么?如何计算平均径流系数?影响因素有哪些?
5. 暴雨强度的设计重现期如何确定?设计重现期与城市水灾的关系如何?
6. 为什么在计算雨水管道设计流量时,要考虑折减系数?
7. 为什么雨水和合流制排水管渠要按满流设计?
8. 雨水管渠系统设计的主要步骤有哪些?
9. 城市防洪标准是什么?城市防洪的意义是什么?

10. 从某市一场暴雨自记雨水记录中求得5 min、10 min、15 min、20 min、30 min、45 min、60 min、90 min、120 min的最大降雨量分别为13 mm、20.7 mm、27.2 mm、33.5 mm、43.9 mm、45.8 mm、46.7 mm、47.3 mm、47.7 mm,试计算各降雨历时的最大平均暴雨强度 I(mm/min) 和 q($\text{L/(s}\cdot\text{hm}^2)$)值。

11. 北京市某小区面积共20.5 hm^2,其平均径流系数 $\psi_{av}=0.55$,当采用设计重现期为 $P=5$ 年、2年、1年及0.5年时,计算设计降雨历时 $t=10$ min时的雨水设计流量各是多少?

第十章　排水管渠的材料及附属构筑物

【知识要点】

1. 排水管渠的断面要求及形式。
2. 排水管渠材料。
3. 排水管渠接口与基础。
4. 排水管渠附属构筑物。

【能力目标】

1. 了解排水管渠的断面要求及形式。
2. 了解排水管渠材料的要求与选择。
3. 了解排水管道基础的组成。
4. 掌握常用的排水管渠材料及连接形式。
5. 掌握排水管渠附属物及设置。

第一节　排水管渠的断面形式

一、排水管渠断面形式的要求

排水管渠的断面形式除必须满足静力学、水力学方面的要求外，还应经济和便于养护。在静力学方面，管道必须有较大的稳定性，在承受各种荷载时是稳定和坚固的。

在水力学方面，管道断面应具有最大的排水能力，并在一定的流速下不产生沉淀物。

在经济方面，管道单位长度造价应该是最低的。

在养护方面，管道断面应便于冲洗和清通淤积。

二、常用的管渠断面形式及特点

常用的管渠断面形式有圆形、半椭圆形、马蹄形、蛋形、矩形和梯形，如图 10-1 所示。

(一)圆形断面

圆形断面适用于管径小于 2 m 且地质条件好时。有较好的水力性能，在一定的坡度下，指定的断面面积具有最大的水力半径，因此流速大、流量也大。此外，圆形管便于预制，使用材料经济，对外压力的抵抗力较强，若挖土的形式与管道相称，能获得较高的稳定性，在运输和施工养护方面也较方便。因此，它是最常用的一种断面形式。

(二)半椭圆形断面

半椭圆形断面，在污水流量无大变化及管渠直径大于 2 m 时，采用此种形式的断面较为合适。土压力和活荷载较大时，可以更好地分配管壁压力，因而可减小管壁厚度。

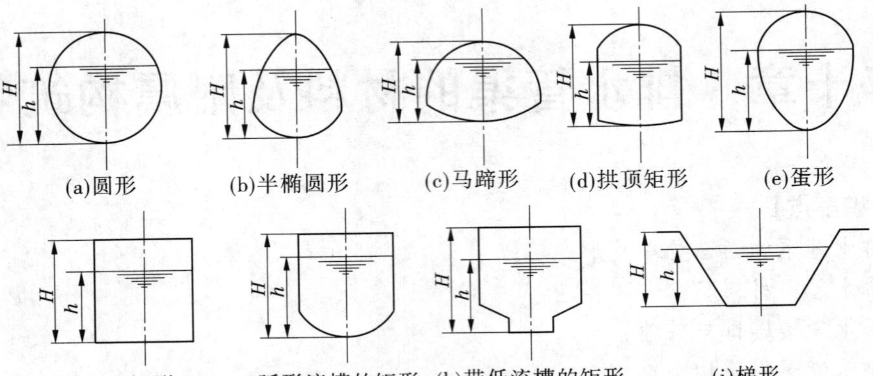

图 10-1　管渠断面形式

(三)马蹄形断面

马蹄形断面,它的高度小于宽度,适用于地质条件较差或地形平坦需要尽量减少埋深时。又马蹄形断面的下部较大,对于排除流量无大变化的大流量污水较为适宜。但由于马蹄形管的稳定性,需依靠还土的坚实度,要求还土坚实、稳定度大,若还土松软,两侧底部的管壁容易产生裂缝。

(四)蛋形断面

蛋形断面,从理论上讲,因其底部较小,在小流量时可以维持较大的流速,从而可减少淤积,适用于污水流量变化较大的情况。但实践证明,这种断面的冲洗和清通工作都比较困难。加上制作和施工较复杂,目前很少使用。

(五)矩形断面

矩形断面可以根据现场情况就地浇制或砌筑,并按需要将深度增加,以增大排水量。某些工业企业的污水管道、路面狭窄地区的排水管道以及排洪沟道常采用这种断面形式。

不少地区在矩形断面的基础上,将渠道底部用细石混凝土或水泥砂浆做成弧形流槽,以改善水力条件。也可在矩形渠道内做低流槽。

《室外排水设计规范》(GB 50014—2006)(2011 年版)规定:当输送易造成管内沉析的污水时,在确定管渠形式和断面时,必须考虑维护检修的方便。

第二节　排水管渠材料

一、对管渠材料的要求

(一)有足够的强度

排水管渠必须具有足够的强度,从而承受外部的荷载和内部的水压。外部荷载包括恒荷载及活荷载,恒荷载指排水管渠四周土体对其产生的土压力,活荷载指由车辆运行对管渠所产生的压力。压力管及倒虹管一般要考虑内部水压,除此之外,当自流管道发生淤塞或雨水管渠系统的检查井内充水时,也可能引起内部水压。在管渠运输、吊装和施工中,为了保证排水管道不致破坏,也必须使管道自身具有足够的强度。

(二)抗腐蚀性

排水管渠应具有抗腐蚀的性能,以免在污水或地下水的侵蚀作用(酸、碱或其他)下损坏。

(三)不透水性

排水管渠为了防止污水渗出或地下水渗入,其材质必须不透水。如果管渠水渗出,将污染地下水或邻近水体;如果地下水渗入管渠中,不但降低管渠的排水能力,而且将增大污水泵站及处理构筑物的负荷。

(四)内壁光滑

排水管渠的内壁应整齐光滑,使水流阻力尽量减小。

(五)预制方便

排水管渠应就地取材,并考虑到预制管件及快速施工的可能,以便尽量降低管渠的造价及运输和施工的费用。

二、常用排水管渠

(一)混凝土管和钢筋混凝土管

混凝土管和钢筋混凝土管适用于排除雨水和污水,可在专门的工厂预制,也可在现场浇制。它分为混凝土管、轻型钢筋混凝土管和重型钢筋混凝土管 3 种。管口通常有承插式、企口式和平口式,如图 10-2 所示。

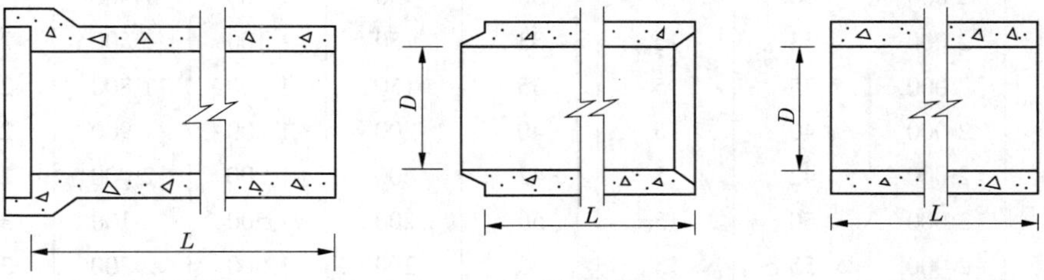

(a)承插式　(b)企口式　(c)平口式

图 10-2　混凝土管和钢筋混凝土管

混凝土管的管径一般小于 450 mm,长度多为 1 m,适用于管径较小的无压管。当管道埋深较大或敷设在土质条件不好的地段,为抗外压,当管径大于 400 mm 时,通常都采用钢筋混凝土管。混凝土、轻型钢筋混凝土、重型钢筋混凝土排水管的技术条件及标准规格分别参见表 10-1 ~ 表 10-3。

表 10-1　混凝土排水管技术条件及标准规格

公称内径（mm）	管体尺寸		外压试验	
	最小管长（mm）	最小壁厚（mm）	安全荷载（kg/m）	破坏荷载（kg/m）
75	1 000	25	2 000	2 400
100	1 000	25	1 600	1 900
150	1 000	25	1 200	1 400
200	1 000	27	1 000	1 200
250	1 000	33	1 200	1 500
300	1 000	40	1 500	1 800
350	1 000	50	1 900	2 200
400	1 000	60	2 300	2 700
450	1 000	67	2 700	3 200

表 10-2　轻型钢筋混凝土排水管技术条件及标准规格

公称内径（mm）	管体尺寸		套环			外压试验		
	最小管长（mm）	最小壁厚（mm）	填缝宽度（mm）	最小壁厚（mm）	最小管长（mm）	安全荷载（kg/m）	裂缝荷载（kg/m）	破坏荷载（kg/m）
100	2 000	25	15	25	150	1 900	2 300	2 700
150	2 000	25	15	25	150	1 400	1 700	2 200
200	2 000	27	15	27	150	1 200	1 500	2 000
250	2 000	28	15	28	150	1 100	1 300	1 800
300	2 000	30	15	30	150	1 100	1 400	1 800
350	2 000	33	15	33	150	1 100	1 500	2 100
400	2 000	35	15	35	150	1 100	1 800	2 400
450	2 000	40	15	40	200	1 200	1 900	2 500
500	2 000	42	15	42	200	1 200	2 000	2 900
600	2 000	50	15	50	200	1 500	2 100	3 200
700	2 000	55	15	55	200	1 500	2 300	3 800
800	2 000	65	15	65	200	1 800	2 700	4 400
900	2 000	70	15	70	200	1 900	2 900	4 800
1 000	2 000	75	18	75	250	2 000	3 300	5 900
1 100	2 000	85	18	85	250	2 300	3 500	6 300
1 200	2 000	90	18	90	250	2 400	3 800	6 900
1 350	2 000	100	18	100	250	2 600	4 400	8 000
1 500	2 000	115	22	115	250	3 100	4 900	9 000
1 650	2 000	125	22	125	250	3 300	5 400	9 900
1 800	2 000	140	22	140	250	3 800	6 100	11 100

混凝土管和钢筋混凝土管便于就地取材，制造方便，而且可根据抗压的不同要求，制成无压管、低压管、预应力管等，所以在排水管道系统中得到普遍应用。混凝土管和钢筋混凝土管除用作一般自流排水管道外，也可用作泵站的压力管及倒虹管。它们的主要缺点是抵抗酸碱侵蚀及抗渗性能较差，管节短，接头多，施工复杂。

表 10-3　重型钢筋混凝土排水管的技术条件及标准规格

公称内径（mm）	管体尺寸		套环			外压试验		
	最小管长（mm）	最小壁厚（mm）	填缝宽度（mm）	最小壁厚（mm）	最小管长（mm）	安全荷载（kg/m）	裂缝荷载（kg/m）	破坏荷载（kg/m）
300	2 000	58	15	58	150	3 400	3 600	4 000
350	2 000	60	15	60	150	3 400	3 600	4 400
400	2 000	65	15	65	150	3 400	3 800	4 900
450	2 000	67	15	67	200	3 400	4 000	5 200
550	2 000	75	15	75	200	3 400	4 200	6 100
650	2 000	80	15	80	200	3 400	4 300	6 300
750	2 000	90	15	90	200	3 600	5 000	8 200
850	2 000	95	15	95	200	3 600	5 500	9 100
950	2 000	100	18	100	250	3 600	6 100	11 200
1 050	2 000	110	18	110	250	4 000	6 600	12 100
1 300	2 000	125	18	125	250	4 100	8 400	13 200
1 550	2 000	175	18	175	250	6 700	10 400	18 700

（二）陶土管

陶土管是由塑性黏土制成的。为了防止在焙烧过程中产生裂缝，通常加入耐火黏土及石英砂（按一定比例），经过研细、调和、制坯、烘干、焙烧等过程制成。根据需要可制成无釉、单面釉、双面釉的陶土管。对于采用耐酸黏土和耐酸填充物的，还可以制成特种耐酸陶土管。

陶土管一般制成圆形断面，有承插式和平口式两种形式，如图 10-3 所示。

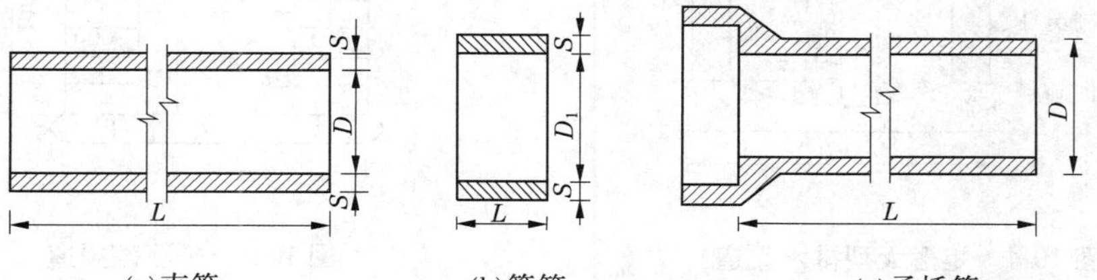

(a)直管　(b)管箍　(c)承插管

图 10-3　陶土管

普通陶土排水管（缸瓦管）适用于居民区室外排水管，最大公称直径可达 300 mm，有效长度800 mm。国内耐酸陶瓷管最大公称直径可做到800 mm,一般在400 mm以内,管节长度有300 mm、500 mm、700 mm、1 000 mm几种,适用于排除酸性废水。

带釉的陶土管的特点是:内外壁光滑,水流阻力小,不透水性好,耐磨损,抗腐蚀。但陶土管质脆易碎,不宜远运,不能受内压,抗弯抗拉强度低,不宜敷设在松土中或埋深较大的地方。此外,还有管节短、接口多、增加施工麻烦和费用高等特点。

(三)金属管

常用的金属管有铸铁管及钢管。金属管很少应用在室外重力流排水管道,多用于排水泵站的进出水管,穿越铁路、河道的倒虹管或靠近给水管道和房屋基础的地方,因为这些地方要求排水管道承受高内压、高外压或对渗漏要求特别高。在地震烈度大于8度或地下水位高,流沙严重的地区也采用金属管。

金属管的特点为:质地坚固,抗压、抗震、抗渗性能好,内壁光滑,水流阻力小,管子每节长度大,接头少;但价格昂贵,抵抗酸碱腐蚀及地下水侵蚀的能力差。因此,在采用钢管时必须涂刷耐腐蚀的涂料,并注意绝缘。

(四)大型管渠

排水管道的预制管管径一般小于2 m,实际上当管道设计断面大于1.5 m时,通常就在现场建造大型排水渠道。建造大型排水渠道常用的建筑材料有砖、石、陶土块、混凝土块、钢筋混凝土块和钢筋混凝土等。采用钢筋混凝土时,要在施工现场进行支模浇制;采用其他几种材料时,在施工现场主要是铺砌或安装。

渠道的上部称作渠顶,下部称作渠底,常和基础做在一起,两壁称作渠身。图10-4为矩形大型排水渠道,由混凝土和砖两种材料建成。基础用C15混凝土浇筑,渠身用M7.5水泥砂浆砌Mu10砖,渠顶采用钢筋混凝土盖板,内壁用1∶3水泥砂浆抹面20 mm厚。这种渠道的跨度可达3 m,施工也较方便。

目前,在我国仍普遍使用的是用普通砖或特制的楔形砖砌筑的砖砌渠道,常用的断面形式有圆形、矩形、半椭圆形等。当砖的质地良好时,砖砌渠道能抵抗污水或地下水的腐蚀作用,耐久性好。因此,它也能用于排泄有腐蚀性的废水。

在石料丰富的地区,常采用条石、方石或毛石砌筑渠道。通常将渠顶砌成拱形,渠底和渠身扁光、勾缝,以使水力性能良好。图10-5为用条石砌筑的合流制排水渠道。

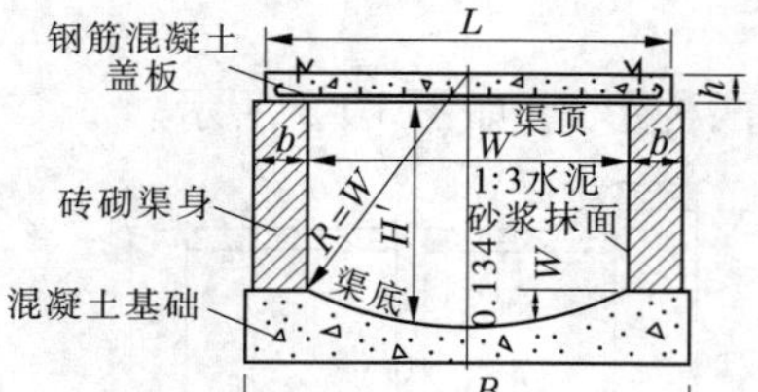

图10-4 矩形大型排水渠道

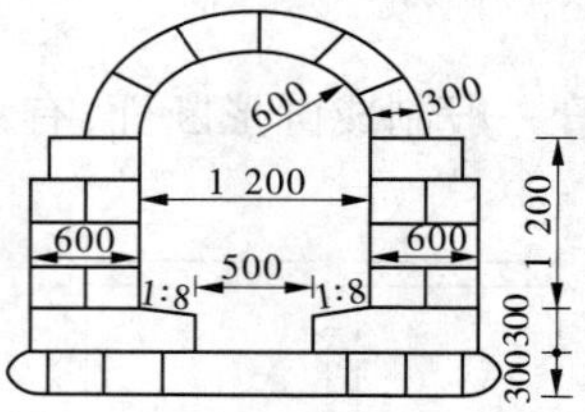

图10-5 条石砌渠道

图10-6及图10-7为预制混凝土装配式渠道。为了增强渠道结构的整体性,减少渗漏的可能性以及加快施工进度,也可以加大预制块的尺寸。渠道的底部是在施工现场用混凝土浇制的。

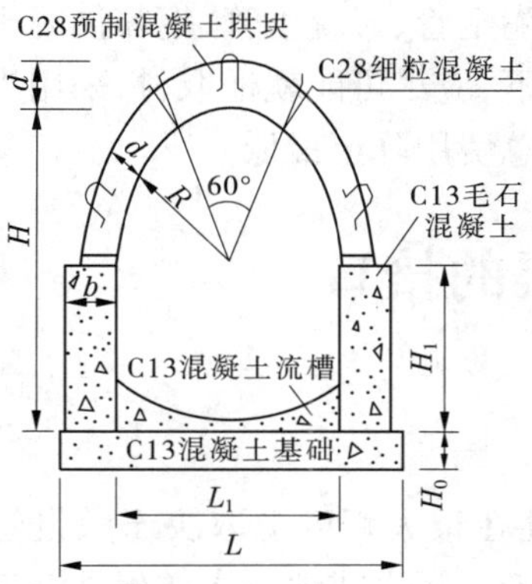

图 10-6　预制混凝土块拱形渠道

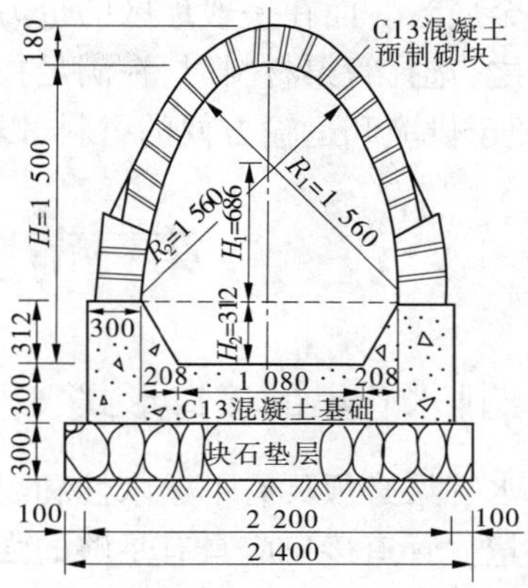

图 10-7　预制混凝土块污水渠道

(五)其他管材

随着新型建筑材料的不断研制,用于制作排水管道的材料也日益增多。例如,玻璃纤维筋混凝土管(在强度上优于普通混凝土管)、"构架管"(用聚氯乙烯、丙烯睛、丁二烯、苯乙烯,空隙填充珍珠岩水泥制成),在这些新型管材出现后,又出现了一种采用加筋的热固性树脂管。这种管由环绕耐腐蚀衬里的玻璃纤维和微性玻璃球构成,其重量轻,不漏水,抗腐蚀性好。除此之外,还有离心混凝土管、强化塑料管、聚氯乙烯管,其中玻璃纤维筋离心混凝土管近年来在国外大量使用。

三、管渠材料的选择

合理地选择管渠材料,对降低排水系统的造价影响很大。选择排水管渠材料时,应综合考虑技术、经济及其他方面的因素。

(一)考虑污水的化学性质

当排除生活污水及中性或弱碱性($pH=8\sim10$)的工业废水时,上述各种管材都能使用。当生活污水管道和合流污水管道采用混凝土或钢筋混凝土管时,由于管道运行时沉积的污泥会析出硫化氢,为减轻腐蚀损害,可以在管道内加由沥青、煤焦油或环氧树脂涂制而成的专门衬层。

排除碱性($pH>10$)的工业废水时,可用铸铁管或砖渠,也可在钢筋混凝土渠内涂塑料衬层。排除弱酸性($pH=5\sim6$)的工业废水可用陶土管或砖渠。

排除强酸性($pH<5$)的工业废水时可用耐酸陶土管及耐酸水泥砌筑的砖渠,亦可用内壁涂有塑料或环氧树脂衬层的钢筋混凝土管、渠。排除雨水时通常都采用钢筋混凝土管、渠或用浆砌砖、石大型渠道。

采用离心法生产内涂高铝酸盐涂层的混凝土管和钢筋混凝土管以及铸铁管有较强的抵抗酸碱的能力,这种新技术现已开始得到应用。

(二)考虑管道受压、管道埋设地点及土质条件

压力管段(泵站压力管、倒虹管)一般都可采用金属管、钢筋混凝土管或预应力钢筋混凝土管。在地震区、施工条件较差的地区(地下水位高、有流沙等)以及穿越铁路等,亦可采用金属管。而在一般地区的重力流管道常采用陶土管、混凝土管、钢筋混凝土管。

总之,选择管渠材料时,在满足技术要求的前提下,应尽可能就地取材,采用当地易于自制、便于供应和运输方便的材料,以使运输及施工总费用降至最低。

第三节 排水管渠的接口

一、排水管渠的接口形式

排水管渠必须具有不透水性和耐久性,这个特性在很大程度上取决于敷设管道时接口的质量。管道接口应具有足够的强度,不透水,能抵抗污水或地下水的侵蚀并有一定的弹性。

根据接口的弹性,可分为柔性、刚性和半柔半刚性3种接口形式。

使用柔性接口时,允许管道纵向轴线交错3~5 mm或交错一个较小的角度,而不致引起渗漏。常用的柔性接口有沥青卷材及橡皮圈接口。沥青卷材接口用在无地下水、地基软硬不一、沿管道轴向沉陷不均匀的无压管道上。橡胶圈接口使用范围广泛,特别是在地震区,对管道抗震有显著作用。但是柔性接口施工复杂,造价较高。

使用刚性接口时,不允许管道有轴向的交错。但施工简单,造价较低,因此采用较广泛。常用的刚性接口有水泥砂浆抹带接口、钢丝网水泥砂浆抹带接口。刚性接口抗震性能差,用在地基比较良好,有带形基础的无压管道上。

半柔半刚性接口介于上述两种接口形式之间,使用条件与柔性接口类似。常用的是预制套环石棉水泥接口。

二、排水管渠常用的接口方法

(一)水泥砂浆抹带接口

如图10-8所示,接口属于刚性接口。在管子接口处用比例为1∶2.5~1∶3的水泥砂浆抹成半椭圆形或其他形状的砂浆带,通常带宽为120~150 mm。适用于地基土质较好的雨水管道,或用于地下水位以上的污水支线上。企口管、平口管、承插管均可采用此种接口。

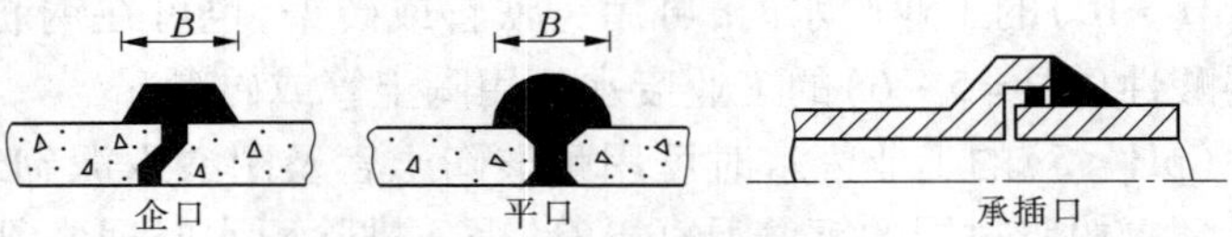

图10-8 水泥砂浆抹带接口

(二)钢丝网水泥砂浆抹带接口

如图10-9所示,其接口属于刚性接口。将抹带范围的管外壁凿毛,抹一层厚15 mm,比例为1∶2.5的水泥砂浆,中间采用$20^{\#}10\times10$钢丝网一层,两端插入基础混凝土中,上面再抹一层厚10 mm的砂浆。这种接口适用于地基土质较好的,具有带形基础的雨水、污水管道上。

(三)石棉沥青卷材接口

如图 10-10 所示,其接口属于柔性接口。石棉沥青卷材为工厂加工,沥青玛𤧛脂重量配比为沥青∶石棉∶细砂 =7.5∶1∶1.5。采用"三层做法",即先将接口处管壁刷净烤干,涂上冷底子油一层,再刷沥青玛𤧛脂厚 3 mm,再包上石棉沥青卷材,再涂 3 mm 厚的沥青玛𤧛脂。若再加卷材和沥青玛𤧛脂各一层,便叫"五层做法"。一般适用于地基沿管道轴向沉陷不均匀地区。

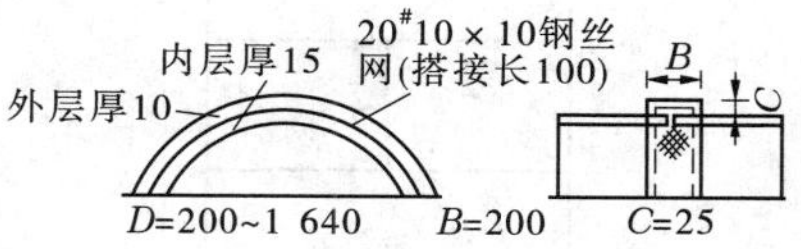

图 10-9　钢丝网水泥砂浆抹带接口

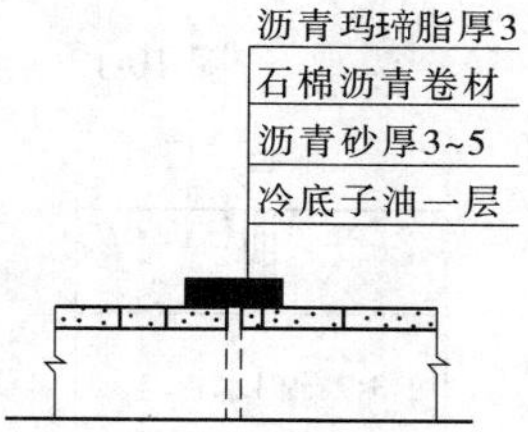

图 10-10　石棉沥青卷材接口

(四)橡胶圈接口

如图 10-11 所示,橡胶圈接口属柔性接口。其接口结构简单,施工方便,适用于施工地段土质较差,地基硬度不均匀或地震地区。

(五)预制套环石棉水泥(或沥青砂)接口

如图 10-12 所示,其接口属于半刚半柔性接口。石棉水泥的重量比例为水∶石棉∶水泥 =1∶3∶7(沥青砂配置比例为沥青∶石棉∶砂 =1∶0.67∶0.67)。这种接口适用于地基不均匀地段,或地基经过处理后管道可能产生不均匀沉陷且位于地下水位以下,内压低于 10 m 的管道上。

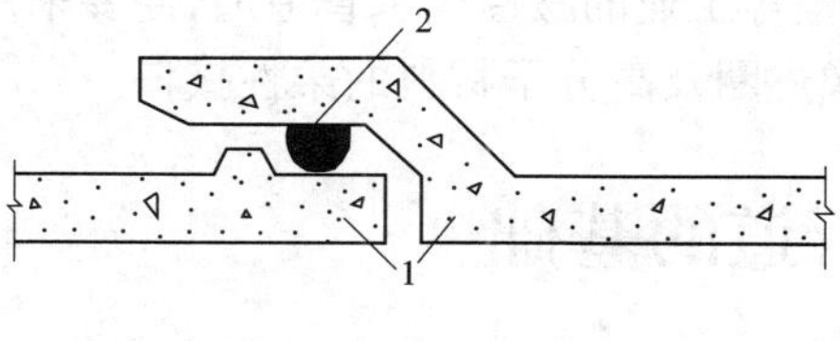

1—管壁;2—橡胶圈

图 10-11　橡胶圈接口

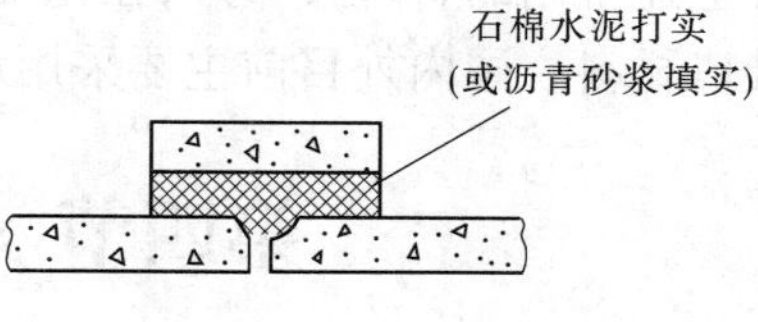

图 10-12　预制套环石棉水泥(或沥青砂)接口

三、顶管施工常用的接口形式

(一)混凝土(或铸铁)内套环石棉水泥接口

沥青油毡、石棉水泥接口如图 10-13 所示,该接口一般只用于污水管道。

(二)沥青油毡、石棉水泥接口

沥青油毡、石棉水泥接口如图 10-14 所示。麻辫(或塑料圈)石棉水泥接口,如图 10-15所示。一般只用于雨水管道。

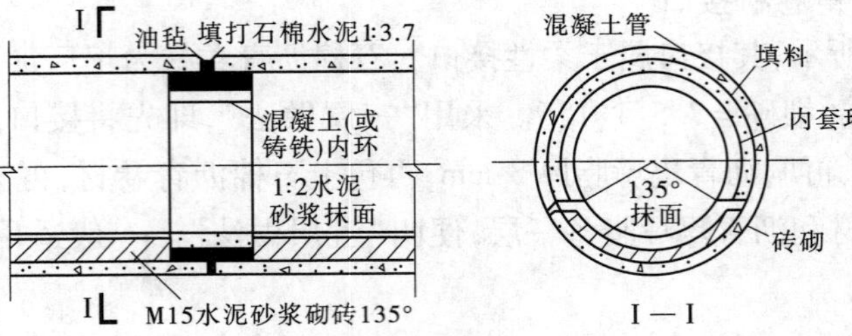

图 10-13　混凝土(或铸铁)内套环石棉水泥接口

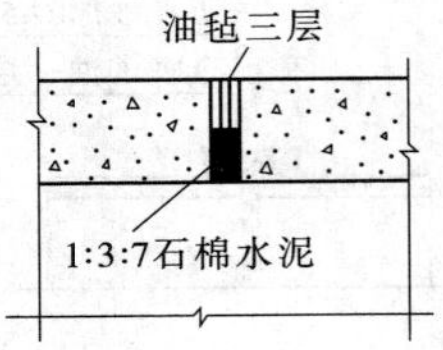

图 10-14　沥青油毡、石棉水泥接口

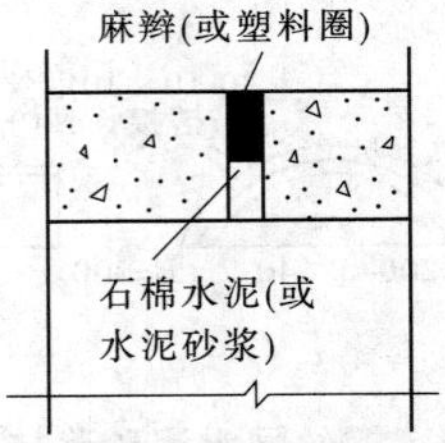

图 10-15　麻辫(或塑料圈)石棉水泥接口

采用铸铁管的排水管道,接口做法与给水管道相同。常用的有承插式铸铁管油麻石棉水泥接口,如图 10-16 所示。

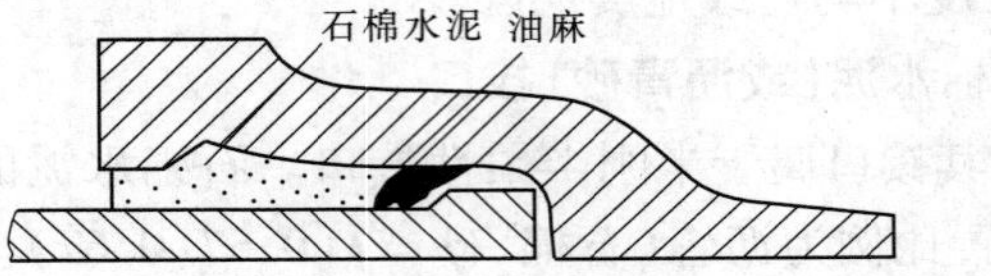

图 10-16　承插式铸铁管油麻石棉水泥接口

除上述常用的管道接口外,在化工、石油、冶金等工业的酸性废水管道上,需要采用耐酸的接口材料。国内外目前主要采用承插口加橡皮圈及高分子材料的柔性接口。

第四节　排水管道的基础

一、排水管道基础的组成

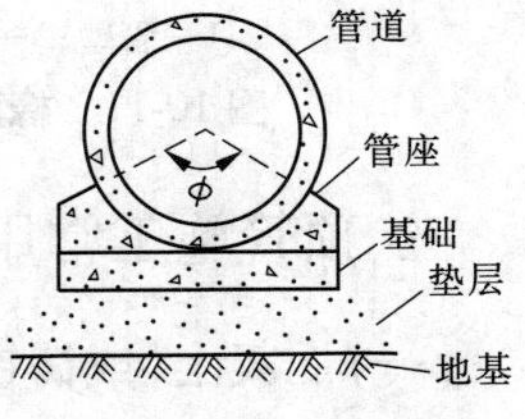

图 10-17　管道基础断面

排水管道的基础一般由地基、基础和管座 3 个部分组成,如图 10-17所示。

地基是指沟槽底部土壤部分。主要承受管道和基础重量、管内水重、管上土压力和地面上的荷载。

基础是指管道与地基之间经过人工处理过的或专门建造的设施。它的主要作用是将管道较为集中的荷载均匀分布,从而减少管道对地基单位面积的压力,或者是由于土的特殊性质的需要,为使管道安全稳定的运行而采取的一种技术措施,如原土夯实、混凝土基础等。

管座是管道下侧与基础之间的部分，管座的主要作用是使管道与基础连成一个整体，以减少对地基的压力和对管道的反力。管座包角的中心角愈大，基础所受的单位面积的压力和地基对管道作用的单位面积的反力愈小。

为保证排水管道系统能安全正常运行，首先管道工艺本身设计施工应正确，除此之外，管道的地基与基础要有足够的承受荷载的能力和可靠的稳定性。这样才能避免排水管道可能产生不均匀沉陷，造成管道错口、断裂、渗漏的现象，防止对附近地下水的污染，甚至影响附近建筑物的基础。

排水管道基础的选择应根据管道本身情况及其外部荷载的情况、覆土的厚度、土壤的性质合理选择。

二、常用的排水管道基础

目前常用的排水管道基础有以下 3 种。

（一）砂土基础

砂土基础包括弧形素土基础及砂垫层基础，如图 10-18 所示。

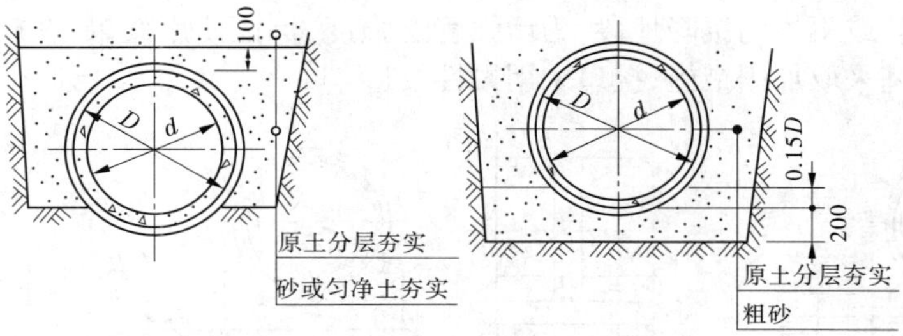

(a)弧形素土基础　　(b)砂垫层基础

图 10-18　砂土基础

弧形素土基础是在原土上挖一弧形管槽（通常采用 90°弧形），管道落在弧形管槽里。

弧形素土基础对土质有要求，其适用条件如下：

（1）无地下水、原土能挖成弧形的干燥土壤。

（2）管道直径小于 600 mm 的混凝土管，钢筋混凝土管及陶土管。

（3）管顶覆土厚度在 0.7～2.0 m 的街坊污水管道，不在车行道下的次要管道及临时性管道。

砂垫层基础是在挖好的弧形管槽上，用带棱角的粗砂填 10～15 cm 厚的砂垫层。这种基础适用于无地下水、岩石或多石土壤地区，管道直径小于 600 mm 的混凝土管、钢筋混凝土管和陶土管，管顶覆土厚度 0.7～2 m 的排水管道。

（二）混凝土枕基

混凝土枕基是只在管道接口处才设置的管道局部基础，如图 10-19 所示。

如图 10-19 所示在管道接口下面用 C8 混凝土做成枕状垫块。此种基础适用于干燥土壤中的雨水管道及不太重要的污水支管。常与素土基础或砂垫层基础同时使用。

（三）混凝土带形基础

混凝土带形基础是沿管道全长铺设的基础。按管座的形式不同可分为 90°、135°、180°三种管座基础，如图 10-20 所示。这种基础应用广泛，适用于各种潮湿土壤，以及地基软硬不均匀地区和管径为 200～2 000 mm 的排水管道。当地下无地下水时，在槽底老

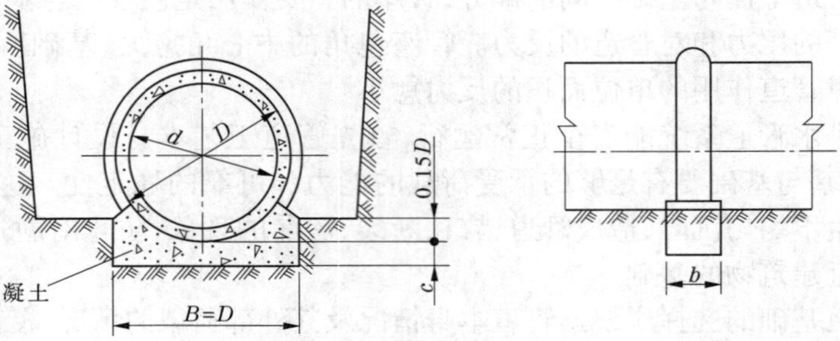

图 10-19　混凝土枕基

土上直接浇混凝土基础；有地下水时，常在槽底铺 10 ~ 15 cm 厚的卵石或碎石垫层，然后才在上面浇混凝土基础，一般采用强度等级为 C8 的混凝土。90°管座基础常用于当管顶覆土厚度在 0.7 ~ 2.5 m 时，135°管座基础常用于管顶覆土厚度为 2.6 ~ 4 m 时，180°管座基础常用于覆土厚度在 4.1 ~ 6 m 时。在地震区，土质特别松软，不均匀沉陷严重地段，最好采用钢筋混凝土带形基础。

对地基松软或不均匀沉降地段，为增强管道强度，保证使用效果，在施工过程中应对管道基础或地基采取加固措施，接口采用柔性接口。

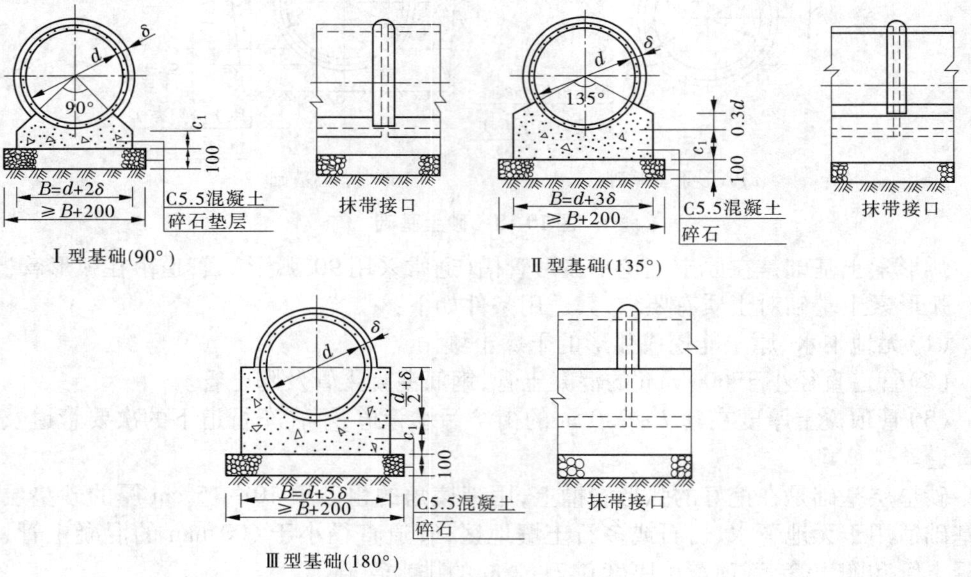

图 10-20　混凝土带形基础

第五节　排水管渠附属构筑物

为了排除污水顺畅，除管渠本身外，还需在管渠系统上设置某些附属构筑物，这些构筑物包括雨水口、连接暗井、溢流井、检查井、跌水井、水封井、倒虹管、冲洗井、防潮门、出水口等。

一、雨水口、连接暗井、溢流井

雨水口是在雨水管渠或合流管渠上收集雨水的构筑物。街道路面上的雨水首先经雨水口通过连接管流入排水管渠。雨水口的设置应能保证迅速有效地收集地面雨水。一般设置在交叉路口、路侧边沟的一定距离处以及设有道路边石的低洼地方，以防止雨水漫过道路或造成道路及低洼地区积水而妨碍交通。

雨水口的形式和数量，通常应按汇水面积所产生的径流量和雨水口的泄水能力确定。一般一个平箅雨水口可排泄15～20 L/s的地面径流量。在路侧边沟上及路边低洼地点，雨水口的设置间距还要考虑道路的纵坡和路边石的高度。道路上雨水口的间距一般为25～50 m(视汇水面积大小而定)，在低洼和易积水的地段，应根据需要适当增加雨水口的数量。

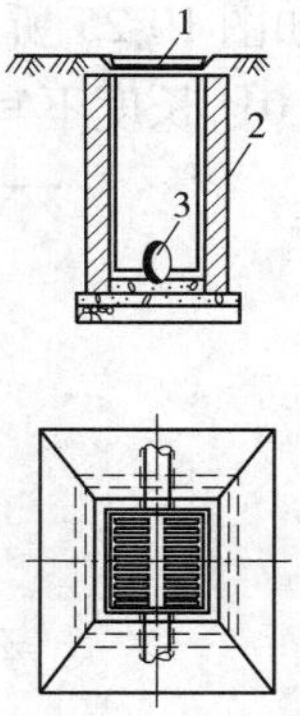

1—进水箅;2—井筒;3—连接管

图 10-21　平箅雨水口

雨水口的构造包括进水箅、井筒和连接管3部分，如图10-21所示。

雨水口的进水箅可用铸铁或钢筋混凝土、石料制成。采用钢筋混凝土或石料进水箅可节约钢材，但其进水能力远不如铸铁进水箅。进水箅根据城市需求，为了加大进水能力，也可设置成纵横交错形式和联合式雨水口，如图10-22、图10-23所示。

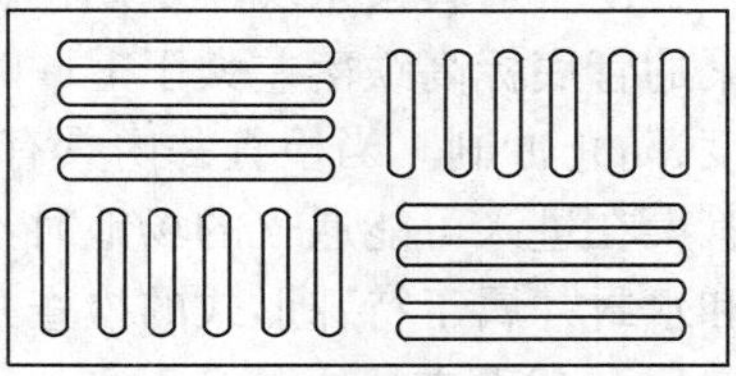

图 10-22　纵横交错排列的进水箅

雨水口的井筒可用砖砌或用钢筋混凝土预制，也可采用预制的混凝土管。雨水口的深度一般不宜大于1 m，在有冻胀影响的地区，雨水口的深度可根据经验适当加大。雨水口的底部可根据需要做成有沉泥井(也称截留井)或无沉泥井的形式。如图10-24所示为有沉泥井的雨水口，它的特点是：可截留雨水所挟带的砂砾，避免它们进入管道造

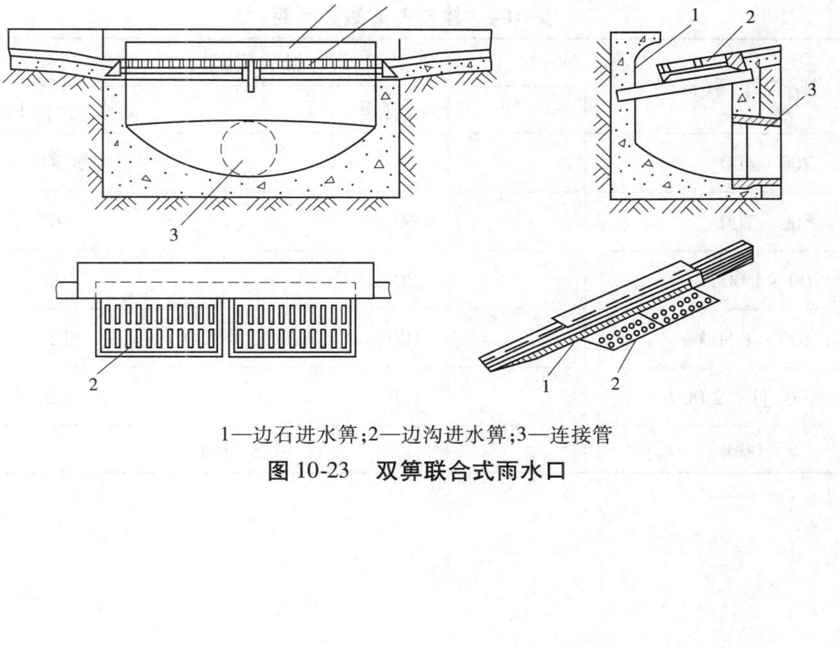

1—边石进水箅;2—边沟进水箅;3—连接管

图 10-23　双箅联合式雨水口

成淤塞;但是沉泥井往往积水,滋生蚊蝇,散发臭气,影响环境卫生。因此,需要经常清除,增加了养护工作量。通常仅在路面较差、地面上积秽很多的街道或菜市场等地方,才考虑设置有沉泥井的雨水口。

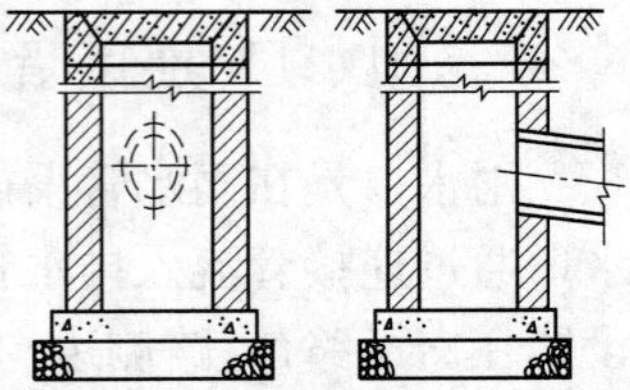

图 10-24　有沉泥井的雨水口

雨水口以连接管与街道排水管渠的检查井相连。当排水管直径大于 800 mm 时,也可在连接管与排水管连接处设连接暗井,如图 10-25 所示。连接管的最小管径为 200 mm,坡度一般为 0. 01,长度不宜超过 25 m,接在同一连接管上的雨水口一般不宜超过 3 个。

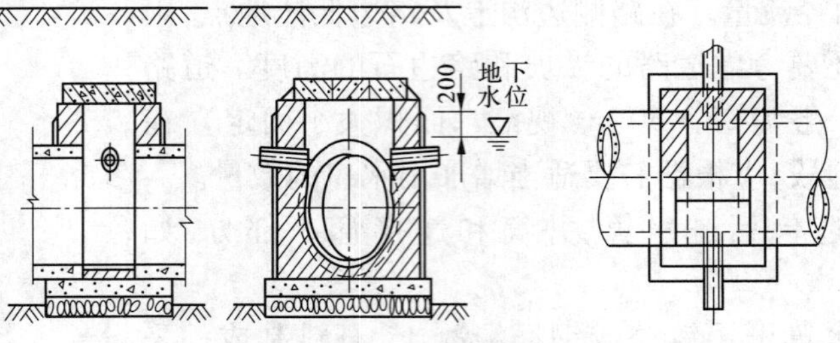

图 10-25　连接暗井

二、检查井、跌水井、水封井、换气井

为便于对管渠系统作定期检查和清通,必须设置检查井。当检查井内衔接的上下游管渠的管底标高跌落差大于 1 m 时,应设置跌水井。跌水井具有消能措施,可以削减水流速度,防止冲刷。当检查井内具有水封设施,以便隔绝易爆、易燃气体进入排水管渠,使排水管渠在进入可能遇火的场地时不致引起爆炸或火灾,这样的检查井称为水封井。跌水井和水封井属于特殊形式的检查井,或称为特种检查井。

(一)检查井

在管渠交汇、转弯、管渠尺寸或坡度改变、跌水等处以及相隔一定距离的直线管渠段上应设置检查井。检查井在直线管渠段上的最大间距一般可按表 10-4 采用。

表 10-4　检查井的最大间距

管径或暗渠净高(mm)	最大间距(m)	
	污水管道	雨水(合流)管道
200 ~ 400	40	50
500 ~ 700	60	70
800 ~ 1 000	80	90
1 100 ~ 1 500	100	120
>1 500,且≤2 000	120	120
>2 000	可适当增大	

检查井一般采用圆形,由井底(包括基础)、井身和井盖(包括盖底)3 部分组成,如图 10-26 所示。

检查井井底材料一般采用低强度等级的混凝土,基础可采用碎石、卵石、碎砖夯实或低强度等级的混凝土。为了使水流过检查井时所受阻力较小,井底宜设半圆形或弧形流槽。污水管道的检查井流槽顶与上下游管道的管顶相平,或与 0.85 倍大管管径处相平,雨水管渠和合流管渠的检查井流槽顶可以和 0.5 倍大管管径处相平。流槽两侧至检查井壁间的底板(称沟肩)应有不小于 20 cm 的宽度,以便养护人员下井时立足,并应设有 0.02 ~ 0.05 的坡度坡向流槽,以防检查井积水时淤泥沉积。检查井底各种流槽的平面形式如图 10-27 所示。

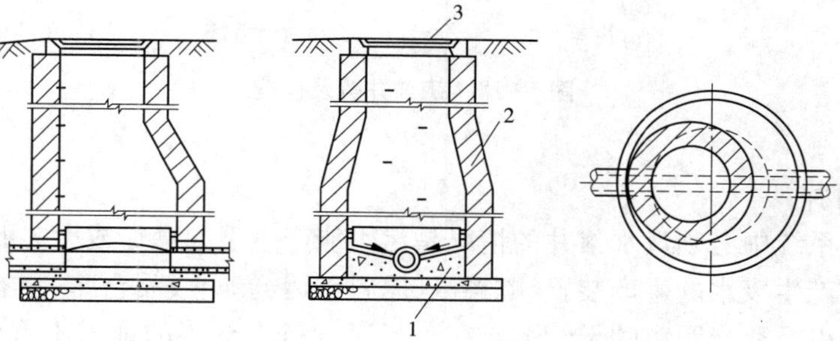

1—井底;2—井身;3—井盖

图 10-26　检查井

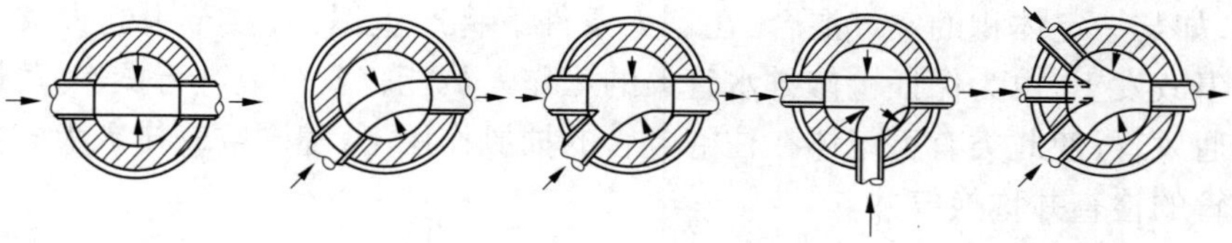

图 10-27　检查井底流槽的平面形式

检查井井身的材料可采用砖、石、混凝土或钢筋混凝土。井身的平面形状一般为圆形,但在大直径管道的连接处或交汇处,可做成方形、矩形或其他各种不同的形状。

井身的构造和是否需要工人下井有密切关系。不需要下人的浅井,构造很简单,一般为直壁圆筒形;需要下人的井在构造上可分为工作室、渐缩部和井筒 3 部分。

检查井井盖可采用铸铁或钢筋混凝土材料,在车行道上一般采用铸铁。目前,最新型的防沉降窨井盖座采用钢纤维混凝土井盖和球墨铸铁井座相结合的做法,具有防盗效果好、耐久性高的特点,承载压力为 50 kN。图 10-28 所示为铸铁井盖及盖座。

(二)跌水井

跌水井是设有消能设施的检查井。它有两种形式:竖管式(或矩形竖槽式)和溢流堰式。前者适用于直径等于或小于 400 mm 的管道,后者适用于直径在 400 mm 以上的管道。当上、下游管底标高落差小于 1 m 时,一般只将检查井底部做成斜坡,不采取专门的

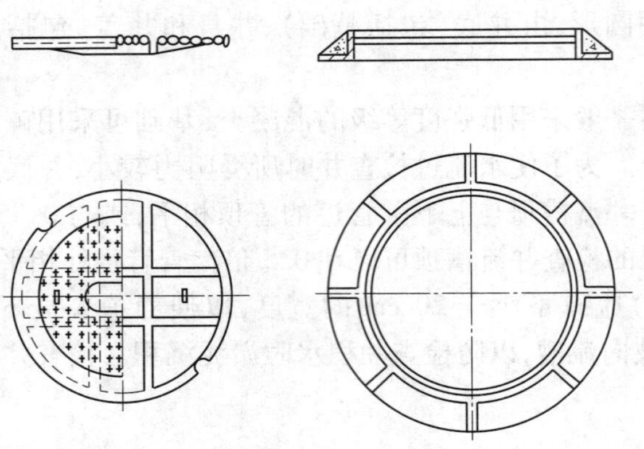

(a)井盖　　　　　　(b)盖座

图 10-28　铸铁井盖及盖座

跌水措施。

(三)水封井

废水管道系统中必须设水封井的情况是污水能产生引起爆炸或火灾的气体。水封井的位置应设在产生废水的生产装置、贮罐区、原料贮运场地、成品仓库、容器洗涤车间等的废水排出口处以及适当距离的干管上。在车行道和行人众多的地段不宜设水封井,并应适当远离产生明火的场地。水封深度一般为 0.25 m。井上宜设通风管,井底宜设沉泥槽。

(四)换气井

污水中的有机物常在管渠中沉积而发酵,从而会分解产生甲烷、硫化氢、二氧化碳等有害气体,如与一定体积的空气混合,在点火条件下将产生爆炸,甚至引起火灾。为防止此类偶然事故发生,也为保证检修排水管渠的工作人员能较安全地进行操作,可以在检查井上设置通风管,使此类有害气体在住宅竖管的抽风作用下,随同空气排入大气中。这种设有通风管的检查井称换气井。

三、倒虹管

排水管渠遇到河流、山涧、洼地或地下构筑物等障碍物时,不能按原有的坡度埋设,需要按下凹的折线方式从障碍物下通过,这种管道称为倒虹管。倒虹管由进水井、下行管、平行管、上行管和出水井等组成,如图 10-29 所示。

确定倒虹管的路线时,应选择在河床和河岸较稳定,不易被水冲刷的地段及埋深较小的部位敷设,应尽可能与障碍物正交通过,以缩短倒虹管的长度。

穿过河道的倒虹管工作管线一般不少于两条,管顶与河床垂直距离一般不小于 0.5 m。当排水量不大,不能达到设计流量时,其中一条可作为备用。如倒虹管穿过旱沟、小河和谷地,也可单线敷设。通过构筑物的倒虹管,应符合与该构筑物相交的有关规定。

由于倒虹管的清通比一般管道困难得多,因此必须采取各种措施来防止倒虹管内污泥的淤积。在设计时,可采取以下措施:

(1)提高倒虹管内的流速,一般采用 1.2～1.5 m/s,在条件困难时可适当降低,但不宜小于 0.9 m/s,且不得小于上游管渠中的流速。当管内流速达不到 0.9 m/s 时,应加定

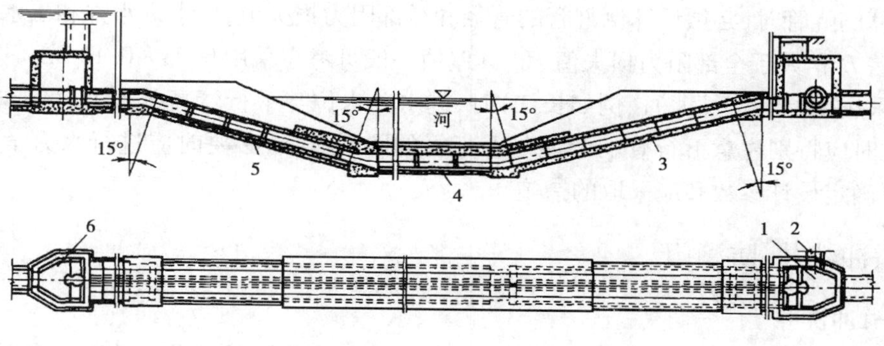

1—进水井;2—事故排出口;3—下行管;4—平行管;5—上行管;6—出水井

图 10-29　倒虹管

期冲洗措施,冲洗流速不得小于 1.2 m/s。

(2)最小管径采用 200 mm。

(3)在进水井中设置可利用河水冲洗的设施。

(4)在进水井或靠近进水井的上游管渠的检查井中,在取得当地卫生主管部门同意的条件下,设置事故排出口。当需要检修倒虹管时,可以让上游污水通过事故排出口直接泄入河道。

(5)在上游管渠靠近进水井的检查井底部做沉泥槽。

(6)倒虹管的上下行管与水平线夹角应不大于 300°。

(7)为了调节流量和便于检修,在进水井中应设置闸门或闸槽,有时也用溢流堰来代替。进、出水井应设置井口和井盖。

(8)在虹吸管内设置防沉装置。例如德国汉堡等市,试验了一种新式的所谓空气垫虹吸管。它是在虹吸管中借助于一个体积可以变化的空气垫,使之在流量小的条件下达到必要的流速,以避免在虹吸管中产生沉淀。

污水在倒虹管内的流动是依靠上下游管道中的水面高差(进、出水井的水面高差)H进行的,该高差用以克服污水通过倒虹管时的阻力损失。倒虹管内的阻力损失值可按下式计算:

$$H_1 = iL + \sum (\xi v^2/(2g)) \tag{10-1}$$

式中　i——倒虹管每米长度的阻力损失;

L——倒虹管的总长度,m;

ξ——局部阻力系数(包括进口、出口、转弯处);

v——倒虹管内污水流速,m/s;

g——重力加速度,m/s^2。

进口、出口及转弯的局部阻力损失值应分项进行计算。初步估算时,一般可按沿程阻力损失值的 5% ~10% 考虑,当倒虹管长度大于 60 m 时,采用 5%;等于或小于 60 m 时,采用 10%。

计算倒虹管时,必须计算倒虹管的管径和全部阻力损失值,要求进水井和出水井间的水位高差 H 稍大于全部阻力损失值 H_1,其差值一般可考虑采用 0.05 ~ 0.10 m。

当采用倒虹管跨过大河(例如长江)时,进水井水位与平行管高差很大,可能达 50 m 以上,此时应特别注意下行管的消能与上行管的防淤设计,必要时应进行水力学模型试验,以便确定设计参数和应采取的措施。

四、冲洗井、防潮门

(一)冲洗井

当污水管内的流速不能保证自清时,为防止淤塞,可设置冲洗井。冲洗井有人工冲洗和自动冲洗两种做法。自动冲洗井一般采用虹吸式,其构造复杂,造价很高,目前已很少采用。

人工冲洗井的构造比较简单,是一个具有一定容积的普通检查井。冲洗水可利用上游来的污水或自来水。用自来水时,供水管的出口必须高于溢流管管顶,以免污染自来水。冲洗井一般适用于小于 400 mm 管径的较小管道上,冲洗管道的长度一般为 250 m 左右。

(二)防潮门

临海城市的排水管渠往往受潮汐的影响,为防止涨潮时潮水倒灌,在排水管渠出水口上游的适当位置上应设置防潮门(或平板闸门),如图 10-30 所示。临河城市的排水管渠,为防止高水位时河水倒灌,有时也采用防潮门。

防潮门一般用铁制,其座子口部略带 1∶10 ~ 1∶20 的斜度。当排水管渠中无水时,防潮门靠自重密闭。当上游排水管渠来水时,水流依靠水压顶开防潮门排入水体。涨潮时,防潮门靠下游潮水压力密闭,防止潮水倒灌。

设置了防潮门的检查井,井口施工时应高出最高潮水位或最高河水位,或井口用螺栓和盖板密封,以免潮水或河水从井口倒灌至市区。防潮门必须加强维护管理,经常清除防潮门座口上的杂物,这样才能保证防潮门的正常使用。

五、出水口

排水管渠排入水体出水口的位置和形式,应根据污水水质、下游用水情况、水体的水位变化幅度、水流方向、波浪情况、地形变迁和主导风向等因素确定。出水口与水体岸边连接处应采取防冲、加固等措施,一般用浆砌块石做护墙和铺底,在受冻胀影响的地区,出水口的基础必须设置在冰冻线以下,同时应考虑用耐冻胀材料砌筑。

常用的出水口形式有淹没式出水口、江心分散式出水口、一字式出水口和八字式出水口,分别如图 10-31 ~ 图 10-34 所示。

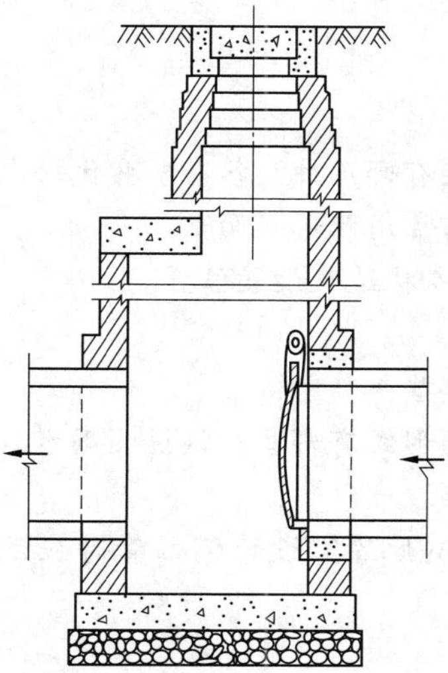

图 10-30　装有防潮门的检查井

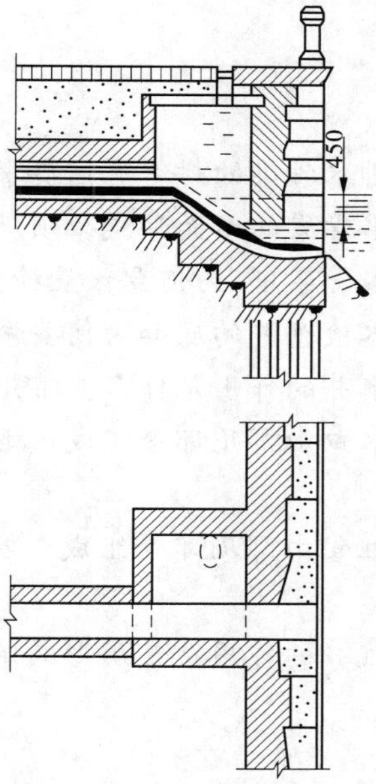

图 10-31　淹没式出水口

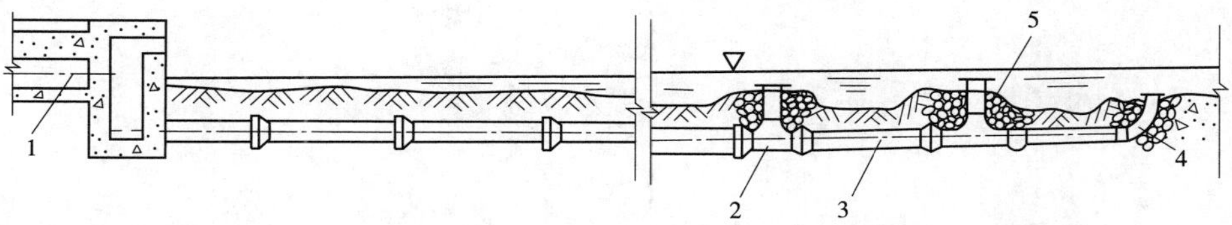

1—进水管汇;2—T 形管;3—渐缩管;4—弯头;5—石堆

图 10-32　江心分散式出水口

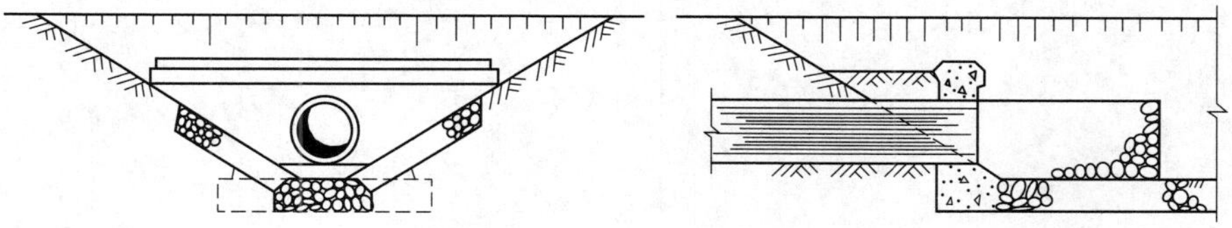

图 10-33　一字式出水口

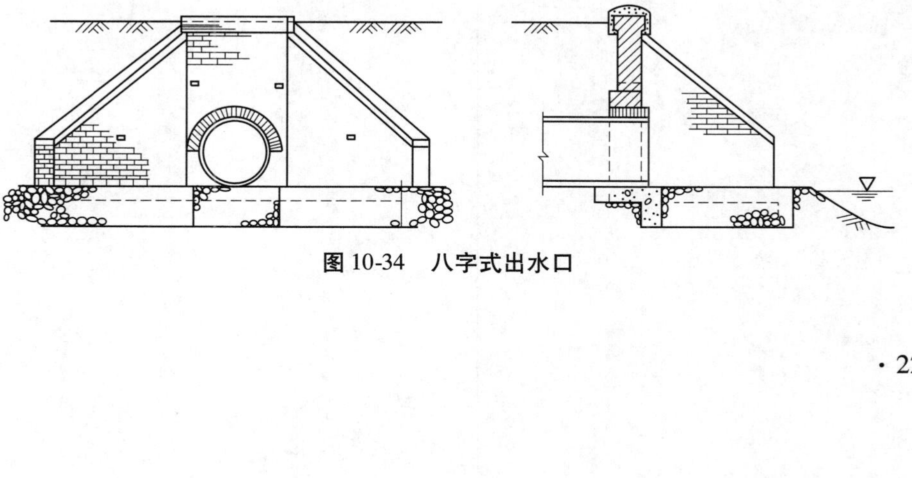

图 10-34　八字式出水口

思考题

1. 对排水管渠的材料有何要求？常用的排水管渠有哪几种？各有哪些优缺点？

2. 排水管渠的断面形式必须满足哪些要求？为何常用圆形断面？

3. 排水管渠中,为何要设置检查井？试说明其基本构造及设置位置。

4. 排水检查井的底部为何要做流槽？

5. 跌水井的作用是什么？常用的跌水井形式有哪些？

6. 雨水口由哪几部分组成？雨水口的类型及布置形式有哪些？试说明雨水口的位置设置。

7. 倒虹管由哪几部分组成？在什么情况下设置倒虹管？设计倒虹管时应注意哪些问题？

8. 溢流井的作用及常用形式是什么？

第十一章　室外给排水管网的管理和维护

【知识要点】

1.室外给排水管网技术资料的管理。

2.室外排水管网的管理和维护。

【能力目标】

1.了解给水管网的检漏、防腐、刮管涂料及维持管网水质的措施。

2.了解管网水压和流量的测定原理和方法,了解管网的调度管理。

3.了解排水管渠系统的管理和维护的主要任务。

4.了解排水管渠系统的养护、检查、修理和维护。

第一节　室外给排水管网技术资料的管理

室外给排水管网的技术管理资料主要是工程技术档案,是为了系统地积累施工技术资料,总结经验,并给各项管道工程交工使用、维护管理和改建扩建提供依据。因此,施工单位应从工程准备开始,就建立工程技术档案,汇集整理有关资料,并贯穿于整个施工过程,直到交工验收后结束。

管理现有给水排水管道系统平面图,图上标明泵站、管线、阀门、消火栓等的位置和尺寸。大中城市的管道系统可以按照每一条街道一张图纸列卷归档。

凡是列入技术档案的技术文件、资料,都必须如实反映情况,并有有关人员的签证,不得擅自修改、伪造和事后补作。《建设工程文件归档整理规范》(GB/T 50328—2001)是室外给排水管网技术资料管理的指导性规范,适用于室外给排水管网文件的归档整理以及建设工程档案的验收。同时,为了加强市政工程施工技术资料的规范化管理,提高工程质量和企业的管理水平,根据国家有关规范、标准,还必须符合《市政工程施工技术资料管理规定》(城建〔1994〕469 号)。市政工程包括道路、桥梁、排水、雨水、污水厂站及防洪等工程。市政工程施工技术资料是施工过程中施工单位依据有关规定所做的文字记录、图纸、表格、音像等应当归档的资料,它是评定工程质量、竣工交付使用的必要条件,也是对工程进行检查、维护、管理、使用、改建和扩建的依据。市政工程施工技术资料的管理工作由施工企业负责。

施工单位提供给建设单位保存的技术资料主要有:

(1)竣工工程项目一览表。

(2)图纸会审记录、设计变更通知书、技术核定书及竣工图等。

(3)隐蔽工程验收记录(包括水压试验、灌水试验、测量记录等)。

(4)工程质量检验记录及质量事故的发生和处理记录、监理工程师的整改通知单等。

(5)规范规定的必要的试验、检验记录。

(6)设备的调试和试运行记录。

(7)由施工单位和设计单位提出的工程移交及使用注意事项文件。

(8)其他有关该项工程的技术决定。

由施工单位保存和参考的技术资料档案主要有:

(1)工程项目及开工报告。

(2)图纸会审记录及有关工程会议记录,设计变更及技术核定单位。

(3)施工组织设计和施工经验总结。

(4)施工技术、质量、安全交底记录及雨季施工措施记录。

(5)分部分项及单位工程质量评定表及重大质量、安全事故情况分析及其补救措施和处理文件。

(6)隐蔽工程验收记录及交竣工证明书。

(7)设备及系统试压、调试和试运行记录。

(8)规范要求的各种检验、试验记录。

(9)施工日记。

(10)其他有关施工技术管理资料及经验总结。

由监理公司、档案馆保存的资料,在此就不详细介绍。

作为供水部门日常维护管理,还需要下列资料:

(1)管网平面图。图中注明管线、泵站、阀门、消火栓等位置和尺寸,可根据城市大小,一个区或一条街道绘制一张平面图。

(2)管线详图。注明干管、支管和接户管的位置、直径、埋深以及阀门等的具体布置。

(3)管线穿越铁路、公路和河流的构筑物详图。

(4)阀门和消火栓记录资料。包括型号、安装年月、地点、口径、检修记录等。

(5)管道检漏、防腐及清洗记录。

工程技术档案是永久性保存文件,应严加管理,不能遗失和损坏。人员调动必须办理交接手续。

第二节　室外给水管网的管理和维护

一、给水管网的日常维护与监测

(一)管网的检漏

检漏工作是降低管线漏水量,节约用水量,降低成本的重要措施。漏水量的大小与给水管网的材料质量、施工质量、日常维护工作、管网运行年限、管网工作压力等因素有关。管网漏水不仅会提高运行成本,还会影响附近其他设施的安全。

水管漏水的原因很多,如管网质量差或使用过久而破损,施工不良、管道接口不牢、管基沉陷、支座(支墩)不当、埋深不够、防腐不规范等,意外事故造成管网的破坏,维修不及时,水压过高等都会导致管网漏水。

检漏的方法有很多,如听漏法、直接观察法、分区检漏法等。

1. 听漏法

听漏法是常用的检漏方法，它是根据管道漏水时产生的漏水声或由此产生的震荡，利用听漏棒、听漏器以及电子检漏器等仪器进行管道渗漏的测定。

听漏工作为了避免其他杂音的干扰，应选择在夜间进行。使用听漏棒时，将其一端放在地面、阀门或消火栓上，可从棒的另一端听到漏水声。这种方法与操作人员的经验有很大的关系。

半导体检漏仪则是比较好的检漏工具。它是一种音频放大器，利用晶体探头将地下漏水的低频振动转化为电信号，放大后即可在耳机里听到漏水声，也可从输出电表的指针摆动看出漏水的情况。检漏器的灵敏度很高，但杂音亦会放大，故而有时判断起来也有困难。

2. 直接观察法

直接观察法是从地面上观察管道的漏水迹象。遇到下列情况之一，可作为查找漏水点的依据：

(1)地面上有“泉水”出露，甚至呈明显的管涌现象。

(2)铺设时间不长的管道，管沟回填土如局部下塌速度比别处快。

(3)局部地面潮湿。

(4)柏油路面发生沉陷现象。

(5)管道上有青草局部茂盛处等。

此方法简单易行，但比较粗略。

3. 分区检漏法

把整个给水管网分成若干小区，凡与其他小区相通的阀门全部关闭，小区内暂停用水，然后开启装有水表的进水管上的阀门，如小区内管网漏水，水表指针将会转动，由此可读出漏水量。查明小区内管道漏水后，可按需要逐渐缩小检漏范围。

检漏的方法是多种多样的，在工程实践中我们可以根据不同的情况，采取相应的检漏措施。

(二)管道水压和流量测定

管网运行过程中为了更好地了解管网中运行参数的变化，通常需要对某些管道进行水压和流量测定。

1. 压力测定

在水流呈直线的管道下方设置导压管，注意导压管应与水流方向垂直。在导压管上安装压力表即可测出该管段水压值的大小。

2. 流量测定

流量测定的设备较多，在此简单介绍三种。

1)差压流量计

差压流量计基于流体流动的节流原理，利用液体经节流装置时产生的压力差实现流量的测定。它由节流装置、压差引导管和压差计3个部分组成，节流装置是差压式流量计的测量元件，它装在管道里造成液体的局部收缩。

2)电磁流量计

电磁流量计测量原理是基于法拉第电磁感应定律,即导电液体在磁场中作切割磁力线运动时,导体中产生感生电动势。测量流量时,液体流过垂直于流动方向的磁场,导电性液体的流动感应出一个与平均流速成正比的电压,因此要求被测流动流体要有最低限度的导电率,其感生电压信号通过两个与液体直接接触的电极检出,并通过电缆传送至放大器,然后转换为统一输出的信号。这种测量方式具有如下优点:

(1)测量管内无阻流件,因而无附加压力损失。

(2)由于信号在整个充满磁砀的空间中形成,它是管道截面上的平均值,因此从电极平面至传感器上游端平面间所需直管段相对较短,长度为5倍的管径。

(3)只有管道衬里和电极与被测液体接触,因此只要合理选择电极及衬里材料,即可达到耐腐蚀、耐磨损的要求。

(4)传感器信号是一个与平均流速成精确线性关系的电动势。

(5)测量结果与液体的压力、温度、密度、黏度、电导率(不小于最低电导率)等物理参数无关,所以测量精度高,工作可靠。

3)超声波流量计

超声波流量计是利用超声波传播原理测量圆管内液体流量的仪器。探头(换能器)贴装在管壁外侧,不与液体直接接触,其测量过程对管路系统无任何影响,使用非常方便。

仪表分为探头和主机两部分。使用时将探头贴装在被测管路上,通过电缆与主机连接。使用键盘将管路及液体参数输入主机,仪表即可工作。PCL型超声波流量计采用先进的“时差”技术,高精度地完成电信号的测量,以独特技术完成信号的全自动跟踪、雷诺数及温度自动补偿。电路设计上充分考虑了复杂的现场,从而保证了仪表的精度、准确、可靠性。

二、给水管道的防腐与修复

管道外部直接与大气和土壤接触,将产生化学和电化腐蚀。为了避免和减少这种腐蚀,对与空气接触的管道外部可涂刷防腐涂料,对埋地管道可设置防腐绝缘层或进行电化保护。

(一)管道防腐

1.涂料防腐

涂料俗称“油漆”,是指以天然油为主体所组成的混合液体。随着化学工业的不断发展,油漆中的油料,部分或全部被合成树脂所取代,所以再叫油漆已不够准确,现称为有机涂料,简称涂料。

1)管道表面的处理

管道表面往往有锈层、油类、旧漆膜、灰尘等,涂漆前对管道表面要进行处理,否则就影响漆膜的附着力,使新涂的漆膜很快脱落,达不到防腐的目的。

(1)手工处理。用刮刀、锉刀、钢丝刷或砂纸等将管道表面的锈层、氧化皮、铸砂等除掉。

(2)机械处理。采用机械设备处理管道表面或压缩空气喷石英砂(喷砂法)吹打管道表面的锈层、氧化皮、铸砂等污物。喷砂法比手工操作和机械设备处理效果好，管道表面经喷打后呈粗糙状，能增强漆膜的附着力。

(3)化学处理。用酸洗法清除管道表面的锈层、氧化皮。采用浓度为10% ~20%，温度为18 ~60 ℃的稀硫酸溶液，浸泡管道15 ~60 min。为了酸洗时不损害管道，在酸溶液中加入缓蚀剂。酸洗后要用清水洗涤，并用5%的碳酸钠溶液进行中和，然后用热水冲洗。

(4)旧漆膜的处理。在旧漆膜上重新涂漆时，可视旧漆膜的附着情况，确定是否全部清除或部分清除。如旧漆膜附着很好，刮不掉可不必清除；如旧漆膜附着不好，必须全部清除，重新涂刷。

2)涂料施工

涂料施工的程序：第一层底漆或防锈漆，直接涂在管道的表面上，与管道表面紧密结合，是整个涂层的基础，它起到防锈、防腐、防水、层间结合的作用；第二层面漆(调和漆或磁漆)，是直接暴露在大气表面的防护层，施工应精细，使管道获得所需要的颜色；第三层罩光清漆，有时为了增强涂层的光泽和耐腐蚀能力等，常在面漆上面再涂一层或几层罩光漆。

涂漆方法应根据施工的要求、涂料的性能、施工条件、设备情况进行选择。涂漆方法的选择将影响漆膜的色彩、光亮度、使用寿命。常用的涂漆方法有手工涂刷、空气喷涂等。目前，涂漆的方法是以机械化、自动化逐步代替手工操作，特别是涂料工业正朝着有机高分子合成材料方向发展。涂漆方式及设备也必须朝着节约涂料，提高劳动生产率，改善操作条件，清除操作人员职业病的方向努力革新。

2. 埋地管道的防腐

目前，我国埋地管道的防腐，主要是采用沥青绝缘防腐，对一些腐蚀性高的地区或重要的管线，也可采用电化保护防腐措施。埋地管道在穿越铁路、公路、河流、盐碱沼泽地、山洞等地段时，一般采用加强防腐，穿越电气铁路的管道需采用特加强防腐。埋地管道沥青绝缘防腐层结构见表11-1。

表11-1　埋地管道沥青绝缘防腐层结构

防腐措施	防腐层结构	每层沥青厚度(mm)	总厚度不小于(mm)
普通防腐	沥青底漆—沥青3层、中间夹玻璃布2层—塑料布	2	6
加强防腐	沥青底漆—沥青4层、中间玻璃布3层—塑料布	2	8
特加强防腐	沥青底漆—沥青5层或6层、中间玻璃布4层或5层—塑料布	2	10或者12

沥青底漆(冷底子油)：为增强沥青和管道表面的黏结力，在涂沥青绝缘层前需先刷一层沥青底漆。它是用和沥青绝缘层同类的沥青及不含铅的车用汽油或工业溶剂汽油按1:2.5 ~1:3.0(体积比)调配而成，其比重为0.8 ~0.82。

沥青:管道绝缘防腐用沥青一般是石油建筑沥青或专用石油沥青,它们都属于低蜡沥青,含蜡在3%以下。为了提高沥青的强度,也可采用矿物填料(石灰石粉、高岭土、滑石粉等)的办法,沥青绝缘层应具有热稳定性、足够的强度和耐寒性。

玻璃布:为沥青绝缘层中间加强包扎材料,可提高绝缘层的强度和稳定性。用于管道绝缘防腐的玻璃布有无纺布、定长纤维布,目前多采用连续长纤维布,要求玻璃布含碱量为12%左右(中碱性)。

塑料布:为沥青绝缘层的外包材料,可增强绝缘层的强度、热稳定性、耐寒性,防止绝缘层机械损伤和日晒变形。目前均采用聚氯乙烯工业或农业用薄膜。为了适应冬季施工的需要,可采用地下管道绝缘防腐专用聚氯乙烯薄膜。

具体的施工步骤与方法如下:

(1)管道表面除锈和去污。

(2)将管道架起,将调配好的冷底子油在20~30 ℃时,用漆刷涂刷在除锈后的管道表面上,涂层要均匀,厚度为0.1~0.15 mm。

(3)将调配好的沥青玛𤥶脂,在60 ℃以上时用专用设备向管道表面浇洒,同时管子以一定速度旋转,浇洒设备沿管线移动,在管子表面均匀浇上一层沥青玛𤥶脂。

(4)若浇洒沥青玛𤥶脂设备能起吊、旋转,宜在水平浇洒沥青玛𤥶脂后,再用漆刷平摊开来;如不能,则只能用漆刷涂刷沥青玛𤥶脂。

(5)最内层的沥青玛𤥶脂,采用人工或半机械化涂刷时,应分两层,每层厚度1.5~2.0 mm,涂层应均匀、光滑。

(6)用矿棉纸油毡或浸有冷底子油的玻璃丝布制成的防水卷材,应呈螺旋形缠绕在热沥青玛𤥶脂层上,相互搭接的压头宽度不小于50 mm,卷材纵向搭接长度为80~100 mm,并用热沥青玛𤥶脂将接头黏合。

(7)缠包牛皮纸或缠包没有涂冷底子油的玻璃丝布时,每圈之间应有15~20 mm的搭边,前后搭接长度不得小于100 mm,接头处用冷底子油或热沥青玛𤥶脂黏合。

(8)当管道外壁做特加强防腐层时,两道防水卷材宜反向缠绕。

(9)涂抹热沥青玛𤥶脂时,其温度应保持在160~180 ℃,当施工环境气温高于30 ℃时,其温度可降至150 ℃。

(10)普通、加强和特加强防腐层的最小进取厚度分别为3 mm、6 mm和9 mm,其厚度偏差分别为-0.3 mm、-0.5 mm和-0.5 mm。

(二)刮管涂料

输水管如事先没有做内衬,运行一定时间后管道内壁就会产生锈蚀并结垢,有时甚至可使管径缩小1/2以上,极大地影响送输水的能力且造成水有铁锈味或出现黑水,使水质变坏,严重时不能饮用。为恢复其输水能力,改善水质,就需根据结垢情况进行管线清垢工作。

1.人工清管器

对小口径(50 mm以下)水管内的结垢清除,如结垢松软,一般用较大压力的水对管道进行冲洗。如管道管径稍大(75~400 mm)结垢为坚硬沉淀物时,就需要用由拉耙、盆形钢丝轮、钢丝刷等组成的清管器,用0.5 t的卷扬机和钢丝绳在管道内将其来回拖动,把结垢铲除，再用清水冲洗干净，最后放入钝化液，使管壁形成钝化膜，这样既达到了除垢的目的，又延长了管道的使用寿命。

2. 电动刮管机

对于口径在500 mm以上的管道，可用电动刮管机除垢。刮管机主要由密封防水电机、齿轮减速装置、链条、榔头及行走动力机构组成。它通过旋转的链条带动榔头锤击管壁，把垢体击碎下来。

整个刮管涂料的工序包括刮管、除垢、冲洗、排水、喷涂等五道工序，通常由配套的刮管机、除垢机、冲洗机、喷浆机以及其他的辅助设备来完成。

施工时，要求管道在相距200 ~ 400 mm直管处开挖工作坑，作为机械进出口。涂料采用水泥砂浆，只要管壁无泥巴、无积垢，管内无大片积水区，即可进行。

以上刮管加衬方法，特点是不用大面积挖沟就能分段把水管清理干净，大大地恢复了输水能力，减小了水头阻力。砂浆层呈环状附着在管壁上，有相当的耐压力，当管外壁已锈蚀有微小穿孔时，砂浆层仍完好无损，可照常输送0.3 MPa的有压水。

3. 聚氨酯和橡皮刮管器

用聚氨酯做成的刮管器，外形像一枚炸弹，在其表面镶嵌有若干个钢制钉头，它不用钢丝绳拖拉，用发射器送入管中仅靠刮管器前后压差就可推动刮管器前进，同时表面的铁钉将结垢除下来。还有一种用铁骨架外包环状硬橡皮轮，也是用发射器将其送入管内，自己往前走把垢清除掉，它的特点是刮管器内装有警报信息装置，它在管内走到哪里在地面上用接收器就可知道，即使卡在管中也很容易探测到方位，以便采取相应的措施进行处理。

凡结垢清理完毕的管道必须做衬里，否则其锈蚀速度比原来发展更快。对小口径的地下管道，如果在地下涂水泥砂浆比较困难，而用聚氨酯或其他无酶塑料制成的软管做成衬里则可以一劳永逸。其方法是：将软管送入清洗完了的管道中，平拉铺直，然后利用原来管道上的出水口，例如接用户卡子或者消火栓等作为排气口。此时要设法向软管内冲水，同时把卡子或消火栓打开，排出管壁与软管之间的空气，注意向软管灌水与打开消火栓等排气要同时进行，这时软管就会撑起，很好地贴在管壁上，这样原来管道就相当于外壁是钢或铸铁内镶塑料的复合管道。

三、水质管理

给水管道的水质管理是整个给水系统管理的重要内容，因为它直接关系到人民的身体健康和工业产品的质量。符合饮用水标准的水进入管网要经过长距离输送到达用户，如果管网本身管理不善，造成二次污染，将难以满足用户对水质的要求，甚至可能导致饮用者患病乃至死亡及产品不合格等重大事故。所以，加强给水管道管理，是保证水质的重要措施。

（一）影响给水管道水质变化的主要因素

给水管道系统中的化学和生物的反应给水质带来不同程度的影响。导致管道内水质二次污染的主要因素有水源水质、给水管道的渗漏、管道的腐蚀和管壁上金属的腐蚀、储水设备中残留或产生的污染物质、消毒剂与有机物和无机物质间的化学反应产生的消毒副产物、细菌的再生长和病原体的寄生、由悬浮物导致的混浊度等。另外，水在管道中停留的时间过长也是影响水质的又一主要原因。在管道中，可以从不同的水源通过不同的时间和管线路径将水输送给用户，而水的输送时间与管道内水质的变化有着密切的关系。

给水管道系统内的水受外界的影响产生的二次污染也不能忽视。由于管道漏水、排水管或排气阀损坏，当管道降压或失压时，水池废水、受污染的地下水等外部污水均有可能倒流入管道，待管道升压后就送到用户；用户蓄水的屋顶水箱或其他地下水池未定期清洗，特别是人孔未盖严，致使其他污物进入水箱或水池；管道与生产供水管道连接不合理；管道错接等原因可引起局部或短期水质恶化或严重恶化。

在卫生部颁发的《生活饮用水水质卫生规范》(2001 年版)和国家标准《生活饮用水卫生标准》(GB 5749—2006)中规定，供水单位必须负责检验水源水、净化构筑物出水、出厂水和管网水的水质，应在水源、出厂水和居民经常用水点采样。城市供水管网的水质检验采样点数，一般应按每两万供水人口设一个采样点计算。供水人口超过 100 万时，按上述比例计算出的采样点数可酌量减少。人口在 20 万以下时，应酌量增加。在全部采样点中应有一定的点数，选在水质易受污染的地点和管网系统陈旧部分供水区域。在每一采样点上每月采样检验应不少于两次，细菌学指标、浑浊度和肉眼可见物为必检项目。其他指标可根据当地水质情况和需要选项。对水源水、出厂水和部分有代表性的管网末端水，至少每半年进行一次常规检验项目全分析。当检测指标连续超标时，应查明原因，采取有效措施，防止对人体健康造成危害。凡与饮用水接触的输配水设备、水处理材料和防护材料，均不得污染水质，出水水质必须符合《生活饮用水卫生标准》(GB 5749—2006)的要求。

水在加氯消毒后，氯与管材发生反应，特别是在老化和没有保护层的铸铁管和钢管中，由于铁的腐蚀或者生物膜上的有机质氧化，会消耗大量的氯气，管道中的氯会产生一定的损失。此类反应的速率一般很高，氯的半衰期会减少到几小时，并且它随着管道的使用年数增长和材料的腐蚀而不断加剧。

氯化物的衰减速度比自由氯要慢一些，但同样也会产生少量的氯化副产物。但是，在一定的 pH 值和氯氨存在的条件下，氯氨的分解会生成氮，可能会导致水的富营养化。目前已经有方法来处理管道系统中氯损失率过大的问题。首先，可以使用一种更加稳定的化合型消毒物质，例如氯化物；其次，可以更换管道材料和冲洗管道；再次，通过运行调度减少水在管道系统中的滞留时间，消除管道中的严重滞留管段；最后，降低处理后水中有机化合物的含量。

管道腐蚀会带来水的金属味，帮助病原微生物的滞留，降低管道的输水能力，最后导致管道泄漏或堵塞。管道腐蚀的种类主要有衡腐蚀、凹点腐蚀、结节腐蚀、生物腐蚀等。

许多物理、化学和生物因素都会影响腐蚀的发生和腐蚀速率。在铁质管道中，水在停滞状态下会促使结节腐蚀和凹点腐蚀的产生与加剧。一般来说，对所有的化学反应，腐蚀速率都会随着温度的提高而加快。但是，在较高的温度下，钙会在管壁上形成一层保护膜。pH 值较低时会促进腐蚀，当水中 $pH<5$ 时，铜和铁的腐蚀都相当快。当 $pH>9$ 时，这两种金属通常都不会被腐蚀。当 $pH=5\sim9$ 时，如果在管壁上没有防腐保护层，腐蚀就会发生。碳酸盐和重碳酸盐碱度为水中 pH 值的变化提供了缓冲空间，它同样也会在管壁形成一层碳酸盐保护层，并防止水泥管中钙的溶解。溶解氧和可溶解的含铁化合物发生反应形成可溶性的含铁氢氧化物。这种状态的铁就会导致结节的形成及铁锈水的出现。所有可溶性固体在水中表现为离子的聚合体，它会提高导电性及电子的转移，因此会促进电化腐蚀。硬水一般比软水的腐蚀性低，因为可在管壁上形成一层碳酸钙保护层。氧化铁细菌会产生可溶性的含铁氢氧化物。

一般有三种方法可以控制腐蚀，即调整水质，涂衬保护层和更换管道材料。调整 pH 值是控制腐蚀最直接的形式，因为它直接影响电化腐蚀和碳酸钙的溶解，也会直接影响混凝土管道中钙的溶解。

(二)给水管道的水质控制

保证给水管道水质也是给水管网调度和管理工作的重要任务之一。随着人们对水污染以及污染水对人体危害认识的逐步提高，人们希望从管网中得到优质的用水。近年来，用户对给水水质的投拆也越来越多，促使供水企业对给水管道水质的管理逐步加强。为保护水管道正常的水量或水质，除对出厂水质严格把关外，目前主要采取以下措施：

(1)通过给水栓、消火栓和放水管，定期冲排管道中停滞时间过长的“死水”。

(2)及时检漏、堵漏，避免管道在负压状态下受到污染。

(3)对离水厂较远的管线，若余氯不能保证，应在管网中途加氯，以提高管网边缘地区的余氯浓度，防止细菌繁殖。

(4)长期未用的管线或管线末端，在恢复使用时必须冲洗干净。

(5)定期对金属管道清垢、刮管和衬涂内壁，以保证管网输水能力和水质洁净。

(6)无论在新敷管线竣工后还是旧管线检修后均应冲洗消毒。消毒之前先用高速水流冲洗水管，然后用 20～30 mg/L 的漂白粉溶液浸泡 24 h 以上，再用清水冲洗，同时连续测定排出水的浊度和所含细菌，直到合格。

(7)长期维护与定期清洗水塔、水池以及屋顶高位水箱，并检验其贮水水质。

(8)用户自备水源与城市管网联合供水时，一定要有可靠的隔离措施。

(9)在管网的运行调度中，重视管道内的水质检测，发现问题及时采取有效措施予以解决。

(三)供水调度

城市供水管网运行调度的重要任务是在保证城市供水水质和水量安全可靠的前提下，使单位供水量的能耗降低到最低限度；并当供水管网服务区内出现异常情况时，如发生火灾、管网破裂、水质突发性被污染、控制设备失控等，调度装置运行相应的程序，以便将损失降低到最低限度。

根据技术应用的深度和系统完善程度，可以将城市供水的调度分为以下三个发展阶段：

(1)人工经验调度。

(2)计算机辅助调度。

(3)全自动化调度与控制：这是当今城市供水管网运行调度的发展方向。主要通过对供水管网运行状态的遥测遥控系统(Supervisory Control and Data Acquisition，简称 SCADA)，实现城市供水管网调度与控制的最优化、自动化和智能化；实现与水厂制水过程控制系统、供水企业管理系统的一体化进程。

全自动化调度与控制主要利用四项基础技术：计算机技术（Computer）、通信技术（Communication）、控制技术（Control）和传感技术（Sensor），简称 3C + S 技术。这就是现代城市供水 SCADA 系统的前身。城市供水 SCADA 系统也即监控和数据采集系统，又称计算机四遥系统，指遥测（Telemetering）、遥控（Telecontrol）、遥信（Telesignalisation）、遥调（Teleregulation）技术。

第三节　室外排水管渠系统的管理和维护

一、管理和维护的任务

排水管渠在建成通水后，为保证其正常工作，必须经常进行养护和管理。排水管渠内常见的故障有：污物淤塞管道；过重的外荷载、地基不均匀沉陷或污水的侵蚀作用，使管渠损坏、裂缝或腐蚀等。

管理养护的任务是：①验收排水管道；②监督排水管渠使用规则的执行；③经常检查、冲洗或清通排水管渠，以维持其通水能力；④修理管渠及其构筑物，并处理意外事故等。

排水管渠系统的管理养护工作，一般由城市建设机关专设部门（如养护工程管理处）领导，按行政区划设养护管理所，下设若干养护工程队（班），分片负责。整个城市排水系统的管理养护组织一般可分为管渠系统、排水泵站和污水厂 3 部分。工厂内的排水系统一般由工厂自行负责管理和养护。在实际工作中，管渠系统的管理养护应实行岗位责任制，分片包干，以充分发挥养护人员的积极性。同时，可根据管渠中污物沉积可能性的大小，划分成若干养护等级，以便对其中水力条件较差，排入管渠的脏物较多，易于淤塞的管渠段，给予重点养护。实践证明，这样可大大提高养护工作的效率，是保证排水管渠系统全线正常工作的行之有效的办法。

二、排水管渠管理和维护的一般规定

（1）排水管渠应定期检查、维护，保持良好的水力功能和结构状况。

（2）排水管理部门应定期对排水户进行水质、水量检测，并应建立管理档案；排放水质应符合国家现行标准《污水排入城市下水道水质标准》（CJ 343—2010）的规定。医院排水还应符合《医疗机构水污染物排放标准》（GB 18466—2005）的规定。

（3）管渠维护必须执行国家现行标准《城镇排水管道维护安全技术规程》（CJJ 6—2009）的规定。

（4）排水管渠维护宜采用机械作业。

（5）排水管渠应明确其雨水管渠、污水管渠或合流管渠的类型属性。

（6）在分流制排水地区，严禁雨污水混接。

（7）污水管道的正常运行水位不应高于设计充满度所对应的水位。

（8）排水管道应按表 11-2 的规定进行管径划分。

表 11-2　排水管道的管径划分　　（单位：mm）

类型	小型管	中型管	大型管	特大型管
管径	<600	600～1 000	>1 000～1 500	>1 500

三、排水管道养护

排水管道应定期巡视，巡视内容应包括污水冒溢、晴天雨水口积水、井盖和雨水箅缺损、管道塌陷、违章占压、违章排放、私自接管以及影响管道排水的工程施工等情况。

排水管理部门应制定本地区的排水管道养护质量检查办法，并定期对排水管道的运行状况等进行抽查，养护质量检查不应少于 3 个月一次。

在车辆经过时，井盖不应出现跳动和声响。井盖的标识必须与管道的属性一致。雨水、污水、雨污合流管道的井盖上应分别标注“雨水”、“污水”、“合流”等标识。铸铁井盖和雨水箅宜加装防丢失的装置，或采用混凝土、塑料树脂等非金属材料的井盖。

当发现井盖缺失或损坏后，必须及时安装护栏和警示标志，并应在 8 h 内恢复。

检查井、雨水口的清掏宜采用吸泥车、抓泥车等机械设备。管道疏通宜采用推杆疏通、转杆疏通、射水疏通、绞车疏通、水力疏通和人工铲挖等方法，各种疏通方法的适用范围宜符合表 11-3 的要求。

表 11-3　管道疏通方法及适用范围

疏通方法	小型管	中型管	大型管	特大型管	倒虹管	压力管	盖板沟
推杆疏通	√	—	—	—	—	—	—
转杆疏通	√	—	—	—	—	—	—
射水疏通	√	√	—	—	√	—	√
绞车疏通	√	√	√	—	√	—	√
水力疏通	√	√	√	√	√	√	√
人工铲挖	—	—	√	√	—	—	√

注：表中“√”表示适用。

管渠系统管理养护经常性的和大量的工作是清通排水管渠。在排水管渠中，往往由于水量不足，坡度较小，污水中污物较多或施工质量不良等而发生沉淀、淤积。淤积过多将影响管渠的通水能力，甚至使管渠堵塞。因此，必须定期清通。目前主要有以下几种方法解决排水管道中的淤积问题：

（1）缓车清通法（亦称机械清通法）。

（2）高压水射流清通法（也叫水力清通法）。

（3）水冲刷清通法（亦称为水力消淤法）。

四、排水管道检查

排水管道检查可分为管道状况普查、移交接管检查和应急事故检查等。管道缺陷在管段中的位置应采用该缺陷点离起始井之间的距离来描述；缺陷在管道圆周的位置应采用时钟表示法来描述。管道检查项目可分为功能状况和结构状况两类，主要检查项目应包括表11-4中的内容。

表11-4　管道状况主要检查项目

检查类别	功能状况	结构状况
检查项目	管道积泥	裂缝
	检查井积泥	变形
	雨水口积泥	腐蚀
	排放口积泥	错口
	泥垢和油脂	脱节
	树根	破损与孔洞
	水位和水流	渗漏
	残墙、坝根	异管穿入

注：表中的积泥包括泥沙、碎砖石、固结的水泥浆及其他异物。

以功能性状况为目的的普查周期宜采用1～2年一次，以结构性状况为主要目的的普查周期宜采用5～10年一次。流沙易发地区的管道、管龄30年以上的管道、施工质量差的管道和重要管道的普查周期可相应缩短。

移交接管检查的主要项目应包括渗漏、错口、积水、泥沙、碎砖石、固结的水泥浆、未拆清的残墙、坝根等。应急事故检查的主要项目应包括渗漏、裂缝、变形、错口、积水等。管道检查可采用人员进入管内检查、反光镜检查、电视检查、声呐检查、潜水检查或水力坡降检查等方法。各种检查方法的适用范围宜符合表11-5的要求。

表11-5　管道检查方法及适用范围

检查方法	中小型管道	大型以上管	倒虹管	检查井
人员进入管内检查	—	√	—	√
反光镜检查	√	√	—	√
电视检查	√	√	√	—
声呐检查	√	√	√	—
潜水检查	—	√	—	√
水力坡降检查	√	√	√	—

注：表中"√"表示适用。

对人员进入管内检查的瞥道，其直径不得小于800 mm，流速不得大于0.5 m/s，水深不得大于0.5 m。人员进入管内检查宜采用摄影或摄像的记录方式。以结构状况为目的的电视检查，在检查前应采用高压射水将管壁清洗干净。采用声呐检查时，管内水深不宜小于300 mm。采用潜水检查的管道，其管径不得小于1 200 mm，流速不得大于0.5 m/s。从事管道潜水检查作业的单位和潜水员必须具有特种作业资质。潜水员发现情况后，应及时用对讲机向地面报告，并由地面记录员当场记录。

五、排水管道修理

重力流排水管道严禁采用上跨障碍物的方式。污水管、合流管和位于地下水位以下的雨水管应选用柔性接口的管道。管道开挖修理应符合现行国家标准《给水排水管道工程施工及验收规范》(GB 50268—2008)的规定。

封堵管道必须经排水管理部门批准,封堵前应做好临时排水措施。封堵管道应先封上游管口,再封下游管口;拆除封堵时,应先拆下游管堵,再拆上游管堵。封堵管道可采用充气管塞、机械管塞、木塞、止水板、黏土麻袋或墙体等方式。选用封堵方法应符合表11-6的要求。

表11-6　管道封堵方法

封堵方法	小型管	中型管	大型管	特大型管
充气管塞	√	√	√	—
机械管塞	√	—	—	—
止水板	√	√	√	√
木塞	√	—	—	—
黏土麻袋	√	—	—	—
墙体	√	√	√	√

注:表中"√"表示适用。

排水管道非开挖修理可采用下列方法:

(1)个别接口损坏的管道可采用局部修理。

(2)出现中等以上腐蚀或裂缝的管道应采用整体修理。

(3)强度已削弱的管道,在选择整体修理时应采用自立内衬管设计。

(4)选用非开挖修理方法应符合表11-7的要求。

表11-7　非开挖修理的方法

修理方法		小型管	中型管	大型以上	检查井
局部修理	钻孔注浆	—	—	√	√
	嵌补法	—	—	√	√
	套环法	—	—	√	—
	局部内衬	—	—	√	√
整体修理	现场固化内衬	√	√	√	√
	螺旋管内衬	√	√	√	—
	短管内衬	√	√	√	√
	拉管内衬	√	√	—	—
	涂层内衬	—	—	√	√

注:表中"√"表示适用。

主管的废除和迁移必须经排水管理部门批准。废除旧管道还应符合下列规定：

(1)除原位翻建的工程外，旧管道应在所有支管都已接入新管后方可废除。

(2)被废除的排水管宜拆除；对不能拆除的，应作填实处理。

(3)检查井或雨水口废除后，应作填实处理，并应拆除井框等上部结构。

(4)旧管废除后应及时修改管道图，调整设施量。

六、明渠维护

明渠应定期巡视，当发现下列行为之一时，应立即制止：

(1)向明渠内倾倒垃圾、粪便、残土、废渣等废弃物。

(2)圈占明渠或在明渠控制范围内修建各种建(构)筑物。

(3)在明渠控制范围内挖洞、取土、采砂、打井、开沟、种植及堆放物件。

(4)擅自向明渠内接入排水管，在明渠内筑坝截水、安泵抽水、私自建闸、架桥或架设跨渠管线。

(5)向雨水渠中排放污水。

明渠的检查与维护应符合下列规定：

(1)定期打捞水面漂浮物，保持水面整洁。

(2)及时清理落入渠内阻碍明渠排水的障碍物，保持水流畅通。

(3)定期整修土渠边坡，保持线形顺直，边坡整齐。

(4)每年枯水期应对明渠进行一次淤积情况检查，明渠的最大积泥深度不应超过设计水深的1/5。

(5)明渠清淤深度不得低于护岸坡脚顶面。

(6)定期检查块石渠岸的护坡、挡土墙和压顶，发现裂缝、沉陷、倾斜、缺损、风化、勾缝脱落等应及时修理。

(7)定期检查护栏、里程桩、警告牌等明渠附属设施，并保持完好。

(8)明渠宜每隔一定距离设清淤运输坡道。

明渠的废除应符合下列规定：

(1)明渠的废除必须经排水管理部门批准。

(2)废除的构筑物应及时拆除。

七、排水管道渗漏检测

排水管道的渗漏主要用闭水试验来检测。闭水试验的方法是：先将两排水检查井间的管道封闭，封闭的方法可用砖砌水泥砂浆或用木制堵板加止水垫圈。封闭管道后，从管道低的一端充水，目的是便于排除管道中的空气，直到排气管排水，关闭排气阀，再充水使水位达到水筒内所要求的高度，记录时间和计算水筒内的降水量，则可根据规范的要求进行判断管道的渗水量。

对非金属污水管道闭水试验应符合下列规定：

(1)在潮湿土壤中，检查地下水渗入管中的水量，可根据地下水的水平线而定。地下水位超过管顶2 ~4 m，渗入管中的水量不超过表11-8 的规定；地下水超过管顶4 m 以上，则每增加水头1 m,允许渗入水量10%。

(2)在干燥土壤中,检查管道的渗出水量,其充水高度高出上游检查井内管顶高度4 m,渗水不应大于表11-8中的规定。

(3)非金属污水管道的渗水试验时间不应小于30 min。

表11-8 1 000 m长管道在一昼夜内允许渗入或渗出水量

管径(mm)		<150	200	250	300	350	400	450	500	600
钢筋混凝土管、混凝土管或石棉水泥管	渗入或渗出水量(m^3)	7.0	20	24	8	30	32	34	36	40
缸瓦管		7.0	12	15	18	20	21	22	23	23

思考题

1. 施工单位应保存的技术资料有哪些?
2. 管道涂料防腐的施工步骤是什么?
3. 给水管道有哪些检漏方法?
4. 排水管渠系统管理和维护的任务是什么?
5. 常用的排水管道疏通方法有哪些?适用范围如何?
6. 排水管道封堵方法及适用范围是什么?
7. 排水管道非开挖方法及适用对象是什么?

第十二章　室外给排水管道系统图的识读

【知识要点】

1. 室外给水工程图识读。
2. 室外排水工程图识读。

【能力目标】

1. 熟悉室外给排水管道系统施工图的常用符号、表达方法。
2. 熟悉室外给排水管道系统施工图的阅读。

第一节　概　述

由于管道是给排水工程图的主要表达对象，这些管道的截面形状变化小，一般细而长，分布范围广泛，纵横交叉，管道附件众多，因此有它特殊的图示特点。

给排水管道工程图有下列图示特点：

给排水管道工程图中的管道及附件、管道连接、阀门、水池、检查井、设备及仪表等，都采用统一的图例表示，具体可参见《建筑给水排水制图标准》（GB/T 50106—2010）中的部分给排水管道规定图例，在学习过程当中可以查阅该标准。应当说明的是，凡在标准中尚未列入的，可自设图例，并加以说明，以免引起误会，在识图过程当中造成不必要的麻烦。

室外给排水管道工程中管道很多，常分为给水管道系统、雨水管道系统和污水管道系统。它们一般是按照一定的方向通过设备、支管、干管的顺序。同时，给排水管道工程图中的管道应与区域规划图、土建施工图相互密切配合。

一、室外给排水管道施工图中常用的图例、符号

（一）管道及附件图

管道及附件图例见表 12-1。

表 12-1　管道及附件图例

序号	名称	图例	说明
1	管道		用于一张图纸内只有一种管道
		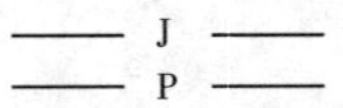	用汉语拼音字头表示管道类别
		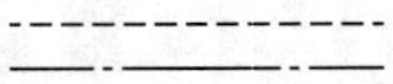	用图例表示管道类别
2	交叉管	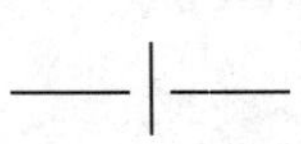	指管道交叉不连接，在下方和后面的管道应断开

续表 12-1

序号	名称	图例	说明
3	三通连接	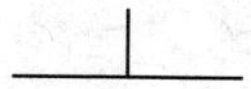	
4	四通连接	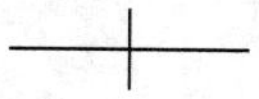	
5	流　　向		
6	坡　　向		
7	防水套管	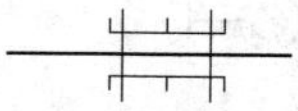	
8	软　　管		
9	可挠曲橡胶接头		
10	保温管		也适用于防结露管
11	多孔管		
12	地沟管	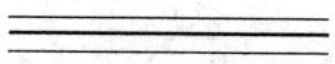	

（二）管道连接图

管道连接图例见表 12-2。

表 12-2　管道连接图例

序号	名称	图例	说明
1	法兰连接	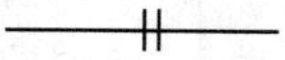	
2	承插连接	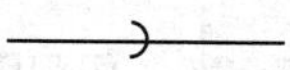	
3	螺纹连接	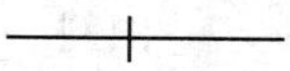	连接符号也可不画
4	活接头	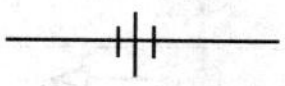	
5	管堵	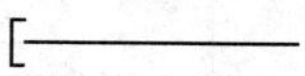	
6	法兰堵盖		
7	偏心异径管	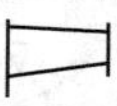	

续表 12-2

序号	名称	图例	说明
8	异径管	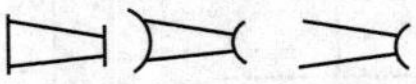	
9	乙字管		
10	喇叭口		
11	转动接头	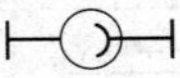	
12	管接头	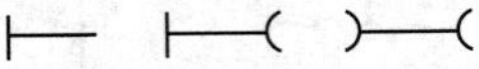	
13	弯管	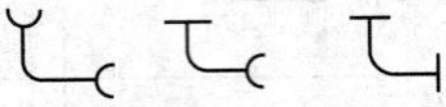	
14	正三通	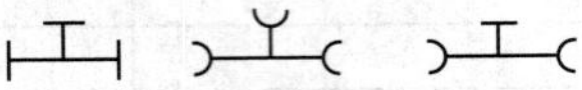	
15	斜三通		
16	正四通	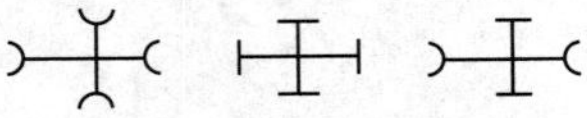	
17	斜四通	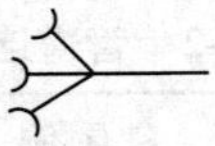	

(三)阀门图例

阀门图例见表 12-3。

表 12-3　阀门图例

序号	名称	图例	说明
1	阀　门		用于一张图纸内只有一种阀门
2	角　阀	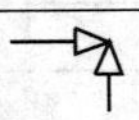	
3	闸　阀		
4	截止阀	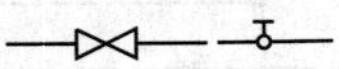	
5	电动阀		

续表 12-3

序号	名称	图例	说明
6	减压阀		
7	旋塞阀	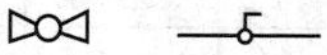	
8	底　阀		
9	球　阀		
10	止回阀		箭头表示水流方向
11	消声止回阀		箭头表示水流方向
12	蝶　阀		
13	弹簧安全阀	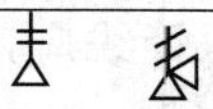	
14	浮球阀		
15	延时自闭冲洗阀		
16	放水龙头	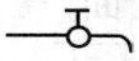	
17	皮带龙头	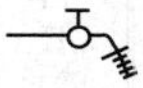	
18	洒水龙头	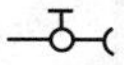	
19	化验龙头	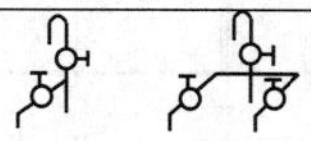	

二、管道及其交叉点标高的表示方法

(一)标高的标注方法

标高的标注方法如图 12-1 所示。

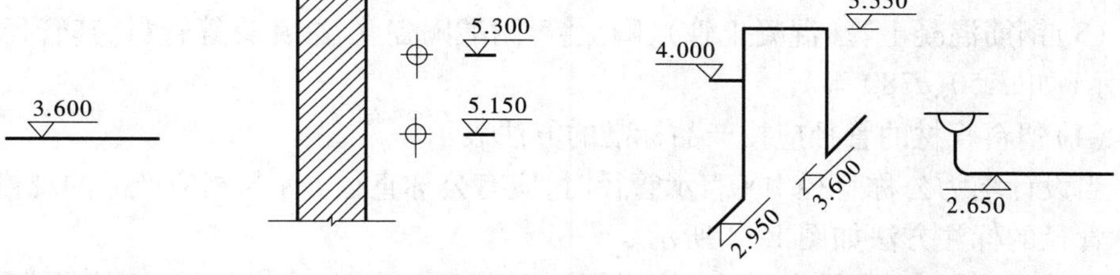

(a)在平面图中的注法　(b)在剖面图中的注法　(c)在轴测图中的注法

图 12-1　管道标高标注法

(二)管道交叉点标高的表示方法

在工程管线较多的交叉点,管线之间的交叉很复杂时,为了清晰起见,常在交叉点处绘制管线交叉点标高图,如图 12-2 所示。

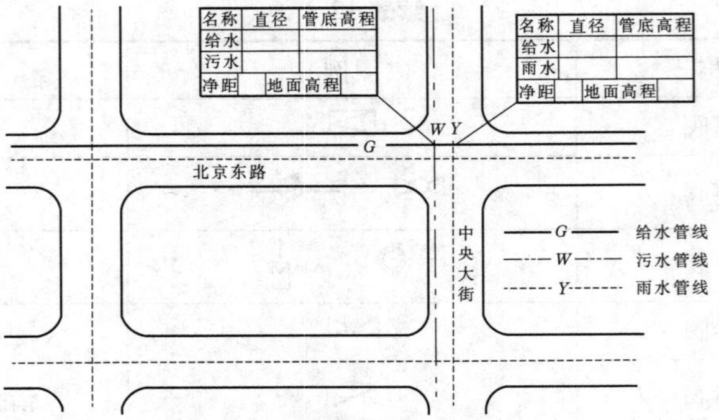

图 12-2　管线交叉点标高图

制作管线交叉标高点图的作用是保证各种管线在交叉时竖向高程不发生矛盾，并满足高程管线交叉时的最小垂直距离的要求。按照工程惯例，管线交叉时应保证重力流管线的位置，当竖向位置发生矛盾时，其他管线应避让。重力流管线交叉时，一般雨水管在上，污水管在下。

当交叉点管线较多，标注不下时，可列表表示，见交叉管线垂距表 12-4。

表 12-4　交叉管线垂距表

道路交叉口图	交叉口编号	管线交叉点编号	交叉点地面高程	上面				下面				垂直净距	说明
				名称	管径	管底标高	埋深	名称	管径	管底标高	埋深		

(三)管径标注方法

管径应以毫米为单位。管径的表达方式应符合下列规定：

(1)水煤气输送钢管(镀锌或非镀锌)、铸铁管等管材，管径宜以公称直径 DN 表示(如 DN15、DN50)。

(2)无缝钢管、铜管、不锈钢管等管材，其管径宜以外径 × 壁厚表示(如 $D108\times4$、$D159\times4.5$ 等)。

(3)钢筋混凝土管(混凝土管)、陶土管、耐酸陶瓷管、缸瓦管等管材，其管径宜以内径 d 表示(如 $d150$、$d380$ 等)。

(4)塑料管材的管径应按产品标准的方法表示。

当设计均为公称直径 DN 表示管径时，应有公称直径 DN 与相应产品的规格对照表。

管径的标注方法如图 12-3 所示。

在总平面图中，当排水附属构筑物的数量超过 1 个时，宜进行编号，编号方法为：构筑物代号 - 编号。

排水构筑物的编号顺序宜为：从上游到下游，先干管，后支管。

当给排水机电设备的数量超过 1 台时，宜进行编号，并应有设备编号和设备名称对照表。

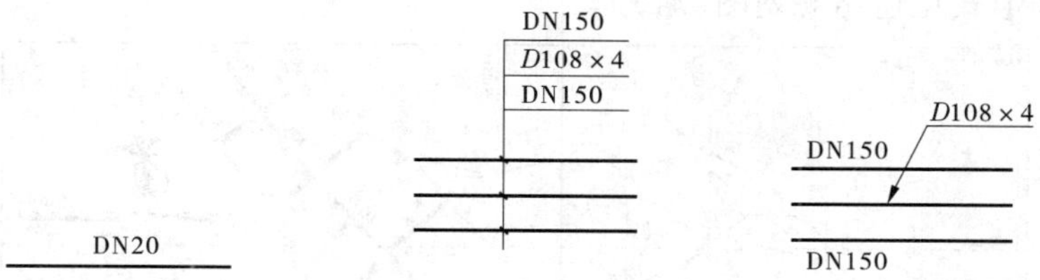

(a)单管管径表示法　　　　(b)多管管径表示法

图 12-3　管径的标注方法

第二节　室外给水管道系统图的识读

一、室外给水管道系统图的内容

室外给水工程施工图主要有总平面图、平面图、纵断面图、节点详图、附属构筑物的施工图等。其中,总平面图、平面图、纵断面图、节点详图等这些图上的管线、配件、连接方式等都是示意性的,因此在读图时应熟悉图例,同时还必须熟悉给排水管道的施工工艺。此外,图上应有管道的主要工程项目表、图例和必要的工程说明。

(1)总平面图表示一个城镇或小区范围内的室外给水管道的总体布置图。在平面图上应有地形、地物、风向玫瑰图或指北针等,并标出主要管道的管径与管材等。

(2)平面图反映管道的起点、终点位置,转角点位置与角度,参照道路桩号标注的管道桩号,管道的材质与管径、管道长度等,每个节点的编号与位置。一般情况下管道转角、附件处(如阀门、排水、排气、消火栓等)均应按节点处理。比例尺通常采用 1:500 ~ 1:1 000。

(3)纵断面图应反映管线在其纵向的变化情况,与平面图相对应绘在同一张图纸上。在纵断面图上有管道的埋深、沟槽深度,与其他管线交叉点的位置与高程,管道基础、管道敷设的坡度、管道长度等。纵断面图的比例:横向与平面图相应 1:500 ~ 1:1 000,纵向一般取 1:100 或 1:200。

(4)节点详图反映节点处的详细做法。包括管件的名称、规格、数量、连接方式、材质、节点编号等内容。详图一般不按比例绘制。

(5)附属构筑物的施工图。给水管道附属构筑物主要有:阀门井、检查井、室外消火栓、管道穿越构筑物等。这些构筑物图都是按正投影法画出来的,图纸上面有详细的尺寸,有些已制成标准图在全国或某一地区通用。

二、室外给水管道系统图实例

(一)某开发区给水管网布置图

如图 12-4 所示,管网为双水源供水,配水管网中心采用环状,周边为枝状,干管间距 500 ~ 1 000 m,连通管间距 800 ~ 1 000。管道直径 $D \geqslant 300$ mm 采用球墨铸铁管,$D < 300$ mm 采用 PE 管。给水管线以及其他管线在道路横断面中的位置见图 12-5(其中道路断面

位置及其断面形式见道路规划图(略))。

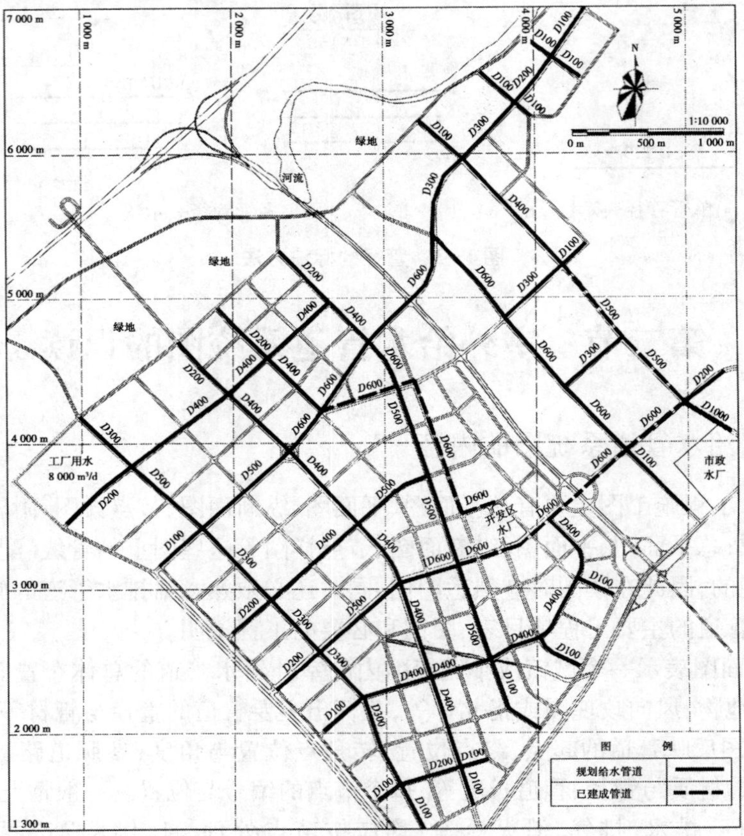

图 12-4 某开发区给水管网平面布置图

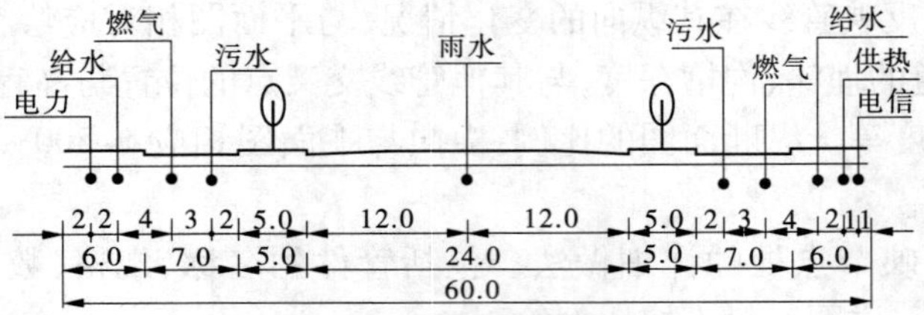

(a)A—A道路断面管线布置图

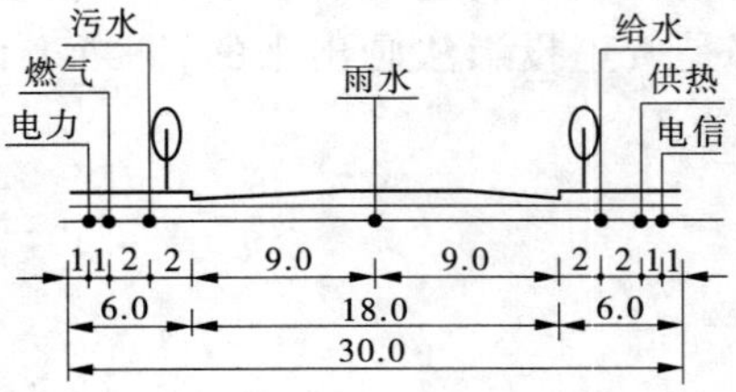

(b)B—B道路断面管线布置图

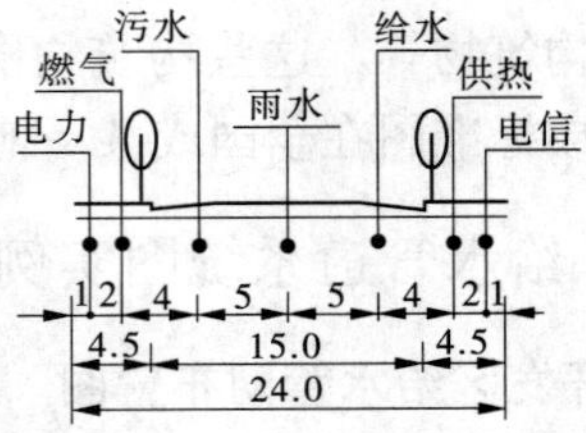

(c)C—C道路断面管线布置图

图 12-5 给水管线以及其他管线在道路横断面中的位置图(举例) (单位:m)

(二)城市管网施工图

某段城市管网施工图见图 12-6。采用球墨铸铁管,管径为 DN400,管道平面位置见图 12-6(a),管道断面图见 12-6(b),节点详图见图 12-6(c)。

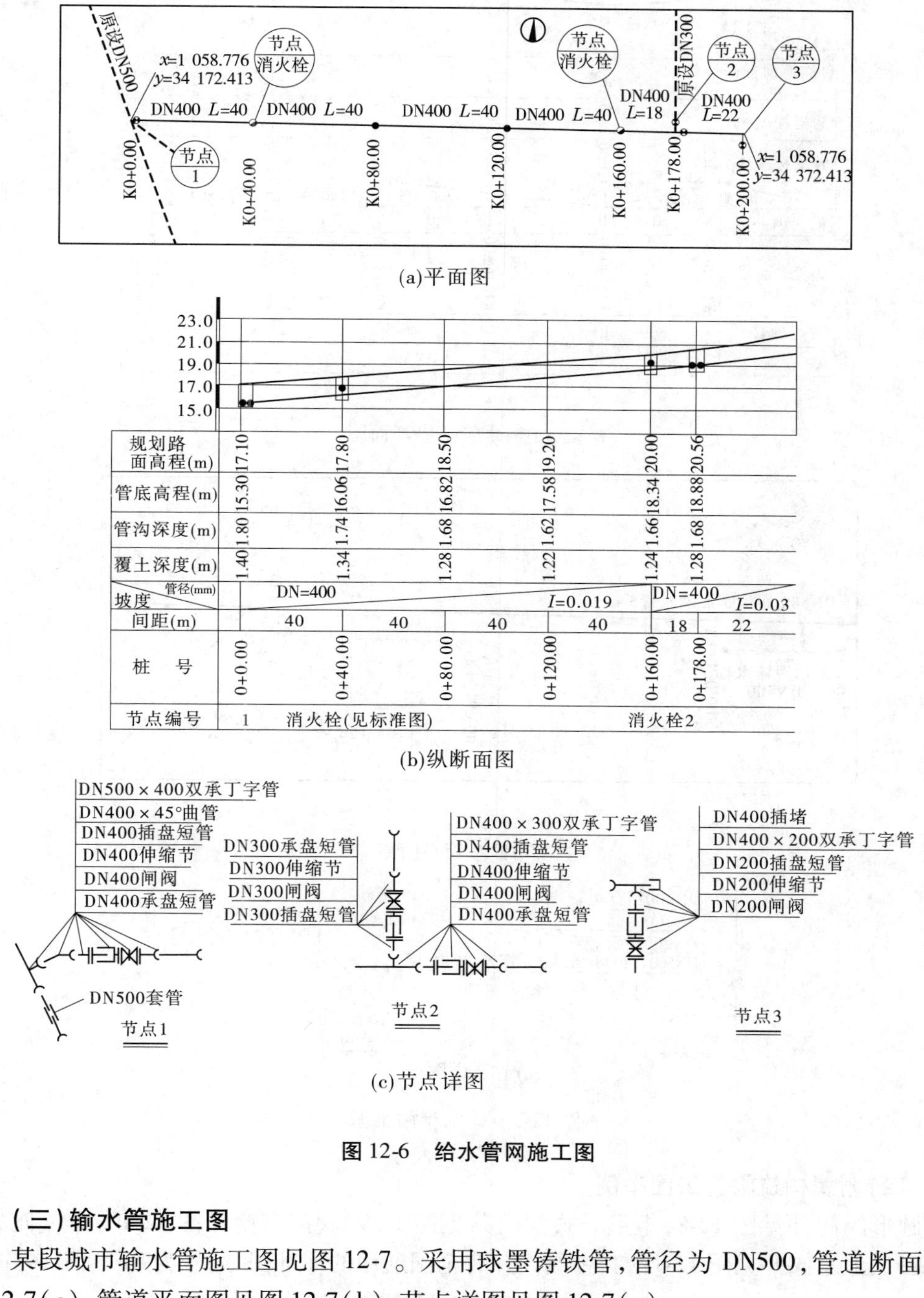

图 12-6　给水管网施工图

(三)输水管施工图

某段城市输水管施工图见图 12-7。采用球墨铸铁管,管径为 DN500,管道断面图见图 12-7(a),管道平面图见图 12-7(b),节点详图见图 12-7(c)。

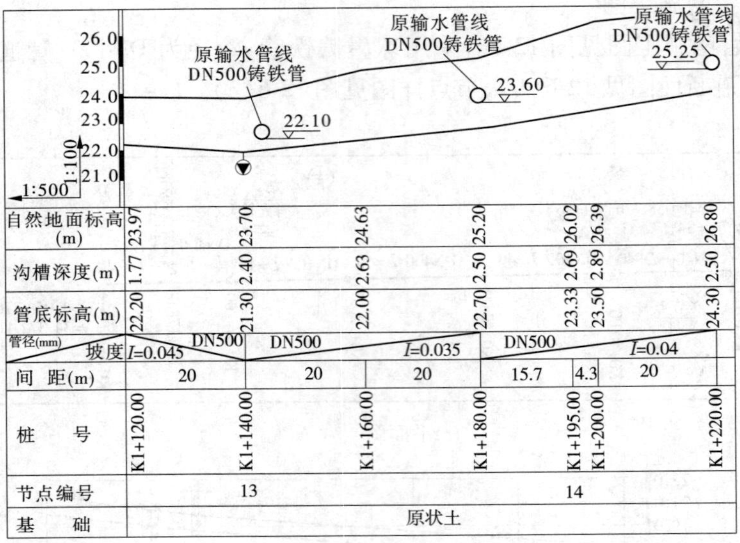

(a)输水管道纵断面图

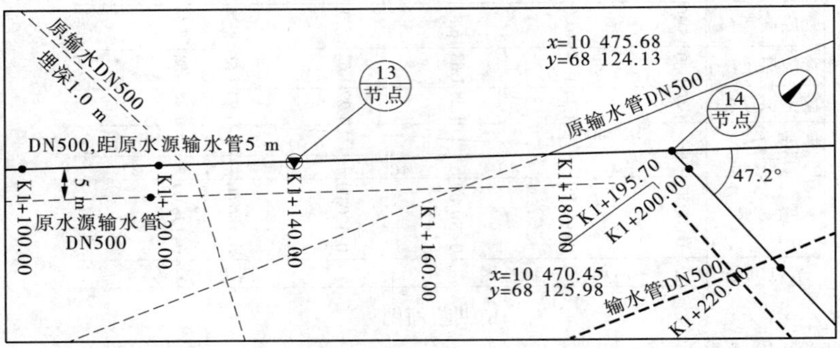

(b)输水管平面图

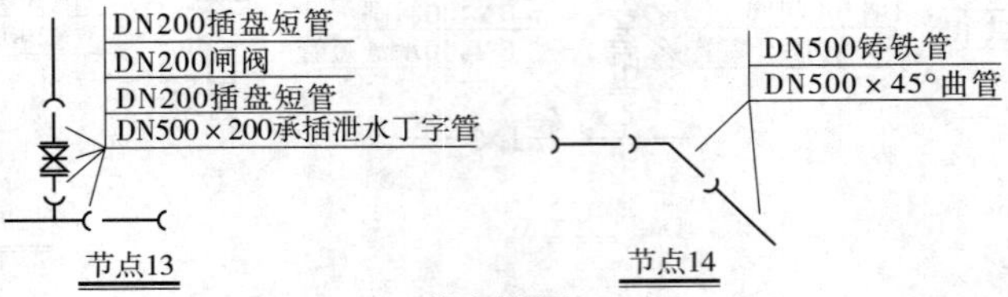

(c)节点详图

图 12-7 输水管施工图

(四)附属构筑物施工图举例

圆形阀门井见图 12-8,矩形卧式阀门井见图 12-9,阀门套筒见图 12-10,排气阀井见图 12-11,泄水阀井见图 12-12,其中阀门井有全国通用的标准图,编号为 S143、S144。

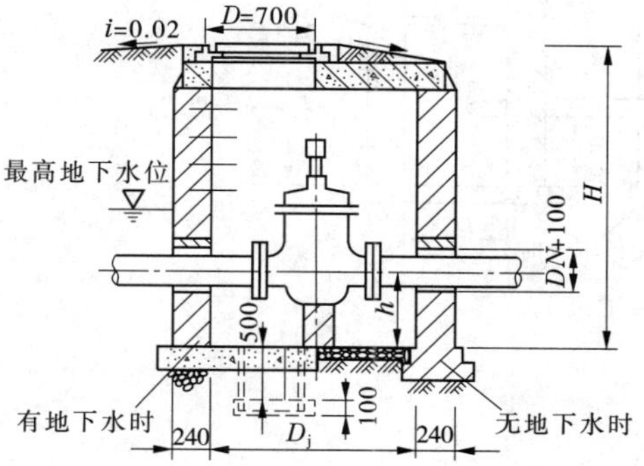

图 12-8　圆形阀门井

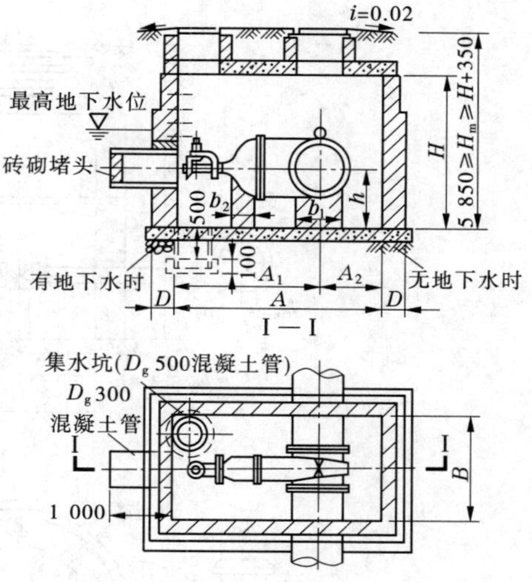

图 12-9　矩形卧式阀门井

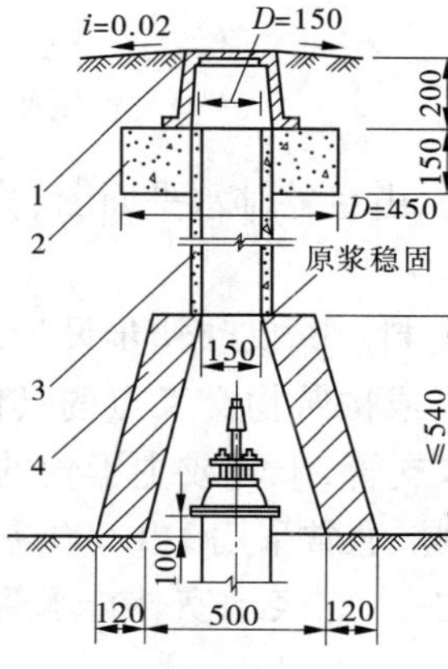

1—铸铁阀门套筒;2—混凝土套筒座;

3—混凝土管;4—砖砌井框

图 12-10　阀门套筒

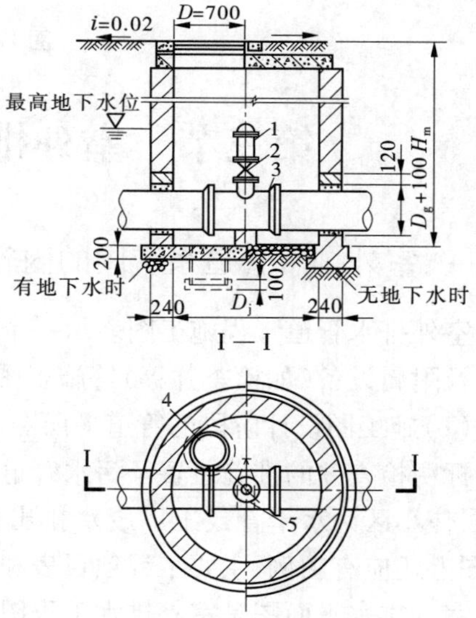

1—排气阀;2—阀门;3—排气丁字管;

4—集水坑;5—支墩

图 12-11　排气阀井

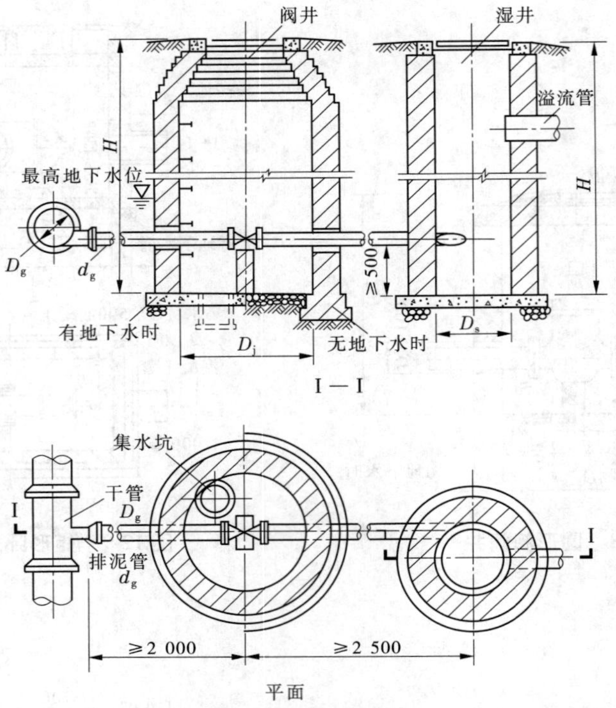

图 12-12　泄水阀井

第三节　室外排水管道系统图的识读

一、室外排水管道系统图的内容

室外排水管道工程施工图表示一个区域的排水系统，由室外排水平面图、管道纵断面图以及附属设备（如检查井等）等施工图组成。

(1)施工图设计阶段的管道平面图，要包括详细的资料。除反映初步设计的要求外，还要标明检查井的准确位置及污水管道与其他地下管线或构筑物交叉点的具体位置、高程；居住小区污水干管或工厂废水排出管接入城市污水支管、干管或主干管的位置和高程；图上还应有图例、主要工程项目表和施工说明。比例尺通常采用1:1 000 ~1:5 000。

室外排水平面图是室外排水工程图中的主要图样之一，它表示室外排水管道的平面布置情况。

(2)管道纵剖面图反映管道沿线高程位置，它是和平面图相对应的，通常将平面图和纵剖面图绘制在同一张图纸上。图上用细(0.3 mm)单实线表示原地面高程线和设计地面高程线，用粗(0.9 mm)双实线表示管道高程线，用细(0.3 mm)双竖线表示检查井。图中应标出沿线旁侧支管接入处的位置、管径、标高，与其他地下管线、构筑物或障碍物交叉点的位置和高程，沿线地质钻孔位置和地质情况等。在剖面图下方用细(0.3 mm)实线的表格，表明检查井编号、管段长度、设计管径、设计坡度、地面高程、管内底高程、埋设深度、管道材料、接口形式、基础类型等。有时也可能有设计流量、设计流速和设计充满度等数据。采用的比例尺，一般横向比例和平面图相对应为1∶500～1∶2 000，纵向比例为1∶50～1∶200。

（3）附属构筑物（如检查井等）等施工图。

排水管道系统上的附属构筑物主要有：检查井、跌水井、雨水口、连接暗井、倒虹管等。这些构筑物图都是按正投影法画出来的，图纸上面有详细的尺寸，满足施工的需要。

二、室外排水管道系统图实例

（一）某小区室外给水排水平面布置图

图12-13是某学校一幢新建学生宿舍附近的一个小区的室外给水排水平面图，表示了新建学生宿舍附近的给水、污水、雨水等管道的布置，及其与新建学生宿舍室内给水排水管道的连接。

给水管用粗实线表示，污水管用粗点画线表示，雨水管用粗虚线表示。管径都直接标注在相应的管道旁边。给水管一般采用铸铁管，以公称直径DN表示；雨水管、污水管一般采用混凝土管，以内径 d 来表示。检查井、雨水井、化粪池等附属设备则按《建筑给水排水制图标准》（GB/T 50106—2010）中的图例绘制。

排水管道（包括雨水管和污水管）起讫点、转角点、连接点、交叉点、变坡点等处均设有检查井，检查井处引一指引线，在指引线的水平线上面标注井底标高，水平线下面标注用管道种类及编号组成的检查井标号，如W为污水管，Y为雨水管，标号顺序按水流方向，从管的上游向下游顺序编号。从图12-13中可以看出：污水干管在房屋中部离学生宿舍北墙3 m处沿北墙敷设，污水自室内排出管排出户外，用支管分别接入标高为2.55 m、2.50 m、2.46 m的污水检查井中，检查井用污水干管（d150）连接，接入化粪池，化粪池用图例表示。雨水干管沿北墙、南墙、西墙在离墙2 m处敷设。自房屋的东端起分别有雨水管和废水干管，雨水管和废水管用同一根排水管，一根 d150 的干管沿南墙敷设，雨水通过支管流入东端的检查井Y6（标高3.55 m），经过这根干管，流向检查井Y7（标高3.40 m），在Y7上又接一根支管；d150 干管继续向西，与检查井Y8（标高为3.37 m）连接，Y8上再接一根支管。干管从Y8转折向北，沿西墙敷设，管径增为 d200，排入检查井Y9（标高为3.30 m）。另一根 d150 的干管自检查井Y1（标高3.55 m）开始，有支管接入Y1，干管 d150 将雨水沿北墙向西排向检查井Y2（标高3.50 m），Y2连接室内的两根废水排水管；然后干管 d150 再向西，经检查井Y3（标高3.47 m）、Y4（标高3.46 m），排到Y5（标高3.40 m），其中Y3接入一根室内废水排水管和一根雨水管，Y4接入两根室内废水排水管，Y5则接入了经化粪池沉淀后所排出的污水；这根干管 d150 再向西流入检查井Y9。这两根干管都接于检查井Y9后，由检查井Y9再接到雨水和废水总管 d230 继续向北延伸。雨水管、废水管、污水管的坡度及检查井的尺寸，均可在说明中注写，图中可以不予表示。

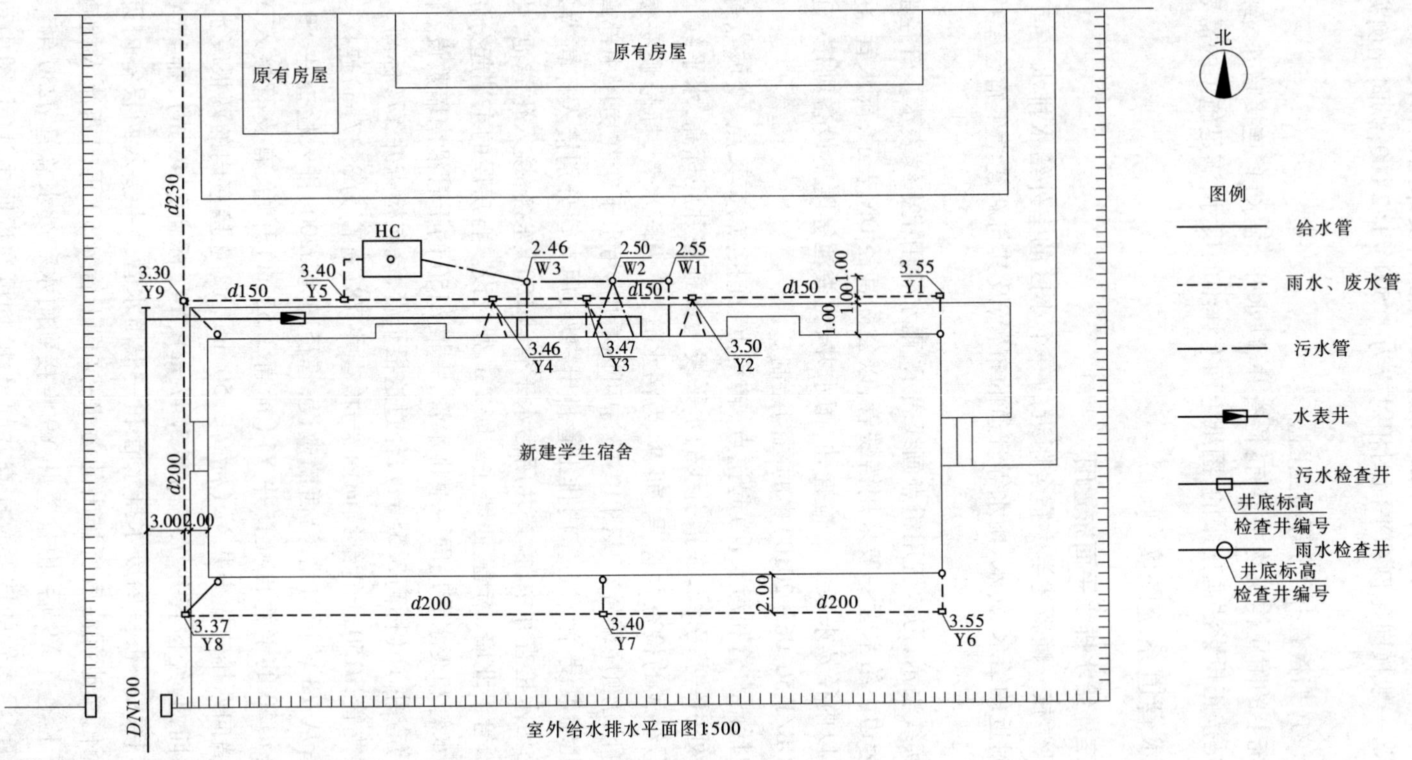

说明:

1.室内外地坪的高差为0.60 m,室外地坪的绝对标高为3.90 m,给水管中心线绝对标高为3.10 m。

2.雨水和废水管的坡度:$d150$、$d200$为0.5%;$d230$为0.4%;污水管坡度为1%。

3.检查井尺寸:$d150$、$d200$为480 mm × 480 mm;$d230$为600 mm × 600 mm。

图 12-13 室外排水管道平面示意图 (尺寸单位:m)

（二）某段污水管道施工图

图 12-14 是某一街道一段排水平面图和污水管道纵断面图，现结合图 12-14 讲述室外排水管道纵断面图的图示内容和表达方法。

管道纵剖（断）面图是沿干管轴线铅垂剖切后画出的断面图，重力流管道用双粗点画线和粗虚线绘制（图 12-14 所示的污水管、雨水管）；地面、检查井、其他管道的横断面（不按比例，用小圆圈表示）等用细实线绘制。

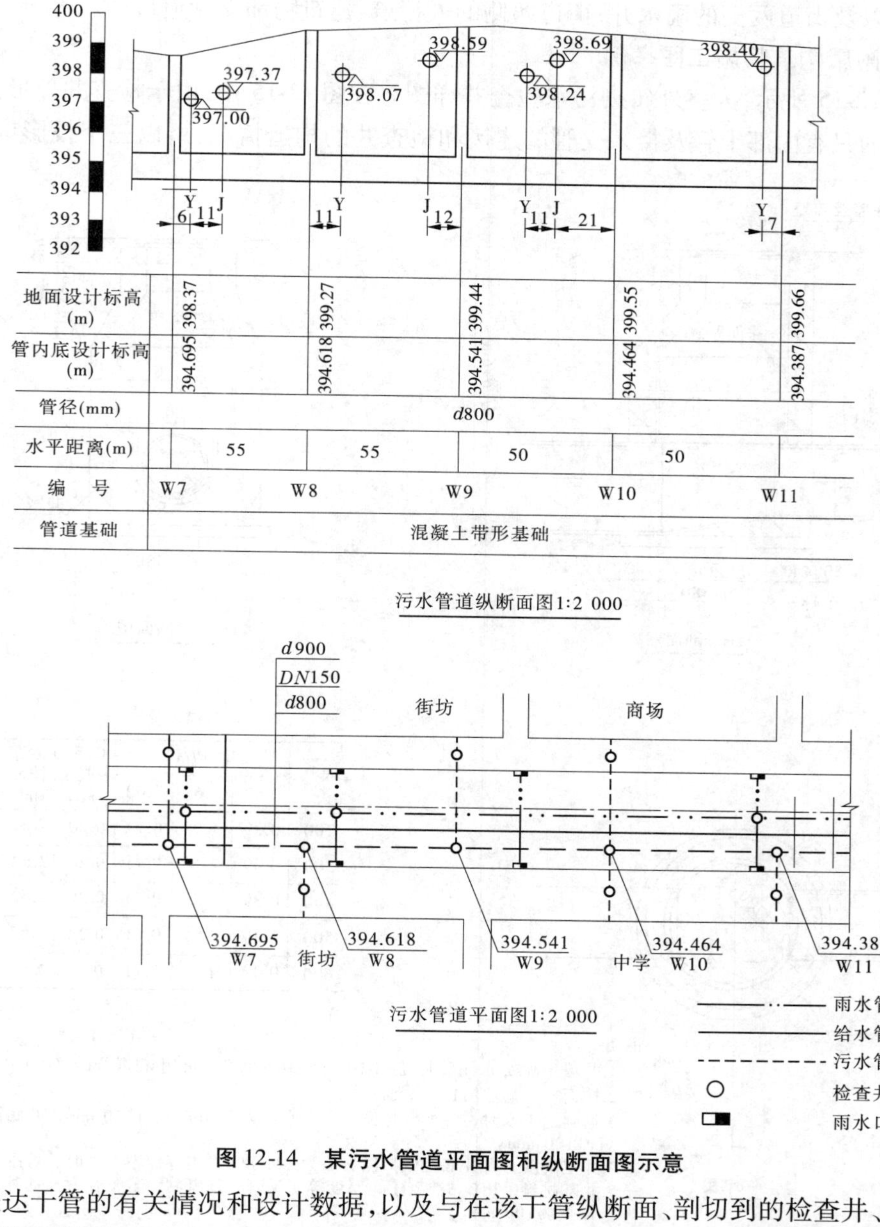

图 12-14　某污水管道平面图和纵断面图示意

表达干管的有关情况和设计数据，以及与在该干管纵断面、剖切到的检查井、地面，以及其他管道的横断面，都用断面图的形式表示，图中还在其他管道的横断面处，标注了管道类型的代号、定位尺寸和标高。在断面图下方，用表格分项列出该干管的各项设计数据，例如：设计地面标高、设计管内底标高、管径、水平距离、编号、管道基础等内容。此外，还常在最下方画出管道的平面图，与管道纵断面图对应，便可补充表达出该污水干管附近的管道、设施和建筑物等情况，除画出在纵断面中已表达的这根污水干管以及沿途的检查井外，管道平面图中还画出了这条街道下面的给水干管、雨水干管，并标注了这三根干管的管径，标注了它们之间以及与街道的中心线、人行道之间的水平距离；各类管道的支管和检查井以及街道两侧的雨水井；街道两侧的人行道、建筑物和支管道口等。

(三)附属构筑物施工图举例

如图 12-15 所示，为室外砖砌污水检查井详图。在图 12-15 中，由于检查井外形简单，需要表述的只有内部干管及接入支管的连接和检查井的构造情况，所以三个投影都采用

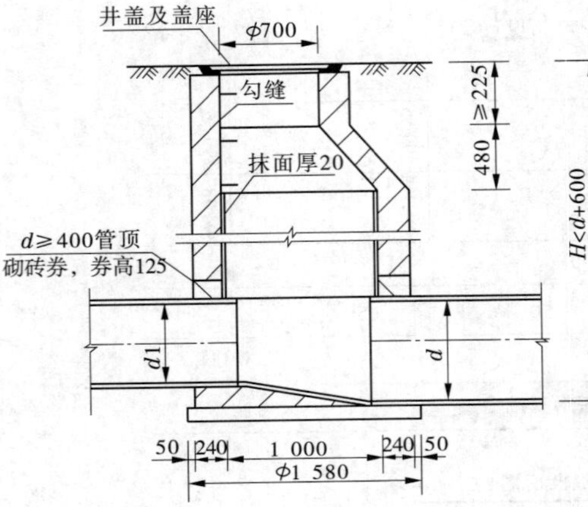

1—1剖面图

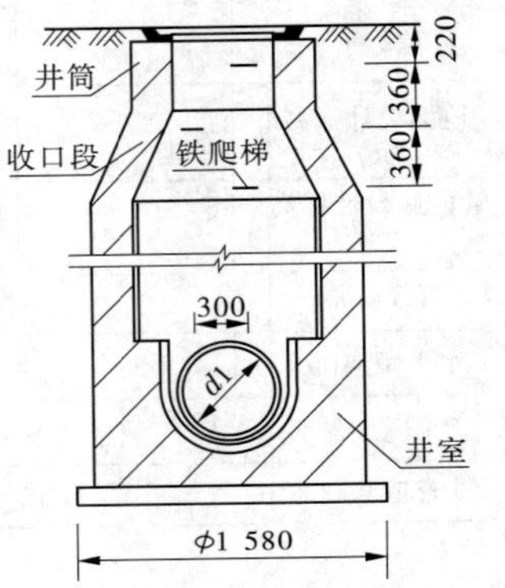

2—2剖面图

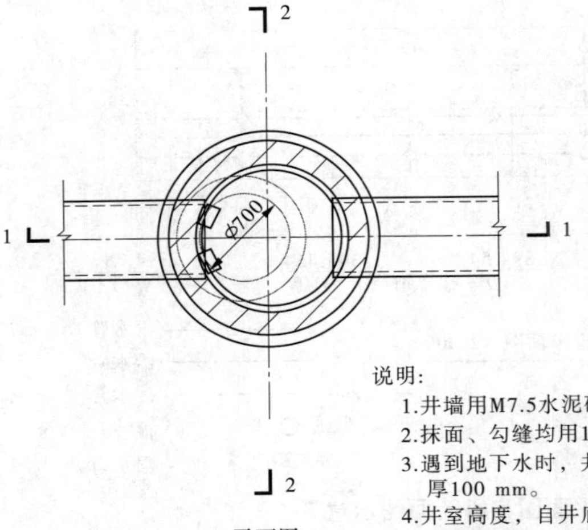

平面图

工程数量表

管径 d	砖砌体(m^3) 7.62	7.62	7.62	C15混凝土(m^3)	砂浆抹面(m^2)
200	0.39	1.98	0.71	0.20	7.62
300	0.39	2.10	0.71	0.20	7.62
400	0.39	2.21	0.71	0.20	7.62
500	0.39	2.32	0.71	0.22	7.62
600	0.39	2.41	0.71	0.24	7.62

说明：

1.井墙用M7.5水泥砂浆砌MU10砖；无地下水时，可用M5混合砂浆砌MU10砖。

2.抹面、勾缝均用1∶2水泥砂浆。

3.遇到地下水时，井外壁抹面至地下水位以上500 mm，厚20 mm，井底铺碎石，厚100 mm。

4.井室高度，自井底至收口段一般为d+1 800，当埋深不允许时，可酌情减少。

5.井基材料采用C15混凝土，厚度等于干管管基厚度，若干管为土基时，井基厚度为100 mm。

图 12-15　室外砖砌污水检查井详图

剖面图的形式。其中，检查井的平面图与建筑平面图的表达形式一样，实为水平剖面图，但其他两个剖面图中不标注剖切符号，图中的两虚线圆是上端井盖的投影。盖座及井盖的配筋图如图 12-16 所示。

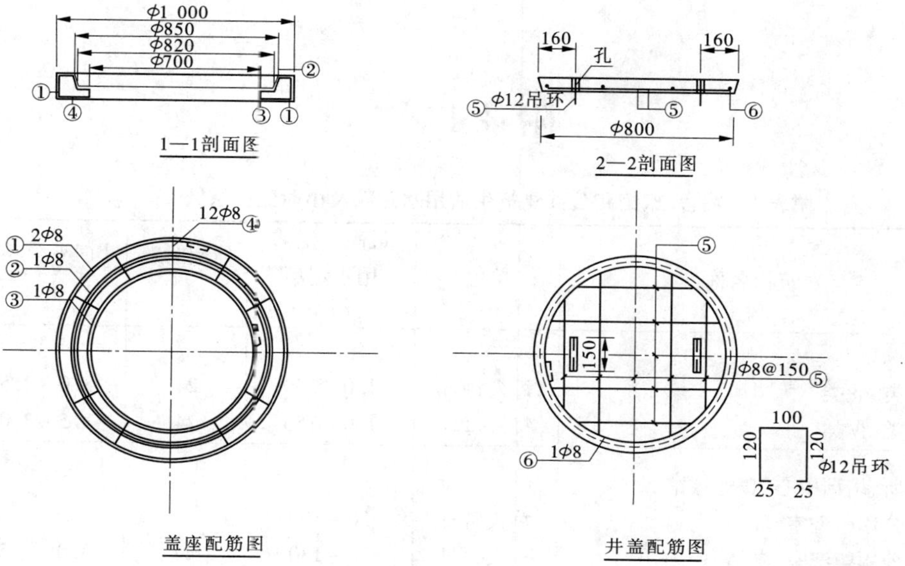

说明：

1.混凝土C25。
2.钢筋保护层盖座75 mm，井盖20 mm。
3.设计荷载4 kN/m²，适用于人行道及车辆通行之处。
4.构件表面和底面要求平整，尺寸误差不应超过±10 mm。
5.吊环严禁使用冷加工钢筋。

图 12-16　盖座及井盖配筋图

思考题

1. 给排水施工图中的常用符号和图例有哪些？
2. 管道交叉点的高程表示方法是什么？
3. 节点详图主要反映哪些内容？
4. 室外给排水工程施工图主要包括哪些图纸？
5. 室外给排水管道纵剖面图应反映出哪些内容？

附　录

附录 1

附表 1　宿舍、旅馆和公共建筑生活用水定额及小时变化系数

序号	建筑物名称	单位	最高日生活用水定额（L）	使用时数（h）	小时变化系数 K_h
1	宿舍 Ⅰ类、Ⅱ类 Ⅲ类、Ⅳ类	 每人每日 每人每日	 150～200 100～150	 24 24	 3.0～2.5 3.5～3.0
2	招待所、培训中心、普通旅馆 设公用盥洗室 设公用盥洗室、淋浴室 设公用盥洗室、淋浴室、洗衣室 设单独卫生间、公用洗衣室	 每人每日 每人每日 每人每日 每人每日	 50～100 80～130 100～150 120～200	24	3.0～2.5
3	酒店式公寓	每人每日	200～300	24	2.5～2.0
4	宾馆客房 旅客 员工	 每床位每日 每人每日	 250～400 80～100	24	2.5～2.0
5	医院住院部 设公用盥洗室 设公用盥洗室、淋浴室 设单独卫生间 医务人员 门诊部、诊疗所 疗养院、休养所住房部	 每床位每日 每床位每日 每床位每日 每人每班 每病人每次 每床位每日	 100～200 150～250 250～400 150～250 10～15 200～300	 24 24 24 8 8～12 24	 2.5～2.0 2.5～2.0 2.5～2.0 2.0～1.5 1.5～1.2 2.0～1.5
6	养老院、托老所 全托 日托	 每人每日 每人每日	 100～150 50～80	 24 10	 2.5～2.0 2.0
7	幼儿园、托儿所 有住宿 无住宿	 每儿童每日 每儿童每日	 50～100 50～80	 24 10	 3.0～2.5 2.0

续附表 1

序号	建筑物名称	单位	最高日生活用水定额(L)	使用时数(h)	小时变化系数 K_h
8	公共浴室 淋浴 浴盆、淋浴 桑拿浴(淋浴、按摩池)	 每顾客每次 每顾客每次 每顾客每次	 100 120~150 150~200	 12 12 12	2.0~1.5
9	理发室、美容院	每顾客每次	40~100	12	2.0~1.5
10	洗衣房	每千克干衣	40~80	8	1.5~1.2
11	餐饮业 中餐酒楼 快餐店、职工及学生食堂 酒吧、咖啡馆、茶座、卡拉 OK 房	 每顾客每次 每顾客每次 每顾客每次	 40~60 20~25 5~15	 10~12 12~16 8~18	1.5~1.2
12	商场 员工及顾客	每平方米营业厅面积每日	5~8	12	1.5~1.2
13	图书馆	每人每次	5~10	8~10	1.5~1.2
14	书店	每平方米营业厅面积每日	3~6	8~12	1.5~1.2
15	办公楼	每人每班	30~50	8~10	1.5~1.2
16	教学、实验楼 中小学校 高等院校	 每学生每日 每学生每日	 20~40 40~50	 8~9 8~9	 1.5~1.2 1.5~1.2
17	电影院、剧院	每观众每场	3~5	3	1.5~1.2
18	会展中心(博物馆、展览馆)	每平方米展厅面积每日	3~6	8~16	1.5~1.2
19	健身中心	每人每次	30~50	8~12	1.5~1.2
20	体育场(馆) 运动员淋浴 观众	 每人每次 每人每场	 30~40 3	 4 4	 3.0~2.0 1.2
21	会议厅	每座位每次	6~8	4	1.5~1.2
22	航站楼、客运站旅客	每人次	3~6	8~16	1.5~1.2
23	菜市场地面冲洗及保鲜用水	每平方米每日	10~20	8~10	2.5~2.0
24	停车库地面冲洗水	每平方米每次	2~3	6~8	1.0

注:1. 除养老院、托儿所、幼儿园的用水定额中含食堂用水外,其他均不含食堂用水。
2. 除注明外,均不含员工生活用水,员工用水定额为每人每班 40~60 L。
3. 医疗建筑用水中已含医疗用水。
4. 空调用水应另计。

附录2

附表2　居民生活用水定额　（单位:L/(人·d)）

城市规模	特大城市		大城市		中、小城市	
分区	最高日	平均日	最高日	平均日	最高日	平均日
一	180～270	140～210	160～250	120～190	140～230	100～170
二	140～200	110～160	120～180	90～140	100～160	70～120
三	140～180	110～150	120～160	90～130	100～140	70～110

附表3　综合生活用水定额　（单位:L/(人·d)）

城市规模	特大城市		大城市		中、小城市	
分区	最高日	平均日	最高日	平均日	最高日	平均日
一	260～410	210～340	240～390	190～310	220～370	170～280
二	190～280	150～240	170～260	130～210	150～240	110～180
三	170～270	140～230	150～250	120～200	130～230	100～170

注:1. 特大城市:指市区和近郊区非农业人口100万及以上的城市;大城市:指市区和近郊区非农业人口50万及以上,不满100万的城市;中、小城市:指市区和近郊区非农业人口不满50万的城市。

2. 一区包括:湖北、湖南、江西、浙江、福建、广东、广西、海南、上海、江苏、安徽、重庆; 二区包括:四川、贵州、云南、黑龙江、吉林、辽宁、北京、天津、河北、山西、河南、山东、宁夏、陕西、内蒙古河套以东和甘肃黄河以东的地区; 三区包括:新疆、青海、西藏、内蒙古河套以西和甘肃黄河以西的地区。

3. 经济开发区和特区城市,根据用水实际情况,用水定额可酌情增加。

4. 当采用海水或污水再生水等作为冲厕用水时,用水定额相应减少。

附录3

附表4　城市、居住区同一时间内的火灾次数和一次灭火用水量

人数 N(万人)	同一时间内的火灾次数(次)	一次灭火用水量(L/s)
$N \leqslant 1.0$	1	10
$1.0 < N \leqslant 2.5$	1	15
$2.5 < N \leqslant 5.0$	2	25
$5.0 < N \leqslant 10.0$	2	35
$10.0 < N \leqslant 20.0$	2	45
$20.0 < N \leqslant 30.0$	2	55
$30.0 < N \leqslant 40.0$	2	65
$40.0 < N \leqslant 50.0$	3	75
$50.0 < N \leqslant 60.0$	3	85
$60.0 < N \leqslant 70.0$	3	90
$70.0 < N \leqslant 80.0$	3	95
$80.0 < N \leqslant 100.0$	3	100

注:城市的室外消防用水量应包括居住区、工厂、仓库、堆场、储罐(区)和民用建筑的室外消火栓用水量。

当工厂、仓库和民用建筑的室外消防栓用水量按相应规范的规格计算,其值与按本表计算不一致时,应取较大值。

附表5　工厂、仓库、堆场、储罐(区)和民用建筑在同一时间内的火灾次数

名称	基地面积(hm^2)	附近居住区人数(万人)	同一时间内的火灾次数(次)	说明
工厂	≤100	≤1.5	1	按需水量最大的一座建筑物(或堆场、储罐)计算
		>1.5	2	工厂、居住区各一次
	>100	不限	2	按需水量最大的两座建筑物(或堆场、储罐)之和计算
仓库、民用建筑	不限	不限	1	按需水量最大的一座建筑物(或堆场、储罐)计算

注:采矿、选矿等工业企业当各分散基地有单独的消防给水系统时,可分别计算。

附表 6　工厂、仓库和民用建筑一次灭火的室外消火栓用水量

耐火等级	建筑物类别		不同建筑物体积 $V(\text{m})^3$ 的室外消火栓用水量(L/s)					
			$V\leqslant$ 1 500	1 500 < V ≤3 000	3 000 < V ≤5 000	5 000 < V ≤20 000	20 000 < V ≤50 000	V > 50 000
一、二级	厂房	甲、乙类	10	15	20	25	30	35
		丙类	10	15	20	25	30	40
		丁、戊类	10	10	10	15	15	20
	仓库	甲、乙类	15	15	25	25	—	—
		丙类	15	15	25	25	35	45
		丙、戊类	10	10	10	15	15	20
	民用建筑		10	15	15	20	25	30
三级	厂房(仓库)	乙、丙类	15	20	30	40	45	—
		丁、戊类	10	10	15	20	25	35
	民用建筑		10	15	20	25	30	—
四级	丁、戊类厂房(仓库)		10	15	20	25	—	—
	民用建筑		10	15	20	25	—	—

注:1. 室外消火栓用水量应按消防用水量最大的一座建筑物计算。成组布置的建筑物应按消防用水量较大的相邻两座计算。

2. 国家级文物保护单位的重点砖木或木结构的建筑物,其室外消火栓用水量应按三级耐火等级民用建筑的消防用水量确定。

3. 铁路车站、码头和机场的中转仓库其室外消火栓用水量可按丙类仓库确定。

附录 4

附表 7　我国若干城市暴雨强度公式

省、自治区、直辖市	城市名称	暴雨强度公式	资料记录年数(a)
北京		$q=\frac{2\,001\times(1+0.811\lg P)}{(t+8)^{0.711}}$	40
上海		$q=\frac{5\,544\times(P^{0.3}-0.42)}{(t+10+7\lg P)^{0.82+0.07\lg P}}$	41
天津		$q=\frac{3\,833.34\times(1+0.85\lg P)}{(t+17)^{0.85}}$	50
河北	石家庄	$q=\frac{1\,689\times(1+0.898\lg P)}{(t+7)^{0.729}}$	20
河北	保定	$i=\frac{14.973+10.266\lg TE}{(t+13.877)^{0.776}}$	23
山西	太原	$q=\frac{880\times(1+0.86\lg T)}{(t+4.6)^{0.62}}$	25
	大同	$q=\frac{1\,523.7\times(1+1.08\lg T)}{(t+6.9)^{0.87}}$	25
	长治	$q=\frac{3\,340\times(1+1.43\lg T)}{(t+15.8)^{0.93}}$	27
内蒙古	包头	$q=\frac{1\,663\times(1+0.985\lg P)}{(t+5.40)^{0.85}}$	25
	海拉尔	$q=\frac{2\,630\times(1+1.05\lg P)}{(t+10)^{0.99}}$	25
黑龙江	哈尔滨	$q=\frac{2\,889\times(1+0.9\lg P)}{(t+10)^{0.88}}$	32
	齐齐哈尔	$q=\frac{1\,920\times(1+0.89\lg P)}{(t+6.4)^{0.86}}$	33
	大庆	$q=\frac{1\,820\times(1+0.91\lg P)}{(t+8.3)^{0.77}}$	18
	黑河	$q=\frac{1\,611.6\times(1+0.9\lg P)}{(t+5.65)^{0.824}}$	22

续附表 7

省、自治区、直辖市	城市名称	暴雨强度公式	资料记录年数（a）
吉林	长春	$q=\frac{1\ 600\times(1+0.8\lg P)}{(t+5)^{0.76}}$	25
	吉林	$q=\frac{2\ 166\times(1+0.680\lg P)}{(t+7)^{0.831}}$	26
	海龙	$i=\frac{16.4\times(1+0.899\lg P)}{(t+10)^{0.867}}$	30
辽宁	沈阳	$q=\frac{1\ 984\times(1+0.77\lg P)}{(t+9)^{0.77}}$	26
	丹东	$q=\frac{1\ 221\times(1+0.668\lg P)}{(t+7)^{0.605}}$	31
	大连	$q=\frac{1\ 900\times(1+0.66\lg P)}{(t+8)^{0.8}}$	10
	锦州	$q=\frac{2\ 322\times(1+0.875\lg P)}{(t+10)^{0.79}}$	28
山东	潍坊	$q=\frac{4\ 091.17\times(1+0.824\lg P)}{(t+16.7)^{0.87}}$	20
	枣庄	$i=\frac{65.512+52.455\lg TE}{(t+22.378)^{1.069}}$	15
江苏	南京	$q=\frac{2\ 989.3\times(1+0.671\lg P)}{(t+13.3)^{0.8}}$	40
	徐州	$q=\frac{1\ 510.7\times(1+0.514\lg P)}{(t+9)^{0.64}}$	23
	扬州	$q=\frac{8\ 248.13\times(1+0.641\lg P)}{(t+40.3)^{0.95}}$	20
	南通	$q=\frac{2\ 007.34\times(1+0.752\lg P)}{(t+17.9)^{0.71}}$	31
安徽	合肥	$q=\frac{3\ 600\times(1+0.76\lg P)}{(t+14)^{0.84}}$	25
	蚌埠	$q=\frac{2\ 550\times(1+0.77\lg P)}{(t+12)^{0.774}}$	24
	安庆	$q=\frac{1\ 986.8\times(1+0.777\lg P)}{(t+8.404)^{0.689}}$	25
	淮南	$q=\frac{2\ 034\times(1+0.71\lg P)}{(t+6.29)^{0.71}}$	26

续附表 7

省、自治区、直辖市	城市名称	暴雨强度公式	资料记录年数（a）
浙江	杭州	$q=\frac{10\ 174\times(1+0.844\lg P)}{(t+25)^{1.038}}$	24
	宁波	$i=\frac{18.105+13.90\lg TE}{(t+13.265)^{0.778}}$	18
江西	南昌	$q=\frac{1\ 386\times(1+0.69\lg P)}{(t+1.4)^{0.64}}$	7
	赣州	$q=\frac{3\ 173\times(1+0.56\lg P)}{(t+10)^{0.79}}$	8
福建	福州	$i=\frac{6.162+3.881\lg TE}{(t+1.774)^{0.567}}$	24
	厦门	$q=\frac{850\times(1+0.745\lg P)}{t^{0.514}}$	7
河南	安阳	$q=\frac{3\ 680P^{0.4}}{(t+16.7)^{0.858}}$	25
河南	开封	$q=\frac{5\ 075\times(1+0.61\lg P)}{(t+19)^{0.92}}$	16
	新乡	$q=\frac{1\ 102\times(1+0.623\lg P)}{(t+3.20)^{0.60}}$	21
	南阳	$i=\frac{3.591+3.970\lg TM}{(t+3.434)^{0.416}}$	28
湖北	汉口	$q=\frac{983\times(1+0.65\lg P)}{(t+4)^{0.56}}$	—
	老河口	$q=\frac{6\ 400\times(1+1.059\lg P)}{t+23.36}$	25
	黄石	$q=\frac{2\ 417\times(1+0.79\lg P)}{(t+7)^{0.765\ 5}}$	28
	沙市	$q=\frac{684.7\times(1+0.854\lg P)}{t^{0.526}}$	20
湖南	长沙	$q=\frac{3\ 920\times(1+0.68\lg P)}{(t+17)^{0.86}}$	20
	常德	$i=\frac{6.890+6.251\lg TE}{(t+4.367)^{0.602}}$	20
	益阳	$q=\frac{914\times(1+0.882\lg P)}{t^{0.584}}$	11

续附表 7

省、自治区、直辖市	城市名称	暴雨强度公式	资料记录年数(a)
广东	广州	$q=\frac{2\,424.17\times(1+0.533\lg T)}{(t+11.0)^{0.668}}$	31
	佛山	$q=\frac{1\,930\times(1+0.58\lg P)}{(t+9)^{0.66}}$	16
海南	海口	$q=\frac{2\,338\times(1+0.4\lg P)}{(t+9)^{0.65}}$	20
广西	南宁	$q=\frac{10\,500\times(1+0.707\lg P)}{(t+21.1P)^{0.119}}$	21
	桂林	$q=\frac{4\,230\times(1+0.402\lg P)}{(t+13.5)^{0.841}}$	19
	北海	$q=\frac{1\,625\times(1+0.437\lg P)}{(t+4)^{0.57}}$	18
	梧州	$q=\frac{2\,670\times(1+0.466\lg P)}{(t+7)^{0.72}}$	15
陕西	西安	$q=\frac{1\,008.8\times(1+1.475\lg P)}{(t+14.72)^{0.704}}$	22
	延安	$q=\frac{932\times(1+1.292\lg P)}{(t+8.22)^{0.7}}$	22
	宝鸡	$q=\frac{1\,838.6\times(1+0.94\lg P)}{(t+12)^{0.932}}$	20
	汉中	$q=\frac{434\times(1+1.04\lg P)}{(t+4)^{0.518}}$	19
宁夏	银川	$q=\frac{242\times(1+0.83\lg P)}{t^{0.477}}$	6
甘肃	兰州	$q=\frac{1\,140\times(1+0.96\lg P)}{(t+8)^{0.8}}$	27
	平凉	$i=\frac{4.452+4.841\lg TE}{(t+2.570)^{0.668}}$	22
青海	西宁	$q=\frac{308\times(1+1.39\lg P)}{t^{0.58}}$	26
新疆	乌鲁木齐	$q=\frac{195\times(1+0.82\lg P)}{(t+7.8)^{0.63}}$	17
重庆		$q=\frac{2\,822\times(1+0.775\lg P)}{(t+12.8P^{0.076})^{0.77}}$	8

附录 5

附表 8　工程管线交叉时的最小垂直净距

（单位：m）

序号	上面的管线名称		下面的管线名称							
			给水管线	污、雨水排水管线	热力管线	燃气管线	通信管线		电力管线	
							直埋	管沟	直埋	管沟
1	给水管线		0.15							
2	污、雨水排水管线		0.40	0.15						
3	热力管线		0.15	0.15	0.15					
4	燃气管线		0.15	0.15	0.15	0.15				
5	通信管线	直埋	0.50	0.50	0.15	0.50	0.25	0.25		
		管沟	0.15	0.15	0.15	0.15	0.25	0.25		
6	电力管线	直埋	0.15	0.50	0.50	0.50	0.50	0.50	0.50	0.50
		管沟	0.15	0.50	0.50	0.15	0.50	0.50	0.50	0.50
7	沟渠（基础底）		0.50	0.50	0.50	0.50	0.50	0.50	0.50	0.50
8	涵洞（基础底）		0.15	0.15	0.15	0.15	0.20	0.25	0.50	0.50
9	电车（轨底）		1.00	1.00	1.00	1.00	1.00	1.00	1.00	1.00
10	铁路（轨底）		1.00	1.20	1.20	1.20	1.00	1.00	1.00	1.00

注：大于 35 kV 直埋电力电缆与热力管线的最小垂直净距应为 1.00 m。

附表 9　工程管线之间及其与建(构)筑物之间的最小水平净距

（单位：m）

序号	管线名称			1	2		3	4					5		6		7		8	9	10			11	12
				建筑物	给水管		污水、雨水排水管	燃气管					热力管		电力电缆		通信电缆		乔木	灌木	地上杆柱			道路侧石边缘	铁路钢轨(或坡脚)
					$d\leq$200 mm	$d>$200 mm		低压	中压		高压		直埋	地沟	直埋	缆沟	直埋	管道			通信及照明<10 kV	高压铁塔基础边			
									B	A	B	A										≤35 kV	>35 kV		
1	建筑物				1.0	3.0	2.5	0.7	1.5	2.0	4.0	6.0	2.5	0.5	0.5		1.0	1.5	3.0	1.5					6.0
2	给水管	$d\leq$200 mm		1.0			1.0	0.5			1.0	1.5	1.5		0.5		1.0		1.5		0.5	3.0		1.5	
		$d>$200 mm		3.0			1.5																		
3	污水、雨水排水管			2.5	1.0	1.5		1.0	1.2		1.5	2.0	1.5		0.5		1.0		1.5		0.5	1.5		1.5	
4	燃气管	低压	$P\leq$0.05 MPa	0.7	0.5		1.0	DN≤300 mm,0.4 DN>300 mm,0.5					1.0		0.5		0.5	1.0	1.2		1.0	1.0	5.0	1.5	5.0
		中压	0.05 MPa<$P\leq$0.2 MPa	1.5			1.2						1.0	1.5											
			0.2 MPa<$P\leq$0.4 MPa	2.0																					
		高压	0.4 MPa<$P\leq$0.8 MPa	4.0	1.0		1.5						1.5	2.0	1.0		1.0							2.5	
			0.8 MPa<$P\leq$1.6 MPa	6.0	1.5		2.0						2.0	4.0	1.5		1.5								
5	热力管	直埋		2.5	1.5		1.5	1.0	1.0		1.5	2.0			2.0		1.0		1.5		1.0	2.0	3.0	1.5	1.0
		地沟		0.5					1.5		2.0	4.0													
6	电力电缆	直埋		0.5	0.5		0.5	0.5	0.5		1.0	1.5	2.0				0.5		1.0		0.6			1.5	3.0
		缆沟																							
7	通信电缆	直埋		1.0	1.0		1.0	0.5			1.0	1.5	1.0		0.5		0.5		1.0	1.0	0.5	0.6		1.5	2.0
		管道		1.5				1.0											1.5						
8	乔木(中心)			3.0	1.5		1.5	1.2					1.5		1.0		1.0	1.5			1.5			0.5	
9	灌　木			1.5													1.0								
10	地上杆柱	通信及照明<10 kV		*	0.5		0.5	1.0					1.0		0.6		0.5		1.5					0.5	
		高压铁塔基础边	≤35 kV		3.0		1.5	1.0					2.0				0.6								
			>35 kV					5.0					3.0												
11	道路侧石边缘				1.5		1.5	1.5			2.5		1.5		1.5		1.5		0.5		0.5				
12	铁路钢轨(或坡脚)			6.0	5.0								1.0		3.0		2.0								

附录6

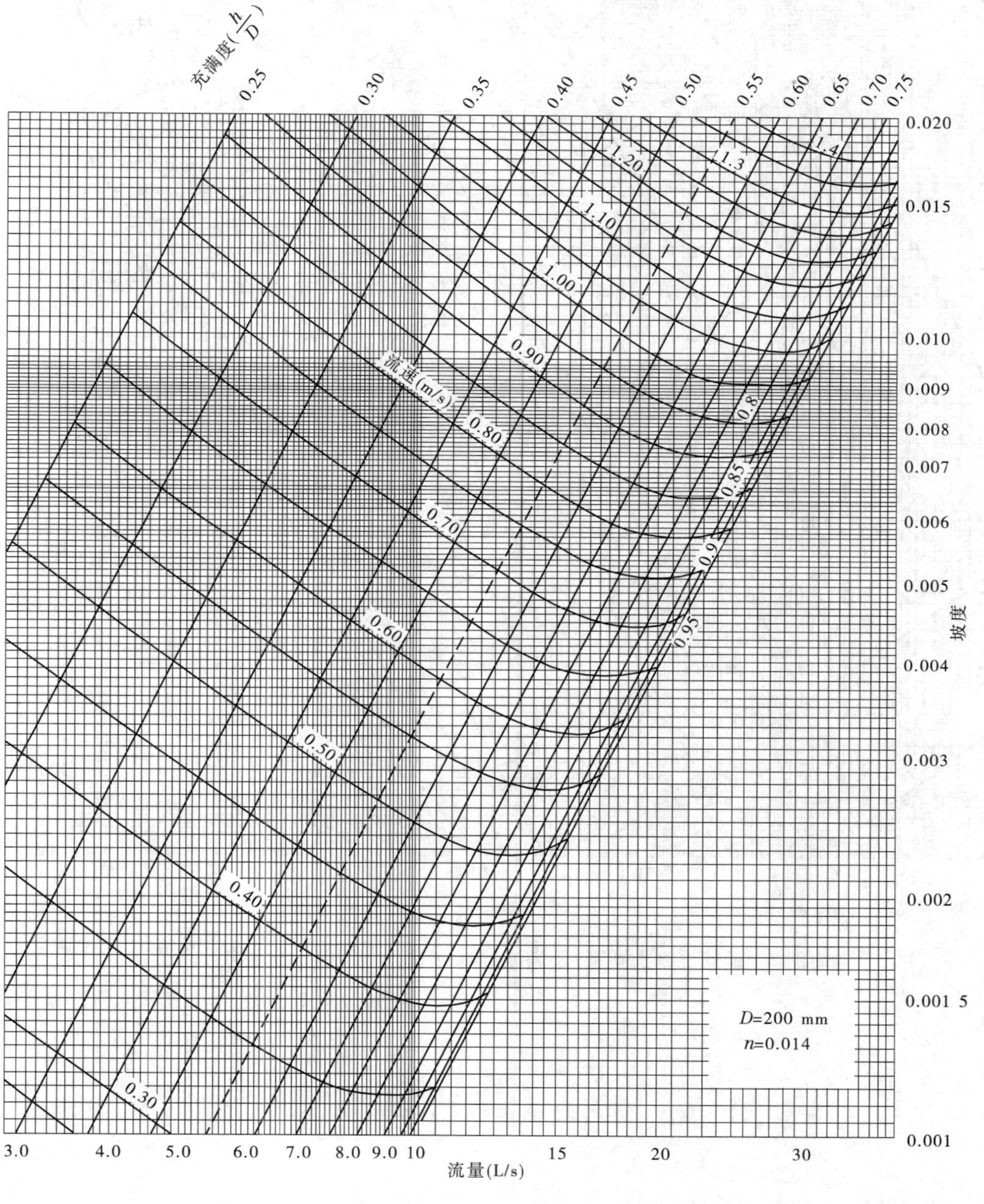

附图1 钢筋混凝土圆管(不满流 $n=0.014$,$D=200$ mm)水力计算图

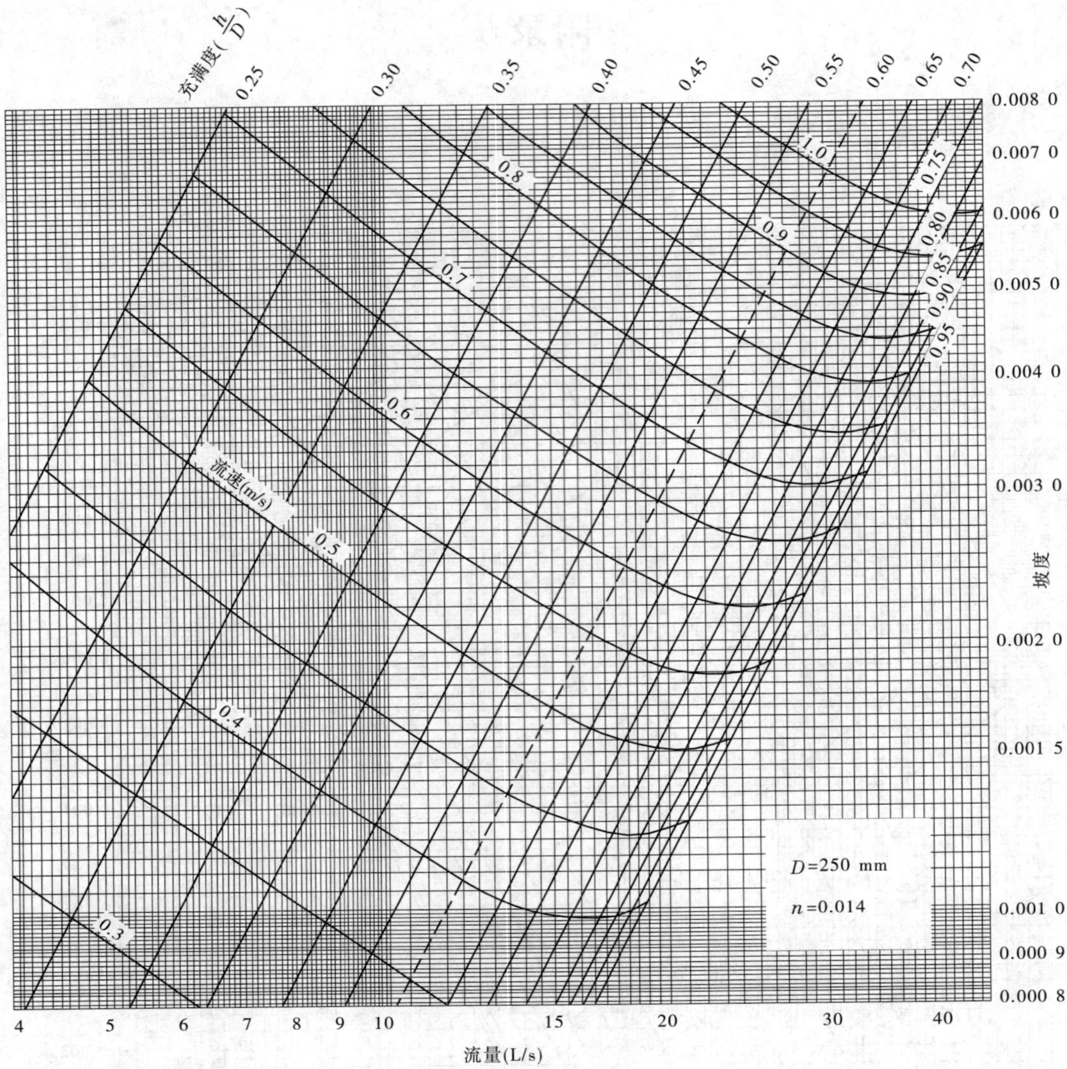

附图 2　钢筋混凝土圆管(不满流 $n = 0.014$，$D = 250$ mm)水力计算图

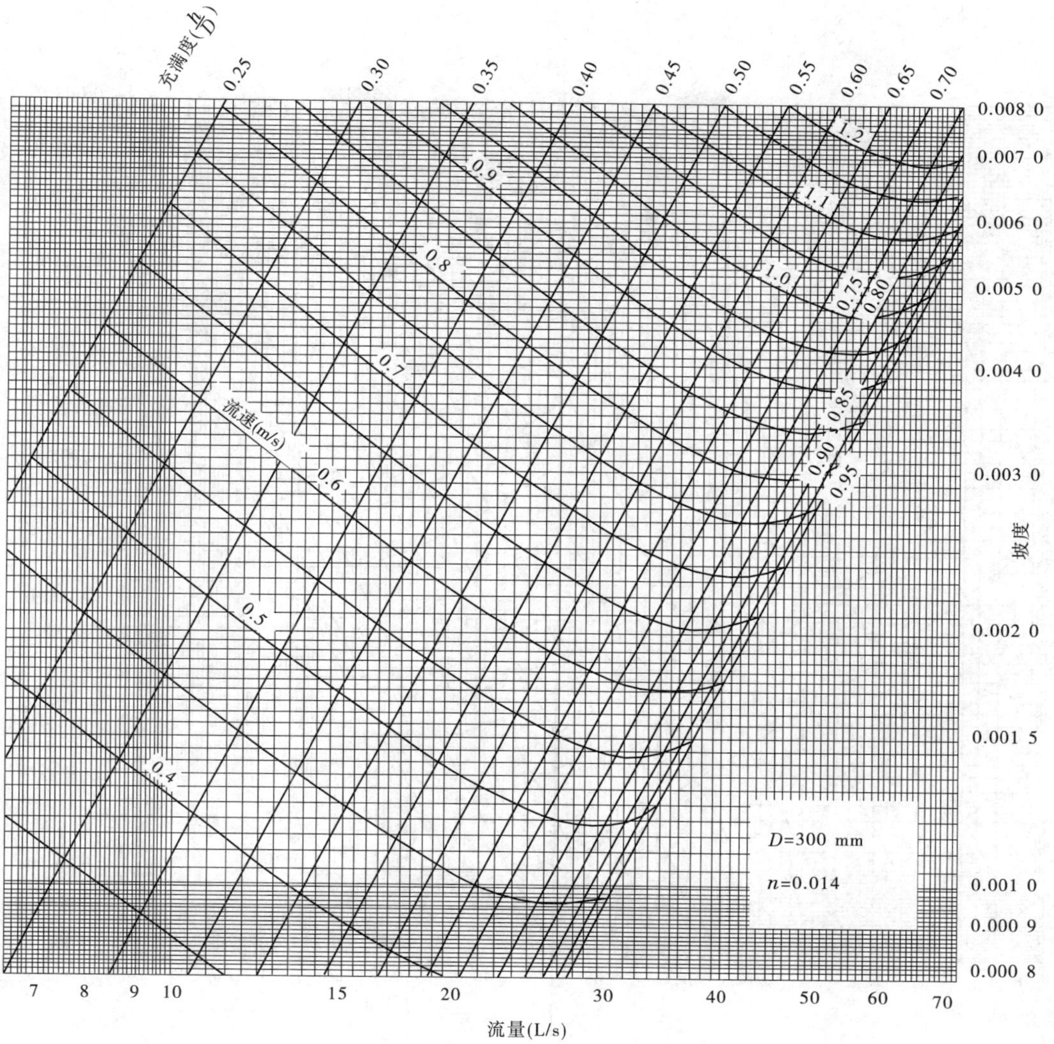

附图 3　钢筋混凝土圆管(不满流 $n=0.014$, $D=300$ mm)水力计算图

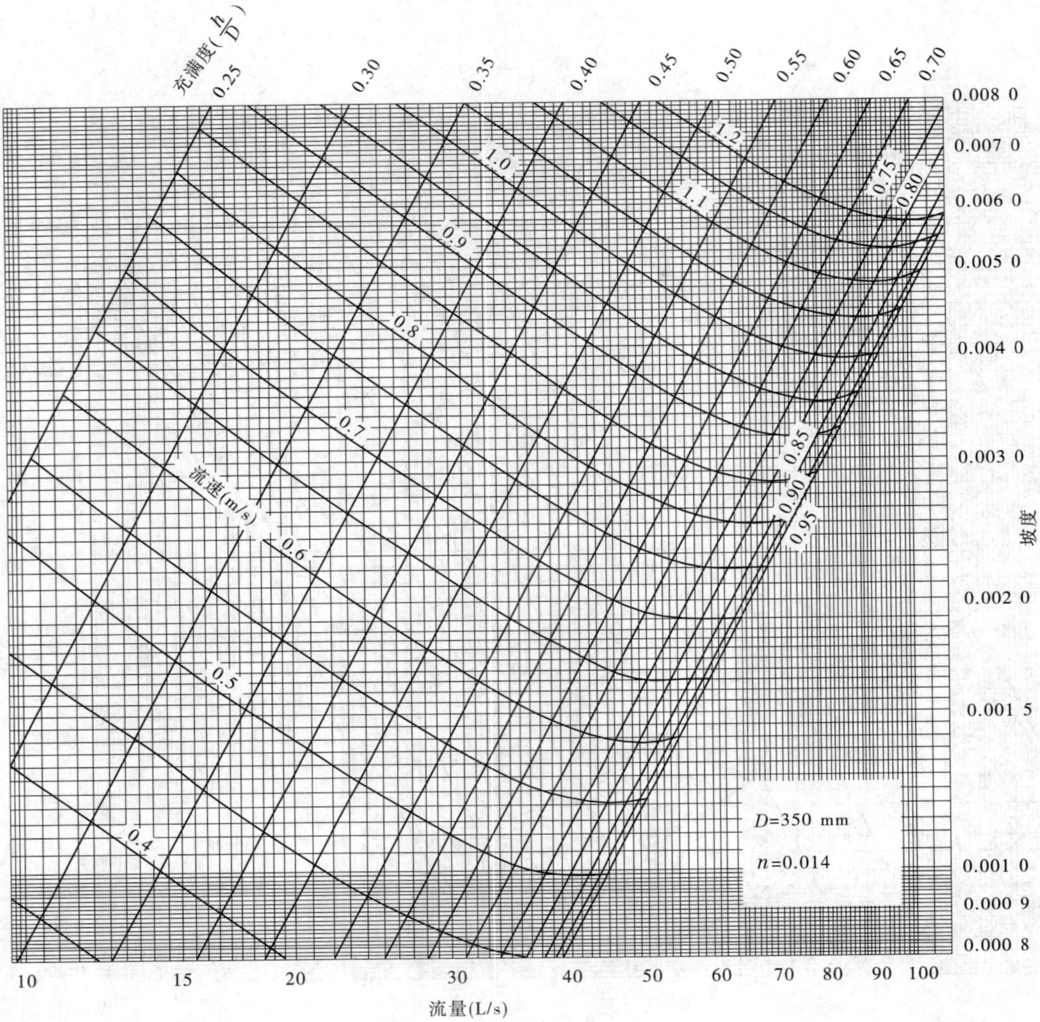

附图4 钢筋混凝土圆管(不满流 $n=0.014$, $D=350$ mm)水力计算图

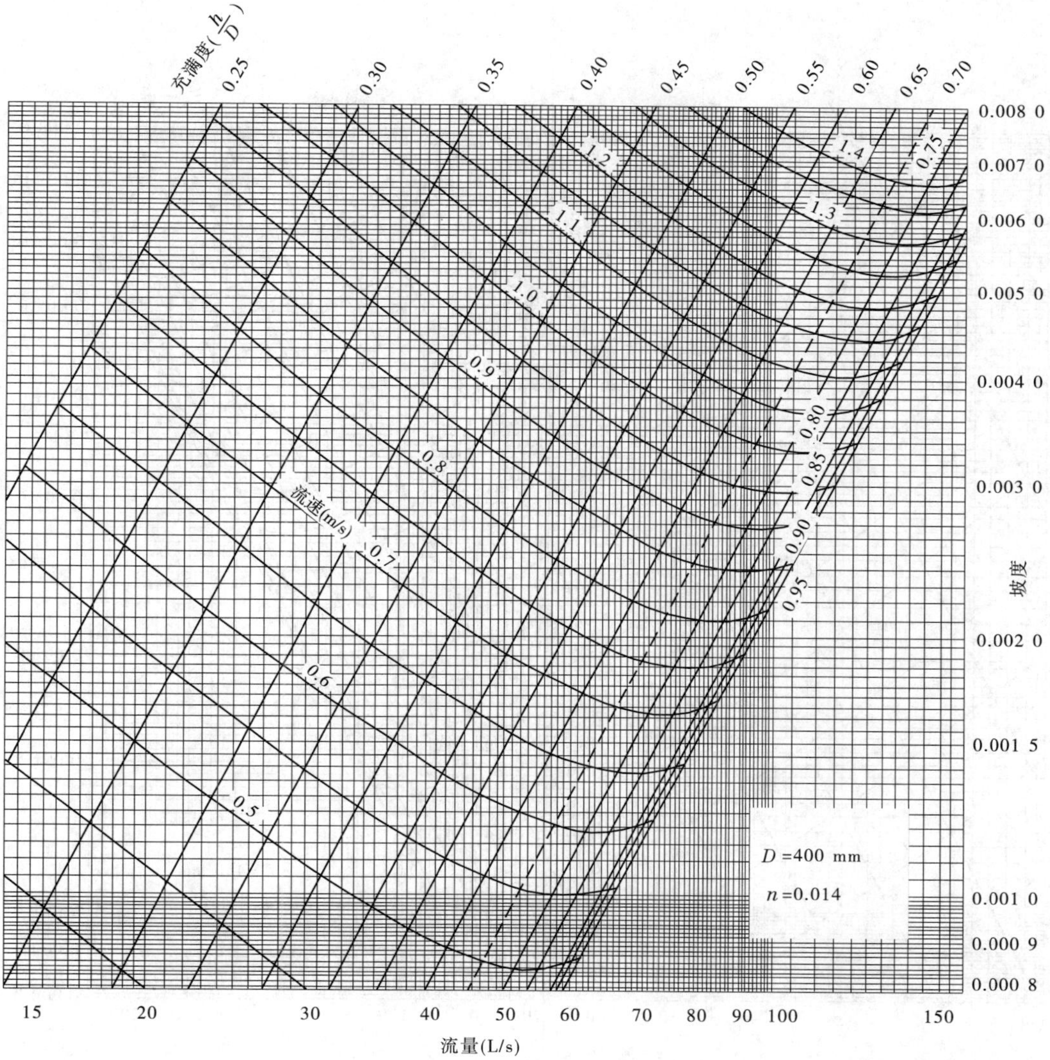

附图5　钢筋混凝土圆管(不满流 $n=0.014$,$D=400$ mm)水力计算图

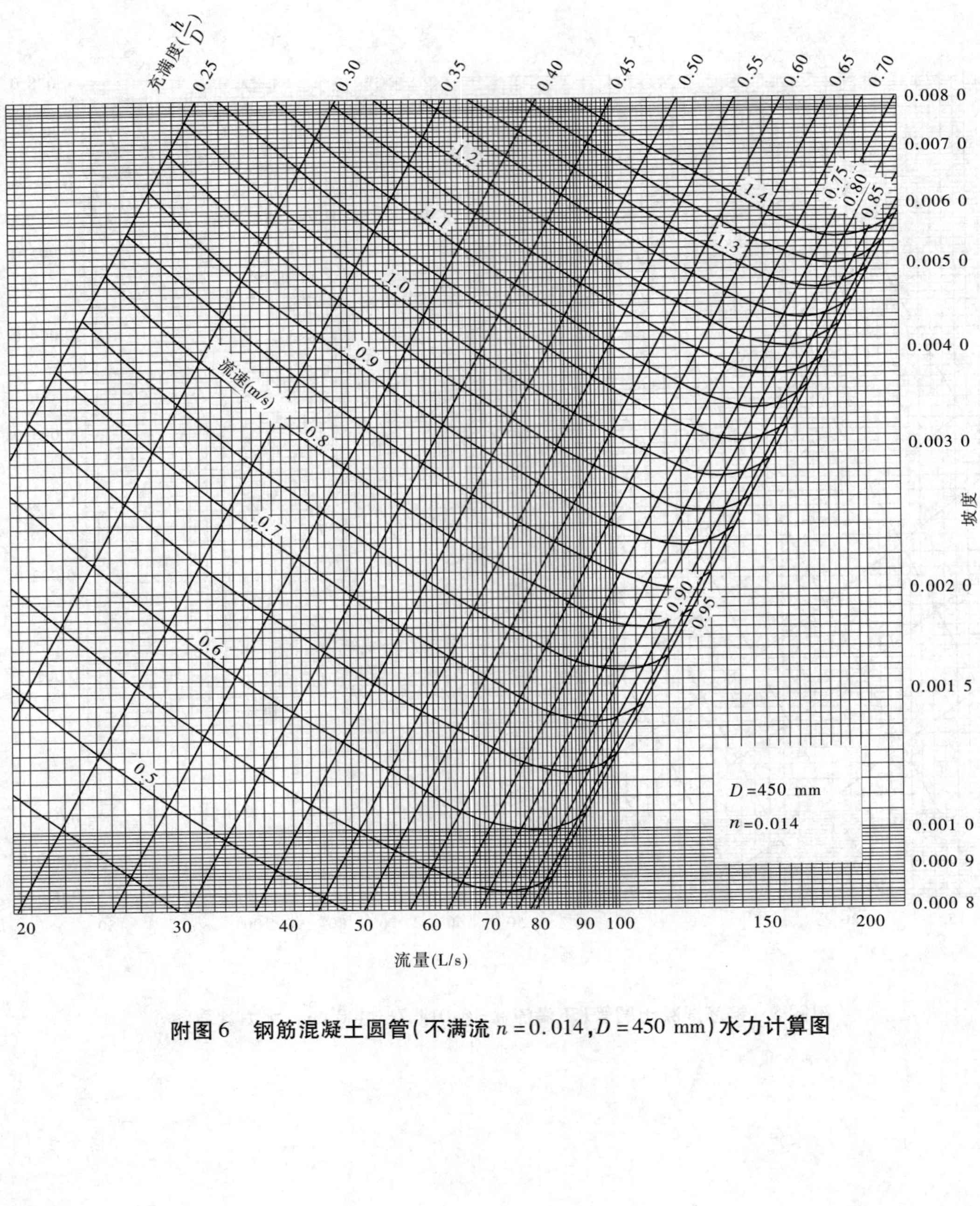

附图 6　钢筋混凝土圆管(不满流 $n=0.014$,$D=450$ mm)水力计算图

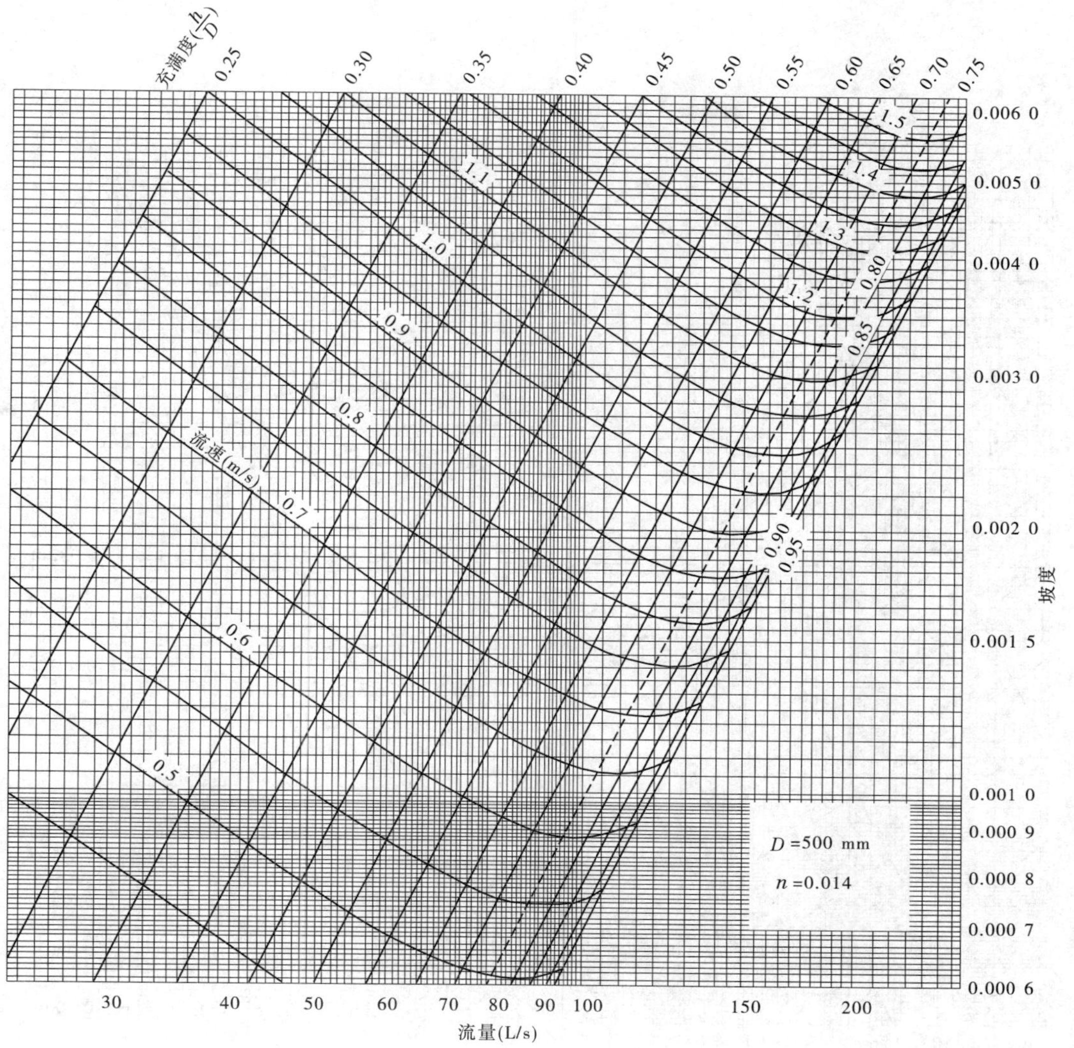

附图 7　钢筋混凝土圆管(不满流 $n=0.014$, $D=500$ mm)水力计算图

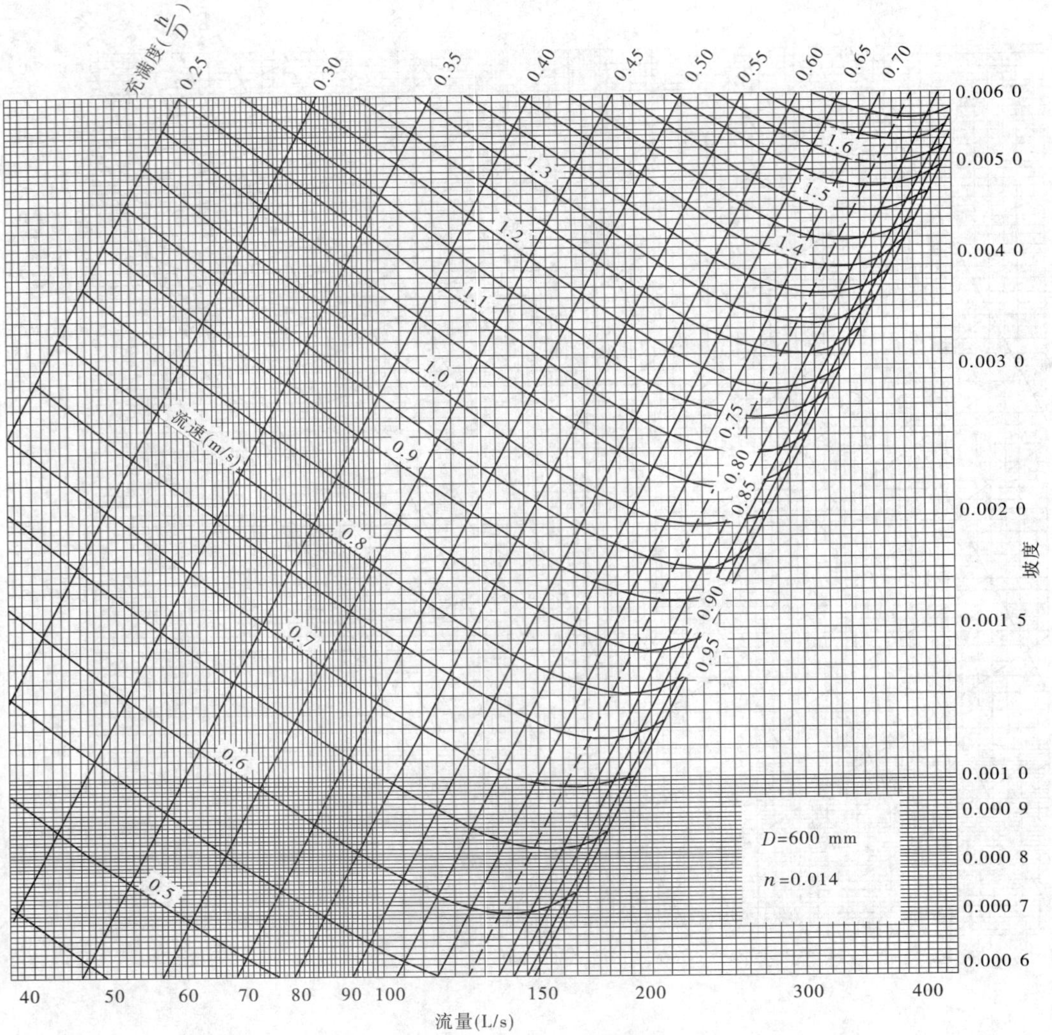

附图 8　钢筋混凝土圆管(不满流 $n=0.014$, $D=600$ mm)水力计算图

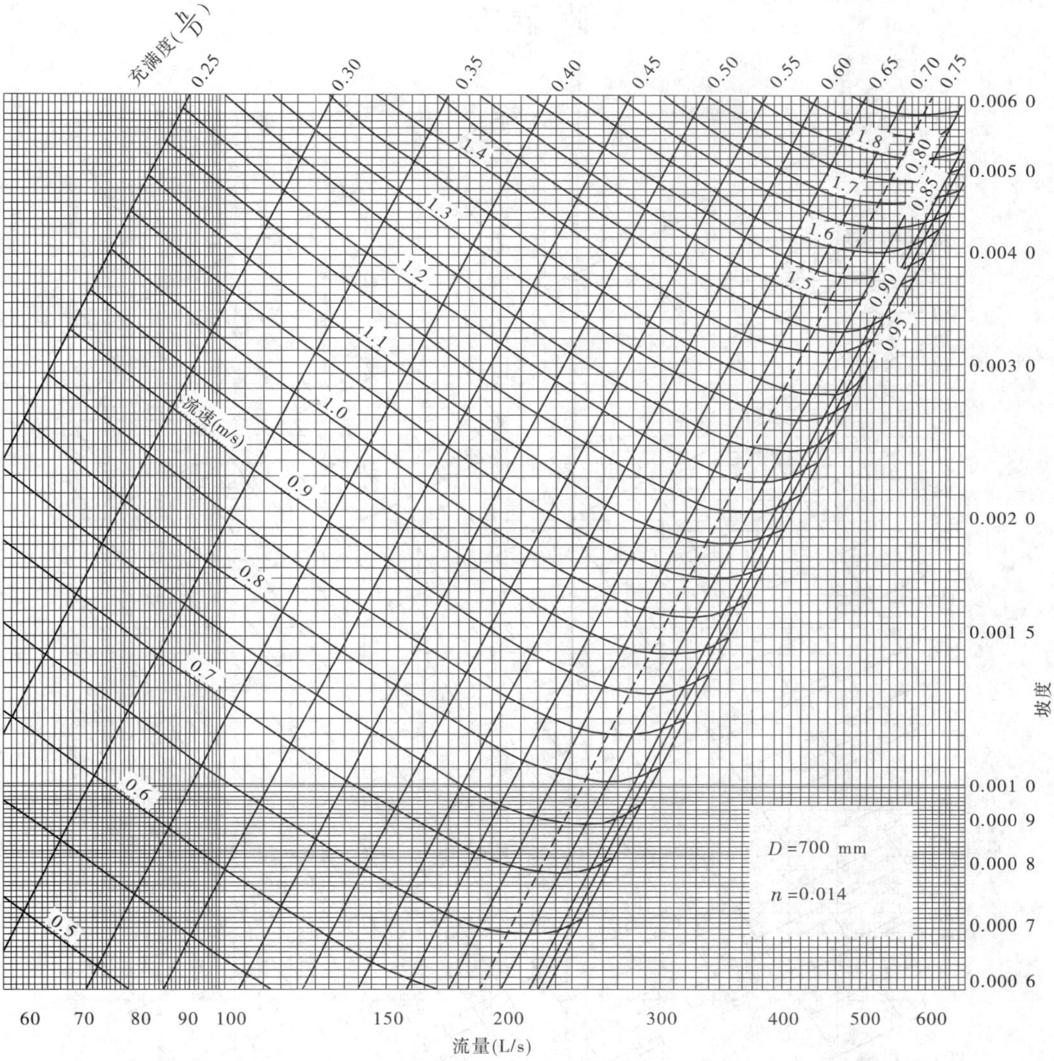

附图9　钢筋混凝土圆管(不满流 $n=0.014, D=700$ mm)水力计算图

附录 7

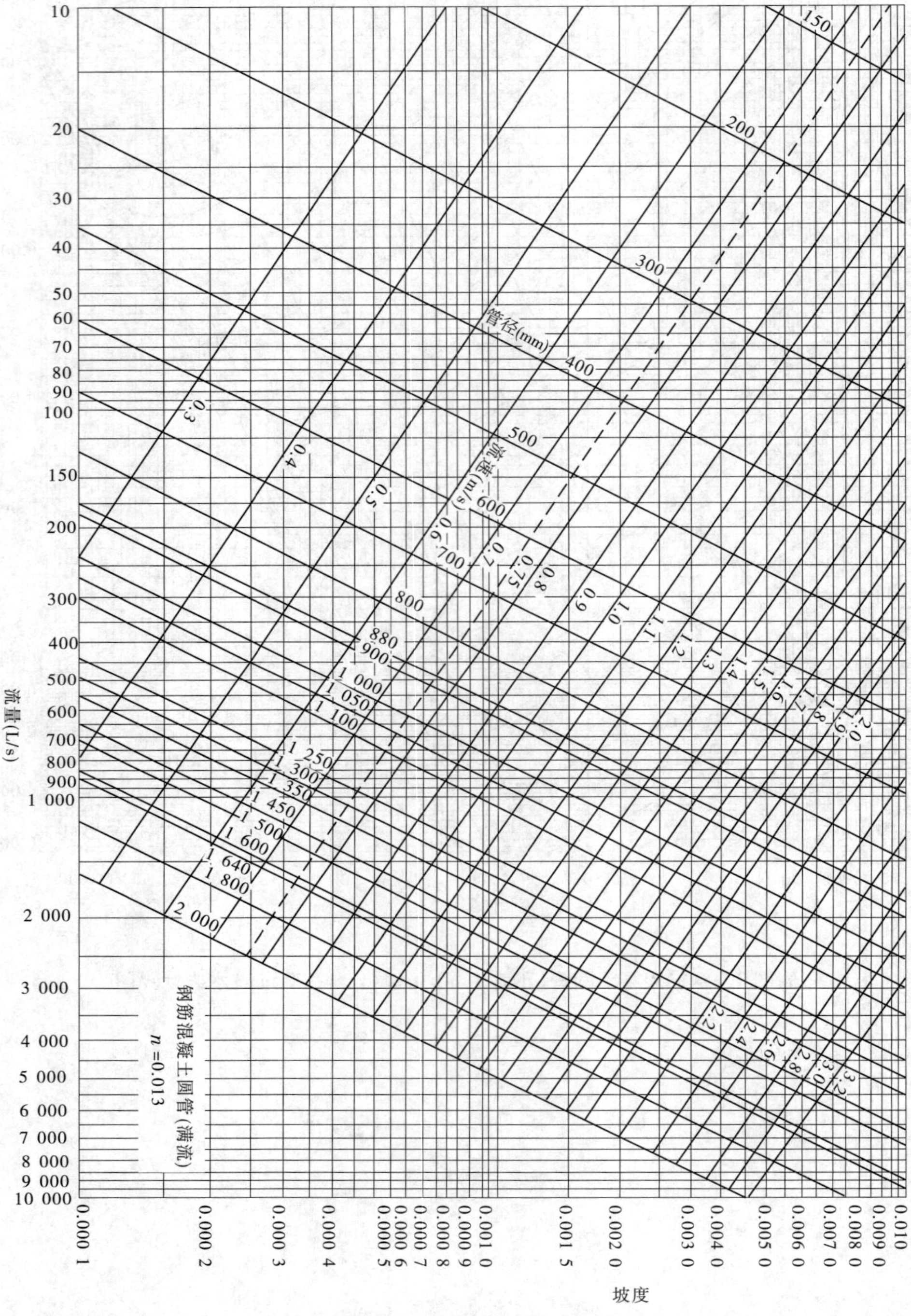

附图 10　钢筋混凝土圆管(满流 $n=0.013$)

参考文献

[1] 黄敬文,马建锋. 城市给水排水工程[M]. 郑州:黄河水利水利出版社,2008.
[2] 李杨,黄敬文. 给水排水管道工程[M]. 北京:中国水利水电出版社,2011.
[3] 孙慧修. 排水工程[M]. 北京:中国建筑工业出版社,1999.
[4] 严煦世,范瑾初. 给水工程[M]. 北京:中国建筑工业出版社,1999.